KB007073

셀프트래블

스위스

상상출판

셀프트래블

스위스

초판 1판 1쇄 | 2014년 5월 20일
개정 6판 1쇄 | 2024년 4월 22일

글과 사진 | 맹현정, 조원미

발행인 | 유철상
편집 | 허윤
디자인 | 노세희, 주인지
마케팅 | 조종삼, 김소희
콘텐츠 | 강한나

펴낸 곳 | 상상출판
주소 | 서울특별시 성동구 뚝섬로17가길 48, 성수에이원센터 1205호(성수동 2가)
구입 · 내용 문의 | **전화** 02-963-9891(편집), 070-7727-6853(마케팅)
팩스 02-963-9892 **이메일** sangsang9892@gmail.com
등록 | 2009년 9월 22일(제305-2010-02호)
찍은 곳 | 다라니
종이 | ㈜월드페이퍼

※ 가격은 뒤표지에 있습니다.

ISBN 979-11-6782-193-5 (14980)
ISBN 979-11-86517-10-9 (SET)

www.esangsang.co.kr

셀프트래블

스위스
Switzerland

맹현정 · 조원미 지음

상상출판

융프라우 지역-쉬니게 플라테

루체른 호수 지역-젤리

© Gabriel Han

알레취 알레나 지역-베트머호른

PROLOGUE

Janice Say 인연은 늘 우연으로 시작하게 되지만, 함께하는 시간이 켜켜이 쌓여갈수록 우연이 빚어낸 인연은 더욱 귀하고 소중해진다. 나에게 스위스는 인연이다. 우연은 2007년 스위스 정부 관광청에서 홍보 담당자로 일을 시작한 것이지만, 그때부터 지금까지 경험해 온 스위스 방방곡곡의 이야기들, 관광청 내외부에서 겪은 다양한 프로젝트들, 그리고 한국과 스위스를 오가며 만나온 많은 이들을 통해 나와 스위스의 인연은 더욱 견고해졌다고 믿는다.

Jay와 함께 그동안의 인연과 경험을 담은 가이드북을 쓰자고 했을 때부터 다짐했다. '국내외 그 어떤 스위스 가이드북보다 더 다양한 지역들을 알리고, 요즘 말로 스위스 인싸들의 삶을 깊숙이 엿볼 수 있는 여행 정보들을 담자'. 그 다짐은 예전이나 지금이나 변함이 없다. 더욱이 이 일은 커리어 대부분을 스위스라는 나라와 오랫동안 인연을 맺고 일해 온 우리가 가장 잘할 수 있다고 믿는다. 늘 그렇듯 우리는 계속해서 지금처럼 스위스 여행에 대한 최신 정보들을 업데이트해 나갈 것이다.

영국 시인 윌리엄 워즈워스는 생전에 알프스를 걸으며 경험했던 여행의 기억을 계속 떠올렸다고 한다. 그 기억을 되새길 때마다 그는 그의 영혼이 힘을 얻는다는 것을 깨달았다고 한다. 그래서 그는 자연 속에서의 각인된 이러한 경험을 '시간의 점'이라 명명했다. '시간의 점'들은 재생의 힘이 있어, 이 힘은 우리를 파고 들어와 인생을 사는 동안 높이 오를 때는 더 높이 오를 수 있도록 해주고, 낙심할 때는 다시 일으켜 세워준다고 말했다.

스위스 알프스 여행을 꿈꾸는 많은 여행자는 아름다운 대자연 속에서의 나를 꿈꾸며, 그 꿈을 실현하기 위해 스위스로 향한다. 스위스 대자연 속에서 만들어질 여행자들의 '시간의 점'은 때론 지치고 낙심하는 현실의 삶 속에서 다시금 살아가고자 하는 힘이 될 수 있으리라 생각한다. 지금 이 순간 이 책과 함께 '시간의 점'을 만들어가고 있을 여행자 당신과 스위스, 인연은 이제 시작이다.

Always Thanks to 책을 만들기까지 고맙고 감사드릴 분들이 참 많다. 늘 함께하는 Jay, 무한한 배려와 사랑으로 항상 힘이 되어주는 남편 김창겸, 스위스 여행에서 가장 행복했을 때가 라면을 먹을 때였다고 말하는 아들 김온유 외 늘 기도하고 응원해주는 사랑하는 가족들, 매 순간 버팀목이 되어주는 든든한 지인들, 이 책을 위해 많은 도움을 주었던 스위스 친구들과 지역 관광청분들, 제네바 현지 소식을 생생히 전해준 진희 부부, 책을 위해 늘 애써 주시는 상상출판 유철상 대표님, 허윤 에디터님, 노세희·주인지 디자이너님 특히 감사하다. 그리고 그 누구보다도 내 삶의 주인 되어주시는 하나님 아버지께 진심으로 감사드리고 싶다.

Jay Say 코로나 팬데믹이 진정되고 어느 정도 그 고약한 병에 익숙해지면서 2022년에 접어들자 사람들은 서서히 해외 여행을 시작하게 되었다. 부지런히 일정을 세우고 항공권과 호텔을 예약하고 그동안 못 만났던 스위스 지인들과 약속을 잡으며 그해 이른 여름은 마치 해외 여행을 처음 가는 사람처럼 설레고 좋았다.

2023년 스위스에 네 번 출장을 가면서 부풀었던 마음은 점점 일상화되고 여행에 지쳐갈 즈음 지인으로부터 요새 핫하다는 이탈리아 북부 돌로미티 여행에 초대를 받았다. 취리히에서 쿠어를 거쳐 베르니나 특급을 타고 티라노로 이동해 이탈리아 여행을 이어갔다. 모든 것이 맛있었고 새로웠고 알프스라는데 스위스 산들과는 사뭇 다름에 신기했다. 그리고 다시 스위스! 마치 집에 돌아온 듯 모든 것이 편했고 기차 창밖으로 지나쳐가는 보잘것없고 사소한 풍경 하나하나가 나를 더 자극했다. 아마도 유럽의 작은 나라 스위스는 나를 꼭 잡아두고 놓아주지 않는 것 같다. 끈끈한 혈연처럼.

나의 인연, 스위스는 요즘 '보복여행'의 후폭풍을 견디고 있는 듯하다. 유명 여행지의 호텔 가격은 이미 25~30% 오른 상태이고 다른 물가 또한 예전의 스위스라면 상상도 못할 만큼 치솟아있다. 스위스 여행의 매력은 강인해서 잔불마저도 꺼지기 힘들겠지만, 아마도 올해 그리고 몇 년 안에 스위스 여행을 계획하는 사람이라면 생각했던 것보다 예산을 높여 잡는 것이 좋을 것 같다. 하지만, 스위스는 현명한 방법을 제시해주기도 한다. 스위스 트래블 패스로 이동을 자유롭게, 호텔보다 합리적인 유스호스텔로 선택한다면 지나치게 부담스러운 여행경비를 줄일 수 있다. 2024년부터는 스위스 국제항공(LX)이 성수기 동안 재취항을 하기로 해 직항의 편안함을 누려 볼 수도 있다. 예산과 소비는 철저하고 현명하게, 여행시에는 인생 마지막인 것처럼 섬세하게 때로는 볼드하게 스위스를 즐겨보시길!

감사합니다.
오랫동안 우리 작가들을 믿어준 상상출판 유철상 대표님, 작가의 까칠함을 다독여준 허윤 에디터님.
처음 만난 그날부터 지금까지 한결같은 나의 남편, 임종범 그리고 이상을 향해 달려가는 아들 동후.
나를 낳은 날부터 지금까지 더 깊이 사랑해주는 우리 엄마, 윤재희 여사님.
물방울무늬 찬란한 원피스를 입고 나와 만난 날 이후 영혼의 단짝이 된 원미(Janice Jo).
그리고 저와 같은 마음으로 스위스를 한결 같이 애정하는 여행산업 동료들 고맙습니다.

새로운 각오를 위한 한마디! 참 촌스럽지만 지면을 빌어 마음속 다짐을 해보고 싶다.
"앞으로도 지치지 않고, 꾸준하게 하고 싶은 일 하면서 건강하게 살아보자, 맹현정!"

CONTENTS

목차

Mission in Switzerland

Enjoy Switzerland

Step to Switzerland

SELF TRAVEL SWITZERLAND

일러두기

❶ 주요 지역 소개

『스위스 셀프트래블』에선 스위스의 취리히, 베른, 바젤, 제네바, 루가노, 융프라우 등 크게 10곳의 지역을 다룹니다. 또한, 이 지역과 인접한 주변 지역들도 다양하게 다루고 있습니다. 지역별 주요 스폿은 관광명소, 액티비티, 쇼핑, 식당, 숙소 순으로 소개하고 있으니 참고 바랍니다.

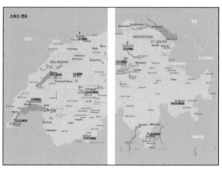

❷ 알차디알찬 여행 핵심 정보

Mission in Switzerland 스위스에서 놓치면 100% 후회할 볼거리, 음식, 쇼핑 아이템 등 재미난 정보를 테마별로 한눈에 보여줍니다. 필요한 것만 쏙쏙~ 골라보세요.

Enjoy Switzerland 스위스의 지역별 주요 명소를 상세하게 소개합니다. 주소, 위치, 홈페이지 등 상세 정보는 물론, 유용한 Tip도 수록해 두었습니다.

Step to Switzerland 스위스로 떠나기 전 꼭 필요한 여행 정보를 모았습니다. 스위스의 일반 정보, 출입국수속, 교통 패스, 기본 영어회화 등을 실어 초보 여행자도 어렵지 않게 여행할 수 있습니다.

❸ 원어 표기

최대한 외래어 표기법을 기준으로 표기했으나 몇몇 지역명, 관광명소와 업소의 경우 현지에서 사용 중인 한국어 안내와 여행자들에게 익숙한 이름을 택했습니다.

❹ 정보 업데이트

이 책에 실린 모든 정보는 2024년 2월까지 취재한 내용을 기준으로 하고 있습니다. 현지 사정에 따라 요금과 운영시간 등이 변동될 수 있으니 여행 전에 한 번 더 확인하시길 바랍니다.

❺ 구글 맵스 GPS 활용법

이 책에 소개된 주요 명소에는 구글 맵스의 GPS 좌표를 표시해 두었습니다. 스마트폰 앱 구글 맵스 Google Maps 혹은 www.google.co.kr/maps로 접속해 검색창에 GPS 좌표를 입력하면 빠르게 위치를 체크할 수 있습니다. '길찾기' 버튼을 터치하면 현재 위치에서 목적지까지의 경로도 확인 가능합니다.

GPS 47.553658, 7.590639

❻ 지도 활용법

이 책의 지도에는 아래와 같은 부호를 사용하고 있습니다.

주요 아이콘
- 관광명소, 기타명소
- ⓡ 레스토랑, 카페 등 식사할 수 있는 곳
- ⓢ 백화점, 슈퍼마켓, 기념품점 등 쇼핑할 수 있는 곳
- ⓗ 호텔, 호스텔, 팜 스테이 등 숙소
- ⓐ 스파, 크루즈, 하이킹 등 액티비티를 즐길 수 있는 곳
- ⓝ 클럽, 바 등 나이트라이프를 즐기기 좋은 곳

스위스 전도

프랑스

✈ BASEL
바젤(p.134)

Rheinfelden
Reinach •Liestal
Porrentruy •
Aarau
St-Ursanne •Delémont •Olten
Zofingen
•Solothurn Langenthal
•Grenchen
BIEL/BIENNE
La Chaux
-de-Fonds Bielersee Entlebuch
Le Locle Pilatus
(2,120m)
Neuchâtel 베른(p.218)
뇌샤텔(p.300) BERN
Ste-Croix Lac de Neuchâtel •Avenches
•Belp
•Fribourg/Freiburg
•Payerne Brienzer Rothorn ▲
Yverdon Thun •Brienz
les-Bains Interlaken Brienzersee
Thunersee 인터라켄(p.256)
Le Pont Spiez Wilderswil •Grindelwal
Le Brassus Lauterbrunnen •Wengen
로잔(p.392) Gruyères •Zweisimmen Mürren •
LAUSANNE Jungfraujoch
Morges •Gstaad (3,454m)
St-Cergue Vevey
Rolle Lac Léman •Kandersteg
Nyon Montreux Bettmeralp
Leysin •Leukerbad Riederalp •
▲Rocher de Naye
Les Diablerets •Crans-Montana
✈ (3,210m) Aigle •Leuk Visp Brig
제네바(p.368) Monthey• •Sierre
GENEVA Sion Simplon
•Carouge Saas Fee
Martigny• •Verbier Täsch •
Zermatt
체르마트(p.322)
▲Matterhorn
(4,634m)
Monte Rosa(4,634m)

독일

Neuhausen• Schaffhausen•
Stein am Rhein• Kreuzlingen•
Kurzach•
Bodensee

WINTERTHUR
Rorschach•
ST. GALLEN
ZÜRICH Gossau• •Hesirau
취리히(p.74) •Appenzell

오스트리아
Rapperswil•
Zug• Zürichsee Säntis
(2,120m)
루체른(p.166) •Einsiedeln •Vaduz
LUZERN
Küsnacht a. R. Walensee 리히텐슈타인
▲Rigi(1,798m)
•Weggis• •Glarus •Sargans
Vierwaldstättersee •Schwyz •Bad Ragaz •Samnaun
•Stans Arth-Goldau •Braunwald •Landquart
•Flüelen
•Altdorf •Flims •Chur •Klosters
•Laax •Scuol
•Engelberg •Davos
Titlis(3,238m) •Disentis

•Müstair
•Vals
Andermatt•
St. Moritz• •Pontresina
생 모리츠(p.456)
•Bedretto •Silvaplana

•Biasca •Poschiavo

•Bosco/Gurin

•Locarno •Bellinzona
•Ascona

✈루가노(p.420)
•LUGANO
Lago di Lugano
Lago Maggiore •Morcote 이탈리아
•Mendrisio

•Chiasso

ALL ABOUT SWITZERLAND
스위스 기초 정보

➕ 국명
스위스 연방
(The Swiss Confederation)

➕ 수도
베른(Bern, 인구 약 14만 4천 명). 구시가지 전체가 유네스코 세계문화유산에 등재될 만큼 아름다운 도시이다.

➕ 인구와 면적
스위스의 인구는 약 878만 명으로 세계 101위에 해당한다. 면적은 41,290km²로 한반도의 약 1/5 크기에 이르는 작은 나라다(세계 134위).

➕ 국가(國歌)
스위스 찬가(Schweizerpsalm)

➕ 물가(슈퍼마켓, 미그로 기준가)
스위스의 물가는 상당히 비싼 편이다. 여행 중 예상치 못한 지출이 발생하기도 하므로 미리 여행 계획을 짤 때 충분히 여유 있게 예산을 잡고 가야 한다.
코카콜라 500㎖ 1개 CHF 1.50
비텔 생수 1.5ℓ 1개 CHF 1.15
맥주(Eichhof) 500㎖ 6개 CHF 9.9
클래식 바게트(260g) 1개 CHF 1.95

맥도날드 빅맥
USD 8.17(빅맥지수 세계 1위, 2024년 기준)

➕ 통화 및 환율
통화 단위는 스위스 프랑(CHF). 하위 단위로는 라펜(Rp, 독일어), 상팀(Ct, 프랑스어)이 있다. 지폐는 CHF 10, 20, 50, 100, 200, 1000단위가 있다. 유로 화폐(EUR)의 경우 대도시, 관광지에서 받기도 하나 잔돈은 스위스 프랑으로 내어준다. 적용 환율은 CHF 1≒1,480~1,500원이다(2024년 기준).

➕ 종교
신앙의 자유가 보장된 스위스에는 연방 차원에서 정해진 국교가 따로 없다. 주 종교의 비율은 가톨릭 38.6%, 개신교 28%, 무교 20.1%, 이슬람교 4.5%와 같다.

이슬람교 · 무교 · 가톨릭 · 개신교

➕ 언어
스위스는 지역에 따라 독일어, 프랑스어, 이탈리아어, 로망슈어 4개 국어를 사용한다. 독일어는 64.6%, 프랑스어 22.8%, 이탈리아어 8.4%, 로망슈어 0.6%의 비율을 차지하고 있다.

이탈리아어 · 로망슈어 · 프랑스어 · 독일어

➕ 역사
신성로마제국으로부터 1291년 8월 1일 독립을 선언, 1848년 9월 12일 연방 정부를 수립했다. 현재 대통령제를 채택하고 있는데, 국가원수인 대통령은 연방각료 7인이 윤번제로 1년간 겸직하는 형태다. 외교정책은 중립주의와 보편주의를 기초로 하고 있다.

✚ 신용카드

비자, 마스터스, 아메리칸 익스프레스 등의 카드를 이용할 수 있다. 만약을 대비해 두 종류를 소지하자.

✚ 팁

기본적으로 레스토랑이나 호텔 등의 요금에 서비스 요금이 포함되어 있어 별도의 팁은 필요 없다. 그래도 서비스에 만족했을 경우 감사의 뜻으로 팁을 주는 것이 좋다. 보통 커피나 맥주를 마셨을 경우 CHF 1 정도, 식사를 했을 경우 CHF 5~10 정도면 무난하다.

✚ 단위

무게는 그램(g), 킬로그램(kg), 길이는 센티미터(cm), 미터(m)를 쓰며 액체의 경우 리터(ℓ)나 데시리터(dℓ)를 쓴다. 1dℓ=100㎖에 해당한다.

✚ 물

물에 대한 엄격한 규정과 품질관리로 수돗물도 식수로 사용할 수 있다. 도시의 분수조차 별도의 표시가 없는 한 마실 수 있다.

✚ 화장실

취리히, 바젤 등 대도시 기차역에 있는 공중화장실 및 웬만한 기차역에서도 CHF 2 정도의 이용료를 받는다. 레스토랑에 가거나 백화점 등 서비스 시설에 있는 화장실을 이용하는 것이 편리하다. 또는 기차로 이동할 때 기차 내 화장실을 이용해도 된다.

✚ 시차

동절기에는 중앙유럽 표준시(CET)가 적용되며, 3월 말부터 10월 말까지는 서머타임이 적용된다(CET +1시간).

※ 2024년 서머타임 3.31~10.27

하절기	동절기
7시간 차이	**8시간 차이**
예	예
한국 14:00	한국 15:00
스위스 07:00	스위스 07:00
(날짜 변동 없음)	(날짜 변동 없음)

✚ 비행시간

우리나라에서 스위스로 가는 직항편은 여름 시즌엔 대한항공 및 스위스항공(2024년 5월부터 취항)이 있으며, 그 외에는 유럽 또는 중동 경유편을 이용해야 한다. 직항은 13시간, 경유는 15~20시간 걸린다.

직항 13시간
경유 15~20시간

취리히 국제공항   인천공항

✚ 영업시간

은행 월~금 08:30~16:30(일·공휴일 휴무)
상점 월~금 08:30~12:00, 14:00~18:30
(토요일은 단축영업, 일요일엔 문을 닫는 상점이 많음)

※ 일주일에 한 번 대부분 목요일에 오후 8시까지 연장 영업
※ 상점마다 영업시간이 다를 수 있다.

PLAN 1 스위스 **3일 추천 일정**

스위스 여행이 처음이라면 3일 동안 작은 도시, 마을까지 둘러보는 것은 무리다. 스위스 하면 떠오르는 명소 위주로 여행 일정을 잡는 것이 현명하다. 만약 스위스 여행이 처음이 아니라면, 지난번 여행에서 한 번 더 가고 싶은 곳과 새로운 여행지를 조합해보자.

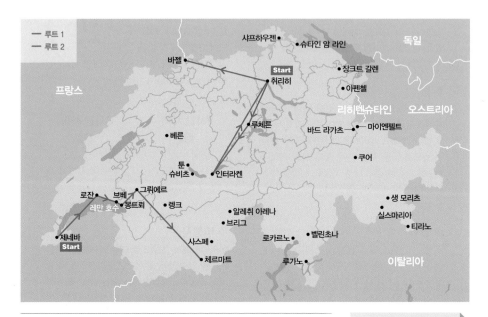

Route 1 (취리히 출발)

1 DAY 루체른 시내 반나절 관광 ▶ 루체른 호수 유람선 즐기기
　　　▶ (관심에 따라 ❶, ❷, ❸ 택 1) ❶ 리기 산 하이킹
　　　❷ 티틀리스 산이나 필라투스 산 등정 및 하이킹 ❸ 베른 반나절 관광
　　　▶ 인터라켄으로 이동
2 DAY 융프라우요흐 등정 및 반나절 하이킹(피르스트 또는 아이거 트레일 등)
　　　▶ 취리히로 이동
3 DAY 취리히 시내 반나절 관광 ▶ 바젤 반나절 관광

Route 2 (제네바 출발)

1 DAY 제네바 시내 반나절 관광 ▶ 레만 호수 주변 지역 반나절 관광
　　　(라보 포도밭, 몽트뢰 시옹성, 레만 호수 유람선 즐기기)
2 DAY 그뤼에르와 브록 까이에 초콜릿 공장 ▶ (관심에 따라 ❶ 혹은 ❷)
　　　❶ 레만 호수 지역과 글레시어 3000산 등정 ❷ 베른 관광
　　　▶ 체르마트로 이동
3 DAY 체르마트 관광
　　　(고르너그라트, 마테호른 글레이셔 파라다이스, 수네가 등정 및 하이킹)

Tip | 유연하게 일정 짜기

1 체력에 맞지 않는 무리한 일정보다는 약간 여유 있게 계획하는 것이 좋다.
2 관심 사항이 다른 동행인이 있다면, 때로는 따로 여행을 하자. 그리고 저녁에 만나 그날의 이야기를 공유하는 것도 함께하는 여행에서 오는 스트레스를 줄이는 방법이다.
3 어린아이와 여행한다면 아이들이 좋아할 만한 테마파크, 초콜릿 및 교통박물관, 특이한 탈거리 등 재미난 요소를 군데군데 넣어주자. 아이들은 부모와 함께한 시간을 추억으로 간직할 것이다.

PLAN 2 스위스 5일 추천 일정

스위스 전역을 구석구석 보기엔 여전히 짧은 시간이지만, 주요 코스는 돌아볼 정도의 시간은 되는 일정이다. 스위스를 처음 가는 여행자라면 가장 유명한 여행지 루체른, 융프라우 지역, 레만 호수, 체르마트를 중심으로 여행하는 것을 추천한다.

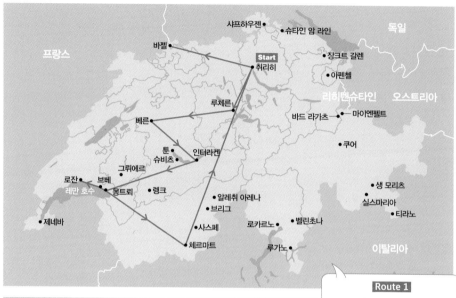

Route 1 (취리히 출발)

1 DAY 루체른 반나절 관광 ▶ 베른 반나절 관광

2 DAY 융프라우 지역으로 이동 ▶ 융프라우요흐 등정 및 간단한 하이킹
※ 테마 시닉 열차, 골든패스 익스프레스 탑승(인터라켄-몽트뢰)
융프라우 지역 ▶ 레만 호수 지역

3 DAY 레만 호수 지역 관광(로잔, 브베, 몽트뢰 등) ▶ 체르마트로 이동

4 DAY 고르너그라트 또는 마테호른 글레이셔 파라다이스 등정 및 하이킹
▶ 취리히로 이동

5 DAY 취리히 반나절 관광 ▶ 바젤 반나절 관광

> **Route 1**
> ## 스위스 클래식 투어
> *Swiss Classic Tour*
> ----------------------
> 스위스 여행의 고전 여행으로 오랫동안 해온 만큼 만족도 또한 높은 여행. 스위스 초행 여행자에게 추천하고 싶다.

© Lake Lucerne Navigation Company

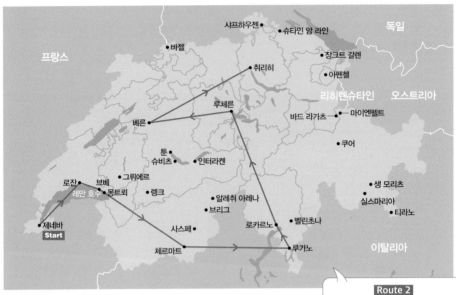

Route 2 (제네바 출발)

1 DAY 레만 호수 지역 관광(로잔, 브베, 몽트뢰, 라보 등)
▶ 벨에포크 유람선 탑승(로잔-시옹성)

2 DAY 체르마트로 이동
▶ 고르너그라트 또는 마테호른 글레이셔 파라다이스 등정 및 하이킹

3 DAY 티치노 주로 이동 및 관광(로카르노, 루가노, 벨린초나)
※ 체르마트에서 이동 시 브리그 또는 비스프에서 경유,
이탈리아 도모도솔라에서 첸토발리로 환승하여 스위스 로카르노로
이동하게 된다. 험준한 계곡을 열차로 여행하는 느낌이 환상적이다.

4 DAY 루체른으로 이동 ▶ 시내 관광 및 루체른 호수 및 리기 산 등정
※ 테마 시닉 열차, 고타드 파노라마 특급 이용 가능(하절기).
루가노 ▶ 플뤼에렌(▶ 루체른)

5 DAY 베른 반나절 관광 ▶ 취리히 반나절 관광

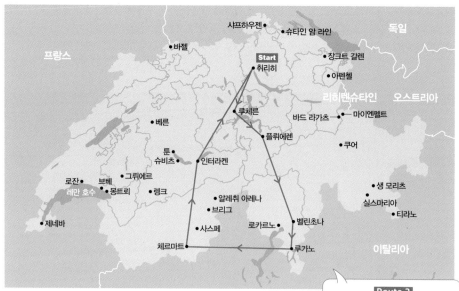

Route 3 (취리히 출발)

1 DAY 루체른으로 이동 후 관광(시내+산악 여행)

2 DAY 고타드 파노라마 특급 여행

※ **11:12** 루체른 유람선 탑승, **13:55** 플뤼에렌 유람선 하선(약 4시간 30분 소요), **14:10** 플뤼에렌 기차 탑승, **15:54** 벨린초나(또는 **16:38** 루가노) 하차

▶ 티치노 지역(벨린초나 또는 루가노) 이동

3 DAY 티치노 지역 관광

4 DAY 체르마트로 이동

▶ 고르너그라트 또는 마테호른 글레이셔 파라다이스 등정 및 하이킹

5 DAY 발레 주 이동 후 여행(베트머알프, 리더알프 등)

6 DAY 취리히로 이동 후 주변 지역 관광

Route 3

스위스 스파클링 여름 여행

Swiss Sparkling Summer Tour

파노라마 열차인 고타드 파노라마 특급은 빌헬름 텔 구간의 여름시즌 특별 기획 구간으로, 루체른에서 시작하여 티치노 주까지 스위스 본연의 아름다움으로 안내해준다. 특히 루체른—플뤼에렌 구간을 운행하는 유람선은 런치 크루즈로도 운영되니 맛있는 점심을 즐겨보도록 하자.

리기 산

PLAN 3 스위스 7일 이상 추천 일정

일주일을 스위스에서만 있을 수 있다면 부지런히 여행을 다니다 가장 마음에 들었던 장소에서 좀 더 시간을 보내는 것도 좋다. 스위스는 다행히 되돌아갈 수 있을 만큼 작은(?) 나라니까! 성수기가 아니라면 5박 정도만 예약하고 나머지 숙박은 마음이 이끌리는 대로 현지에서 예약해서 머무르는 것도 좋다.

Route 1 (취리히 출발)

1 DAY 장크트 갈렌 반나절 관광
  ▶ 아펜첼 반나절 관광 후 장크트 갈렌으로 이동
2 DAY 루체른으로 이동 및 주변 산(티틀리스, 리기, 필라투스, 슈토스 중 택1) 관광
  ※ **보랄펜 특급 탑승**: 토겐부르그 ▶ 라퍼스빌 ▶ 로텐투름 ▶ 루체른
3 DAY 인터라켄, 몽트뢰로 이동하여 레만 호수 지역 관광(라보, 로잔, 브베, 글레이셔 3000, 브록 등)
  ※ **골든패스 라인 탑승**: 인터라켄-몽트뢰 구간 익스프레스 열차 추천
  ※ 츠바이짐멘-몽트뢰 구간은 전망 좋은 VIP석, 벨 에포크 스타일의 골든패스 클래식 열차는 특별한 경험이다.
4 DAY 체르마트로 이동하여 고르너그라트 또는 마테호른 글레이셔 파라다이스 관광
5 DAY 쿠어로 이동 및 주변 하이디마을(마이엔펠트, 바드 라가츠) 관광 후 생모리츠로 이동
  ※ **빙하특급 탑승**: 세계에서 가장 느린 특급열차로, 특히 디센티스부터의 린협곡 구간이 하이라이트다.
6 DAY 루가노로 이동, 주변 지역(로카르노, 벨린초나) 관광
  ※ **팜 특급 탑승**: ❶ 하절기 - 생 모리츠-티라노까지 베르니나 특급으로 이동 후 루가노까지 버스로 이동
  　　　　　　　　❷ 동절기 - 생 모리츠-루가노까지 '팜 특급' 포스트버스로 이동
7 DAY 루체른으로 이동 후 시내 관광
  ※ **고타드 파노라마 특급 탑승**: 열차와 유람선을 모두 탈 수 있는 여정이다.
8 DAY 취리히로 이동 후 시내 관광
  ※ 로트제 호수, 취리히 호수의 로맨틱한 절경이 사방으로 펼쳐진다.

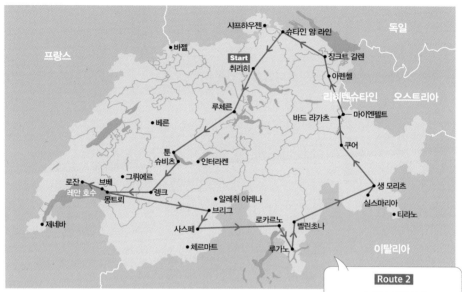

Route 2 (취리히 출발)

1 DAY 취리히 시내 및 취리히 호수 지역 관광 ▶ 루체른으로 이동

2 DAY 루체른 호수 지역 관광(루체른 호수 유람선, 베기스, 리기 산 리기 칼트바드 스파 체험)

3 DAY 베르너 오버란트 지역으로 이동 ▶ 툰, 슈피츠 관광 후 렝크에서 스파 체험

4 DAY 레만 호수 지역으로 이동

　　　(몽트뢰 시옹성, 라보 포도밭, 레만 호수 유람선, 로잔 우시지구 체험)

　　　※ **골든패스 라인 탑승**: 몽트뢰 이동(몽트뢰, 로잔 등 관광 후 브리그로 이동)

5 DAY 알레취 아레나 지역으로 이동

　　　▶ 베트머알프 또는 리더알프에서 알레취 빙하 및

　　　하이킹 체험 후 사스페로 이동

6 DAY 사스페 미텔알라린 등 관광

　　　▶ 첸토발리 열차 구간 이용하여 로카르노로 이동

7 DAY 티치노 지역 관광(로카르노, 루가노, 벨린초나)

8 DAY 벨린초나 관광 ▶ 버스와 열차 이용하여 생 모리츠로 이동

9 DAY 그라우뷘덴 지역 관광(생 모리츠, 실스 마리아 등)

10 DAY 마이엔펠트, 바드 라가츠 관광

11 DAY 아펜첼, 장크트 갈렌, 슈타인 암 라인 관광 ▶ 취리히로 이동

Route 2

스위스 리투어

Swiss Retour

스위스가 좋아 재방문하는 여행자들에게 적합한 루트. 첫 번째 여행에서 놓쳤을 법한 여행지를 소개한다. 워낙 추천하고 싶은 여행지가 많아 원하지 않게 다소 분주한 여행일정이 되었으나 여행의 목적, 기호에 따라 여행지를 조금씩 덜어내고 조금 더 여유 있는 일정을 만들어 보는 것을 추천한다.

스위스에서 유명 인사를 만나는 법

보헤미안 랩소디의 프레디 머큐리, 라이너 마리아 릴케, 아서 코난 도일, 리하르트 바그너, 오드리 헵번, 헤르만 헤세, 알베르트 아인슈타인, 마크 트웨인 등 직업도 다르고 살아온 시대도 다른 이 유명 인사들의 공통점은 바로 스위스다. 예술적, 학문적 영감을 얻기 위해, 혹은 복잡했던 시절 본국을 피해 정치적 망명을 하기 위해 각기 다른 이유들로 스위스로 건너왔다. 이들은 스위스에서 위대한 작품을 탄생시키거나 마지막 여생을 스위스에서 보냈으며, 후에 스위스인들은 이들의 발자취를 예쁘게 가꾸어 스위스 유명 관광지로 재탄생시켰다.

✚ 유명 인사를 찾아 떠나는 스위스 여행 주요 스폿

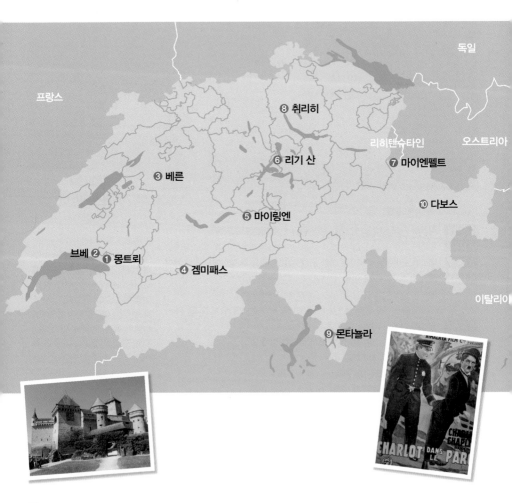

독일

프랑스

⑧ 취리히

리히텐슈타인   오스트리아

⑥ 리기 산   ⑦ 마이엔펠트

③ 베른

⑩ 다보스

⑤ 마이링엔

브베 ②   ① 몽트뢰

④ 겜미패스

이탈리아

⑨ 몬타뇰라

✦ 유명 인사와 인연이 있는 스위스 대표 지역

1 퀸의 '프레디 머큐리'와 영국 시인 '바이런'의 팬이라면 **몽트뢰**

퀸의 멤버 프레디 머큐리는 유독 스위스를 사랑했다. 레만 호수의 평화
로움이 그의 말년에 휴식을 주었을지 모른다. 그의 유작 앨범 〈Made in
Heaven〉의 표지 사진을 찍은 집은 그가 에이즈 투병 당시 살던 집인데,
멤버들이 파티 하우스로 이용했던 곳이다. 지금은 개인 주택이라 일반인
은 들어갈 수 없다. 이를 대신해 몽트뢰 레만 호수를 따라 마르셰 광장 쪽
에 이르면 하늘 높이 손을 뻗은 프레디 머큐리의 동상이 눈에 띈다. 높이
3m의 이 동상은 1996년 프레디 머큐리의 죽음을 추모하며 만든 것으로,
그를 추모하기 위한 명소가 되었다. 마지막 앨범을 녹음했던 몽트뢰 카지
노 한쪽 마운틴 스튜디오는 예전에는 들어갈 수 없었는데 브라이언 메이
에 의해 2013년 퀸 박물관으로 변모해 방문해볼 수 있다.
몽트뢰의 랜드마크인 시옹 성은 영국 시인 바이런의 「시옹 성의 죄수」에
영감을 준 곳으로 내부 감옥 기둥에 바이런의 이름이 새겨져 있다.

2 '찰리 채플린'과 옛 문인들이 사랑한 **브베**

영국의 희극배우 찰리 채플린은 1953년부터 1977년까지 스위스에서 약
25년을 살다 88세의 나이로 브베에서 생을 마감했다. 그는 레만 호수 산
책을 즐겼는데, 현재 호수 앞 아름다운 장미 정원 사이로 찰리 채플린이
지팡이를 짚고 서 있는 동상이 있다. 그를 더 알고 싶다면 찰리 채플린 월
드에 방문해보자. 채플린의 일생을 흥미롭게 전시하고 있다. 이 외에도 장
자크 루소, 빅토르 위고, 도스토옙스키 등 많은 문인과 화가들이 브베를
제2의 고향으로 삼고 여생을 보낸 것으로 알려져 있다.

3 '아인슈타인'이 상대성 이론을 정립한 도시 **베른**

독일 출신 천재 물리학자 알베르트 아인슈타인은 베른에서 상대성 이론
을 정립했다. 1900년에 취리히 연방공과대학(ETH)을 졸업한 아인슈타인
은 베른에서 특허관으로 사회생활을 시작하며 물리학 관련 수많은 논문
을 냈다. 그가 생활했던 아인슈타인 하우스는 베른 구시가지에 있다. 베른
역사박물관에 함께 위치한 아인슈타인 박물관은 그의 일대기, 발명품, 철
학 등에 대한 다양한 멀티미디어와 자료들로 무장하고 있다. 예전에 Cafe
Bollwerk였던 L'Aragosta라는 레스토랑 겸 카페는 아인슈타인이 자주
찾았던 곳으로 유명하다.

4 많은 문인에게 영감을 준 고갯길 **겜미패스**

겜미패스는 베르너 오버란트 주와 발레 주를 연결하는 고갯길이다. 마크 트웨인, 기 드 모파상을 비롯한 19세기 많은 문인들, 예술가들이 알프스를 남북으로 여행하며 작품에 겜미패스를 소개해 대중에게 알려졌다. 칸더슈텍Kandersteg부터 겜미패스를 넘어 로이커바드Leukerbad까지 3시간여 하이킹을 할 수 있다. 그때 만나는 슈바렌바흐 호텔Schwarenbach Hotel은 모파상의 「산장The Inn」이라는 단편소설 속 배경이 된 곳으로도 유명하다.

© Leukerbad Tourism

5 셜록 홈스 생의 마지막을 찾아서 **마이링엔**

Sherlock Holmes Museum

© Sherlock Holmes Museum Homepage

코난 도일은 단편 「마지막 사건」에서 셜록 홈스가 숙적 모리어티와 격투를 벌인 끝에 사망한 곳을 마이링엔의 라이헨바흐 폭포로 결정했다. 실은 코난 도일이 부인이 아파서 요양차 함께 온 곳이 바로 이곳 스위스. 홈스의 팬들은 홈스의 죽음을 슬퍼하며 점점 마이링엔으로 모여들었고 급기야는 박물관, 동상 등 홈스 오마주가 생겨나며 이 작은 마을을 관광지로 유명세를 떨치게 만들었다.

6 '마크 트웨인'이 극찬한 평온한 **리기 산**

리기 산은 여행자들이 사랑하는 산으로, 여름이면 푸른 신록 속으로, 겨울이면 푹신한 눈 위로 참 걷기 좋다. 걷는 동안 발아래로 내려다보이는 루체른 호수도 리기 산의 비경에 한몫한다. 거친 알프스 산을 넘고 리기 산으로 온 문인들은 그래서 리기 산에서 더욱 평온을 느꼈는지 모른다. 그중 마크 트웨인은 리기 산을 가장 평온하고 아름다운 산으로 칭했다. 세계 최초의 톱니바퀴 열차의 시작과 함께 그의 글을 보고 많은 영국 귀족들이 여행하는 그랜드 투어 스폿에 이곳을 꼭 넣었다. 방송인 김성주 씨도 한 방송에서 이곳을 걷다 천국 같은 느낌이 들어 돌아가신 아버님을 떠올리며 눈물을 훔쳤다. 리기 산에선 꼭 걷자.

7 하이디와 클라라가 행복했던 마을 **마이엔펠트**

소설 「하이디」의 배경이 된 곳으로 잘 알려진 마이엔펠트. 취리히에 거주하던 소설가 요한나 슈피리가 우울증이 와서 치유하기 위해 머물렀던 곳이다. 그녀는 쉬면서 전 세계인이 사랑하는 하이디의 캐릭터를 만들어냈다. 마이엔펠트에 가면 하이디 하이킹 길, 하이디 박물관 등이 있다. 근처 바드라가츠는 하이디 친구 클라라가 요양 갔던 스파 빌리지로 소개된다.

⑧ 예술가들의 흔적이 가득한 **취리히**

취리히의 100년 된 카페 오데온에 가장 자주 출몰한 정치인이 있었다. 바로 레닌. 잠시 스위스로 정치적 망명을 하며 카페 오데온의 늘 같은 자리에서 신문을 보며 커피를 마셨다. 아인슈타인을 비롯해 무솔리니, 카프카도 이곳을 들락거렸다. 취리히는 도처에 유명 인사들의 흔적으로 가득하다. 취리히 기차역에 도착하면 니키 드 생팔의 파란 천사가 여행자들을 반기고, 도심 성당은 샤갈의 스테인드글라스, 심지어 경찰서에는 자코메티의 천장화가 있다. 유명 레스토랑 크로넨할레에는 피카소, 팅겔리, 미로의 작품들을 쉽게 감상할 수 있으며, 순수한 아이와 같은 마음으로 돌아가자는 예술사조 다다이즘의 시초가 된 카바레 볼테르에서는 위스키 한 잔을 기울이며 현대 예술 공연 감상이 가능하다.

⑨ 화가 '헤르만 헤세'를 알고 싶다면 **몬타뇰라**

독일 태생의 소설가 헤르만 헤세는 1919년 스위스 티치노 지역의 몬타뇰라로 이주, 『싯타르타』와 『슈테펜울프』를 비롯해 다양한 작품을 남겼다. 1924년에는 스위스 국적을 취득하고 1962년에 생을 마감했다. 그는 스위스를 찾을 당시 고국인 독일에서 추방을 당하고 아버지의 죽음, 이혼 등의 어두운 그림자를 안고 있었다. 하지만 티치노 지역의 따뜻한 아름다움을 수채화로 화폭에 담으며 마음의 평화와 안식을 조금씩 찾아갔다. 몬타뇰라의 헤르만 헤세 박물관에 가면 그의 안경, 타자기 등 일상생활에서 그가 쓰던 물건들을 비롯해 가족, 지인들과 주고받았던 편지 등을 볼 수 있다. 또한, 그가 티치노에서만 그렸던 수채 작품들도 만날 수 있다. 그가 주로 산책했던 헤세의 길을 걸으며, 그의 작품에 영감을 주었던 장소 등도 한번 돌아보자.

⑩ 토마스 만의 『마의 산』을 읽고 다시 보게 되는 **다보스**

세계 경제 포럼이 열리는 곳으로만 알고 있는 다보스를 유명한 관광지로 만든 소설이 있다. 바로 토마스 만의 『마의 산』이다. 실제 다보스에 있던 요양병원을 배경으로 그곳 사람들의 이야기를 소개하는 소설이다. 요양을 위한 천혜의 자연환경과 입지를 가진 다보스는 실제 19세기 한 의학박사가 다보스 산악 기후가 주는 치료 효과를 증명하면서 유럽에서 가장 중요하고 큰 메디컬 스파 빌리지로 알려지기 시작했다. 다보스 근처 스쿠올 등도 치료 효과가 있는 온천으로 잘 알려져 있다.

스위스 파노라마 열차

유럽을 몇 차례 다녀봤지만, 스위스만큼 열차 여행이 어울리는 곳이 또 어디 있을까 싶다. 보통 도보 이동이 잦은 유럽 여행에서 대부분은 이동 중 잠을 청하는 경우가 많은데, 스위스에서는 그러기 쉽지 않다. 깜빡 잠든 사이 알프스의 초원과 목가적인 전원 풍경, 에메랄드 호수의 아름다운 풍광이 끝없이 펼쳐질지 모르기 때문이다. 스위스는 이처럼 아름다운 경관을 잘 볼 수 있는 다양한 열차 인프라를 갖추고 있는데, 그중 대표적인 것이 파노라마 관광 열차다. 각 지방의 개성을 듬뿍 담은 관광 열차들을 지금 만나보자.

✛ 빙하특급 *Glacier Express*

빙하특급은 체르마트와 생 모리츠를 연결하는 구간으로 그 길이만 총 300km에 달하며, 총 7개의 골짜기, 291개의 다리와 91개의 터널을 지나게 된다. 다리와 골짜기가 많다는 것은 그만큼 알프스의 험준한 지형들을 관통하는 구간이라는 의미이기도 하다. '특급'이라는 이름과는 상반되게 **총 7시간 30분을 여행하는 세상에서 가장 느린 열차로 잘 알려진 빙하특급**은 천장 빼고는 모두 파노라마 통창으로 되어 있어 바깥 경치를 감상하는 데 훌륭한 조건을 갖추고 있다. 코너를 돌 때마다 열차 앞에서는 열차의 뒷모습이, 뒤에서는 앞모습이 그대로 보이기 때문에 사진 찍기도 그만이다. 빙하특급에서는 와인을 독특한 잔에 마실 수도 있다. 산악을 관통하는 지형 탓에 열차가 기울어지는 경사가 있어서 잔의 와인이 흐르지 않도록 처음부터 비스듬하게 만들어져 있다.

빙하특급은 하루 1회 운행되며, 계절별로 운행 노선과 출발 시간, 운행 횟수가 조금씩 다르므로 일정 계획 시 참고로 해야 한다. 겨울에만 쿠어-다보스 플라츠 노선이 운행된다. 빙하특급을 타려면 홈페이지에서 여행 날짜에 운행하는 구간 및 시간, 가격을 확인하고 탑승해야 한다. 예약비가 발생하며 예약은 필수이다. 2019년부터 럭셔리 버전 엑설런스 클래스도 운행을 시작했다.

빙하특급 지도

소요시간 **체르마트→브리그** 약 1시간 20분
브리그→안데르마트 약 1시간 30분
안데르마트→쿠어 약 2시간 30분(겨울에만 운행하는 중간 구간)
쿠어→다보스 플라츠 약 2시간 30분 **쿠어→생 모리츠** 약 2시간
※ 하나의 구간으로 편의상 소요시간을 나누어 표기함
요금 **체르마트→생 모리츠 전 구간** 2등석 CHF 159,
1등석 CHF 272, 6~16세 50%, 6세 미만 무료, 반액 카드 및 스위스 카드 50%, 스위스 패스 및 유레일 패스로 이용 가능
예약비 1등석 및 2등석 전 구간 CHF 49, 짧은 구간(열차번호 900, 901, 906, 907) CHF 44, 엑설런스 클래스 CHF 470
※ 빙하특급 및 SBB 홈페이지, 주요 기차역에서 예약 가능
전화 +41 (0)81 288 6565
홈피 www.glacierexpress.ch

© Rail Europe Korea

✚ MOB 골든패스 라인 *MOB Goldenpass line*

골든패스 라인은 스위스의 독일어권과 프랑스어권을 연결하는 관광 열차로 인터라켄에서 몽트뢰로 향하거나 혹은 반대의 루트로 운행한다. **여행자가 상상하는 스위스의 목가적인 풍경이 현실에도 존재한다는 것을 알려주는 것이 바로 골든패스 라인이다.** 알프스의 목초지대를 지나기 때문에 푸른 벌판 위를 자유롭게 뛰노는 소와 양, 알프스 전통 가옥 형태인 샬레 등 동화 같은 모습을 파노라마 통창을 통해 시원하게 감상할 수 있다. 툰 호수, 브리엔츠 호수, 레만 호수 등 스위스 중남부의 주요 호수들도 지난다.

골든패스 라인은 인터라켄부터 몽트뢰까지 갈아타지 않고 닿을 수 있는 '골든패스 익스프레스'와 츠바이짐멘부터 몽트뢰까지 가는 '골든패스 파노라마 열차', '골든패스 클래식 열차'가 있다. '골든패스 파노라마' 열차 일부 중 앞뒤 운전석을 개조해 통유리로 만들어 파노라믹 풍경을 즐길 수 있도록 한 VIP 좌석이 있다.

골든패스 라인은 한 시간에 한 대가 있기 때문에, 시간과 취향에 맞춰서 선택해 즐길 수 있다. 참고로 루체른–인터라켄 구간을 달리는 열차는 별도의 루체른–인터라켄 익스프레스로 룽게른 호수 풍경을 즐길 수 있다.

MOB 골든패스 라인 지도

소요시간 **몽트뢰→츠바이짐멘** 약 1시간 48분
몽트뢰-인터라켄 3시간 12분
요금 스위스 트래블 패스 및 유레일 패스 소지자 무료,
몽트뢰-인터라켄 프리스티지 및 1등석 CHF 96,
2등석 CHF 59, 몽트뢰-츠바이짐멘 1등석 CHF 58,
2등석 CHF 34
예약비 골든패스 익스프레스 프리스티지 CHF 49,
1등석 및 2등석 CHF 20(예약 필수),
골든패스 파노라믹, 벨 에포크 CHF 10(예약 권장),
파노라믹 VIP CHF 15(예약 필수),
※ 골든패스 라인 및 SBB 홈페이지, 주요 기차역에서 예약 가능
전화 **국내** +41 (0)21 989 8190 **국외** +41 (0)84 024 5245
홈피 www.mob.ch, www.sbb.ch

✛ 베르니나 특급 *Bernina Express*

베르니나 특급은 레티셰반Rhätische Bahn의 파노라마 열차로 빙하특급과 연결해 즐길 수 있는 구간이다. 쿠어에서 생 모리츠를 거쳐 이탈리아 티라노까지 빙하와 야자수를 함께 감상할 수 있는 특별한 열차이다. 55개의 터널과 196개의 다리를 지나는 베르니나 특급은 스위스를 여행한다면 누구나 꼭 한번 경험해보라고 강추하고 싶을 정도로 매력적인 열차이다.

특히 베르니나 특급의 하이라이트는 유네스코 세계문화유산으로 지정된 알불라-베르니나 구간이다. 투시스-생 모리츠(61.6km, 알불라 라인), 생 모리츠-티라노(60.6km, 베르니나 라인)를 합쳐 총 122km 구간이며, 해발 2,253m로 세계에서 가장 높은 기차역 오스피치오 베르니나, 해발 1,048m에 세워진 높이 65m, 길이 136m의 유서 깊은 돌다리 랜드바저, 나선형으로 하강하는 곡선 구간, 모르테라취 빙하 등 다양한 볼거리를 제공하며 여행자들의 숨을 막히게 하는 버라이어티함을 갖추었다. 개인적으로 정말 돈이 아깝지 않을 정도라고 말하고 싶다(특히 스위스 패스로 여행을 한다면 말이다!).

최저 430m에서 최고 2,253m까지의 고도를 넘나들며 가파른 경사 구간에 톱니바퀴 열차를 놓치고, 열차가 원형으로 돌아가게 철로를 놓아서 오히려 여행자들에게는 신기하고 재미있는 경험을 선사한다. 베르니나 특급은 전 세계 여행자들에게 많은 사람을 받는 관광열차이므로 좌석 예약은 필수이다. 여름에는 티라노에서 베르니나 버스가 다니는데 이탈리아 코모Como 호수를 지나 야자수가 있는 스위스 이탈리아어권 루가노까지 여행을 이어갈 수 있다.

베르니나 특급 지도

소요시간 **쿠어→티라노** 약 4시간
티라노→루가노 약 3시간(버스)
요금 **쿠어→티라노** 구간 2등석 CHF 66, 1등석 CHF 113, 6~16세 50%, 반액 카드 및 스위스 카드 50%, 스위스 패스로 이용 가능
예약비 **베르니나 특급 비수기(11~4월)** 전 구간 CHF 32, **성수기(5~10월)** 전 구간 CHF 36, 짧은 구간(생 모리츠-티라노) CHF 28, **베르니나 특급 버스** 비수기 CHF 14, 성수기 CHF 16
※ 베르니나 특급 및 SBB 홈페이지, 주요 기차역에서 예약 가능
전화 +41 (0)81 288 6565   홈피 www.rhb.ch

✛ 고타드 파노라마 특급 Gotthard Panorama Express

고타드 파노라마 특급은
스위스 루체른 지역과
티치노 주를 북–남으로
잇는 구간이다. 루체른
에서 플뤼에렌까지는 증
기유람선을 타고 스위스
연방국이 시작된 뤼틀리 초원을 지나 호수 여행을 즐기
고, 플뤼에렌부터 루가노까지는 역사가 깃든 고타드 길
의 파노라마 열차를 탄다. 봄부터 가을까지 루체른, 루가
노에서 하루에 한 번 출발한다. 기본적으로 파노라마 열
차를 타기 위해서는 1등석 티켓이나 패스를 소지해야 하
며, 2등석 패스 소지 시 추가 요금이 발생하니 유념해두
자. 유람선에서는 1, 2등석 모두 각 탑승이 가능하다.

고타드 파노라마 특급 지도

- Luzern
- Flüelen
- Locarno
- Bellinzona
- Lugano

소요시간 **루체른→플뤼에렌** 약 3시간 미만
플뤼에렌→루가노 약 2시간 이상
운영 4월 말~10월 중순 화~일
요금 **스위스 트래블 패스 1등석 소지 시** 추가 요금 없음
스위스 트래블 패스 2등석 소지 시 기차 1등석 탑승 조건
CHF 31.50 추가 **Half-Fare 트래블 카드 소지 시** 1등석
CHF 80 **일반** 1등석 CHF 160
예약비 CHF 16(기차만)
※ SBB 홈페이지, 스위스 기차역 어디서든 예약 가능
전화 스위스 열차 고객센터 +41 (0)84 844 6688(CHF 0.08/분)
홈피 www.sbb.ch

✛ 보랄펜 특급 Voralpen Express

유네스코 세계문화유산으로 지정된 세계에서 가장 오래
된 수도원 도서관이 있는 장크트 갈렌에서 시작하는 보
랄펜 특급은 라퍼스빌, 페피콘을 지나 루체른으로 이르
는 총길이 125km의 노선으로 평이하지만 아름답고 평
온한 스위스의 풍광들을 보여준다. 장크트 갈렌을 조금
벗어나면 스위스에서 가장 높은 철교인 높이 99m 지터
Sitter 다리를 지나게 된다.

보랄펜 특급 지도

- St. Gallen
- Herisau
- Wattwil
- Unach
- Schmerikon
- Rapperswil
- Pfäffikon
- Wollerau
- Biberbrugg
- Arth-Goldau
- Küssnacht am Rigi
- Meggen Zentrum
- Luzern Lucern Verkehrshaus
- Luzern

소요시간 **장크트 갈렌→루체른** 약 2시간 15분
요금 **장크트 갈렌→루체른 전 구간(편도)** 특정 날짜 및
시간에 탑승하는 **슈퍼세이버 CHF 42,**
편도 및 왕복 기준 시간을 자유롭게 사용할 수 있는
루트티켓 CHF 51(시간대별 할인 적용 금액이 다르니,
온라인 사전 예약 확인 필수), 스위스 패스 소지자 무료
※ 보랄펜 특급 혹은 SBB 홈페이지, 주요 기차역에서 예약 가능
전화 +41 (0)58 580 7070
홈피 www.voralpen-express.ch

스위스 현지인 롤란드 씨가 추천하는
릿지 하이킹(Ridge Hiking)

스위스로 향하는 여행객의 대다수가 대자연 속에서 불과 몇 시간 동안이라도 하이킹을 하기 원한다. 물론 현재까지는 스위스 유명 관광지 내에서 산악열차를 타고 가다 중간역에서 내려 한두 정거장 걷거나, 특정 지역에 국한된 단순한 하이킹이다. 그러나 하이킹을 하고 난 후 여행객들의 만족도는 매우 높다. 스위스 현지인들이 꼭꼭 숨겨놓은 최고의 하이킹 루트를 아이들과도 함께 걸어볼 수 있다. 이 루트를 스위스 현지 전문가 롤란드 바움가트너 씨에게 전수받고자 한다.

✚ 중앙 스위스, 루체른 지역
슈토스(Stoos) → **클링엔슈톡**(Klingenstock) → **프론알프슈톡**(Fronalpstock) **파노라마 하이킹**

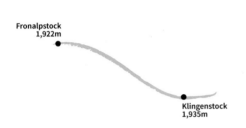

Fronalpstock 1,922m

Klingenstock 1,935m

난이도 하
(유치원 이상의 어린아이들부터 가능)
거리 4.62km
소요시간 클링엔슈톡
→ 프론알프슈톡 2시간 30분
고도 ↑493m, ↓508m
최고지점 1,920m
출발/도착지점 슈토스
자세한 정보 www.stoos.ch,
www.fronalpstock.ch

루체른 호수 및 저 멀리 독일의 흑림지대까지 놀라운 전망을 선사해주는 루트로, 글레어니쉬Glärnisch, 퇴디Tödi, 우리 로트슈톡Uri Rotstock, 필라투스, 바이젠트자인Weissentsein, 포스겐Vosgen과 미텐Mythen까지 볼 수 있을 만큼 그 어떤 루트보다 환상적인 전망을 자랑한다. 스위스 건국신화에 등장하는 뤼틀리 초원과 로이스Reuss 계곡, 고타드Gotthard와 루체른까지 전망 가능한 매우 인상적인 하이킹이 될 것이다.

이동방법 슈비츠에서 슈토스까지 세계에서 가장 경사진 톱니바퀴 열차로 이동한 다음 체어리프트를 타고 클링엔슈톡으로 이동한다.

등반 시 체어리프트를 타고 프론알프슈톡까지 계속 올라가지 말고 클링엔슈톡에서부터 가장 멋진 산마루 경관들을 선사해주는 프론알프슈톡까지 트레일을 따라 걷는 것이 좋다. 트레일은 서쪽 방향으로 로트 투름Rot Turm과 놀렌Nollen까지 이어지는데 곧이어, 잘 닦인 좁은 산길은 하이커들의 안전을 위해 체인이 설치된 바위 면까지 계속된다.

하산 시 프론알프슈톡에서 슈토스까지 체어리프트를 타고 하산하거나 초원지대 너머 알프스의 농부 비젤Wisel이 운영하는 알프 라우이Alp Laui에 들러 커피나 와인과 함께 빵에 녹인 치즈를 얹은 음식인 케제슈니테Käseschnitte를 맛보자. 슈토스까지 걸어 내려가는 것도 무리 없으며 목적지를 향해 반 정도까지 걸어오다 다시 체어리프트를 타도 좋다.

레스토랑 프론알프슈톡 정상의 레스토랑과 호텔에서 음료를 마시거나 식사를 한 뒤 다시 트레킹을 할 수 있다. 이곳에서 묵는다면 해넘이를 꼭 보도록 하자.

✚ 융프라우 지역(베아텐베르그, 툰 호수)
아이벡스(Ibex) 크레스트 하이킹, 니더호른(Niederhorn)

> 난이도 중(간식 및 하이킹화 필수)
> 거리 16km
> 소요시간 3시간 15분
> 고도 ↑ 463m, ↓1319m
> 최고지점 2,060m
> 출발/도착지점 니더호른/합케른

융프라우 지역(베르너 오버란트 지역) 내, 툰 호수 너머 조그마한 마을, 베아텐베르그Beatenberg에서 니더호른 정상까지 양지바른 계단식 지형들은 마치 엽서의 풍경처럼 완벽한 경관을 가지고 있는 곳이다. 겜멘알프호른Gemmenalphorn까지 가는 길은 아이거, 묀히, 융프라우 등 알프스 지역에서 유명한 봉우리와 알프스 지역에서 서식하는 아이벡스(또는 Steinbock, Capra)라 불리는 산양이 이른 아침 산을 오르는 등반객들을 반겨준다.

이동방법　툰 호숫가의 베아텐부흐트Beatenbucht에서 케이블카를 타거나 인터라켄 동역에서 버스를 타고 베아텐베르그까지 이동. 이곳에서 니더호른 정상까지 공중 케이블카로 이동하게 된다.

등반 시　부르그벨트슈탄드Burgfeldstand와 겜멘알프호른까지 이어지는 비교적 쉬운 릿지 하이킹은 융프라우 지역에서 가장 기억에 남을 만한 만년설로 뒤덮인 산악 경관을 간직하고 있는 곳이다. 수려한 자연 속에서 알프스에 서식하는 갖가지 조류, 마모트와 아이벡스 등 동물들을 관찰할 수도 있는 것이 매우 이색적이다.

하산 시　겜멘알프호른에서 니더호른까지 케이블카로 하산할 때 중간역인 포어사스Vorsass나, 하이킹을 계속하다 만날 수 있는 작은 마을인 베아텐베르그 또는 합케른에서 내려 둘러본 다음 포스트버스를 타고 인터라켄 동역으로 이동하는 것도 좋다.

✚ 루체른 호수 지역

슈비츠(Schwyz) 주, 우리(Uri) 주 스위스의 길

'스위스의 길The Swiss Path(Weg der Schweiz)'은 1291년 스
위스 연방 건국의 기원이 된 뤼틀리 서약 700주년을 기
념하기 위해 뤼틀리부터 브룬넨까지 루체른 호수 주변에
하이킹 루트를 발표했다. 구간에 따라 스테이지 1~4까
지 나누어져 있으며 이 책에서는 스테이지 1구간을 소개
한다.

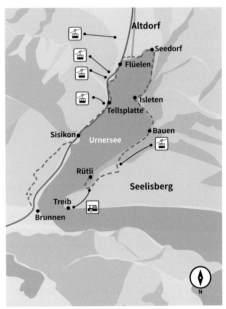

■ 스테이지 1: 젤리스베르크Seelisberg, 뤼틀리Rütli – 바우엔Bauen

루체른 시내 –[유람선]**– 트라이브**Treib**–**[푸니쿨라]**– 젤리스베르크 –**[스위스 패스 하이킹]**– 바우엔 –**[유람선]**–루체른 시내**

하늘처럼 파란 루체른 호수를 가로질러 우리 주의 특징 컬러인 노랑, 검은색으로 단장한 오래된 목조 푸니쿨라 역에서 티켓을 구매하고 젤리스베르크까지 올라가면, 바로 그곳에서 여정이 시작된다. 뤼틀리 길Rütli Weg을 따라 가다 보면 마치 북유럽 피오르드 주변을 하이킹하는 듯한 착각이 들 만큼 멋진 전경이 발끝에 닿는다. 작은 마을의 집과 농장, 피크닉과 캠핑을 할 수 있는 발트휘테Walthütte를 지나게 되고 조금 더 걷다 보면, 스위스 국회 의사당 본회의장에 걸린 그림의 배경이 되는 그로서 미텐과 피어발트슈테터 호수가 함께 보이는 마리엔회에Marienhöhe 뷰포인트를 지나게 된다. 아스팔트길을 쭉 따라 걷다 보면 보는 방향에 따라 하트 모양으로 보이는 아담한 호수, 젤리Seeli가 내려다보이는데, 젤리스베르크 브룬니Seelisberg Brunni에서 알프 바이드Alp Weid까지 운행하는 조그마한 케이블카가 이 호수 위로 지나다닌다. 아스팔트길을 지나 다시 초원과 우리 호수가 보이는 리글러 패밀리의 농장(주소 Wissigstrasse 14, 6377 Seelisberg)에서부터는 바우엔까지 돌계단을 타고 내려가게 된다.

난이도 중(간식 및 하이킹화 필수)
거리 9.4km
소요시간 2시간 50분~3시간
고도 ↑520m, ↓520m
최고지점 873m
출발/도착지점 젤리스베르크, 뤼틀리/바우엔
자세한 정보 www.weg-der-schweiz.ch

스위스 국회 의사당 본회의장

트라이브–젤리스베르크 푸니쿨라 역

바우엔 유람선 선착장

젤리 호수 전경

바우엔 가는 길

우리 호수

41

작가가 직접 체험한
스위스 농장 체험(Swiss Farm Stay)

스위스는 도시에서 불과 10분 거리에 도시와는 전혀 다른 전원, 농장을 비교적 쉽게 찾아볼 수 있다. 스위스 농가는 국가적으로 친환경 농법을 장려하는 까닭에 건강한 먹거리가 자라나는 풍경을 볼 수 있고, 동물 복지를 중요시하여 사육장이나 먹이를 최대한 스트레스 없이 유지, 관리한다. 또한 스위스 농장들은 해외 관광객, 내국인들에게 농장 체험 프로그램과 더불어 숙박, 건강한 먹거리 체험 등 다양한 서비스도 제공한다. 농장 주인의 소박하지만 따뜻한 정을 느낄 수 있어 현대식 호텔과는 다른 경험을 할 수 있다.

`작가가 체험해봤다!`

츄샤넨 농장 *Hof-Tschannen*

스위스 동북부 일리그하우젠Illighausen은 투르가우 주에 속하고, 독일과 접한 보덴 호수Bodensee 인근 마을로 관광객의 발길이 뜸한 스위스 독일어권의 작은 마을이다. 주로 사과, 옥수수를 심으며, 말과 젖소를 친환경적으로 키우는 바이오 농법을 추구하는 곳이다. 이곳 농장의 주인 다니엘과 클라우디아는 부모님을 모시고, 두 아들을 키우는 젊은 부부로 이 지역에서는 꽤 알려진 유명 농부이다.

주소 Tschannen Daniel & Claudia,
Lindenhof 1B,
8574 Illighausen
전화 +41 (0)71 688 1642
메일 info@hof-tschannen.ch
홈피 Booking.com에서 확인 가능

© MySwitzerland.com

Tip | 적합한 농가 찾기

스위스 관광청 홈페이지에서는 농장 숙박 및 농가 체험에 대한 정보를 제공한다. 이곳에서 이동 경로에 맞는 지역을 선택해 농장을 조회해볼 수 있다. 대부분의 농장이 홈페이지를 구축해놓아 정보를 얻기 편리하며, 사전 예약은 메일로, 지불은 현지에서 보통 현금으로 하게 된다.
대중교통으로 여행한다면 열차 또는 버스 정류장에서 도보로 이용할 수 있는 농가 또는 픽업 서비스를 제공하는 농가를 선택하자.
홈피 www.MySwitzerland.com

Tip | 농가는 호텔이 아니에요!

농가는 호텔처럼 세련된 숙박 시설이 아님을 기억하자. 가축이 주변에 있으므로 여름에는 다소 냄새가 날 수 있고, 화장실도 외부에 있을 수 있다. 색다른 경험을 즐길 준비가 된 여행자만 누릴 수 있다.

✚ 오늘의 잠자리(건초더미 VS 침대)

야심만만하게 짚더미에서 잔다고 예약했으나, 마른 건초가 옷에 다닥다닥 붙는 탓에 과감히 포기. 가족 3인이 넉넉하게 잘 수 있는 3인실로 변경했다. 좀 더 편안한 레이크 뷰 객실과 로맨스 객실도 있다.

요금 **패밀리(건초 침대)** 1인 CHF 70, 2인 CHF 99, 3인 CHF 141, 4인 CHF 183
　　레이크 뷰 2인 CHF 180 **로맨스** 2인 CHF 200
　　※ 숙박비에 조식 포함, 시즌에 따라 다름

✚ 슬리퍼 신고 동네 한 바퀴, 방명록 써보기

이른 저녁을 먹고 TV도 없는 이곳에서 뭘 할까 둘러보다 농장에서 투숙한 여행자들이 남겨놓은 방명록을 보고 우리도 글과 그림을 남겨 보았다. 우리가 두 번째 한국 손님이라던데, 다음에 방문할지도 모를 한국 여행객을 위해 애정을 담아 인사 글을 써 내려갔다.

✚ 동물들과 거리 좁히기

젖소에게 신선한 풀도 먹이로 줘보고, 말의 머리도 쓰다듬면서 교감하는 것도 성공! 젖소와 돼지에게서 나는 냄새는 처음엔 코를 틀어막을 정도였지만 한두 시간 지난 다음부터는 완벽히 적응 완료했다.

✚ 농가식 아침 먹기

작은 베이커리에서 사 온 갓 구운 빵, 직접 만든 갖가지 잼과 마멀레이드, 농장에서 생산한 향긋한 버터, 코를 자극하는 커피! 소박하지만 그 어느 때보다 맛있는 부족할 것 없는 아침 식사를 즐길 수 있다.

스위스 속살까지 감도 깊게 즐기는
포스트버스 낭만 여행

스위스 트래블 패스는 이제 스위스 개별 여행 필수품이 된 것 같다. 패스를 이용해 원하는 목적지까지 스위스 방방곡곡 편리하게 이동할 수 있는 것이 큰 장점이다. 다만 열차와 테마열차 도시 내 대중교통 수단을 주로 이용하는 것 같아 살짝 아쉬운 점이 들곤 했다. 포스트버스는 열차가 다니지 않는 시내 외곽, 산간 지역까지 운행하는 덕분에 좀 더 감도 깊은 스위스 여행을 원할 때 제격이다. 눈에 확 띄는 진한 노란색이 매우 인상적이며 출발과 도착 즈음 그리고 커브를 돌 때 상대 드라이버에게 알림을 주는 포스트 호른 소리가 더없이 낭만적이다. 호른 소리는 세 옥타브로 마치 "두-다-도 Du-Da-Do"라고 들리며 포스트버스 여행의 멋진 추억으로 남는다.

작가 강추! 포스트버스 여행지

오버발트 *Oberwald* - 마이링엔 *Meiringen*

가을이 깊어가는 10월 초, 빙하특급을 타고 체르마트에서 안데르마트까지 이동하여 안데르마트에서 가벼운 하이킹과 하룻밤을 보낸 후 기차로 오버발트로 이동했다. 신나는 호른 소리와 함께 포스트버스 여행이 시작되었다. 무거운 수트케이스는 버스 짐칸에 자유롭게 싣고 스위스 패스를 드라이버에게 확인시킨 후 앉고 싶은 자리에 앉았다. 포스트버스 노선의 경우 성수기에는 인기가 많아 사전 예약이 필요하니 여행 전에 체크가 필요하다.

외국인인 필자와 불어권 지역에서 온 또 다른 여행자를 위해 독어, 불어, 영어 3개 국어로 여행의 특징에 대해 드라이버 아저씨가 설명을 해준다.

성우의 내레이션처럼 듣기 좋은 목소리가 아름다운 풍경과 완벽한 조화를 이룰 즈음, 덩치 큰 버스가 지나기 어려울 만큼 구불구불 도로와 론느 강이 빚어내는 풍광이 이어지고 마침내 그림젤 패스의 정점, 토텐호수Totensee가 눈부시게 빛나는 그림젤 패스 역Grimsel Passhöhe에 도착한다. 관광버스처럼 15분 휴식시간이 주어진다. 사람들은 저마다 흩어져 아름다운 풍경을 카메라와 두 눈에 가득 담느라 분주하다.

※ 해당 루트는 그림젤 패스가 열리는 기간(늦은 봄~이름 가을)에만 운행
※ 아이롤로Airolo에서 시작, 누페넨 고개Nufenenpass를 지나 오버발트-마이링엔 구간 탑승도 가능

험준한 산길과 건설 중인 댐을 배경으로 그림젤 호수 Grimselsee가 펼쳐지고, 사람의 발길이 닿지 않을 것만 같은 곳에 오래된 산악 호텔 그림젤 호스피츠Historisches Alpinhotel Grimsel Hospiz가 있다. 소셜미디어의 스타답게 독특하고 멋지다. 이곳에 머물 수 있는 시간은 단 5분. 노란색 포스트버스는 또 다시 론느 빙하 지역의 끝자락을 내달려 계곡을 따라 푸르름이 펼쳐지는 하슬리탈Haslital 지역으로 들어간다.

그림젤 패스

그림젤 패스에 내리는 비는 어느 강에 떨어지느냐에 따라 운명을 달리한다. 론느 강 지류에 떨어지면 남쪽 지중해까지, 아레 강에 떨어지면 스위스 북쪽을 따라 북해까지 다다른다.

호텔 그림젤 호스피츠

호텔 그림젤 호스피츠는 중세부터 호텔이 있던 곳으로 현재 29개 객실의 여름 호텔로 운영하고 있다. 1921년부터 포스트버스가 이곳을 운행하기 시작했다.
그림젤 패스에는 댐이 건설 중이다. 과거에는 북과 남을 이어주는 교역로였다가 현재 전력을 생산하고 저수의 역할을 하는 장소로 변모했다.
하슬리탈은 여전히 계곡이 이어지는 지역으로 목축업을 많이 한다. 겔머반Gelmerbahn이 이곳에 있다.

그림젤 패스에 건설 중인 댐

포스트 버스 정보 www.postauto.ch
※ 운행지역, 추천 루트, 타임테이블, 예약, 가격 등 자세한 정보를 얻을 수 있다.
※ 휠체어, 유모차 탑승, 와이파이 사용 가능

목가적인 풍경의 하슬리탈

01

Mission in Switzerland

스위스에서 꼭 해봐야 할 모든 것

SIGHTSEEING 1 스위스의 세계문화·자연유산

유네스코(UNESCO)는 인류가 보존해야 할 문화·자연을 세계유산으로 지정하여 보호하기 위해 설립된 국제연합전문기관이다. 유네스코는 스위스에 총 13곳(문화유산 9곳, 자연유산 4곳)을 선정하였다. 지도에 표시된 곳 외에도 유네스코 자연유산인 유럽 곳곳의 고대 및 원시 너도밤나무 숲에 티치노와 솔로투른이 포함된다. 여행 계획을 세울 때 관심도에 따라 유네스코 지역을 넣어보자. 의미 있는 여행이 될 것이다.

등록연도: 1983년 〉 문화유산

❶ 장크트 갈렌 수도원 *Abbey of St. Gallen*

장크트 갈렌 수도원은 카롤링거 왕조 시대의 수도원의 모습을
가장 잘 간직하고 있는 곳. 수도원 부속학교와 도서관은
스위스 바로크 건축의 걸작으로 중요한 서적들을 소장하고 있다.

등록연도: 1983년 〉 문화유산

❷ 뮈스테어 성 요한 베네딕트회 수도원

Benedictine Convent of St. John at Müstair

그리종Grisons 지역, 깊은 계곡 내에 자리한 수도원으로
8세기 프랑크 왕조 칼 대제의 명령에 의해 세워진 곳이다.
건물 내부의 장대한 벽화와 프레스코화로 유명하다.

등록연도: 1983년 〉 문화유산

❸ 베른 구시가지 *Old City of Berne*

아레 강에 둘러싸인 작은 언덕 위에 12세기경 세워진 도시.
베른은 일관성 있는 계획하에 건립되어 도시 원형이
예전 그대로 보존되어 내려오는 것이 특징이다.

등록연도: 2000년 〉 문화유산

❹ 벨린초나 3개의 고성, 구시가지를 둘러싼 성벽

Three Castles, Defensive Wall and Ramparts of the Market-Town of Bellinzona

티치노 계곡 전역이 내려다보이는 바위 위에 세워진 그란데 성과
성벽의 일부를 이루고 있는 몬테벨로Montebello 성, 외로이 떨어져 있는
세 번째 성 사소 코르바로Sasso Corbaro로 구성되어 있다.

등록연도: 2001년 〉 자연유산

❺ 스위스 알프스 융프라우-알레취 빙하-비취호른

Swiss Alps Jungfrau-Aletsch-Bietschhorn

스위스 동쪽에서 서쪽으로 걸쳐 있는 표면적만 해도
약 82,400ha에 이르는 유라시아 최대, 최장의 알레취 빙하를 포함한다.
알프스 고산지대의 형성을 가장 잘 보여주는 곳이다.

등록연도: 2003년 〉 자연유산

❻ 산 조르지오 산 *Monte San Giorgio*

루가노 호수 남쪽 피라미드 모양의 산. 트라이아스기의
화석들로 인해 주목을 받았으며, 과거 이곳이 바다였다는
지질학적 증거와 함께 다양한 화석이 나오고 있다.

등록연도: 2007년 〉 자연유산

❼ 라보 계단식 포도밭 *Lavaux Vineyard Terraces*

보 주의 레만 호숫가, 시옹 성에서 로잔 외곽지대까지
약 30km 정도 곧게 뻗은 계단식 지형으로 이루어져 있는
포도밭으로, 11세기부터 척박한 환경을 개척해
아름다운 포도밭으로 가꾸어 놓은 풍경이 인상적이다.

등록연도: 2008년 〉 문화유산

⑧ 알불라·베르니나 지역의 레티셰 철도(베르니나 특급)
Rhaetian Railway in the Albula·Bernina Landscapes

레티셰 철도는 알불라, 베르니나 지역을 거쳐 알프스를 통과하는 철도. 영어로는 라이티아Rhaetia라고 불린다. 길이는 67km에 달하며 42개의 터널과 유개통로, 144개의 고가교와 교량을 갖춘 철도 구조물이다.

등록연도: 2008년 〉 자연유산

⑨ 스위스 사르도나 지각 표층 지역 *Swiss Tectonic Arena Sardona*

높이 3,000m 이상의 7개 봉우리를 포함해 32,850ha에 이르는 산악지대로 대륙 간의 충돌로 생성된 산악 지형의 전형을 보여준다. 과거의 두꺼운 암석층이 새로이 생성된 얇은 암석층 상단으로 밀려 올라가는 과정에서 생겨난 지형적 특성이 인상적인 곳이다.

등록연도: 2009년 〉 문화유산

⑩ 라쇼드퐁·르 로끌 시계 제조 계획 도시
La Chaux-de-Fonds·Le Locle Watchmaking Town Planning

스위스 쥬라 산맥. 농업에 적합하지 않은 두 도시에 시계 제조업자들의 편의에 따라 도시의 건물을 합리적으로 구성해놓았다. 카를 마르크스는 라쇼드퐁을 '거대한 공장 도시'라고 표현하기도 했다.

등록연도: 2011년 〉 문화유산(연속유산)

⑪ 알프스 주변의 선사시대 호상 가옥
Prehistoric Pile dwellings around the Alps

111개의 작은 유적지들로 구성된 연속 유산. BC 5000~BC 500년 물속에 기둥을 세워 가옥이 물 위로 드러나게 건축했다. 알프스와 그 주변의 호숫가, 습지 등에 있으며 초기 농업사회 중요 연구 자료다.

등록연도: 2016년 〉 문화유산

⑫ 르 코르뷔지에 건축물 *The Architectural Work of Le Corbusier*

현대 건축의 아버지 르 코르뷔지에는 〈타임지〉 선정 '20세기를 빛낸 100인' 중 유일한 건축가다. 그가 2016년 7개국에 걸쳐 건축한 17개의 작품들이 유네스코에 등재되었다. 스위스에는 레만 호수의 빌라. 르 락Le Lac과 제네바의 클라르테Clarté 빌딩이 이에 속한다.

EVENT 1 스위스의 페스티벌과 이벤트

스위스를 여행하다가 예상치도 않게 그 지역 페스티벌과 이벤트를 접할 기회가 생기면 마치 복권에 당첨된 듯한 기분이 들기도 한다. 축제는 보통 농촌 지역은 가을에, 관광지로 유명한 지역은 여름과 겨울에 많이 열린다. 그중 취리히, 루체른, 바젤, 로잔은 이벤트 기간에 특히 호텔 잡기가 어려우니 관광청 홈페이지를 통해 이벤트 기간을 미리 알아두는 것이 좋다.

1월

샤또데 국제 열기구 페스티벌

International Balloon Festival(2024.1.20~1.28)

1월 말부터 8일 동안 샤또데Château-d'Oex에서 펼쳐지는 열기구 축제. 평균 20여 개국, 80여 개의 열기구 팀이 하늘에서 열기구 향연을 펼친다.

www.festivaldeballons.ch

벵엔 스키 월드컵

Ski World Cup Wengen(2024.1.12~1.14)

스위스에서 매년 열리는 스포츠 이벤트로는 가장 큰 규모. 아이거, 묀히, 융프라우가 보이는 벵엔에서 스키 월드컵 중 가장 긴 레이스가 펼쳐지며 특히 활강 코스가 까다롭기로 유명하다.

www.lauberhorn.ch

2~3월

지역마다 겨울의 악령을 쫓고 봄을 맞이하는 전통 행사를 벌인다. 산악 지역에서는 스노보드, 스키 등 겨울 스포츠 행사가 열린다.

생 모리츠 설상 경마 대회

White Turf(2024.2.4, 2.11, 2.18)

1907년부터 매년 개최되기 시작한 이 설상 경마 대회는 얼어붙은 생 모리츠 호수에서 펼쳐진다. 매년 2월 세 번의 일요일에 걸쳐 진행된다.

www.whiteturf.ch

체게테 *Tschäggättä*

발레 주 뢰첸탈Lötschental 지역의 빌러Wiler, 블라텐Blatten 등지에서 열리는 전통 행사. 북청사자놀음 같이 털로 된 의상과 기괴한 마스크를 쓰고 거리 곳곳을 행진한다.

www.loetschental.ch

바젤 파스나흐트

Basler Fasnacht(2024.2.19~2.21)

월요일 오전 4시 모르겐스트라이히Morgenstreich를 시작으로 목요일 오전 4시까지 이국적이고도 기괴한 옷을 입고 축제를 벌인다.

www.baslerfasnacht.info

루체른 카니발

Lozärner Carnival(2024.2.8~2.12)

루체른 시내에서 열리는 연중 가장 큰 전통 행사. 보기만 하는 행사가 아니라 루체른 시민이 적극적으로 참여한다.

www.lfk.ch

4월

본격적인 봄을 알리는 4월. 야외 음악 축제와 더불어 자연의 푸른 녹음을 즐기는 축제가 많이 열린다.

루체른 페스티벌

Lucerne Festival(스프링 페스티벌 2024.3.22~3.24)

부활절(4월)과 여름(8월 중순~9월 중순), 초겨울에 세 번 열리는 세계적인 클래식, 모던 음악 축제이다.

www.lucernefestival.ch

아펜첼 공의회 *Landsgemeinde(2024.4.28)*

주민들이 아펜첼 란츠게마인데 광장에 모여 주요 사

안에 대해 거수로 직접 민주주의를 실현한다. 글라루스에서도 행해진다.
www.ai.ch/de/politik

체르마트 언플러그드
Zermatt-unplugged(2024.4.9~4.13)

매년 4월 초 봄을 알리는 행사로, 축제 때는 체르마트의 시내, 주요 전망대에서 유명 뮤지션들의 콘서트가 열려 흥을 돋운다.
www.zermatt-unplugged.ch

5월
계절의 여왕 5월에는 와인 행사와 더불어 크고 작은 축제들이 지역 곳곳에서 열린다.

에페스 햇 와인 축제 *Epesses nouveau en fête*
보 주의 별미 소시지, 소시송^{Saucisson}과 함께 와인 생산자들이 작년 수확철에 거둔 포도로 담근 와인의 시음 축제를 벌인다. 와인 시음은 무료, 라보 익스프레스 열차를 타고 각 와이너리를 투어하게 된다.
www.epesses-nouveau.ch

로잔 카니발 *Carnaval de Lausanne*

1982년 비교적 현대에 시작된 열정적인 행사로 신나는 구겐뮤직과 아이들을 위한 프로그램으로 가득하다.
www.carnavaldelausanne.ch

보 주 와인 저장고 오픈 축제
Caves Ouvertes Vaudoises
약 300여 와인 생산업자들이 방문객을 위해 와인 저장고를 열고 와인 시음 및 판매한다. 상황에 따라 6월에 열린다.
mescavesouvertes.ch

6월

제네바 음악 축제 *Fête de la Musique Genève*
매년 열리는 음악 축제로 제네바 및 로잔에서 즐거운 음악이 3일 동안 연주된다. 장르를 뛰어넘는 흥겨운 음악 축제.
www.ville-ge.ch/culture/fm

아트 바젤 *Art Basel*
'예술계의 올림픽'이라고 평가받는 행사로 세계에서 가장 훌륭한 임시 박물관이라고도 불린다. 세계 각국의 200~300여 곳 갤러리에서 4,000여 명의 예술가들의 빼어난 현대미술 작품을 전시한다.
www.artbasel.com

7월
스위스는 여름이면 음악으로 전 지역이 물든다 해도 과언이 아니다. 사스페, 에르넨, 다보스, 루체른에 이르기까지 발 닿는 곳곳마다 다채로운 음악이 흐른다.

몽트뢰 재즈 페스티벌
Montreux Jazz Festival(2024.7.5~7.20)

2013년엔 우리나라 한 라디오 방송에서 유명 DJ와 방송팀을 현지에 보내 생생한 현장 정보를 들려줄 만큼 세계적으로 유명한 음악 축제. 블루스부터 팝까지 음악이 다양하며 1967년부터 뮤지션과 음악 애호가들을 불러 모으고 있다.
www.montreuxjazz.com

루가노 에스티벌 재즈 *Lugano Estival Jazz*
3일 동안 열리는 음악 축제로 모두 야외에서 공연되며 무료로 개방되어 재즈 애호가들을 설레게 만든다. 유럽 최대 규모로 성장했다.
www.estivaljazz.ch

니옹 팔레오 축제 *Paléo Festival Nyon*

1976년부터 매년 열려온 이벤트로 스위스 최대 규모의 야외 행사. 록 페스티벌 분위기로 6일 동안 음악 공연과 함께 각종 즐길거리가 넘쳐난다.
yeah.paleo.ch

8월

스위스는 여름에 축제가 많기로 유명하다. 대도시뿐 아니라 소도시까지 각종 이벤트로 여름이 후끈 달아오른다.

취리히 스트리트 퍼레이드 *Zürich Street Parade*

매년 8월에 열리는 행사로 사랑, 자유, 타인에 대한 이해, 존중을 주제로 하여 거리에서 퍼레이드가 이어진다.
www.streetparade.com

로카르노 필름 페스티벌 *Festival del Film Locarno*

매년 8월 티치노 주의 아름다운 소도시 로카르노는 전 세계 영화인의 메카가 된다. 그런데 광장에 대형 스크린이 설치되어 야외에서 영화를 즐길 수도 있다.
www.pardo.ch

9월

알프스 고산지대에서 방목을 하던 소 떼가 겨울을 나기 위해 마을로 내려오는 행렬을 곳곳에서 볼 수 있다. 또한 와인 생산지를 중심으로 와인 마켓, 시음 행사 등이 다채롭게 열린다.

겜미 양치기 축제 *Sheep Procession Gemmi*

목동과 농부들의 모임에서 시작한 행사로 지금은 양 떼가 가파른 계곡과 호수를 내려와 겨와 소금을 섞어 놓은 사료를 마구 먹어대는 독특한 경관을 지켜보는 이벤트가 되었다.
www.valais.ch

알프압추크 *Alpabzug*

스위스에서 열리는 소몰이 축제 중 가장 다양한 전통의식을 볼 수 있다. 알프스 전 지역에서 10월 초까지 볼 수 있다.
www.appenzellerland.ch

10월

알프스 전 지역에서 각종 치즈 페스티벌이 열리고, 독일어권 지역에서는 맥주 축제인 옥토버페스트, 남쪽 티치노 지방에서는 밤 축제가 열린다.

루가노 & 아스코나 가을 페스티벌

Lugano & Ascona Autumm Festival

티치노의 가을은 밤 굽는 냄새와 축제로 활기가 넘친다. 루가노와 아스코나에서 티치노 토산품과 지역 음식을 마켓에서 선보인다.
www.amascona.ch

옥토버페스트 *Oktoberfest*

옥토버페스트는 독일만이 아닌 독일어권 스위스의 축제이기도 하다. 9월부터 10월까지 스위스 곳곳에서 열리니 맥주와 분위기에 취해보자.
www.oktoberfest.ch

11월

로잔 루미나리에 *Festival Lausanne Lumieres*

매년 11월 말부터 12월 말까지 약 한 달간 로잔 기차역 및 구시가지 등 도심 주요 광장과 건물들이 아름다운 빛으로 물든다.
www.festivallausannelumieres.ch

크리스마스 마켓 *Christmas Market*

크리스마스이브 약 한 달 전부터 당일까지 스위스 각 지역에서 열린다. 각종 장식품을 고르고 맛있는 현지 음식과 따뜻한 와인을 즐길 수 있다. 바젤, 루체른, 취리히, 몽트뢰 지역의 크리스마스 마켓이 가장 유명하다.

12월

성 니콜라스 축제 *St. Nicolas Celebrations*

12월 초 산타클로스의 유래가 된 인물인 성 니콜라스를 기념하기 위한 행렬 및 이벤트다. 스위스에선 아르가우, 뷜 등에서 열린다.
www.stnicholascenter.org

질베스터클라우젠 *Silvesterchlausen*

아라우 주 각 지역에서 열리는 축제로 12월 31일, 1월 13일에 열린다. 마스크를 쓴 사람들이 종을 들고, 요들을 부르며 각 집을 다니면서 복을 빈다.
www.appenzell.info

FOOD 1 스위스 전통 음식

산악 지방의 알프스 지역 음식들은 저장성을 높이기 위해 대체로 짭짤한 편이며, 추운 곳에서도 생장할 수 있는 감자와 많이 생산되는 치즈를 이용한 음식이 많다. 스위스는 독일, 프랑스, 이탈리아, 오스트리아 등과 접해 있는 까닭에 주변 국가에 따라 식문화에 영향을 많이 받기도 했다. 스위스의 꼭 맛보아야 할 맛있는 음식은 어떤 것들이 있을까?

한국의 어르신들도 반한 맛   산악 지방/주로 독일어권
라클렛*Raclette*

라클렛 치즈를 불에 가져다 녹인 다음, 녹인 단면을 칼로 살짝 긁어 접시에 올려서 삶은 감자와 피클을 함께 먹는 음식이다. 와인을 곁들이면 맛이 배가 되며, 요즘엔 현대적인 라클렛 기구를 이용하기도 한다. 생각보다 느끼하지 않고 치즈의 풍미가 살아 있어 부모님과 함께 먹기도 그만이다.

© Valais/Wallis Promotion

진정한 치즈 마니아의 맛   산악 지방/프랑스어권 & 독일어권
치즈 퐁뒤*Fondue Fromage*

2~3가지의 치즈를 약간의 화이트와인과 녹말가루를 넣어 함께 녹인 다음, 주사위 모양으로 자른 빵을 포크로 찍어 먹는 음식이다. 이 밖에도 기름에 튀겨서 먹는, 일명 미트 퐁뒤, 퐁뒤 부르기뇽*Fondue Bourguignonne*, 스위스 샤부샤부라 할 수 있는 퐁뒤 시누아*Fondue Chinoise*가 있다.

© Valais/Wallis Promotion

막걸리를 떠오르게 하는 친근한 맛   독일어권
뢰슈티*Rösti*

뢰슈티는 감자를 강판에 갈거나 가늘게 채 썬 것을 전처럼 부친 음식이다. 본래 지역 농부들의 전통적인 아침 식사로, 현대에는 다양한 요리의 사이드 메뉴로 곁들이기도 한다. 소시지인 브라트부어스트와 함께 먹기도 하며, 남녀노소 거부감 없는 친근한 맛으로 쉽게 도전해볼 만한 요리다.

풍부한 감칠맛 　　　　　　　　　　　　　 그라우뷘덴 주
카푼스*Capuns*

엄마가 해준 건강한 음식 같은 느낌이 저절로 드는 음식. 속재료를 넣고 근대 잎으로 감싸 크림소스를 끼얹어 먹는데, 그라우뷘덴의 전통음식이라 타지역에서는 접하기 힘들다.

그 누구도 거부할 수 없는 맛 　　　　　　　　　　 독일어권
브라트부어스트*Bratwurst*

소고기, 돼지고기 등을 이용하여 만든 소시지 음식. 거리에서 커다란 석쇠나 팬에 소시지를 구워 머스터드 소스와 빵을 곁들여 팔곤 하는데 이 맛이 끝내준다. 길거리 음식이면서 레스토랑 음식으로 아주 대중적이다.

고급스럽고 깔끔한 맛 　　　　　　　　 호수 지방/프랑스어권
필레 드 페르쉐*Filet de Perche*

바다가 없는 스위스에서 맛볼 수 있는 민물 생선 음식. 깨끗한 호수에서 건져 올린 민물 농어의 일종인 페르쉐를 뫼니에르*Meuniere*(생선을 밀가루에 묻힌 뒤, 버터와 기름을 넣은 냄비에 지지는 요리)로 만들거나 튀겨서 먹는다. 레만 호수가 유명하다.

감칠맛 나는 송아지 고기와 소스의 맛 　　　　　　 독일어권
게슈넷첼테스*Geschnetzeltes*

한입 크기로 자른 송아지 고기를 버섯과 크림을 넣어 만든 취리히와 독일어권 지역의 대표 음식이다. 브라트부어스트, 알펜 마카로니, 뢰슈티 등과 함께 먹기도 한다. 취리히 지역에서 탄생한 음식.

술안주로 그만 　　　　　　　　 발레/그라우뷘덴 주/티치노 주
뷘드너 플라이쉬*Bündner Fleisch*

겨울에도 맛 좋은 고기를 먹기 위해 소금과 향신료를 발라 공기 중에 건조한 소고기 음식이다. 얇게 잘라 먹으며 애피타이저와 안주로 제격이다. 마트에서 편리하게 구입할 수 있다.

FOOD 2 슈퍼마켓에서 찾은 스위스 음식

여행을 하다 보면 레스토랑에서 우아하게 먹는 것이 생각보다 쉽지 않다. 이럴 때는 슈퍼마켓이나 편의점 또는 길거리에서 파는 스위스 브랜드 음식을 맛보는 것도 여행의 즐거움이 된다. 소소하지만 강력한 맛의 음식들, 어떤 게 있을까?

카오티나
Caotina

스위스의 핫초코. 달달한 음료가
마시고 싶을 때 추천!

리벨라
Rivella

우유에서 추출한 성분으로 만든
스위스 국민 음료

허브 티와 허브 캔디
Herbal Tea & Candy

몸에 좋은 허브 티와 허브 캔디.
리콜라가 대표적

미니픽
Minipic

육포 맛이 나는 소시지.
입이 심심할 때 하나씩 가볍게
먹어도 좋다.

츠바이펠 파프리카
Zweifel Paprika

과자가
심하게 당길(?) 땐 먹어보자.
스위스 칩스의 대명사다.

요거트
Yogurt

스위스에는 다양한 맛의
요거트가 있다.
가을엔 밤맛 요거트는 어떨까?

뷘드너 플라이쉬
Bündner Fleisch

식빵 사이에 껴 넣으면 맛있는
육가공품. 와인 안주로도 제격

스위스 꿀
Schweizer Honig

알프스에서 자란 꽃들의 향기가
날 정도로 맛이 풍부하다.

스위스 치즈
Cheese

출출할 때 스위스 치즈가 최고.
빵과 함께라면 금상첨화

FOOD 3 스위스 와인

스위스 와인은 프랑스나 이탈리아 와인만큼 우리나라에서 접하기 쉽지 않다. 이는 스위스 와인의 맛이 떨어져서가 아니라 워낙 적은 양을 생산하는 데다 자국에서 소비하는 양이 많기 때문이다. 그러니 스위스에 가기로 했다면 꼭 와인을 맛보라고 권하고 싶다. 스위스 내에서도 지역별로 와인의 품종과 맛이 다르니 다양하게 시도해보자!

대표 와인

VALAIS AOC FENDANT DAME DE SION

발레 주에서 생산된
샤슬라 품종 와인.
강한 과일 향이 나며
볼륨감이 크고 끝맛이 부드럽다.
전채 요리와
퐁뒤 라클렛에 어울린다.

TREYROSE

보 주에서 생산된
가메Gamay 품종 와인.
여름날에 이상적이라고
할 수 있는 와인이다.
신선한 과일 맛이 나며
차가운 음식과 조화롭다.

NYON CAVE DE LA COTE

보 주에서 생산된
샤슬라 품종 와인. 과일 맛이
입안에 은은하게 감돈다.
전채 요리, 치즈 요리, 초밥 등의
요리와 잘 어울린다. 2017 스위스
와인 대상 금메달 수상

NEUCHÂTEL AOC OEIL DE PERDRIX CHÂTEAU D' AUVERNIER

612ha에 이르는 뇌샤텔 포도밭에서
생산된 피노 누아 품종 와인.
알코올 도수가 13.2도이며,
전채 요리 및 가벼운 파스타 요리와
곁들이기 좋다.

스위스 와인의 역사

스위스는 로마시대부터 본격적으로 와인 산업이 시작되었다. 이후 중세시대 수도원이나 영주들에 의해 유지되다 19세기 말부터 20세기 초까지 침체기를 맞았다. 1970년 스위스 자국의 와인 수요가 증대되면서 다시 와인 산업은 부흥한다. 스위스 와인 역사에서 중대한 사건이 몇 가지 있는데, 그중 1882년 스위스 트루가우 주의 헤르만 뮐러 Hermann Müller 교수가 포도 품종 리슬링Riesling과 마들렌 로열Madeleine Royale을 섞어 **뮐러 투르가우**Müller-Thurgau**라는 새로운 품종**을 만들어내 독일 및 전 세계 화이트와인에 많은 영향을 끼친 것이 첫 번째 사건이다. 두 번째 사건은 2007년 레만 호수의 계단식 **와인 생산지인 라보 지역이 유네스코 세계자연유산**으로 등재된 것이다. 이로 인해 라보 지역 관광뿐 아니라 라보 지역의 주요 품종인 샤슬라Chasselas와 스위스 화이트와인이 전 세계적으로 알려지게 되었다.

스위스의 대표 와인 산지

스위스의 대표 와인 산지는 발레 주, 보 주, 제네바, 스위스 서쪽 뇌샤텔과 3개의 호수 지역, 스위스 동쪽 독일어권 지역, 티치노 주의 여섯 지역으로 나뉜다. 지역마다 대표 포도 품종이 다르지만, **스위스 화이트와인의 대표는 샤슬라**Chasselas(발레 주는 펭당Fendant이라고 불림)이다. 샤슬라는 토양과 환경에 굉장히 민감한 포도 품종으로 조건이 조금만 달라져도 맛에 차이가 난다고 알려져 있다. **레드와인은 피노 누아**Pinot Noir로 여섯 지역에서 골고루 재배되나 각 기후 조건과 생산방식에 따라 맛이 조금씩 다른 편이다. **메를로**Melot는 이탈리아와 접경 지역인 티치노 주의 주요 포도 품종이다.

※ swisswine.ch 참조

■ 화이트와인

와인 맛	포도 품종	주요 지역	어울리는 음식
Dry + Light	샤슬라Chasselas	보 주, 제네바, 뇌샤텔 지역, 발레 주	라클렛, 치즈 퐁뒤, 아시아 요리, 새우 및 튀긴 생선 요리
	뮐러 투르가우Müller-Thurgau	스위스 동부, 빌 호수, 보 주, 제네바, 발레 주	굴이나 생선 요리, 에멘탈이나 틸 등의 치즈 요리
Dry + Full-Bodied	샤도네이Chardonnay	발레 주, 제네바, 보 주, 뇌샤텔 지역, 스위스 동부	새우, 버섯 크림소스, 치즈나 토마토 소스로 만든 생선 요리
	샤슬라	라보 지역(깔라망, 셰브레 등), 시옹	가벼운 소스 생선 요리, 스위스 전통 요리, 치즈 요리, 아시아 요리
	멜롯 비앙코Melot Bianco	티치노	파스타, 일반 생선 요리
	피노 블랑Pinot Blanc	발레 주, 보 주, 제네바, 빌 호수, 스위스 동부	해산물 요리
	발레 특산 품종 아미뉴Amigne, 위마뉴 블랑슈 Humagne Blanche, 에르미타쥬 Ermitage, 발레 무스카Muscat du Valais, 쁘띠 아뱅Petite Arvine	발레 지역	가벼운 소스의 생선 요리, 아시아 요리
Medium + Rich	돌 블랑슈Dôle Blanche	발레 주, 보 주	훈제연어, 차가운 돼지고기 요리, 부드러운 치즈
	게뷔르츠트라미너Gewürztraminer	발레 주, 보 주, 제네바, 뇌샤텔 지역, 빌 호수, 스위스 동부	매콤한 아시아 요리, 열대과일
	레우슐링Räuschling	발레 주, 제네바, 보 주, 스위스 동부	데치거나 구운 생선, 닭고기, 연성치즈, 튀기거나 소스로 만든 생선 요리
	실바네르Sylvaner (=요하니스베르크Johannisberg)	발레 주, 보 주, 빌 호수	홀란데이즈(마요네즈류) 소스를 곁들인 야채, 크림소스 생선 요리, 취리히 스타일 송아지 요리
Sweet + Semi-sweet	**늦 수확 와인들** 아미뉴, 에르미타쥬, 쁘띠 아뱅, 실바네르, 피노 그리스Pinot Gris	발레 주, 보 주	치즈류 디저트, 매운 아시아 요리

■ 레드와인

와인 맛	포도 품종	주요 지역	어울리는 음식
Fine + Elegant	피노 누아Pinot Noir	뇌샤텔 지역, 제네바, 보 주, 스위스 동부, 발레 주	토끼 등의 고기류, 스튜, 치즈
Powerful + Full Bodied	티치노 멜롯Melot del Ticino	티치노	양, 오리, 토끼 등의 고기류, 버섯, 리소토, 파스타, 부드러운 치즈
	피노 누아	보 주, 발레 주	말린 고기, 스테이크, 치즈
	발레 특산 품종 위마뉴 루쥬Humagne Rouge, 쉬라 Syrah, 코르날린 발레Cornalin Valais	발레 주	말린 고기, 스테이크, 치즈
Rosé	가메 로제Gamay Rosé (가벼움, 과일향)	제네바, 보 주, 발레 주	소시지, 아보카도, 생선수프, 염소치즈, 가벼운 식사류
	오이 드 페르드리Oeil de Perdrix (묵직한 보디감)	뇌샤텔 지역, 빌 호수, 발레 주, 제네바, 보 주	생선, 버섯 크림소스, 송아지 요리, 신선한 치즈, 스시

FOOD 4 스위스 치즈

알프스 산악 지역 건강한 소의 젖을 이용한 스위스 치즈는 여름철에 본격적으로 생산된다. 이 치즈야
말로 스위스 전통의 장인정신과 빼어난 자연환경이 빚어낸 최고의 음식이라 할 수 있다. 숙성 정도와
경도에 따라 하드Hard, 세미하드Semi-hard, 무트쉴리Mutschli 등으로 나뉘며, 지역과 제조장에 따라 색다
른 맛과 향을 지닌다. 치즈 농장이나 대형 슈퍼에서 구입할 수 있고 가능하다면 농장 직거래 상점에서
구입하는 것이 맛이 뛰어나다.

아펜첼러 *Appenzeller*

700년 이상의 전통을 지닌 아펜첼러 치즈는 콘스탄
스Constance 호수와 센티스Säntis 고원지대 사이, 완만
한 구릉지에서 방목한 소의 젖으로 만든다. 풍부한
향이 특징이다.

슈브린츠 *Sbrinz AOP*

수분 함량이 45% 이하인
굳기가 단단한 하드 치즈
로, 맛도 매우 강하다. 최
고 품질의 우유를 재료로
하여, 엄격히 선정된 산악
및 계곡 지역의 치즈 제
조장에서 만들어진다. 치
즈가 숙성되기까지는 약
18개월에서 24개월 정
도의 긴 시간이 걸
린다. 대패로 민
듯 종이처럼 얇은
치즈를 꽃 모양으
로 만들어 먹는다.

에멘탈 치즈 *Emmentaler AOC*

구멍이 숭숭 뚫려 치즈의 대표 이미지가 된 에멘탈
치즈는 13세기 이래 베른 주 에메Emme 강을 낀 계곡
에서 생산되고 있다. 1kg을 만들기 위해 약 12ℓ의 우
유가 필요한데 어떤 첨
가물이나 유전자가 조작
된 원료를 쓰지 않는다.

틸지터 *Tilsiter*

과거 동프러시아 지역의 이민자들이 스위스에서 만
들기 시작한 치즈로 아름다운 비스엑Bissegg, 투르가
우의 목재 저장소에서 숙성된다. 세미하드 치즈로
빵 사이에 껴서 먹으며 그뤼에르 치즈보다 풍미가
강하다.

르 그뤼에르 *Le Gruyère AOP*

스위스의 작은 마을 그뤼에르에서 12세기경부터 생산하기 시작한 향미 풍부한 하드 치즈다. 전통 레시피에 따라 만들어져 현재는 전 세계 미식가들에게 사랑을 받고 있다. 35kg의 치즈 한 덩이를 만들기 위해 약 400ℓ의 신선한 생유를 필요로 하며, 숙성 기간 마지막 몇 달 동안 소금물로 닦고 몇 회 뒤집기를 반복하는 복잡한 과정을 거친다. 모둠 치즈, 퐁뒤, 빵에 넣어 먹기 등 다양한 방법으로 즐길 수 있다.

테트 드 무안 *Tête de Moine AOP*

쥬라 지역에서 생산되는 '수도사의 머리'라는 뜻을 지닌 치즈. 지롤Girolle이라는 전용 도구로 빙빙 돌려 주름이 잡힌 곱슬곱슬한 장미 꽃봉오리 모양으로 치즈를 깎아내서 먹는다. 냉장고에서 갓 꺼내 차갑게 먹을 때 가장 맛이 좋다고 알려져 있다. 매콤한 맛과 과일 향이 특징이다.

FOOD 5 스위스 맥주

스위스의 맥주 양조장은 인구 대비 독일, 미국, 네덜란드, 우리나라와 비교해보아도 타의 추종을 불허할 정도로 많다. 덕분에 그 지역에서만 맛볼 수 있는 로컬 맥주가 곳곳에 넘쳐난다. 스위스 여행 중에는 술이 약해도 로컬 맥주 한 잔쯤은 놓치지 말자.

❶ 루체른
▶ **아히호프** Eichhof

❷ 융프라우
▶ **루겐브로이** Rugenbräu

❸ 그라우뷘덴 주
▶ **칼란다** Calanda

❹ 아펜첼 주
▶ **아펜첼러** Appenzeller

❺ 샤프하우젠
▶ **팔켄** Falken

❻ 라인펠덴
▶ **펠트슐뢰스헨**
　 Feldschlösschen

❼ 프리부르
▶ **카디널** Cardinal
(1991년 펠트슐뢰스헨에 매각)

※ 펠트슐뢰스헨과 카디널은 2000년 덴마크의 칼스버그 Carlsberg에 인수되었지만 고유의 맛은 그대로 지켜나가고 있다.

> **Jay's Say** 현재 이 맥주들은 대형 소매점에서 구할 수 있는데, 여행 도중 루체른에 들렀다면 "맥주 주세요." 하지 말고 "아히호프 한 잔 주세요."라고 주문해보자. 뭘 좀 아는 여행객처럼 보이니까!

ESSAY 작가의 스위스 맥주에 대한 고찰

그린델발트 마을 장터에서 브라트부어스트 한입과 함께 맥주를 시원하게 들이켰다. 함께한 스위스 지인에게 맥주를 권했는데 "I'm not a beer person!"이라며 완고히 거절당했을 때 해머로 머리를 한 대 맞은 듯한 느낌이 들었다. 맑은 스위스 청정 물로 만든 맥주를 마다한다면 무엇을 마신단 말인가?

스위스에 있는 맥주 양조장은 412개, 스위스 국민 19,625명당 하나꼴이다. 독일은 60,590명당 1개, 미국 127,920명당 1개, 네덜란드 82,790명당 1개, 대한민국 1,619,990명당 1개다. 이 숫자가 의미하는 바는 대량의 맥주를 생산하기보다 지역마다 양조장마다 특색 있는 맥주를 소량씩 생산한다는 것. 우리의 소주를 예로 들면 서울은 참이슬, 충남은 맑은 린, 전북은 하이트 소주, 부산은 시원, 제주는 한라산물 순한소주 등등이 있듯이 스위스 맥주도 지역색이 갈린다.

스위스 맥주를 제대로 즐기기 위해서는 자체 양조장을 함께 운영하는 레스토랑에 들러 맛있는 음식과 함께 즐기거나, 한곳에서 스위스 맥주 브랜드를 만나볼 수 있는 맥주 전문 펍에 들르는 걸 추천한다. 스위스의 작은 양조장을 찾고 싶다면 스위스 비어헌터(www.bov.ch)를 참고하자.

Tip | 스위스 옥토버페스트 Oktoberfest

10월(지역에 따라 9월)에는 독일과 마찬가지로 스위스에서도 맥주 축제인 옥토버페스트가 열린다. 주로 독일어권 지역에서 열리는데 이 기간에는 여성들이 전통의상을 모티브로 한 축제 의상을 입고 행사에 참가하며 옥토버페스트 퀸Wiesn-Königin을 뽑기도 한다.

- **취리히 지역 옥토버페스트** (9월 말~10월 중순)
www.oktoberfest-zuerich-oberland.ch
- **취리히 호수 옥토버페스트** (10월 중순~말, 목·금·토)
www.oktoberfest-zurichsee.ch
- **베른 옥토버페스트** (9월 중, 4일간)
www.oktoberfest-bern.com
- **루체른 지역 옥토버페스트** (9월 중)
www.lozaerner-oktoberfest.ch

FOOD 6 스위스 초콜릿

스위스 국민 한 사람이 소비하는 연간 초콜릿 양은 약 12kg으로 세계 1위 수준이다. 카카오가 생산되지도 않는 나라에서 이토록 초콜릿이 많이 만들어지고, 팔리고, 사랑받는 이유는 무엇일까? 스위스에서 놓치지 말아야 할 초콜릿의 모든 것, 지금 만나보자.

COOP에서 찾은 초콜릿 제품

TOBLERONE
CRUNCHY ALMONDS CHOCOLATE
CHF 2.7(100g)

FAVARGER
MILK CHOCOLATE BAR
WITH HONEY & ALMONDS
CHF 2.6(100g)

CAILLER
MILK CHOCOLATE BAR
WITH ALMONDS
CHF 3.9(200g)

EMMI MYMUESLI
CHOCOLATE YOGURT
CHF 2.5(200g)

LINDT
MILK CHOCOLATE BAR WITH
RAISINS & HAZELNUTS
CHF 3.95(200g)

ALPROSE
MILK CHOCOLATE BAR
WITH HAZELNUTS
CHF 2.4(100g)

맛있는 우유와 농축 기술

스위스의 밀크 초콜릿은 1875년 브베의 **다니엘 피터**Daniel Peter라는 사람이 농축 우유를 초콜릿에 넣는 시도를 하면서 세계 최초로 탄생했다. 그 전까지 우유는 수분 위주라 자연 그대로는 고체 형태인 초콜릿에 넣기 어려웠는데, 파우더 형태로 초콜릿에 넣는 이 제조법은 획기적인 사건이 되었다. 이후 모든 초콜릿의 제조과정은 이와 같아졌다. 여기에 스위스 푸른 목초지대에서 자라는 건강한 젖소로부터 얻은 우유는 밀크 초콜릿의 수준을 더욱 높였다.

인기 No.1 스위스 초콜릿 브랜드

스위스 브록에 최초의 초콜릿 공장을 지은 사람은 **프랑수아 루이 까이에**Francois Louis Cailler이다. 그를 비롯해 초콜릿을 사랑하고 발전시켜 온 스위스인들 덕분에 스위스는 오늘날의 초콜릿 강국의 면모를 갖추게 되었다. 현대 초콜릿 제조의 필수 공정인 콘칭 과정을 발명하여, 혀에서 녹는 초콜릿을 처음 생산한 세계적인 초콜릿 브랜드 **린트**Lindt, 마테호른을 형상화한 초콜릿으로 유명한 **토블론**Toblerone, 초콜릿 브랜드의 최강자 **네슬레**Nestle 등 초콜릿 강국답게 스위스에는 유명한 초콜릿 브랜드들이 대거 포진해 있다. 이들 공장을 포함해 다양한 수제 초콜릿 가게에서 투어 프로그램을 운영한다.

■ 네슬레 메종 까이에 초콜릿 박물관(공장)

스위스 초콜릿을 제대로 경험하려면, 메종 까이에 박물관을 방문해보자. 스위스가 왜 초콜릿이 유명한지를 롯데월드 신밧드의 모험을 경험하는 것처럼 즐겁게 알려준다. 그리고 양 주머니 가득 무료 초콜릿 담기와 초콜릿 쇼핑도 잊지 말자.

주소 Rue Jules Bellet 7, 1636 Broc, Switzerland
운영 연중
요금 성인 CHF 17, 학생 CHF 14, 어린이(6~15세) CHF 7, 스위스 패스 소지자 무료

스위스 초콜릿 열차 여행

5~9월 상시 운영되는 '스위스 초콜릿 열차'는 몽트뢰에서 출발해 치즈의 본고장인 그뤼에르를 거쳐 네슬레 까이에 초콜릿 박물관이 있는 브록으로 간다. '스위스 초콜릿 열차'는 스위스 기차 골든패스 라인과 까이에와 네슬레 사 두 초콜릿 브랜드가 만들었는데, 열차를 타면 커피와 크루아상 제공뿐 아니라 네슬레 까이에 초콜릿 박물관 방문 및 초콜릿 시식 등의 서비스가 무료다. 그뤼에르 성 방문, 치즈 공장 방문 등의 서비스도 포함되어 있다.

■ 초콜릿 열차 프로그램

09:50 몽트뢰 출발 및 기차 내 커피와 베이커리 무료 제공
10:42 몽보봉 도착 후 버스로 환승
11:20 그뤼에르 치즈 공장 방문
12:20 그뤼에르 마을 및 그뤼에르 성 자유 투어(점심 미포함)
14:50 그뤼에르에서 버스를 타고 브록으로 이동
15:05 브록 도착 및 네슬레 메종 까이에 초콜릿 박물관 견학 및 무료 초콜릿 시식
16:30 몽트뢰까지 버스로 이동
17:15 몽트뢰 도착

■ 초콜릿 열차 정보

주소 Rue de la Gare 22, CP 1426, 1820 Montreux
위치 몽트뢰 역 출발/도착
　　　(기차역 및 홈페이지를 통해 사전 예약 필수)
운영 **5·6·9월** 화·목·일 **7·8월** 화·목~일
요금 성인 1등석 CHF 99(스위스 패스 1등석 및 2등석 소지 시 CHF 59), 2등석 CHF 89
전화 +41 (0)21 989 8190
홈피 mob.ch/CHOCOLATETRAIN

SHOPPING 1 스위스 쇼핑 아이템

낯선 땅에서 지인을 위해 선물을 고르는 일은 여행의 작은 기쁨이 될 터. 스위스는 물가가 높기로 유명하지만, 언제나 제값을 하는 편이다. 선물 받을 사람의 나이, 취향, 기호 등을 고려해 구입한다면 두고두고 뿌듯한 쇼핑이 될 것이다. 꼭 비싼 것이 최선은 아니니 한국에서 찾기 힘든 아이템들을 매의 눈을 하고 찾아보자! 만약 적절한 아이템을 찾지 못했다면 스위스 초콜릿, 허브 캔디, 스위스 치약 등이 무난하다.

For 부모님과 어르신

1_ 건강보조식품, 영양제
스위스 허브를 이용한 건강보조식품이나 영양제가 최고. 가격 대비 만족도도 높다. 약국 및 대형 마트 Coop, Migro에서 구입할 수 있다.

2_ 스위스 와인
쇼핑에 대한 아이디어가 이도 저도 없을 때는 스위스 와인이 제격. 국내에서 구하기 어려운 만큼 비교적 저렴한 가격에 격한 환영을 받을 수 있다. 공항에서도 구입 가능하나 주류 전문점이 종류가 더 다양하다. 레만호수지역(보주), 발레주의 화이트와인을 추천한다.

3_ 허브 캔디 & 허브 티
주머니 사정이 빠듯하다면 슈퍼마켓에서 구입할 수 있는 허브 캔디나 허브 티가 그만. 부모님들도 친구들에게 생색 내기도 좋은 아이템이다.

4_ 스위스 브랜드 시계
가격이 조금 부담스럽겠지만, 자식들을 위해 자신의 것을 아낌없이 희생하셨을 부모님을 위해 한 번은 지갑에서 과감히 신용카드를 꺼내보자.

5_ 스위스 실크 스카프

스위스는 실크 제품이 유명하며 염색 기술 또한 뛰어나 패션 아이템으로 좋다. 특히 취리히의 자이덴만Seidenmann은 미려한 색감과 문양이 매력적이다. 피부색을 고려해 구입한다면 실패 확률이 적다.

홈피 www.seidenmann.ch.

6_ 작은 공방에서 만들어진 주얼리

스위스 여행을 하다 보면 작은 공방에서 정성을 다해 만든 주얼리들을 쇼윈도를 통해 마주할 때가 많다. 기성 제품보다 작가의 개성이 묻어나 소중한 이에게 특색 있는 선물이 될 것이다. 핸드메이드 제품은 가격이 높은 편이다.

7_ 허브 화장품

스위스는 가히 허브의 천국이라 할 만하다. 기초 제품부터 다양한 라인이 있으니 아내 또는 여자친구에게 건강한 아름다움을 선물하고 싶다면 주목해보자. 대형마트 및 약국에서 구입하면 되고, 약국에서는 조언을 구할 수 있어 좋다.

8_ 스위스 요리책

요리와 이국적인 레시피를 좋아하는 주변 지인의 취향 저격 선물이 될 듯. 우리나라에서 찾기 어려운 레시피도 담겨 있어 더욱 특별하고, 설사 요리를 잘 하지 않더라도 기념품으로도 그만이다. 영문으로 된 책자는 서점에서 어렵지 않게 구할 수 있다.

9_ 스위스 앤티크 제품

스위스에 앤티크를 구입하러 여행오는 사람도 있을 정도. 벼룩시장, 앤티크 마켓 등에서 스위스에서만 만날 수 있는 독특한 물건을 구입해보자. 장식장에 채워질 기쁨을 상상하면서.

10_ 라클렛 기구, 퐁뒤 기구

별 고민 없이 덥석 구입해 후회하는 사람들이 가장 많았던 아이템이기도 하다. 스위스의 전통 요리를 집에서 간편하게 즐길 수 있다는 장점이 있지만, 평소 요리를 자주 해 먹지 않았다면 방치될 게 뻔하다. 오래 쓸 자신만 있다면 괜찮은 제품이다.

11_ 프라이탁 백

패션에 민감한 남자친구에게 잇 백, 프라이탁Freitag
을 선물해보는 건 어떨까? 캐주얼한 복장에 잘 어울
리는 아이템이다. 세상 단 하나의 컬러 디자인을 제
공하므로 한국에서 다른 디자인 구매가 가능하다.

12_ 아미나이프

군대를 다녀오거나 캠핑에 열광하는 사람이라면 스
위스 아미나이프를 모르지 않을 터. 나이프를 벗어
나 이제는 스위스 툴Tool로 불린다. 기념품 숍에서
영문 이니셜도 새길 수 있다.

13_ 스위스 리큐어 제품

술을 좋아한다면 스위스 허브, 과일 등으로 제조된
순도 높은 압상트나 키르쉬 등의 리큐어도 그만. 온
더록스나 스트레이트 샷으로 즐기기 좋다. 특히 키
르쉬는 잠이 오지 않는 밤 연한 커피에 20cc 정도
를 설탕과 함께 타서 마시면 좋다.

14_ 스위스 전통의상 또는
스위스 국기가 그려진 티셔츠

원색의 스위스 전통의상을 아이들이 입는 순간 하이
디, 피터로 변신한다. 에델바이스Edelweiss를 비롯한
기타 스위스 기념품점에서 판매하며, 디자인이 예뻐
서 선물하면 칭찬받는 아이템이다.

15_ 원목교구

국내에서보다 조금 더 싸게 구입 가능하다. 목가적
인 스위스를 원목으로 재현한 트라우퍼Trauffer와 국
내에서 이미 소문이 자자한 네프Naef가 유명하다. 하
이마트베르크Heimatwerk와 파스토리니 슈피엘초이크
Pastorini Spielzeug, 기타 전문 숍에서 구입할 수 있다.

16_ 하이디 책

스위스에서 직접 구입한 하이디 책은 어떨까? 스위
스 사람이 직접 그린 원화와 함께 읽는다면 아이들
의 상상력이 무한 자극될 것 같다.

17_ 스위스 초콜릿

직장 상사에게는 스위스 명품 초콜릿 슈프링리 Sprungli, 토이셔Teucher, 레더라흐Läderach, 린트Lindt. 초콜릿 맛을 좀 아는 사람에게는 까이에Cailler, 수샤드Suchard, 프레이Frey가 좋다. 다수에게 선물해야 한다면 Migros나 Coop 같은 대형마트의 자체 브랜드 초콜릿을 공략해 저렴하게 구입하자.

18_ 스위스 포테이토 필러, 과도

우리나라 돈 5,000원 미만으로 이것보다 생색내기 좋은 선물이 있을까. 실용만점의 아이템이라 남녀노소 불문 누구에게나 인기다. 가벼워서 무게도 별로 나가지 않는다.

19_ 스위스 기념품

스위스 여행의 끝판왕. 빨간색과 하얀색의 산뜻한 스위스 국기 문양과 스위스를 상징(?)하는 귀여운 소가 들어간 기념품이 단연코 인기다. 가격도 부담스럽지 않고 두고두고 스위스에 다녀온 기분을 낼 수 있다는 게 장점.

20_ 지그 물병

등산이나 하이킹 등 각종 운동을 좋아하는 지인을 위한 선물로 이만한 게 없다. 휴대용 물병으로 실용성도 좋지만, 디자인도 각양각색이라 고르는 재미가 있다. 스위스 베스트 아이템이다.

21_ 스위스 식료품

사람에 따라 살짝 호불호가 갈릴 수 있으나, 이색적인 식료품은 요리를 좋아하는 사람들에게 감동을 안겨주는 선물이 되기도 한다. 식료품 중에서는 특히 스위스 브랜드 크노르Knorr 제품들이 우리 입맛에 비교적 잘 맞는다.

22_ 스위스 구강위생 제품

스위스 칫솔, 치약 등 구강위생 제품들이 인기를 얻고 있다. 국내에서도 구입할 수 있지만, 코옵이나 미그로 또는 약국에서 구입하는 것이 조금 더 저렴하다. 특히 큐라프록스Curaprox가 잇템이다.

INSIDE 1 스위스의 주, 칸톤

스위스 연방은 26개의 주(州), 칸톤(Canton)으로 구성되며 각 주는 관할 영토 내에서 완벽한 자치권을 바탕으로 고유한 정치체계 및 입법권, 행정권을 유지하고 있다. 이 중 6개 주는 반주(半州)로서 지리적, 종교적 문제 등으로 인해 속해 있던 주에서 독립하게 되었다. 독자적인 자치권을 갖지 못하다가 1999년 스위스 연방 반주법이 개정됨에 따라 반주들도 마침내 자격을 얻었다. 현재 바젤-슈타트, 바젤-란트샤프트, 옵발덴, 니드발덴, 아펜첼 아우서로덴과 아펜첼 이너로덴이 반주에 속한다.

스위스
Switzerland(CH)
수도 Bern

그라우뷘덴 주
Graubünden(GR)
연방가맹년도 1803
주도 Chur

글라루스 주
Glarus(GL)
연방가맹년도 1352
주도 Glarus

뇌샤텔 주
Neuchâtel(NE)
연방가맹년도 1815
주도 Neuchâtel

니드발덴 반주
Nidwalden(NW)
연방가맹년도 1291
주도 Stans

루체른 주
Lucerne(LU)
연방가맹년도 1332
주도 Lucerne

바젤-슈타트 반주
Basel-Stadt(BS)
연방가맹년도 1501
주도 Basel

바젤-란트샤프트 반주
Basel-Landschaft(BL)
연방가맹년도 1501
주도 Liestal

발레 주
Valais(VS)
연방가맹년도 1815
주도 Sion

베른 주
Bern(BE)
연방가맹년도 1353
주도 Bern

보 주
Vaud(VD)
연방가맹년도 1803
주도 Lausanne

샤프하우젠 주
Schaffhausen(SH)
연방가맹년도 1501
주도 Schaffhausen

솔로투른 주
Solothurn(SO)
연방가맹년도 1481
주도 Solothurn

슈비츠 주
Schwyz(SZ)
연방가맹년도 1291
주도 Schwyz

아르가우 주
Aargau(AG)
연방가맹년도 1803
주도 Aarau

아펜첼
아우서로덴 반주
Appenzell Ausserrhoden(AR)
연방가맹년도 1513
주도 Herisau

아펜첼 이너로덴 반주
Appenzell Innerrhoden(AI)
연방가맹년도 1513
주도 Appenzell

옵발덴 반주
Obwalden(OW)
연방가맹년도 1291
주도 Sarnen

우리 주
Uri(UR)
연방가맹년도 1291
주도 Altdorf

장크트 갈렌 주
St. Gallen(SG)
연방가맹년도 1803
주도 St. Gallen

제네바 주
Geneva(GE)
연방가맹년도 1815
주도 Geneva

쥬라 주
Jura(JU)
연방가맹년도 1979
주도 Delémont

추크 주
Zug(ZG)
연방가맹년도 1352
주도 Zug

취리히 주
Zürich(ZH)
연방가맹년도 1351
주도 Zürich

투르가우 주
Thurgau(TG)
연방가맹년도 1803
주도 Frauenfeld

티치노 주
Ticino(TI)
연방가맹년도 1803
주도 Bellinzona

프리부르 주
Fribourg(FR)
연방가맹년도 1481
주도 Fribourg

INSIDE 2 스위스가 등장하는 책과 영화

SNS나 각종 매체를 통해 수많은 정보가 초 단위로 올라오는 가운데, 개별 취향을 존중해 스스로 만들어가는 여행보다 남의 여행을 따라 하는 판박이 여행이 많아진 것 같아 아쉽다. 인생샷을 찍어 SNS에 올리기 위한 여행도 좋겠지만 여행 전에 미리 스위스 관련 서적이나 영화를 찾아보고 마음이 크게 떨리고, 끌리는 곳으로 여행하면 어떨까?

책

리스본행 야간열차 _파스칼 메르시어 저, 들녘

베른의 대학교수인 주인공 그레고리우스. 단조로운 삶에 짓눌려 있던 그는 출근길에 낯선 여인을 만나면서 삶의 터전인 베른을 떠나 리스본행 야간열차에 몸을 싣는다. 2013년 영화로 개봉되기도 했다.

하이디 _요한나 슈피리 저, 인디고

스위스의 상징이 된 알프스 소녀 '하이디'. 스위스의 아름다운 산자락을 배경으로 양 떼와 뛰놀고, 꽃 구경을 하는 천진난만한 모습을 만날 수 있다. 감성 가득 일러스트와 함께 하이디의 긍정적인 삶의 자세를 엿보게 된다.

우줄리의 종소리
_셀리나 숀츠 저, 알로이스 카리지에 그림, 비룡소

스위스가 낳은 세계적인 그래픽디자이너이자 일러스트레이터 카리지에 그림으로 유명한 동화책. 엥가딘 지역을 배경으로 마을 아이들이 집마다 돌면서 기운차게 종을 울려 추운 겨울을 몰아내는 축제 '칼란다 마르츠'를 그려내고 있다.

영화

시스터 _Sister, 2012

'사랑을 모르는 누나, 사랑을 훔치는 소년, 두 남매의 가슴 시린 비밀'이라는 카피가 궁금증을 자아내는 영화. 하얀 눈으로 뒤덮인 알프스 산맥을 배경으로 두 남매의 모습을 담담하게 그린다. 베를린국제영화제 은곰상 수상작.

클라우즈 오브 실스 마리아
_Claus of Sils Maria, 2014

스위스, 독일, 프랑스 합작 영화로 생 모리츠 인근 외딴 지역인 실스 마리아를 배경으로 촬영했다. 엥가딘 지방의 아주 조밀한 구름이 뱀처럼 계곡 사이를 지그재그로 흘러 지나가는, 일명 말로야 스네이크 Maloja Snake 를 뛰어난 영상미로 담고 있다.

노스페이스 _Nordwand, 2008

스위스에서 트레킹 계획이 있다면 한 번쯤 보고 가는 것도 나쁘진 않을 듯. 알프스 3대 북벽의 하나인 아이거 북벽의 등반 실화를 영화화했다. 성배를 찾아 떠나는 모험이라고 불리는 '아이거 북벽 등정'을 결심한 주인공의 위험천만한 모험심을 그려냈다.

02

Enjoy
Switzerland

스위스를 즐기는 가장 완벽한 방법

ZÜRICH 취리히와 주변 지역

거리와 골목을 따라 누비는 보헤미안처럼
사람으로 북적이는 취리히 중앙역을 정신없이 빠져나와
반호프 거리(Bahnhofstrasse)에 이르면
언제나 작은 숨을 한꺼번에 몰았다 큰 숨으로 내뱉곤 했다.
털을 빳빳이 세운 고양이가 주인이 건네는 따뜻한 손길에
단잠을 청하게 되듯, 나에게 취리히는 그런 존재였다.
사인물과 광고판에 눈길을 주며 거리와 골목을 누비노라면
세련된 그들의 '타이포그래피'에 스르르 빠져들곤 했다.
이 도시에서만큼은 더 이상 여행객으로 남기보다 그냥
머물고 있는 공기 그 자체이고 싶었다.

01

스위스 제1의 도시 취리히
ZÜRICH

스위스는 '디테일'을 살리는 데 천재적인 소질이 있다. 아마도 그들의 유전자 때문인지도 모른다. 지인은 스위스 디자인을 보기 위해 박물관이나 갤러리를 애써 찾아가지 않아도 된다고 했는데 그 의견은 정말이었다. 거추장스러운 것 없이 핵심만을 전달하는 그들의 디자인은 중세부터 내려오는 건축물들과 새로운 현재를 이루고 있다.

취리히는 또한 세계에서 가장 살기 좋은 도시로 손꼽힐 정도로 삶의 질이 높기도 하다. 이는 단순히 높은 소득 수준 때문이라기보다 문화와 환경 그리고 남을 배려하는 마음까지 조화를 이루었기 때문일 것이다. 세계적으로 유명한 셀럽들이 이 도시를 즐겨 찾는 이유 중 하나가 도시를 마음대로 걸어 다닐 수 있어서라니. 자신의 프라이버시가 중요하듯 다른 사람 또한 존중해 주는 스위스 취리히 시민들의 시민의식을 높게 사고 싶다. 월드 클래스 스위스가 만든 세계 최고 수준의 도시 취리히를 마음껏 누려보자.

🕐 추천 여행 일정

1 | Only 취리히
❶ **낮** 취리히 시내 및 구시가지 도보 여행 + 박물관 및 갤러리(여름: 취리히 호수에서 수영)
❷ **밤** 나이트라이프 + 스타일리시한 디너 즐기기 (취리히 웨스트, 랑 거리)

2 | 취리히와 주변 지역
❶ 취리히 + 샤프하우젠, 슈타인 암 라인 스위스에서 남부 독일을 만난다.
❷ 취리히 + 장크트 갈렌, 아펜첼 세계문화유산과 스위스 토속문화를 맛본다.
❸ 취리히 + 바젤(혹은 추르자흐/빈터투어) 하루에 유명 도시를 하나 더 둘러본다.

ℹ️ 인포메이션 센터

취리히 중앙역 1층 Bahnhofquai 방면 출구 근처에 위치한다. 레스토랑 '페데랄Federal' 옆에 있어 눈에 잘 띈다. 취리히 시내 지도, 명소와 함께 주변 지역에 대한 관광정보를 얻을 수 있다.

주소 Zürich Hauptbahnhof, 8001 Zürich
운영 **11~4월**
　　월~토 08:30~19:00, 일 09:00~18:00
　　5~10월
　　월~토 08:00~20:30, 일 08:30~18:30
　　(일부 공휴일 업무 시간 변경될 수 있음)
전화 +41 (0)44 215 4000
홈피 www.zuerich.com

여행정보
- 도시명 취리히
- 주 취리히
- 인구 약 402,762명
- 주요 언어 독일어
- 고도 408m
- 키워드 스위스 제1의 도시,
  세계에서 가장 살기 좋은
  도시 2위(2023년 기준),
  나이트라이프, 쇼핑

Janice Advice 여름에 취리히를 여행한다면 수영복과 타월은 필수. 수영에 자신 있다면 현지인들처럼 호수에서 수영을, 자신이 없다면 발만 담그는 것도 좋다.

Jay Advice 낮에는 구시가지를 활보하고, 저녁만은 니더도르프, 취리히 웨스트 같은 곳에서 핫한 분위기를 즐겨보자.

✚ 취리히 들어가기 & 나오기

취리히는 경제, 상업, 문화의 중심지로 스위스에서 가장 큰 도시이다. 그 위상에 걸맞은 국제공항과 체계적인 교통 시스템을 갖추고 있어 여행객들이 대중교통을 이용하여 구석구석 편리하게 이동할 수 있다. 트램, 열차, 유람선까지 이용 가능해 여행에 재미를 더한다.

★ 주요 도시
→ 취리히 차량 이동시간
- 바젤 약 1시간 5분
- 제네바 약 3시간
- 루체른 약 40분
- 베른 약 1시간 25분
- 빈터투어 약 25분

1. 차량으로 이동하기
스위스 내에서 A1, A2, A3, A4 고속도로 모두 취리히로 이어진다. 교통 표지판, 도로 사정이 좋은 편이라 외국인들도 쉽게 적응할 수 있다. 다만 취리히 시내는 교통체증이 있는 편이고 전차 이동이 많아 대중교통이 훨씬 편리하다. 아울러 취리히 시내에서의 주차는 무척 비싸고 주차공간 또한 여의치 않은 편이다.
- 주차장 정보 www.parkkarten.ch
- 역 주변 주차구역 정보 www.sbb.ch (검색어 Car Parking)

2. 항공으로 이동하기

취리히 국제공항 Zürich Flughafen(Zürich Airport)
취리히 국제공항은 취리히 시내에서 북쪽으로 불과 13km 정도 떨어져 있으며, 행정구역상 클로텐Kloten에 위치한다. 매일 약 700여 편의 항공편이 이착륙하며 전 세계 170여 개 취항지로 운행한다. 세관을 지나자마자 두 곳의 입국장에서 스위스 인포 데스크Switzerland info desk를 발견할 수 있으며 이곳에서 취리히 및 스위스 전역에 필요한 여행 정보를 얻을 수 있다. 또한 스위스를 떠나기 전에 취리히 국제공항을 이용할 경우 선물 쇼핑도 걱정하지 말자. 미그로Migros부터 각종 브랜드 상점까지 원스톱 쇼핑이 가능하다.

공항에서 시내 이동
공항에서 취리히 시내까지 가장 빨리 이동하는 방법은 열차를 이용하는 것이다. 어떤 청사 터미널에 있든지 지하에 있는 기차역과 바로 연결된다. 취리히 중앙역 Zürich HB(HB: Huaptbahnhof, Main Station)까지는 1시간에 약 10여 편, 직행을 탔을 경우 10분이면 된다. 스위스 패스 개시 전이라면 성인의 경우 티켓 발매기에서 취리히 전 시내로 이동할 수 있는 티켓을 구입해서 이용하도록 하자. 편도 2등석 CHF 7.00~.

> **Tip** | 셴겐조약과
> 취리히 쇼핑
>
> 한국에서 스위스로 들어가기 전 다른 EU 국가를 경유하는 경우, 첫 경유지에서 여권심사를 받았다면 스위스에서 다시 받을 필요가 없는 셴겐조약 Schengener Abkommen이 2008년부터 시행되었다. 여권 도장은 아쉽지만 입국 시간이 훨씬 단축됐으며, 입국심사로 쓰였던 공간 등을 활용해 여행자들이 입국하자마자 바로 쇼핑이 가능하도록 했다.

3. 열차로 시내 중심지까지 이동하기

취리히 시내 중심지로 들어오는 관문은 취리히 중앙역이다. 취리히 중앙역은 티켓 발매 등의 기본적인 기차역의 기능뿐만 아니라 은행 업무, 여행안내소, 쇼핑몰 등 기타 편의시설을 갖추고 있어 여행의 시작, 종착역인 동시에 종합적인 역할도 한다. 이 도시 곳곳을 향하고 있는 버스, 트램, 택시를 역 바로 앞에서 탈 수 있다.

☆☆ 취리히 시내 중심지로 들어오는 관문은 취리히 중앙역이다.

★ 주요 도시 → 취리히 열차 이동시간
- 밀라노 약 4시간
- 프랑크푸르트 약 3시간 55분 · 인터라켄 동역 약 1시간 55분
- 뮌헨 약 3시간 40분 · 베른 약 55분
- 루체른 약 1시간 · 바젤 약 55분
※ 각 도시 중앙역, 최단 시간 기준

✚ 취리히 시내에서 이동하기

1. 버스·트램·열차 이용하기

취리히는 스위스 제1의 도시답게 대중교통수단이 매우 발달되어 있다. 트램, 버스, 지방간선 열차와 더불어 호수와 강을 부지런히 다니는 유람선도 이용할 수 있다. 취리히 시내는 대부분 하나의 구역, 이른바 하나의 ZONE 110으로 묶여 있어 교통비도 저렴하다.

취리히 내 대중교통수단은 대체적으로 05:00~00:30까지 운행한다. 금~일요일까지 운행하는 야간 버스는 매우 편리한데, 대부분 벨뷰Bellevue에서 출발하여 센트랄Central과 에쉐-비스 광장Escher-Wyssplatz을 지난다. 요금은 유효한 버스 티켓에 CHF 5 정도의 할증이 붙는다. 자세한 내용 www.zvv.ch 참조.

2. 택시 이용하기

취리히에서는 1,350여 대의 택시가 있으며, 역 앞에서 비교적 쉽게 택시를 잡을 수 있다. 직접 전화로 요청할 수도 있다. 기본요금은 CHF 8이며, 1km당 CHF 5 가산 요금이 붙는다. 온라인으로 예약이 가능하다.

- Taxi 7x7 전화 +41 (0)44 777 7777 홈피 www.taxi7x7.ch
- Taxi 444 전화 +41 (0)44 444 4444 홈피 www.taxi444.ch

Tip | 취리히 카드

취리히 카드Zürich Card는 취리히 지역에서 다양한 할인 혜택과 대중교통 무료 이용을 가능하게 해준다. 24시간, 72시간 중 택할 수 있으며, 취리히 관광청 홈피에서 편안하게 온라인 구매 가능.

요금 **24시간** 성인 CHF 29,
　　　6~16세 CHF 19
　　　72시간 성인 CHF 56,
　　　6~16세 CHF 37
※ 취리히 내 대다수 박물관 무료 입장
※ 폴리반, 위클리베르크 S10 S-Bahn, 취리히 호수 숏크루즈 무료
※ 취리히 내 상점에서 쇼핑 시 10% 할인 혜택(해당 상점에 한함) 등

✚ 취리히 시티 투어

스위스 제1의 도시, 취리히를 제대로 즐기려면 천천히 구역을 나누어 살펴보는 것이 좋다. 취리히는 현대적인 세련미, 중세적인 중후함, 젊은 활기, 우아함 등이 두루 갖춰진 곳이니 취향에 따라 계절에 따라 쏙쏙 골라 여행해보자.

Tip | Quick Guide

- 취리히 주요 여행 → ❶ ❷
- 힙한 쇼핑 → ❻
- 늦은 밤 한 끼 식사와 맥주 한잔 → ❺
- 여름 취리히 호반에서의 수영, 테라스 레스토랑 → ❸ ❹

⑦ Zürich Nord

River Limmat

Zürich West ❻
Langstrasse ❺

❶ ❷ Niederdorf

☆☆
City

Enge

❸ Seefeld

❹

Lake Zürich

Wollishofen

---

❶ 취리히 중심가 + 린덴호프 City + Lindenhof

리마트Limmat 강 서편으로 취리히 시내를 조망할 수 있는 린덴호프 (Linden: 보리수, Hof: 뜰). 이곳 주변의 작은 거리와 골목마다 다양한 레스토랑, 상점, 바가 자리한다. 취리히 시내에서 가장 큰 거리인 반호프 거리는 세계 Top 10 안에 드는 유명한 쇼핑 거리이고, 파라데 광장 Paradeplatz은 금융과 업무 중심지이다.

❷ 니더도르프 Niederdorf

니더도르프는 리마트 강의 동쪽으로 '낮은 곳에 있는 마을'이란 뜻이다. 센트랄 광장과 벨뷰 사이에 위치한다. 작지만 맛으로 소문난 레스토랑, 바가 즐비한 동시에 성인들을 위한 업소도 함께 있어 약간의 퇴폐미가 흐른다.

린덴호프

③ 제펠트 Seefeld

제펠트는 취리히 호수의 동쪽으로 취리히 현지인에게 '가장 이사 가고 싶은 곳, 살고 싶은 곳'이다. 이들은 여름철이면 호수에서 수영과 보트를 즐기고, 야외 바비큐를 먹거나 호수가 잘 보이는 레스토랑에서 즐거운 한때를 보낸다.

④ 엥에 & 볼리스호펜 Enge & Wollishofen

취리히 호수의 서쪽에 위치하며, 널리 알려져 있진 않지만 가볼 만한 곳이다. 여름철 제펠트 지역이 사람으로 북적일 때 보다 한가롭게 여름을 즐기고자 한다면 이 지역에 가보자. 엥에 구역에는 벨보아Belvoir 공원과 리터Rieter 공원이 있다.

© Zürich Tourism / Martin Rütschi

⑤ 랑 거리 Langstrasse

긴 거리Long Street라는 뜻의 이 거리는 과거 홍등가 지역으로 불과 10여 년 전만 하더라도 지나가기 꺼려지는 곳이었다. 하지만 지금은 젊은이들이 즐겨 찾는 바와 클럽이 즐비한 곳으로 탈바꿈했다. 여흥을 즐기는 곳이 많이 있는 까닭에 때론 술이 과한 사람들이 벌이는 해프닝도 일어나지만, 바 호핑Bar hopping을 즐기기 위해 세계 각국의 젊은이들이 모여든다.

⑥ 취리히 웨스트 Zürich West

산업화 시대, 공장과 선박을 수리하는 지대였던 이곳은 새로운 상업 지구 및 주거지로 급속히 탈바꿈을 하였다. 기존 공장 건물 등을 부수고 새롭게 짓는 대신 낡은 것들을 살려 디자인적인 요소를 입히고 가꾸어 새로운 얼터너티브 공간으로 변신시켜 놓았다. 취리히 웨스트는 취리히에서 가장 스타일리시한 나이트라이프를 즐길 수 있는 장소가 되었으며, 계속 발전과 진화를 거듭하고 있다.

⑦ 취리히 노어트 & 욀리콘
Zürich Nord & Oerlikon

취리히 북쪽 지구로 공항에서 가까운 상업, 거주, 호텔 및 공원 지역이다.

Tip 낮과 밤, 두 얼굴을 가진 도시 취리히의 매력

낮엔 취리히 구시가지, 호수 주변의 제펠트나 엥에 지역을, 그리고 어둠이 내려앉을 즈음엔 랑 거리, 취리히 웨스트 혹은 니더도르프를 가보자. 중세적 느낌을 간직한 구시가지와 세계에서 가장 살기 좋은 도시 1위(2019년 Monocle 조사)를 했을 만큼 뛰어난 삶의 질을 느낄 수 있는 호수 주변의 주거지와 화끈하게 밤을 즐길 수 있는 곳들을 함께 둘러보는 것도 좋을 듯.

© Zürich Tourism / Martin Rütschi

취리히 동물원
Zoo Zürich & Masola Rainforest
(4.6km)

취리히 대학교
Universität Zürich
(1.7km)

취리히 연방공과대학
ETH Zürich

호텔 뒤 테아트르
Hotel du Théâtre

도서관
Zentralbibliothek Zürich

라인펠더 비어할레
Rheinfelder Bierhalle

찹스틱
Chop-Stick

호텔 알렉산더
Hotel Alexander

니더도르프가세
Niederdorfgasse

25 아워스 호텔
25 Hours Hotel(850m)

NH 취리히 에어포트
NH Zürich Airport(7.8km)

취리히 메리어트 호텔
Zürich Marriott Hotel(500m)

레스토랑 에코

Walchebrücke

Weinbergstrasse

반호프브뤼케
Bahnhofbrücke

리마트 강
Limmat River

Rudolf-Brun-Brück

코옵
Coop Supermarkt

하이마트베르크
Heimatwerk

스위스 국립박물관
Landesmuseum Zürich

공원
Park Platzspitz

취리히 중앙역
Zürich Hauptbahnhof(Zürich HB)

인포메이션 센터

브라세리 페데랄
코옵
에델바이스

Sihlquai

호텔 생 고타드
Hotel St. Gotthard

반호프 거리
Bahnhofstrasse

Löwenstrasse

스위스 디자인 박물관(본관)
Museum für Gestaltung
(450m)

Gessnerallee

Uraniastrasse

미그로 현대미술관
Migros Museum für Gegenwartskunst
(1.8km)

취리히

로프트 파이브
Loft Five

Lagerstrasse

Kasernenstrasse

Seilergraben

Mühlegasse

Museumstrasse

* km 표시는 취리히 기차역 기준

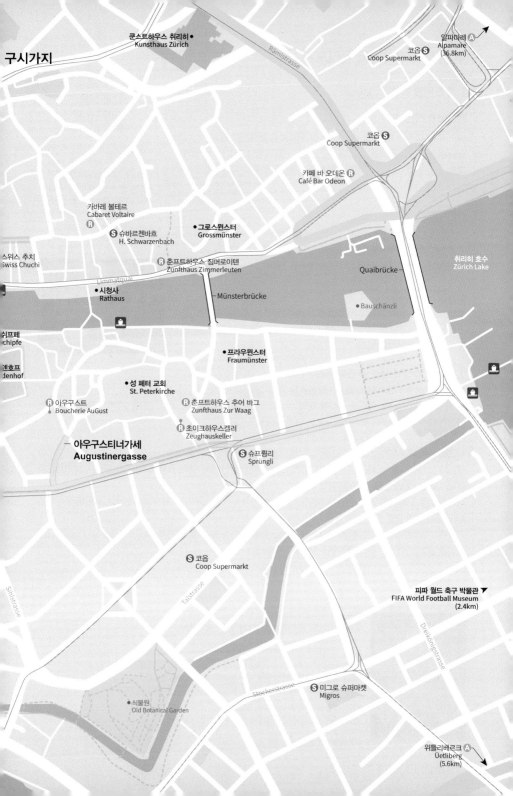

쿤스트하우스 취리히 ●
Kunsthaus Zürich

구시가지

Rämistrasse

알파마레 Ⓐ
Alpamare
(36.8km)

코옵 Ⓢ
Coop Supermarkt

코옵 Ⓢ
Coop Supermarkt

카페 바 오데온 Ⓡ
Café Bar Odeon

카바레 볼테르
Cabaret Voltaire
Ⓡ

Ⓢ 슈바르첸바흐 ● 그로스뮌스터
H. Schwarzenbach Grossmünster

스위스 추치
Swiss Chuchi

Ⓡ 춘프트하우스 짐머로이텐
Zunfthaus Zimmerleuten

Limmatquai

취리히 호수
Zürich Lake

Quaibrücke

● 시청사
Rathaus

Münsterbrücke

쉬프페
Schipfe

● Bauschänzli

겐호프
denhof

● 프라우뮌스터
Fraumünster

● 성 페터 교회
St. Peterkirche

Ⓡ 아우구스트
Boucherie AuGust

Ⓡ 춘프트하우스 추어 바그
Zunfthaus Zur Waag

아우구스티너가세
Augustinergasse

Ⓡ 초이크하우스켈러
Zeughauskeller

Ⓢ 슈프륑리
Sprüngli

Ⓢ 코옵
Coop Supermarkt

Silhlstrasse

Talstrasse

피파 월드 축구 박물관 ➤
FIFA World Football Museum
(2.4km)

Dreikönigstrasse

Stockerstrasse

Ⓢ 미그로 슈퍼마켓
Migros

● 식물원
Old Botanical Garden

위틀리베르크 Ⓐ
Uetliberg
(5.6km)

✛ 취리히 구시가지 둘러보기

1. 추천 여행 일정

Tip | 리마트 강을 사이로 나누어 여행하기

취리히는 리마트 강을 사이에 두고 크게 두 부분으로 나눌 수 있다. 그 어느 구역을 먼저 시작하든 상관없지만 취리히 구시가지를 한눈에 바라볼 수 있는 린덴호프 언덕에 올라 취리히 정취를 한번에 느껴보는 것도 좋겠다.

정통 여행파 코스
취리히 중앙역 → 빨간 폴리반 타고 취리히 공과대학(전망 감상) → 니더도르프와 좁은 골목들 → 그로스뮌스터 → 프라우뮌스터 → 성 페터 교회 → 린덴호프(전망 감상) → 반호프 거리 → 스위스 국립박물관 → 취리히 중앙역

쇼핑파 코스
- 추천 1 취리히 반호프 거리, 중앙역 근처에서 브랜드 쇼핑
- 추천 2 취리히 웨스트 임 비아둑트, 프라이탁 디자이너 브랜드 쇼핑
- 추천 3 니더도르프 거리에서 디자이너 숍 탐방

주말 여행파 코스
뷔르클리 광장 벼룩시장(혹은 칸츨라이 벼룩시장) → 춘프트하우스 레스토랑에서의 점심 → 린덴호프(전망 감상) → 취리히 호반 탐방 → 취리히 중앙역(간단한 장보기)

2. 취리히 중앙역 시설 및 쇼핑 안내
취리히 중앙역의 또 다른 이름은 Shopville-RailCity Zürich로, 연간 40만 명 이상이 이용할 정도로 스위스 제일의 기차역이다. 역내에 190여 개의 상점과 50여 개의 레스토랑, 테이크아웃 가게가 있어 교통뿐만 아니라 다이닝, 쇼핑의 중심 공간으로도 널리 이용되고 있다.

취리히 중앙역 1층(Ground Floor) 스위스 철도 SBB 서비스 관련 각종 사무실(티켓 판매처, 환전소, 여행사무실 등), 수화물 취급소(Gepäck), 취리히 관광청 여행안내소, 열차 플랫폼 일부 및 편의시설 위치. 공중 화장실은 Sihlpost 출구 쪽에 위치(무료).
취리히 1층과 지하층 사이 중간층 공중화장실WC, Hygienecenter(CHF 2), 샤워실(CHF 12), 코인로커(수하물 부피에 따라 CHF 6~9)
지하층 대부분의 레스토랑, 카페, 브랜드 상점, 슈퍼마켓, 선물가게, 꽃가게, 스포츠, 가전 및 핸드폰 관련 상점들 위치(운영 월~금 21:00까지, 주말 22:00까지)

Tip | 취리히 중앙역에서 미리 맞는 크리스마스

크리스마스 마켓Chriskindli Markt
크리스마스를 앞둔 한 달 전부터 '크리스킨들리 마크트'라고 불리는 장터가 들어선다. 수백여 개의 크리스털로 장식된 15m 높이의 트리가 매우 인상적이며, 150여 개의 가판대에서 가지각색의 크리스마스 관련 상품을 판매한다.
운영 12월 24일 약 한 달 전부터 당일까지
홈피 www.christklimarkt.ch

★★★

취리히 중앙역 Zürich Hauptbahnhof(Zürich HB)

스위스에서 가장 큰 역으로 1847년 8월 개관한 스위스에서 가장 오래된 역 중 하나. 영어로는 취리히 메인 스테이션Zurich Main Station, 독일어로는 취리히 호프트반호프Zürich Hauptbahnhof라 한다. 역에는 유럽 최대 규모의 쇼핑센터가 있으며 매주 수요일과 토요일 역 안에 서는 장터도 명물. 독일에만 있을 것 같은 맥주 축제, 옥토버페스트Oktoberfest도 이곳에서 흥겹게 열리며, 크리스마스 기간에는 마켓도 선다. 인포메이션 센터, 무인 코인로커, 카페테리아 등 여행자 편의시설도 잘 되어 있다. 역 내부에서 반호프 거리를 바라보면 중앙역 광장, 알트도르프Altdorf에 스위스 건국의 아버지, 빌헬름 텔 동상을 만든 조각가 리하르트 키슬링Richard Kissling의 동상이 늠름하게 세워져 있다. 역 안에는 유명한 조각가, 니키 드 생팔Niki de Saint Phalle의 작품 〈천사Engel〉가 중앙역 위에서 여행객들을 반기고 있다. 취리히의 관문, 취리히 중앙역은 사람들로 생동감이 넘쳐난다.

주소 Bahnhofplatz 15, Zürich
운영 각 사무실, 영업점마다 상이하므로 사이트 참조
※ 취리히 중앙역 내 상점 오픈 시간 월~금 21:00, 토·일·공휴일 20:00
전화 레일 서비스Rail Service 0900 300 300(분당 CHF 1.19, 유선전화망 이용)
홈피 www.sbb.ch

니키 드 생팔의 천사

© Zurich Tourism/Caroline Minjolle

★★★
반호프 거리 Bahnhofstrasse

우리말로 하면 역 앞 거리 정도. 취리히 중앙역 앞에 놓인 대로로 주요 은행, 유명 브랜드 상점이 들어서 있으며, 이 거리는 세계에서 가장 쇼핑하기 좋은 곳으로 정평이 나 있다. 유럽에서 가장 부동산 가격이 높기로도 유명하다(세계에서 3번째로 비싼 부동산 가격으로 랭크되어 있다). 취리히 시내 곳곳을 이동하는 거의 모든 트램 노선이 이곳을 지나며, 글로부스Globus 백화점 앞에는 교육의 아버지 페스탈로치의 동상이 있다.

위치 트램 2, 6, 7, 8, 9,
11, 13번

봄날의 반호프

성탄절 즈음 반호프

Tip | 쇼핑 거리 베스트

1위 **반호프 거리**
2위 **니더도르프**
개성 강한 상점과 독특한 아이템을 취급하는 콘셉트 가게가 많다.
3위 **구시가지 내 작은 거리**
대형 브랜드 숍에 가려져 있던 작은 상점들의 반란. 다양한 색감과 아기자기한 멋이 걷는 즐거움을 준다.

★★☆
쉬프페 Schipfe

취리히에서 가장 오래된 지역 중 하나. 루돌프 브룬 다리Rudolf Brun Brücke 주변 지역 이름은 강둑에서 어부들이 배를 밀어 내는 것에서 '밀다'라는 뜻의 슈프펜Schupfen이 유래했다. 중세시대에는 교역을 위한 요충지로 16세기에는 실크 산업의 중심지로 현재는 소규모 예술인들이 리마트 강가를 따라 워크숍이나 개성 넘치는 가게를 연다.

주소 Schipfe, 8001 Zürich
위치 Zürich HB 트램 14번
Bahnhofquai에서 하차,
도보 500m 또는
취리히 중앙역에서 걸어서
약 10분 거리
트램 6, 7, 11번
Rennweg에서 하차,
도보 8분 소요

여름에는 리마트 강가에 발만 담가도 시원하다.

린덴호프 Lindenhof

★★★

취리히 구시가지, 그로스뮌스터, 시청사, 리마트 강, 스위스 연방 공대 등을 한눈에 볼 수 있는 뷰포인트. 4세기경 고대 로마인의 요새 중 하나였으나 지금은 시민들의 휴식 공간이다. 쉬프페 구역의 포르투나가세 Fortunagasse 골목을 따라 올라가는 것이 가장 좋다. 스위스를 배경으로 한 유명 드라마 촬영지이기도 하다.

주소 Lindenhof, 8001 Zürich
위치 취리히 센트랄에서 4번 트램, Rathaus 하차, 도보 4분 거리 또는 7번 트램 Rennweg에서 하차, 도보 5분 거리

날 좋은 때에는 스위스 할아버지들과 대형 체스를 둘 수 있다.

시청사 Rathaus

★★☆

1694년부터 1698년까지 건축되어 지금까지 내려오는 바로크 양식의 건물. 초기 국회의사당 건물이 있었던 리마트와 인접해 있다. 건축학적으로 뛰어나 방문객들이 끊이질 않는다. 성 페터 교회에서 라트하우스 다리 Rathausbrücke를 건너면 바로 보인다. 약 2분 거리.

주소 Limmatquai 55, 8001 Zürich
위치 트램 4, 15번 Rathaus에서 하차
운영 월~금 08:00~16:30
　　　휴무 토·일·공휴일
전화 +41 (0)44 412 1111
홈피 www.stadt-zuerich.ch

© Zürich Tourismus

리마트케에 자리한 츠빙글리 동상

📷 ★★☆ 프라우뮌스터 Fraumünster

GPS 47.369742, 8.541360

일명 '성모 교회'인 프라우뮌스터는 853년 독일의 국왕 루이스Louis에 의해 건립되어 수녀원으로 이용되다 종교개혁을 거쳐 개신교 교회가 되었다. 본당은 북쪽 탑을 높이고 18세기 남쪽 탑을 제거하는 작업에 이어 1911년 완공되었다. 무엇보다 이 교회의 특징은 아름다운 보석과도 같은 샤갈Marc Chagall의 스테인드글라스이며, 프라우뮌스터 수녀원 창립을 기념하는 회랑 내의 폴 보드메Paul Bodmer의 벽화 시리즈로도 유명하다. 그로스뮌스터에서 3분 거리.

주소 Münsterhof 2, 8001 Zürich
위치 취리히 중앙역에서
트램 11, 13번
Paradeplatz에서 하차 후
도보 2분 또는 4번
Helmhaus에서 하차 후
도보 2분
운영 3~10월 10:00~18:00,
11~2월 10:00~17:00,
매주 일요일 10시 예배
요금 CHF 5
전화 +41 (0)44 211 4100
홈피 www.fraumuenster.ch

📷 ★★☆ 그로스뮌스터 Grossmünster

GPS 47.370123, 8.544048

그로스뮌스터는 로마네스크 스타일의 개신교 교회로 16세기 중반 울리히 츠빙글리와 하인리히 불링어H. Bullinger가 이끈 스위스—독일 종교개혁이 시작된 곳이다. 교회 내에는 종교개혁 박물관이 있으며 회랑의 부속 건물에는 취리히 대학 신학교가 있다.

주소 Grossmünsterplatz,
8001 Zürich
위치 트램 11번 탑승,
Paradeplatz 하차 후
도보 약 5분.
트램 4번 탑승, Zürich,
Helmhaus 하차 후
도보 약 2분
운영 3~10월 10:00~18:00,
11~2월 10:00~17:00
전화 +41 (0)44 251 3860
홈피 www.grossmuen-
ster.ch

Tip | 스위스 종교개혁

츠빙글리에 의해 주도적으로 진행된 개신교 종교개혁으로 군주 마크 로이스트와 취리히 시민들의 지지를 얻어서 혁신적인 변화를 이루었다. 한편 제네바 지역은 칼뱅의 주도로 엄격한 권징제도와 교회 질서가 정착되었다. 유럽에서 시작된 종교개혁은 스위스를 통해 전 유럽으로 퍼져 나갔다는 평가를 받고 있다.

장 칼뱅Jean Calvin
프랑스 출신 종교개혁가로 엄격한 신앙생활을 강조. 신정정치적 체제 수립.

울리히 츠빙글리Ulrich Zwingli
스위스 출신의 종교개혁가. 루터의 영향으로 취리히 종교개혁에 앞장섰지만, 종군목사로 참전했다가 카펠에서 전사.

★★☆

성 페터 교회 St. Peterkirche

1534년 탑에 설치된 지름 8.7m의 유럽 최대 시계판으로 유명하다. 탑은 후기 로마네스크 고딕 양식을 띠고 있으며, 1890년부터 전해 내려오는 5개의 종이 있다. 중세부터 1911년까지는 화재감시탑으로 이용되기도 했다. 종교개혁가 츠빙글리의 친구였던 레오 주드가 개신교 초대 성직자로 있었고, 1360년에는 취리히 초대 시장 루돌프 브룬Rudolf Brun이 이 교회 성가대석에서 영면을 취하고 있다.

주소 St. Peter-Hofstatt 2, 8001 Zürich
위치 트램 4, 15번 Rathaus, 4, 6, 11, 13번 Rennweg에서 하차 후 도보 4분(300m). 린덴호프에서 도보로 약 2분 거리 (130m)에 위치
운영 월~금 08:00~18:00, 토 10:00~16:00, 일 11:00~17:00 (교회 행사 시 변경될 수 있음)
전화 +41 (0)44 250 6655
홈피 www.st-peter-zh.ch

---

more & more 스위스 길드와 조합회관 **춘프트하우스** Zunfthaus

길드는 중세시대에 상공업자들이 만든 상호 부조적인 동업조합으로, 벨기에, 독일, 스위스 등 서유럽 도시에서 발달하였다가 근대산업의 발달과 함께 16세기 이후 쇠퇴하였다. 취리히에는 이 길드의 회관 건물인 춘프트하우스가 내려오는데 각각 직업군에 따라 조합건물에 특색이 주어진다. 현재는 연회장이나 레스토랑으로 운영되고 있다. 대표적인 2곳을 소개해 본다.

❶ 춘프트하우스 추어 바그
Zunfthaus Zur Waag

취리히 전통 음식을 맛볼 수 있는 레스토랑으로 운영되고 있다. 여름철에는 테라스에서 식사를 즐겨 보자.

주소 Münsterhof 8, 8001 Zürich (프라우뮌스터 근처)
위치 트램 7, 6, 11, 13번 탑승, Paradeplatz 하차 후 도보 약 10분
운영 11:30~14:00, 18:00~22:00 **휴무** 일요일
전화 +41 (0)44 216 9966
홈피 www.zunfthaus-zur-waag.ch

❷ 춘프트하우스 짐머로이텐
Zunfthaus Zimmerleuten

2007년 화재로 거의 소실되었으나, 취리히 시민의 간절한 노력으로 복원되었다. 중세 분위기의 길드홀, 퀴퍼Küfer에서 취리히 전통을 느끼며 식사를 할 수 있다. 리마트 강과 구시가지의 경관을 아름답게 선보인다.

주소 Limmatquai, 40, 8001 Zürich
위치 트램 7, 6, 17, 11, 13번 탑승, Paradeplatz 하차 후 도보 약 5분
전화 +41 (0)44 250 5363
홈피 www.zunfthaus-zimmerleuten.ch

📷 취리히 구시가지

★★★

서울에도 덕수궁 돌담길, 해방촌길, 부암동 언덕길, 북촌의 한옥길 등 시대와 그 지역의 풍미를 그대로 간직한 곳이 있듯이 취리히에도 대로에서 조금 떨어진 곳에 진짜 취리히를 느낄 수 있는 골목들과 오래전부터 내려오는 구역이 있다. 현재는 레스토랑, 앤티크 숍, 장인들의 공방이 몰려 있어 물 흐르듯 유유히, 레가토Legato 스타일로 우아하게 걸어다니면 된다.

▶▶ 아우구스티너가세 Augustinergasse

아우구스티너가세는 취리히에서 가장 아름답고 고풍스러운 좁은 거리로 화려하게 채색된 퇴창이 많이 발견된다. 린덴호프를 지나 성 페터 교회로 이어지는 길까지 취리히 구시가지의 진정한 아름다움을 느끼며 산책을 해보자.

주소 Augustinergasse,
　　 8001 Zürich
위치 중앙역 앞 반호프 거리에서
　　 6, 7, 11, 13번 트램 승차
　　 Rennweg에서
　　 하차(1개 정거장) 후 도보 2분

© Zürich Tourismus

▶▶ 니더도르프가세 Niederdorfgasse

작은 골목길이 패치워크 된 듯한, 숨겨진 보물처럼 자리한 니더도르프. 이곳에는 수많은 부티크가 자리하고 있어 센스 있는 쇼퍼들이 찾는다. 쇼핑을 하다 지치면 이 지역의 로젠가세Rosengasse 골목 등에 있는 카페나 레스토랑에서 잠시 커피 혹은 원하는 음료를 즐겨도 좋다. 저녁에도 매우 붐빈다.

주소 Niederdorfstrasse, 8001 Zürich
위치 중앙역에서 4번 트램 승차(2개 정거장)
　　 Rudolf-Brun-Brücke에서 하차 후
　　 도보 2분 또는 3, 6번 트램 승차
　　 (1개 정거장) Central에서 하차 후
　　 도보 3분 후 도보 2분

📷 취리히의 대학들

★☆☆

뛰어난 교육환경으로도 정평이 나 있는 취리히에는 스위스 취리히 연방 공
과대학교 및 이공계가 강한 취리히 공립대학교Universität Zürich, 취리히 전
문대학Zürcher Fachhochschule, 취리히 사범대학Pädagogische Hochschule Zürich 등
이 있다. 대학가를 둘러보는 것만으로 지성인이 된 듯한 느낌을 받을 때
가 있다. 만약 아이와 함께 여행하고 있다면 이곳 대학에서 공부했던 위인
들의 이야기를 들려주며 공부에 대한 열의를 다지게 할 수 있지 않을까?

취리히 대학교 엠블럼,
취리히 연방공과대학 로고

▶▶ 취리히 연방공과대학 ETH Zürich

국내는 물론, 세계적으로 인정받는 스위스 취리히 연
방 공립대학교이다. 흔히 '에테하ETH'라 불리며, 1855
년 개교한 이래 유럽에서는 3~5위권, 세계에서
10~20권 내의 대학서열을 유지하고 있다. 이 대학에
서만 21명의 노벨상 수상자를 배출했으며, 그중 우리
도 익히 알고 있는 알베르트 아인슈타인과 빌헬름 뢴
트겐도 이 학교 출신이다.

주소 Rämistrasse 101, 8092 Zürich
홈피 www.ethz.ch

▶▶ 취리히 대학교 Universität Zürich

취리히 대학교는 주정부가 세운 유럽 최초의 대학으
로 1833년에 설립되었다. 약자로 UZH로 표기하며 의
학, 과학, 경제학 분야가 특히 유명하여 유럽 상위 대
학 10위권 안에 들 정도이다. 취리히 대학교에서 운영
하는 의학역사박물관은 입장이 무료이며, 의학에 관심
있는 여행자라면 관람할 가치가 있다.

주소 Rämistrasse 71, 8006 Zürich
홈피 www.uzh.ch

Tip | 취리히의 명물, 폴리반 Polybahn

일명 '학생들의 특급 열차Student
Express'라고도 불리는 폴리반은
1889년부터 운행된 취리히의 명
물로, 센트랄에서 취리히 공대까
지 한번에 50명가량이 탑승할 수
있고 2.5분 만에 양방향을 운행
한다. 연간 200만 명 이상의 사
람들이 이용한다. 취리히의 뛰어
난 경관을 볼 수 있는 고트프리드 젬퍼Gottfried Semper가 설계하여 1864년 완
공된 취리히 연방공과대학은 폴리반을 타고 3분이면 올라간다. 현재 UBS에
서 재정지원을 받고 있다.

주소 Central Plaza Hotel,
　　 Central 1, 8001 Zürich
위치 중앙역에서 4, 10번 트램 탑승,
　　 Central에서 하차(1개 정거장)
운영 월~금 06:30~21:00,
　　 토 07:30~21:00,
　　 일·공휴일 09:00~21:00,
　　 매월 1회 정도 점검일 휴무
요금 CHF 1.2 ※ 취리히 카드 소지자 무료
전화 +41 (0)44 411 4111
홈피 www.polybahn.ch

★★☆ 스위스 국립박물관 Landesmuseum Zürich

GPS 47.379073, 8.540552

스위스 역사를 크게 이주 및 정착의 역사, 종교 및 지성의 역사, 스위스 정치, 경제 4가지의 주제로 나누어 다양한 전시물과 함께 관람객들에게 알려준다. 박물관 서쪽 건물에는 스위스 가구, 인테리어를 시대의 흐름에 맞게 볼 수 있는 11개의 전시실이 있어 흥미를 자아낸다. 이곳 하나만 둘러봐도 스위스 역사를 설명할 수 있을 정도의 지식인이 된다.

주소 Museumstrasse 2, Zürich
위치 중앙역 Museumstrasse 표지판
　　 방향으로 나가면, 바로 길 건너
　　 박물관이 위치
운영 화~일 10:00~17:00
　　 (목 10:00~19:00) 휴무 월요일
요금 성인 CHF 13,
　　 만 16세 이하 어린이 및
　　 취리히 카드 소지자,
　　 스위스 뮤지엄 패스 소지자 무료
전화 +41 (0)44 218 6511
홈피 www.nationalmuseum.ch

Tip | 박물관 선택 요령

빠듯한 시간에 수백여 곳의 박물관을 다 둘러볼 수는 없는 일! 이럴 땐 국립박물관 위주로 관람하는 것도 현명한 방법. 특히 취리히에 위치한 국립박물관은 아이들을 동반한 가족 여행객에게 제격이다.

★★☆ 스위스 디자인 박물관 Museum für Gestaltung

GPS 47.382763, 8.535802

그래픽, 디자인, 포스터와 응용미술 등 비주얼 커뮤니케이션과 관련된 역사와 현재에 중점을 둔 박물관. 취리히가 디자인, 타이포그래피의 중심지인 만큼 이 박물관을 적극 추천하고 싶다. 취리히 예술대학ZHdK 부속 박물관으로 스위스의 중심지에서 스위스 디자인을 경험할 수 있다. 자료가 방대해져 각기 다른 2곳의 장소로 나뉘어져 있다.

© Museum für Gestaltung

주소 **토니 아레알** Pfingstweidstrasse 96, 8005 Zürich
　　 본관 Ausstellungsstrasse 60, 8005, Zürich
위치 본관에서 토니 아레알까지는 도보로 이동하기 힘들다.
　　 트램 4번에 탑승하여 약 8분 거리
운영 화·수·금~일 10:00~17:00, 목 10:00~20:00
　　 휴무 월요일 및 일부 공휴일
요금 1곳만 방문시 성인 CHF 12, 2곳 방문시 성인 CHF 15,
　　 만 16세 이하 및 취리히 카드 소지자,
　　 스위스 뮤지엄 패스 소지자 무료
전화 +41 (0)43 446 6767
홈피 www.museum-gestaltung.ch

© Museum für Gestaltung

★★☆

GPS 47.370268, 8.548167

쿤스트하우스 취리히 Kunsthaus Zürich

스위스 중세시대부터 현대미술에 이르기까지 폭넓은 시대를 아우르는 작품을 소장하고 있는 대표 미술관으로, 1910년 개관된 이래 바젤 쿤스트하우스와 더불어 스위스에서 가장 큰 미술관으로 정평이 나 있다. 호들러Hodler, 세간티니Segantini 등 스위스 출신 예술가들의 작품 및 알베르토 자코메티Alberto Giacometti뿐만 아니라, 국제적으로 널리 알려진 마네Manet, 반고흐Van Gogh, 바젤리츠Baselritz와 같은 화가들의 작품도 전시하고 있다.

주소 Heimplatz 1, 8001 Zürich
위치 중앙역에서 3, 5, 9번 트램
　　Kunsthaus에서 하차
　　(3개 정거장) 또는
　　31번 버스 Kunsthaus에서 하차
　　(3개 정거장)
운영 화~일 10:00~18:00
　　(목 20:00까지) **휴무** 월요일
요금 성인 CHF 24, 만 16세까지 무료
전화 +41 (0)44 253 8484
홈피 www.kunsthaus.ch

©Kunsthaus Zürich

취리히는 바젤과 더불어
박물관의 도시라 할 수 있다.
다양한 주제를 다룬 43개의 박물관이 있다.
기타 정보 www.museen-zuerich.ch

 ★★☆

GPS 47.389310, 8.524849

미그로 현대미술관 Migros Museum für Gegenwartskunst

20세기 이후의 현대 예술작품을 주로 전시하고 있는 이곳은 스위스 최대 슈퍼마켓 체인회사 미그로Migros의 창업자인 고클리브 두트바일러Gottlieb Duttweiler가 1950년 중반부터 수집한 작품을 바탕으로 문을 연 곳이다. 다양한 현대 예술작품을 구입하여 1996년 개관하였으며, 기발한 전시 및 대규모 작품 전시를 자주 기획하는 것으로 정평이 나 있다.

주소 Limmatstrasse 270,
　　8005 Zürich
위치 트램 4, 13, 17번 Löwenbräu 하차
운영 화·수·금~일 11:00~18:00,
　　목 11:00~20:00
　　휴무 월요일
　　※ 공휴일 휴관 사이트 참고
요금 무료
전화 +41 (0)44 277 2050
홈피 www.migrosmuseum.ch

© Migros Museum für Gegenwartskunst

© Migros Museum für Gegenwartskunst

★☆☆

피파 월드 축구 박물관 FIFA World Football Museum

국제축구연맹 FIFA 본부가 취리히에 있다는 것을 알고 있던 축구광이라면 한 번쯤 둘러볼 만한 곳. 2016년에 개관한 박물관으로, 다양한 전시품과 기록 영화, 멀티미디어를 통해 피파 월드컵의 역사를 볼 수 있다. 월드컵 개최지와 그 당시 우승팀이 입었던 유니폼, 그리고 해당 연도의 공인구도 전시되어 흥미를 자아낸다. 박물관뿐만 아니라 펍, 레스토랑 등의 편의시설도 잘 되어있다.

주소 Seestrasse 27, 8002 Zürich
위치 중앙역에서 5, 6, 7, 13, 17번
　　　트램 승차,
　　　Bahnhof Enge에서 하차
　　　(5개 정거장) 후 도보 2분 거리
운영 화~일 10:00~18:00 휴무 월요일
　　　※ 공휴일·휴관 사이트 참조
요금 성인 CHF 26, 어린이(7~15세)
　　　CHF 15, 만 6세 이하 어린이 및
　　　스위스 패스 소지자 무료
전화 +41 (0)43 388 2500
홈피 www.fifamuseum.com

위틀리베르크 Üetliberg

서울에 남산이 있다면 취리히에는 위틀리베르크가 있다. 868m 높이의 위틀리베르크 타워에서 취리히의 시내 전경을 한눈에 볼 수 있다. 특히 11월에는 안개가 자욱하게 깔린 모습을 볼 수 있어 더욱 인기가 높다. 여름에는 하이킹과 산악자전거 코스로 여행객들이 즐겨 찾는다. 위틀리베르크에서 펠젠엑Felsenegg까지 행성 트레일Planet Trail을 따라 2시간 정도 걷는 코스는 자칫 책으로 읽으면 지루할 수 있는 태양계를 흥미롭게 배울 수 있게 해준다.

주소 8143 Ütliberg, Zürich
위치 질탈 취리히 위틀리베르크 철도
　　　(SZU) S10 노선이 취리히
　　　중앙역에서부터
　　　위틀리베르크 역까지 운행
　　　(20분 소요) 정상까지는
　　　10분 정도 걸어 올라가면 된다
　　　(www.zvv.ch).
운영 연중무휴
요금 위틀리베르크 전망대 타워 티켓
　　　CHF 2
홈피 www.uetliberg.ch

펠젠엑(Felsenegg)

리마트 강 & 취리히 호수 크루즈 Limmat & Zürichsee Cruise

취리히 호수^{Zürichsee}는 스위스에서 세 번째로 큰 호수로 알프스 빙하가 녹아 생긴 것이라고 한다. 긴 초승달 모양의 호수로 취리히 주, 생갈렌 주, 슈비츠 주에 속해 있다. 호숫가에 위치한 타운 중 가장 유명한 마을은 라퍼스빌로 유람선 여행을 하기에 좋다. 취리히를 흘러가는 리마트 강에서도 크루즈를 즐길 수 있다. 구시가지만 훑어보기보다 시간을 좀 더 여유 있게 투자하여 크루즈 여행을 해보자. 자세한 내용은 취리히 항운 회사 홈페이지(www.zsg.ch) 참조.

Tip | 뷔르클리 광장 가는 방법

교통의 요지 벨뷰와 가까운 뷔르클리 광장은 취리히 구시가와 취리히 호수가 만나는 곳이라 생각하면 된다. 그리스 신화의 제우스가 시동으로 삼기 위해 독수리로 변신하여 채갔다는 가니메데 ^{Ganymede} 동상이 있는 곳이 바로 이곳이다.
취리히 중앙역에서 출발 Zürich, Bahnh ofstrasse/HB 트램 11번 Bürkliplatz 하차
취리히 벨뷰에서 출발 Zürich, Bellevue 트램 8번 Bürkliplatz 하차

---

more & more ### 추천 크루즈 여행

❶ 리버 크루즈 River Cruise
스위스 국립박물관^{Landesmuseum Zürich}에서 30분 간격으로 출발, 약 50분 걸리는 왕복 코스로, 리마트 강변에 있는 명소를 지나게 된다.

출발/도착 Landesmuseum / Zurichhorn
소요시간 30분
운행(동계 비운행) 4월 초~10월 하순 매일 10:50~17:20, 30분 간격
(토 · 일 · 공휴일 13:35~16:35, 1시간 간격)
요금(2등석 기준) 성인 CHF 4.6, 만 6세 이상 어린이 및 반액카드 소지자 CHF 3.2, 스위스 트래블 패스 소지자 무료

❷ 단거리 레이크 크루즈 Short Lake Cruise
뷔르클리 광장^{Bürkliplatz}에서 시작하여 피파 월드 축구 박물관, 린트초콜릿 박물관, 차이니스 가든 등을 지나는 왕복 크루즈로 취리히 올드타운에서 살짝 벗어난 명소들과 연계해 즐기기 좋다.

출발/도착 Zürich Bürkliplatz
소요시간 최대 2시간
운행 연중 10:00~19:00 30분 간격(7~8월 연장 운행)
요금(2등석 기준) 성인 CHF 9.2, 만 6세 이상 어린이 및 반액카드 소지자 CHF 4.6, 스위스 트래블 패스 소지자 무료

❸ 라퍼스빌까지 유람선으로 여행하기
취리히 뷔르클리 광장에서 출발하는 정기 유람선을 타고 장미의 도시 라퍼스빌^{Rapperswil}까지 이동(2시간 소요)한다. 라퍼스빌을 관광한 후 취리히나 다른 여행지로 갈 경우에는 기차를 타고 이동해보자.

홈피 www.zsg.ch(타임테이블 참조)

취리히 동물원 Zoo Zürich & Masola Rainforest

어린 자녀와 여행하고 있다면 동물원에 데리고 가면 어떨까? 친환경적으로 고안돼, 동물이 살기에 가장 좋은 환경이라고 해도 과언인 아닌 이곳에서 다양한 기후대의 동물들을 만날 수 있다. 어린이들이 직접 동물을 만져보거나 먹이를 줄 수 있는 프로그램도 마련되어 있으니 홈페이지를 통해 시간을 꼭 확인하자. 놀이터와 피크닉 장소도 잘 갖춰진 편. 이 동물원의 또 다른 볼거리는 마조알라 열대우림 식물원Masoala Rainforest. 아열대 기후의 식물이 잘 가꿔져 있어 관찰하며 식생을 파악하기에도 좋다.

주소 Zürichbergstrasse 221, 8044 Zürich
위치 Bahnhofstrasse 출발, 트램 6번 Zoo에서 하차 (약 16분 소요)
운영 3~10월 09:00~18:00, 11~2월 09:00~17:00
휴무 연중무휴 (단, 12월 24일 16:00까지)
요금 성인 CHF 30, 유스(만 16~20세) CHF 25, 만 6~15세까지 CHF 16 ※ 온라인 구매 요금
전화 +41 (0)44 254 2505
홈피 www.zoo.ch

© Zoo Zürich

 # 알파마레 Alpamare

가을에서 겨울, 겨울에서 봄으로 넘어가는 환절기에 스위스는 매일 맑지만은 않다. 이런 날씨에 자녀들과 박물관에 가는 것도 좋겠지만, 유럽 최대의 실내 워터파크인 알파마레도 좋은 아이디어. 취리히 시내에서 45분 거리, 페피콘Pfäffikon에 자리한 이곳은 다양한 난이도의 10개의 슬라이드와 유수풀. 엄마를 위한 시설 좋은 사우나 등을 갖추고 있다. 각종 편의시설 및 레스토랑도 있다.

주소 Gwattstrasse 12, 8808 Zürich
위치 중앙역에서 열차로 Pfäffikon SZ로 이동 (약 45분 소요), 역 주변에서 195번 버스 탑승. Seedam-Center로 이동 (단, 일요일에는 Buttikon행 524번 버스 탑승)
운영 월~목 10:00~21:00, 금·토 10:00~22:00, 일 10:00~21:00
요금 **4시간 이용 티켓** 성인 CHF 46, 어린이(6~15세) CHF 37, 유아(3~5세) CHF 16 ※ 데이 티켓 가격 별도, 온라인 구매 시 할인 가능. 주말 요금 별도
전화 +41 (0)55 415 1515
홈피 www.alpamare.ch

© Alpamare
© Alpamare

휠리만바드 & 스파 취리히 Hürlimannbad & Spa Zürich

스위스 스파가 점점 인기를 끌고 있다. 취리히 도심 한가운데서도 끝내주는 스파를 즐길 수 있으며 옥외 스파 공간에서는 취리히 전경을 내려다볼 수 있다. 아이리시 로만 스파에서는 좀 더 신비롭고 호젓한 분위기가 연출되는데 매주 화요일에는 여성만 입장 가능하다. 수영복, 타월, 위생용품 개인 지참 필수. 대여도 가능.

주소 Brandschenkestrasse 150, 8002 Zürich
위치 Bahnhofquai/HB에서 Zürich, Albisgütli 방면 13번 트램 탑승, Waffenplatzstrasse에서 하차 (정류장 약 7개), 도보 약 5분
운영 연중무휴 09:00~22:00
　　 휴무 일부 보수 기간
요금 **테르말 바스** 성인 CHF 42, 만 7~14세 CHF 22, 만 4~6세 CHF 14
　　 아이리시 로만 바스 성인 CHF 68
전화 +41 (0)44 205 9650
홈피 www.aqua-spa-resorts.ch

새해맞이 축제 New Year's Festival

12월 31일 저녁 8시부터 새벽 3시까지 스위스 취리히 호수와 리마트 강은 새해를 맞이하기 위한 사람들로 물결을 이룬다. 취리히 새해맞이 하이라이트는 단연코 불꽃놀이. 취리히 트램은 이날의 편의를 위해 새해 첫날 새벽 4시까지 운행한다.

운영 겨울 축제(12월 31일~1월 1일)

© Zürich Tourism / Caroline Minjolle

Tip | 취리히 대표 이벤트

취리히는 일 년 내내 풍성한 이벤트로 가득하다. 이벤트 기간에는 취리히에서 숙박이 어려울 수 있으니 미리 예약하거나 주변 도시(스위스는 작다)를 공략하는 센스가 필요하다.

취리히 탄츠Zürich Tantz
취리히 시내 전역에서 열리는 신나는 댄스 축제.
운영 매년 5월 첫째 주 금~일요일
홈피 www.zuerichtanzt.ch

푸드 취리히 Food Zürich
취리히는 음식이 특히 맛있는 도시. 글로벌 음식뿐 아니라 전통 스위스 음식 등 이벤트 기간 동안 150여 행사가 도시 전역에서 진행된다.
운영 매년 5월 중순 혹은 말~5월 말 혹은 6월 초
홈피 www.foodzurich.com

취리히 페스티벌Zürich Festival
취리히 대표 극장인 취리히 오페라 하우스, 샤우슈피엘하우스와 콘서트홀 톤할레, 미술관 쿤스트하우스 취리히 등에서 함께 펼쳐지는 문화 예술 축제.
운영 2년마다 6~7월 중 4주간(2025년 개최 예정)
홈피 www.festspiele-zuerich.ch

취리히 영화제ZFF, Zurich Film Festival
2005년부터 시작된 영화제로 국내 및 해외에서 유명한 영화 관계자 및 현재 뛰어난 역량을 발휘한 영화인에게 상을 수여한다.
운영 매년 9월 마지막 주 목요일~10월 첫째 주 일요일
홈피 www.zff.com

젝세로이텐 Sechselaeuten

매년 지루했던 겨울을 끝내고 봄을 맞이하기 위한 전통 축제이다. 먼저 불에 잘 타는 충전재로 만든 대형 눈사람 뵈그^{Böögg}를 준비해둔다. 그다음 취리히 전통 의상을 입은 길드 대표자들이 말을 타고, 뵈그를 향해 전속력으로 달린다. 들고 있던 횃불을 던져서 뵈그를 태운다. 행사 자체도 흥미진진하지만, 축제일에 전통 의상을 입은 사람들의 행렬도 볼만해 여행 중 시간이 된다면 참여해봐도 좋겠다.

운영 봄 축제(4월 중순 월요일)
홈피 www.sechselaeuten.ch

행사의 상징,
뵈그 Böögg

 스트리트 퍼레이드 Street Parade Zürich

세계에서 가장 큰 규모의 테크노파티로, 취리히 호수변에 전 세계 각지에서 온 수천 명의 일렉트로닉, 테크노 음악 팬들이 모여들어 재미있는 의상들을 차려입고 춤을 춘다. 약 7개의 강변 스테이지에는 수백 명의 DJ들이 매력적인 테크노 음악으로 뜨겁게 분위기를 달군다. 행사가 끝나고도 주변 클럽에서 그 분위기를 이어갈 수도 있도록 다양한 프로그램들을 마련하고 있다.

운영 여름 축제(8월 둘째 주 토요일)
홈피 www.streetparade.com

취리히 웨스트 Zürich West

취리히에서 지금 가장 핫한 곳, 우리는 웨스트를 여행한다

스위스가 그저 알프스와 자연뿐이라고 이야기하는 친구가 있다면, 손을 꼭 붙들고 취리히 웨스트로 향해보자. 취리히 웨스트는 취리히 시내 외곽, 아무것도 없는 허허벌판이었는데 200~300년 전 이곳에 각종 공장들과 스위스 브랜드 맥주, 뢰벤브로이Löwenbräu가 들어서면서 전성기를 맞게 된다. 20세기 후반에 들어서 제조업에서 서비스업 사회가 되면서 이곳은 점차 쇠퇴하고 공장 건물들만 남게 되었다. 그 후 '공업 디자인'이란 새로운 콘셉트로, 기존 조선소, 공장, 발전소 등의 건물들의 내부, 외부의 특징적 요소를 그대로 살려 감각적인 공간으로 탄생시켰다. 특히 조선소를 재탄생시킨 쉬프바우Schiffbau, 제철소였던 펄스 5Puls 5, 뢰벤브로이 맥주공장을 개조하여 오픈한 내일의 쿤스트할레 Tomorrow's Kunsthalle가 유명하며 이곳은 모두 레스토랑 등으로 이용되고 있다. 쇼핑할 곳으로는 취리히 웨스트를 기반으로 하여 지금은 세계적으로 유명해진 프라이탁Freitag과 아직도 열차가 달리고 있는 고가교 아래 공간을 살린 임 비아둑트Im Viadukt 쇼핑 구역이 유명하다.

취리히 시내에서 가는 법

열차 취리히 중앙역에서 취리히 간선을 타고 Zürich Hardbrücke역에서 하차(열차 탑승 시간 2분)
트램 취리히 Bahnhofplatz에서 트램 4번을 타고 Zürich Schiffbau 정거장에서 하차(13분 거리, 8개 정거장)

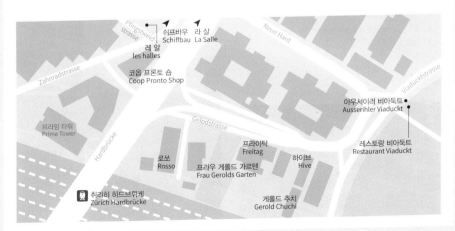

Sightseeing 쉬프바우 Schiffbau

독일어로 '배를 만들다'라는 이름에서 보듯, 쉬프바우는 배를 건조하던 조선소다. 건물 앞에는 배에 쓰였던 프로펠러가 여전히 자리하고 있다. 이곳에는 레스토랑, 재즈 클럽 무드Moods, 공연장, 갤러리 등이 함께 있다. 로비에 자리한 레스토랑 라 살La Salle은 취리히 트렌드세터들도 인정하는 프렌치 레스토랑이며, 공연장 취리히 샤우슈피엘하우스Zürich Schauspielhauss는 3개의 공연장을 갖추고 있다.

주소 Schiffbaustrasse 4, 8005 Zürich
위치 버스 33, 72번 Schiffbau에서 하차 또는 Hardbrücke역에서 도보 5분 거리
운영 공연장, 갤러리, 레스토랑 상이
전화 +41 (0)44 258 7070
홈피 www.lasalle-restaurant.ch
　　www.schauspielhaus.ch

Shopping+Restaurant
프라우 게롤드 가르텐 Frau Gerolds Garten

우리말로 풀이하면 '게롤드 부인의 정원' 정도로 풀이되는 웨스트의 명소로 문화, 다이닝, 쇼핑 등의 공간으로 이용된다. 프라이탁 맞은편에 있어 찾기도 쉽다. 감각적인 아이템들을 쇼핑할 수 있는 여섯 개의 아틀리에와 레스토랑은 여름철 저녁이면 젊은 사람들의 발걸음이 끊이지 않는다.

주소 Geroldstrasse 23, 8005 Zürich
위치 트램 4번 Schiffbau 하차, 열차 Bahnhof Hardbrücke 하차
운영 레스토랑 4~10월 월~토 11:00~24:00, 일 12:00~22:00, 11~3월 월~토 18:00~24:00
전화 +41 (0)78 971 6764
홈피 www.fraugerold.ch

Restaurant 키친 리퍼블릭 Kitchen Republic

스위스 MZ세대들이 좋아할 만한 한국 스타일 프라이드 키친, 일본의 스시, 중국의 덤플링, 하와이안 포케 및 버거까지 한자리에서 먹을 수 있는 캐주얼 레스토랑. 인근 사무실 직원들도 많이 찾는다. 테이크아웃도 가능.

주소 Heinrichstrasse 239, 8005 Zürich
위치 Hardbrücke역에서 도보 5분
운영 월~토 11:30~22:00, 일 12:00~22:00
요금 런치 메뉴(메인+음료) CHF 24.50~
전화 +41 (0)44 271 4801
홈피 www.kitchen-republic.ch

Restaurant+Shopping 레 알 Les Halles

레 알에 가면 레알(?) 즐겁다. 흥합 요리가 유명한 레스토랑 겸 펍이자 레트로 바이크 상점, 베이커리 숍 등 다양한 형태로 음식과 주류를 즐기거나 로컬푸드를 구매할 수 있다. 옆 테이블과도 금방 친해지는 젊은이들의 메카. 지루한 스위스는 이곳엔 없다.

주소 Pfingstweidstrasse 6, 8005 Zürich
위치 트램 Schiffbau역 바로 앞
운영 월~수 11:00~자정, 목·금 11:00~자정 이후, 토 16:00~자정 이후 **휴무** 일요일
요금 CHF 20~30대
전화 +41 (0)44 273 1125
홈피 www.les-halles.ch

Shopping+Design
임 비아둑트 Im Viadukt (In Viaduct)

이름과 같이 고가교 아래, 다리를 떠받치고 있는 지주 사이사이 공간에 각종 상점, 레스토랑, 갤러리가 들어서 약 52개의 점포가 입점해 있는 시장 홀Markthalle을 이루었다. 기막힌 아이디어를 가지고 황량한 음지에 불과하였던 이곳을 취리히에서 가장 흥미로운 쇼핑거리로 2009년에 탄생시켰다.

주소 Schiffbaustrasse 4, 8005 Zürich(프라이탁 근처)
위치 트램 4, 6, 13번 Löwenbräu 하차, 열차 33, 72번 Schiffbau 또는 Zürich Hardbrücke 하차
운영 상점마다 상이하므로 사이트 참조
홈피 www.im-viadukt.ch

Shopping+Design 프라이탁 플래그십 스토어 Freitag Flagship Store Zürich

취리히 웨스트에 있는 프라이탁은 플래그십 스토어로 수출입할 때 쓰이는 컨테이너 박스를 층층이 올려 건물을 이루었다. 취리히 웨스트 랜드마크로 멀리서도 눈에 들어온다. 스위스의 젊은이들이 어깨에 둘러메고 다니는 흔한 가방은 포장마차에나 쓰일 법한 비닐천으로 만들어진 것이 많다. 이 가방은 스위스의 마르쿠스와 다니엘 프라이탁 형제가 의기투합하여 만든 가방 브랜드 프라이탁Freitag으로 버려진 화물용 트럭의 덮개를 이용하여 가방을, 튼튼한 자동차의 안전벨트로 끈을 만들고, 폐타이어를 이용해 가방의 힘받이로 사용한 것이 시작점이 되었다. 현재 프라이탁은 세계 젊은이들이 열광하는 '잇 백'이다.

주소 Geroldstrasse 17, 8005 Zürich (Flagship)
위치 트램 4번 Schiffbau 하차, 열차 Bahnhof Hardbrücke 하차
운영 월~토 09:00~17:00 **휴무** 일요일
요금 메신저 백Messenger Bag M사이즈 CHF 240~, 랩톱 케이스Laptop Case 11인치 CHF 85~
전화 +41 (0)43 366 9520   **홈피** www.freitag.ch

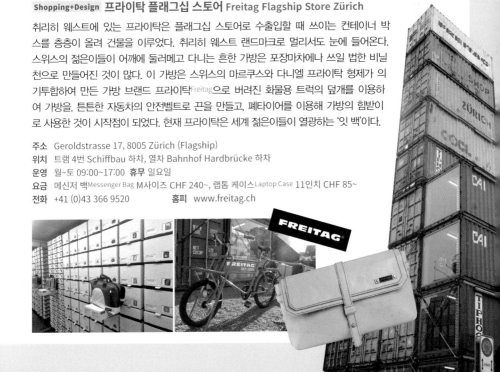

more & more **반호프 거리** Bahnhofstrasse

취리히를 대표하는 번화가로 중앙역에서 취리히 호수까지 이어지는
1.3km 구간의 거리. 미국 비벌리힐스, 로데오 거리, 영국 런던의 본드
스트리트, 일본 긴자 등과 더불어 내셔널 지오그래픽에서 선정한 '세계
최대 쇼핑 거리 10선'에 이름을 올렸다. 스위스 최대 백화점 Globus
나 Jelmoli, Manor를 비롯해 스위스 브랜드 대형서점 Orellfüssli,
Coop City 외 각종 글로벌 쇼핑 브랜드들을 만날 수 있다.

홈피 취리히 반호프 거리 협회 www.bahnhofstrasse-zuerich.ch

상점 오픈 시간
보통 스위스의 상점은 18:00면 문을 닫지만, 반호프 거리의 대부분의
상점은 주중 19:00나 20:00까지 오픈한다(토 17:00까지 운영. 일 휴
무). 이 외 평일 늦은 시간이나 일요일에 급히 구입해야 할 것이 있다면
취리히 중앙역으로 가자.

 슈프륑리 Sprüngli *Sprüngli*

스위스 하면 떠오르는 초콜릿! 1836년 취리히에서 탄
생한 초콜릿은 슈프륑리로 취리히 시내, 파라데 광장
에 처음 개점했다. 부인에겐 대형마트 혹은 미그로에
서, 애인에겐 슈프륑리 초콜릿을 사준다는 우스갯소리
가 있듯 슈프륑리는 소중한 사람에게 선물로, 좋은 날
에 그 기쁨을 더하기 위해 많이 구입한다. 초콜릿뿐만
아니라 하트가 저절로 뿅뿅 나오게 만드는 작고 예쁜
케이크, 베이커리 또한 선보인다. 취리히 중앙역을 비
롯하여 취리히 시내에 여러 상점이 있지만 카페도 있
어 여유롭게 즐기며 맛볼 수 있는 파라데 광장점이 가
장 인기다. 초콜릿과 더불어 앙증맞은 마카롱은 Must
have Item이다.

Paradeplatz점
주소 Bahnhofstrasse 21, 8001 Zürich
위치 트램 6, 7, 11, 13번 Paradeplatz역 하차
운영 월~금 07:00~18:30, 토 08:00~18:00
　　　휴무 일요일(레스토랑, 카페는 일요일에도 영업)
전화 +41 (0)44 224 4646
홈피 www.spruengli.ch

힙한 로컬 스폿, 유로파알레 Europaallee

취리히 시의 새로운 핫 스폿, 유로파알레에 집중할 필요가 있다. 왠지 어둠의 영역이었을 것 같은 취리히 중앙역 주변 부지를 새롭게 개발해 쇼핑, 문화, 휴식의 장소가 되었다. 밤문화가 발달된 랑거리Landstrasse와 취리히 중앙역 중간에 위치. 명품 브랜드보다는 중산층에 맞는 브랜드 및 부티크 제품이 입점해 있고, 다이 닝은 MZ세대가 좋아할 만한 중동, 아시아, 퓨전, 카페, 맥주 브루어리가 있다. 로컬들의 만남의 장소이며, 걷기 좋은 길이다.

© Zürich Tourismus

❶ 쇼핑 추천

트란사 TRANSA
여행과 아웃도어와 관련된 다양한 제품이 3,000㎡의 거대한 공간에 디스플레이되어 있다. 신제품 위주로 판매해 트렌드를 체크해볼 수 있는 것이 장점.

주소 Lagerstrasse 4,
　　 8004 Zurich
운영 월~금 09:00~20:00,
　　 토 09:00~18:00
홈피 www.transac.ch

❷ 다이닝 추천

미스 미우 Miss Miu
취리히의 힙한 거리 유로파알레에는 아시안 식당 미스 미우가 있다. 한국인이 직접 메뉴 개발에 참여했는지 살짝 의심이 갈 정도의 한국 퓨전 음식을 선보인다. 취리히에서 가장 큰 한국 레스토랑으로 한국식 BBQ, 비빔밥, 치킨, 김밥뿐만 아니라 여름에는 빙수도 판매한다.

주소 Europaallee 48,
　　 8004 Zurich
운영 월~목 11:00~23:00,
　　 금~토 11:00~자정,
　　 일 12:00~23:00
홈피 www.miss-miu.ch

비어베르크 취리 Bierwerk Züri
취리히 젊은 세대들은 와인보다 맥주에 빠져 있는 듯하다. 직접 양조한 풍미 감도는 시원한 맥주를 로컬들과 마실 수 있는 곳이다.

주소 Gustav-Gull-Platz 10,
　　 8004 Zurich
운영 월~토 11:00~자정
홈피 www.bierwerkzueri.ch

© Zürich Tourismus

하이마트베르크 Heimatwerk

수공예품이 많아 가격이 조금 사악한 편이다. 하지만, 스위스에서 생산하는 특이한 어린이 장난감, 정성이 많이 들어간 스위스풍의 어린이 옷, 목공예품. 스위스산 기념품이 많다. 특히 흔한 기념품에 싫증을 많이 낼 법한 아주 가까운 지인에게 선물할 거리가 많은 곳이다. 취리히 공항에서도 만날 수 있다.

주소 Uraniastrasse 1, 8001, Zürich
위치 중앙역에서 Bahnhofquai 향해 도보 5~8분
운영 월~토 10:00~19:00
      휴무 일요일
전화 +41 (0)44 222 1955
홈피 www.heimatwerk.ch

슈바르첸바흐 H. Schwarzenbach

유럽 여행의 묘미 중 하나가 오랜 전통을 이어오고 있는 상점을 발견하여, 국내에서 보지 못한 식료품들을 구입해보는 것이다. 1864년에 문을 연 슈바르첸바흐는 시나몬 시럽, 천연 바닐라, 최상의 다즐링 홍차, 커피, 과일 식초 등 셰프의 주방에 있을 법한 최상의 재료를 갖추고 있다.

주소 Münstergasse 17, 8001 Zurich
위치 Bahnhofquai/HB에서 4번 트램 탑승 Rathaus에서 하차 후 도보 2분 거리
운영 월~금 09:00~18:00, 토 09:00~17:00
      휴무 일요일
전화 +41 (0)44 261 1380
홈피 www.schwarzenbach.ch

칸츨라이 벼룩시장
Kanzlei Flohmarkt

아마도 스위스에서 열리는 벼룩시장 중 가장 큰 시장으로 매주 토요일마다 열리며 약 300명의 셀러(Seller)들이 참가하여 중고품들을 내다 판다. 그림, 가구, 주얼리뿐만 아니라 다소 엉뚱해 보이는 물건들도 파니 둘러볼 만하다.

주소 Helvetiaplatz, Zürich
위치 중앙역 광장에서 트램 3번 탑승 Bezirksgebäude에서 하차 후 도보 약 2분
운영 토 07:20~16:00
홈피 www.flohmarktkanzlei.ch

전통 의상을 입은 아가씨가 그려진
작은 접시, 20프랑에 득템 :)

뷔르클리 광장 벼룩시장
Bürkliplatz Flohmarkt

취리히 호수 유람선이 출발하는 뷔르클리 광장 앞에서도 취리히에서 두 번째로 큰 규모의 벼룩시장이 매주 토요일마다 선다. 손때 묻은 가구, 액세서리, 어렸을 때 혼을 쏙 빼놓았을 장난감, 우표, 그림, 자기류에 이르기까지 여행자의 관심을 강탈할 만한 스위스인들의 애장품들을 접할 수 있다.

주소 Bürkliplatz, 8001 Zürich
위치 트램 정류장 Bürkliplatz, Paradeplatz에서 하차
운영 5월 초~10월 말 토 07:00~17:00
      휴무 11월~4월 말 혹은 시내 주요 행사 시
홈피 www.flohmarktbuerkliplatz.ch

스위스 추치 Swiss Chuchi

호텔 아들러 취리히에서 운영하는 레스토랑. 스위스 전통 음식을 다양하게 맛볼 수 있는 레스토랑으로 특히 치즈 퐁뒤가 유명하고 취리히 스타일의 게슈넷첼터스ZürcherGeschnetzletes도 메뉴에 있다. 니더도르프 중심가에 위치하며 레스토랑 발코니에 실물 크기의 소 모형이 딱 자리 잡고 있어서 찾기 쉽다.

주소   Rosengasse 10,
        8001 Zürich
위치   트램 정거장 Central에서
        도보 5분
운영   11:30~23:15(핫 푸드 메뉴)
메뉴   스위스 전통식
요금   조식 CHF 20~,
        퐁뒤 CHF 33.5~,
        런치 메뉴 CHF 19~
전화   +41 (0)44 266 9696
홈피   www.swisschuchi.ch

 ## 로프트 파이브 Loft Five

취리히 중앙역 인근 핫 스폿. 유로파알레Europaallee에 생긴 캐주얼 다이닝으로 평일엔 비즈니스맨들이 주로 찾아오는 현지 레스토랑. 버거, 바비큐 비프, 타르타르, 아시아 스타일의 볼 음식이 인기 있다.

주소   Europaallee 15, 8004 Zürich
위치   취리히 중앙역에서 도보 3분
운영   월~목 11:30~24:00, 금 11:30~02:00, 토 10:30~02:00
요금   클래식 비프 타르타르 CHF 35, 연어 볼 CHF 35
전화   +41 (0)41 755 5050
홈피   www.loftfive.ch

 ## 초이크하우스켈러 Zeughauskeller

취리히 현지인들이 외국에서 지인이 방문한다면 아마도 열에 다섯은 이 식당을 찾지 않을까 생각이 들 만큼 이 레스토랑은 유명하다. 초이크하우스켈러란 '무기고'라는 뜻인데 고풍스러운 분위기가 그만이다. 맥주와 더불어 소시지, 슈니첼Schnitzel (송아지고기 요리) 등이 맛있다. 네 사람이 함께 이 레스토랑에 간다면 1m 길이로 나오는 카노넨퓟처Kanonenputzer를 주문해 보자. 한국어로 된 메뉴가 준비되어 있다.

주소   Bahnhofstrasse. 28a, Beim Paradeplatz,
        8001 Zürich   운영   11:30~23:00
메뉴   맥주와 스위스 스타일의 고기 요리
요금   데일리 런치 CHF 23.5, 50cm 소시지 CHF 44,
        맥주 500㎖ CHF 8.5
전화   +41 (0)44 220 1515
홈피   www.zeughauskeller.ch

 ## 찹스틱 CHOPSTICK

기대에 못 미치는 어설픈 퓨전 스타일의 한국 음식을 먹으니 중국 음식을 먹을 때가 나은 경우가 있다. 입지 좋은 핫 스폿에 있어 종종 찾아가는 중국식 식당. 메뉴 구성이 다채로운 것이 특징이며, 가볍게 먹고 싶을 때 가기에 좋고, 테이크 아웃도 가능하다. 좁은 거리 하나 사이로 두 개의 매장이 있다.

주소   Niederdorfstrasse 82, 8001 Zurich
위치   센트럴 Central 방면 니더도르프 초입
운영   매일 11:00~23:00
요금   새우 덤플링(전채) CHF8.50, 탕수육(메인) CHF 29.50,
        채소 계란볶음밥 CHF 13.00,
        소고기 계란볶음면 CHF 20.50
전화   +41 (0)44 262 5888
홈피   www.china-restaurant-chopstick.ch

아우구스트 Boucherie AuGust

저자가 사진으로 남기는 것조차 잊을 만큼 그 맛에 반해버린 취리히 맛집으로, 고기 덕후들에게 안성맞춤인 곳. 스위스 및 해외에서 생산된 육류와 특수부위 및 소시지 등을 특별한 레시피로 요리한다. 유동 인구가 많은 올드타운 렌베그Rennweg에 자리하고 있어. 투어를 하다가 들러 식사하기에도 좋다.

주소 Rennweg 1, 8001 Zürich
위치 트램 4, 11, 13번 Rennweg 하차, 도보 3분 거리
운영 11:30~23:00
메뉴 고기류, 맥주, 샐러드 등
요금 그릴에 구운 소시지 CHF 19, 구운 소갈비 CHF 42,
      샐러드 CHF 12~, 트러플 살라미 CHF 16(50g)
전화 +41 (0)44 224 2828   홈피 www.au-gust.ch

© AuGust

© AuGust

브라세리 페데랄 Brasserie Federal

취리히 중앙역의 매력이란 이런 것일까? 배도 고프고 시원한 맥주 한잔 하고 싶을 때 기차역 안에서 이 모든 것을 해결할 수 있다. 브라세리 페데랄은 50여 종 이상의 스위스 맥주를 갖추고 있어 골고루 마셔볼 수 있다. 월~금 11:00~14:00까지 오늘의 메뉴를 제공하여 비교적 저렴한 가격에 점심 식사를 세트 메뉴로 맛볼 수 있다.

주소 Bahnhofplatz 15, 8001 Zürich
운영 일~수 09:00~23:00, 목~토 09:00~24:00,
      일요일 브런치 10:00~14:00
메뉴 맥주와 스위스 스타일의 요리
요금 오늘의 점심 CHF 24.5, 맥주 CHF 5.9~8.5
전화 +41 (0)44 217 1585
홈피 www.brasserie-federal.ch

레스토랑 에코 ECHo

레스토랑 에코는 스위스 음식의 진수를 보여주는 곳으로 정평이 나 있다. 스위스 각 지역, 계절별로 생산되는 다양한 식재료를 바탕으로 전통적인 조리법에 따라 요리한다. 전통과 현대적인 세련됨이 묻어나는 인테리어를 만끽하며 스위스 스타일의 식사를 즐겨보자. 저녁에만 문을 여니 제대로 된 디너를 즐길 수 있다. 매주 일요일에는 12:00~15:00까지 브런치 메뉴를 선보인다.

주소 Neumühlequai 42, 8006 Zürich
위치 메리어트 호텔 건물 내. 46번 버스
      Stampfenbachplatz에서 하차 후 도보 5분 거리
운영 수~일 18:00~22:30 휴무 월·화요일
메뉴 스위스 퐁뒤, 타르타르, 뢰스티, 폴렌타 등
요금 스타터 CHF 12~, 메인 CHF 26~, 디저트 CHF 9.5~
전화 +41 (0)44 360 7000
홈피 www.echorestaurant.ch

© ECHo

카페 바 오데온 Café Bar Odeon

한 잔의 커피를 음미하며 누리는 작은 휴식은 우리에게 어떤 의미일까? 그 답을 카페 바 오데온에서 찾아보자. 1911년 개업. 취리히에서 꼭 가봐야 할 곳으로 손꼽히는 오데온은 커피 맛도 뛰어나지만 클라우스 만, 베니토 무솔리니, 슈테판 츠바이크, 알베르트 아인슈타인 등 철학가, 문인, 과학자를 막론하고 역사에 한 획을 그은 유명 인사들이 즐겨 찾은 곳으로 더 유명하다. 아침, 점심을 위한 다양한 메뉴 그리고 샴페인 메뉴도 있으니 꼭 들러보자.

주소 Limmatquai 2, 8001 Zürich
운영 월~목 07:00~24:00,
　　 금 07:00~02:00,
　　 토 09:00~02:00,
　　 일 09:00~24:00
요금 **조식/브런치**
　　 햄&치즈 오믈렛 CHF 21
　　 점심 메뉴 CHF 26~
　　 단품 메뉴 클럽샌드위치 CHF 34
전화 +41 (0)44 251 1650
홈피 www.odeon.ch

---

more & more **취리히 젊은이들의 핫 스폿, 채식 뷔페**

취리히 젊은이들에게 요새 가장 핫한 건 채식 뷔페. 태국, 인도, 이집트 등에서 영감을 받은 채식 요리와 유럽 스타일의 홈메이드 방식으로 만든 채식 요리를 뷔페처럼 담아 무게에 따라 계산하는 방식. 세계 최초 채식 레스토랑이 바로 힐틀이다.

❶ 힐틀 Hiltl
1898년에 문을 연 현존하는 가장 오래된 채식 레스토랑. 채식의 열풍 아래 취리히 곳곳에서 만날 수 있다.

홈피 www.hiltl.ch

❷ 티비츠 Tibits
취리히 외 장크트 갈렌, 루체른, 베른 등 여러 지점이 있다.

주소 Seefeldstrasse 2,
　　 8008 Zürich
전화 +41 (0)44 260 3222

카바레 볼테르 Cabaret Voltaire

전 세계 예술사조에 영향을 미친 '다다이즘'이 태어난 곳. 기존의 형식에 반기를 들고 새로운 것을 지향하는 젊은이들이 현재에도 존재하듯 1910년대 스위스 취리히의 젊은이들도 우리와 다르지 않았음을 발견할 수 있는 곳. '다다'는 우리가 사는 2020년대에도 신선하게 다가온다. 카바레 볼테르는 단순한 카페가 아니라 다다이즘의 성역이며 지성을 일깨우는 공간이다. 다다이즘에 대해 알 수 있는 간단한 전시관과 카페, 숍이 있다. 뮤지엄 패스 소지자는 전시관 관람 무료.

주소 Spiegelgasse 1, 8001 Zürich
운영 **카페/바** 화~목 13:30~23:00, 금·토 13:30~자정,
　　　일 13:30~18:00
　　　전시/도서관 화~목 13:30~20:00, 수~일 13:30~18:00
　　　※ 여름 시즌 운영 시간 다름
요금 CHF 14.00 ※ 취리히 카드 소지자 무료
전화 +41 (0)43 268 5720
홈피 www.cabaretvoltaire.ch

 라인펠더 비어할레 Rheinfelder Bierhalle

취리히에서 가장 오래된 맥주홀 중 한 곳으로 1870년에 오픈했다. 스위스 동북부 지방의 맥주 브랜드를 마실 수 있으며, 맥주에 어울리는 스위스 로컬 음식을 선보인다. 저녁시간엔 특히 붐비니 좀 일찍 서둘러 가는 것이 좋다.

주소 Niederdorfstrasse 76,
　　　8001 Zürich
운영 09:00~24:00
요금 맥주 3dℓ CHF 4.4~5.0,
　　　해시브라운 곁들인 소시지 요리
　　　CHF 16.9, 뢰스티 CHF 12.5~
전화 +41 (0)44 251 5464
홈피 www.rheinfelderbierhalle.com

Tip | **다다이즘** Ðadaism

다다이즘은 간단히 '다다'라고 하는데 프랑스어로 '아이들이 타고 노는 목마'라는 뜻이다. 아무렇게나 이름 지어진 것처럼 보이듯, 사실 다다이즘은 아무런 뜻 없는 '무의미함'에 의미와 가치를 둔 것이다. 다다이즘은 스위스 취리히에서 처음 태동되었는데 1916년 카바레 볼테르의 문을 열고 과거의 정형적인 예술형식과 가치를 부정하고 비합리성, 반도덕, 비심미적인 것을 찬미하였다. 이 운동은 스위스를 벗어나 독일, 프랑스 등 세계로 영향을 미쳤으며 회화, 글, 공연, 영화 등 예술의 한 분야로 한 시대를 풍미했고 초현실주의로 이어졌다. 한국의 유명한 시인 이상(1910~1937)의 연작시 「오감도」에서 알 수 있듯 숫자로만 나열한 시를 짓거나, 무의미한 단어를 열거하는 듯한 작가의 작품 세계도 다다이즘의 영향을 받았다 할 수 있다.

취리히의 숙소

취리히는 여행지로도 유명하지만 금융, 상업 등 비즈니스 중심지답게 주중에는 출장을 오는 비즈니스맨들로 인해 시내 중심가, 윌리콘 Oelikon, 취리히 공항 일대의 호텔이 붐빈다. 오히려 주말이 더 여유가 있을 정도. 호텔 예약 앱을 이용해 취리히 공항, 시내, 취리히 웨스트 등 위치와 시기를 잘 선택해 호텔 예약을 하자.

© Mövenpick Hotel

4성급
NH 취리히 에어포트
NH Zürich Airport

취리히 공항에서 불과 2km, 시내 중심가에서 7km. 상업 지구 내에 위치하여 편리하며 역과도 가까워 대중교통수단을 이용하기도 좋다. 140여 개 객실에 시설, 분위기 또한 뛰어나다.

주소 Schaffhauserstrasse 101, Glattbrugg, Zürich
요금 스탠더드 CHF 115~
전화 +41 (0)44 808 5000
홈피 www.nh-hotels.co

3성급
호텔 알렉산더 Hotel Alexander

취리히 구시가, 니더도르프 거리 중심에 있는 호텔로 주변에 레스토랑, 편의시설이 많아 편리하다. 호텔 직원들이 매우 친절하다.

주소 Niederdorfstr. 40, Zurich
요금 싱글 CHF 150~, 트윈 CHF 180~
전화 +41 (0)44 251 8203
홈피 www.hotel-alexander.ch

3성급
호텔 뒤 테아트르 Hotel du Théâtre

디자인 호텔로 시내 중심가에 위치하며, 폴리반을 타고 올라가다 보면 우측에 바로 보인다. 객실마다 서로 다른 스타일의 인테리어가 돋보인다. 객실이 조금 작은 것이 흠.

주소 Seilergraben 69, 8001 Zürich
요금 싱글 CHF 135~205, 더블 CHF 205~295
전화 +41 (0)44 267 2670
홈피 www.hotel-du-theatre.ch

4성급
25 아워스 호텔 25 Hours Hotel

취리히에 두 곳이 있는데, 저녁 늦게까지 여행 일정이 있으면 늦은 밤까지 활기가 있는 랑 거리에 위치한 곳을 추천한다. 전 세계 체인으로 힙스터들이 특히 좋아하는 곳. 다른 한 곳은 웨스트에 있다.

주소 Langstrasse 150, 8004 Zürich
요금 CHF 160~300
전화 +41 (0)44 576 5000
홈피 www.25hours-hotels.com/hotels/zuerich/langstrasse

5성급
호텔 생 고타드 Hotel St. Gotthard

취리히 중앙역을 빠져나와 반호프 거리가 시작하는 바로 그 지점에 위치하고 있다. 가족이 운영하며, 호텔 내에 있는 레스토랑의 음식도 훌륭하다.

주소 Bahnhofstrasse 87, 8001 Zürich
요금 싱글 CHF 158~421, 더블 CHF 192~529
전화 +41 (0)44 227 7750
홈피 www.hotelstgotthard.ch

여성 전용
조세핀 게스트하우스
Josephine's Guesthouse for Women

여성 혼자 여행하고 있다면 때론 여성 전용이 편리할 때가 있다. 취리히 중앙역에서 트램으로 불과 5분 거리로 교통과 생활편의가 잘 구성되어 있다. 냉방시설이 선풍기만 있는 것이 흠.

주소 Lutherstrasse 20, 8004 Zürich
요금 싱글룸 CHF 110~, 트윈룸 CHF 134~
전화 +41 (0)44 241 1394   **홈피** www.josephines.ch

취리히 **주변 지역**

취리히는 독일과 비교적 가까운 스위스 동북쪽 지역에 위치한 까닭에 라인 강을 끼고 있는 **샤프하우젠**Schffhausen, **슈타인 암 라인**Stein am Rhein, 스위스 유수의 종합 대학과 유네스코 세계문화유산으로 등재된 수도원 부속 도서관이 자리한 **장크트 갈렌**St. Gallen 그리고 스위스에서 가장 스위스다운 전통을 살려 핫한 관광지가 된 **아펜첼**Appenzell로 떠날 수 있다. 취리히에서 가장 근교에 위치한 장미도시 **라퍼스빌** Rapperswil과 수준 높은 박물관의 도시 **빈터투어**Winterthur도 놓치지 말자.

✚ 라퍼스빌 Rapperswil

도시 문장이 장미일 만큼 '장미의 도시'라 불리는 라퍼스빌(행정구역명: 라퍼스빌–요나)은 푸르른 취리히 호수 끝자락에 자리하고 있다. 포랄펜 특급 열차(장크트 갈렌–루체른 구간)가 정차하는 구간으로 테마 열차 또는 취리히 호수 유람선을 타고 여행하기에도 그만인 관광지이자 교통 허브다. 도시 규모는 매우 아담하여 구시가지 곳곳을 돌아다녀도 2~3시간이면 충분하다. 도시 가장 높은 곳에 위치한 린덴 언덕에서 시작하여 늦봄부터 가을 초입까지 고성에서부터 마을까지 600여 종의 장미들이 앞다투어 피어 장관을 이룬다. 아이들과 여행을 한다면 크니 어린이 동물원Knies Kinderzoo이나 700m 길이의 토보건을 즐길 수 있는 아츠매니크Atzmännig를 추천하고 싶다.

★ 인포메이션 센터
주소 Fischmarktplatz 1,
8640 Rapperswil
운영 매일 13:00~17:00
전화 +41 (0)55 225 7700
홈피 www.rzst.ch

라퍼스빌로 이동하기
1. 열차로 이동하기
- 취리히에서 약 40분
- 장크트 갈렌에서 약 50분

2. 유람선으로 이동하기
- 매일 13:30 취리히 뷔르클리 선착장Zürich Bürkliplatz, Schiffst 출발 → 15:20 라퍼스빌 도착(약 1시간 50분 소요)
- 주말, 공휴일, 여름 시즌 추가 운행. www.zsg.ch 참조

📷 ★★★   GPS 47.227387, 8.815599
린덴 언덕 Lindenhügel

도시에서 가장 높은 곳에 위치한 린덴 언덕에는 14세기에 재건축된 라퍼스빌 고성Schloss Rapperswil과 성 요한 교회Stadtpfarrkirche St. Johann, 공동묘지 교회당이 있으며 고성 주변 성벽 아래 초지에는 사슴 공원도 조성되어 있다. 글라루스 알프스에서 취리히 오버란트까지 이어진 멋진 전망을 내려다볼 수 있다.

주소 Lindenhügel, 8640
Rapperswil-Jona
위치 Hauptplazt 방면을 향해 걷다
계단이 나오면 계단으로
올라가면 된다. 어디에서나
눈에 띄어 찾기 쉽다.

구시가에서 린덴 언덕 가는 길

귀겔 탑과 린덴호프

성 요한 교회 스테인드글라스

리브프라우엔 교회

제담 & 목조다리 Seedamm & Holzbrücke Rapperswil-Hurden

라퍼스빌을 인상적인 도시로 만드는 구조물인 제담은 취리히 호수의 가장 좁은 곳에 놓인 인공 둑과 다리로 구성된다. 슈비츠 주, 후어덴Hurden과 라퍼스빌을 이어주며 호수를 가로질러 열차의 통행로가 되어준다. 나무다리인 홀츠브뤼케는 기원전 1523년부터 흔적을 찾을 수 있는 역사적인 구조물로 로마시대, 중세시대, 현대에 이르기까지 증축, 보수를 거듭하여 지금의 모습을 갖추게 되었다. 다리는 도보로 건널 수 있다.

★★★

GPS 47.225630, 8.815767

피쉬마크트 광장 Fischmarktplatz

풀이하자면 어물시장 광장이라는 뜻. 역에서 빠져나와 길 하나만 건너면 만날 수 있다. 호숫가와 바로 인접한 광장으로 레스토랑, 카페, 작은 호텔들이 길가를 따라 형성되어 있어 햇살 좋은 날 여유를 즐기기 좋은 곳이다.

위치 라퍼스빌 역에서 도보 1분 거리

Tip | 비어 팩토리 라퍼스빌
Bier Factory
Rapperswil AG

라퍼스빌 비어 팩토리에서 생산되는 크래프트 비어는 인공 첨가물을 전혀 넣지 않고, 양질의 재료와 좋은 물을 이용해 만들어진다. 독특한 라벨 디자인으로 보는 즐거움도 있는 다양한 맥주는 스위스 전역에서 맛볼 수 없으므로 라퍼스빌 여행 시 취급하는 펍이나 레스토랑에 들러 맛을 보도록 하자. 해당 펍과 레스토랑 검색은 bierfactory. ch 참고.

★★☆

GPS 47.227954, 8.817605

라퍼스빌 시립박물관 Stadtmuseum Rapperswil

라퍼스빌 고성, 성 요한 교회

린덴호프에 인접한 시립박물관으로 육중한 중세 탑이 있는 15세기 저택을 토대로 만들었다. 황동 재질 외장재를 이용해 2012년 현대적으로 개축, 증축했으며, 18개의 전시실에서 라퍼스빌의 역사와 문화를 다양한 유물로 설명해준다.

주소 Herrenberg 30/40, 8640 Rapperswil
위치 라퍼스빌 고성에서 도보 2분 거리
운영 수~금 14:00~17:00, 토·일 11:00~17:00
　　　휴무 월·화요일, 12월 24·25·31일, 1월 1일 등
요금 성인 CHF 6, 16세 미만 무료
　　　※ 스위스 뮤지엄 패스 유효
전화 +41 (0)55 210 7164
홈피 www.stadtmuseum-rapperswil-jona.ch

✚ 빈터투어 Winterthur

빈터투어는 취리히와 가장 가까운, 스위스에서 6번째로 큰 도시이다. 예전부터 산업도시로 알려져 온 빈터투어는 지금은 수준 높은 컬렉션을 자랑하는 문화의 도시이자 정원이 많은 녹색 도시로 더 유명하다. 도시 내 대학들이 있어 젊은 층으로 늘 붐비고, 물가 높은 취리히에 비해 저렴한 물가로 취리히로 출근하는 사람들이 이곳에 많이 거주한다. 빈터투어는 관광으로 유명한 곳은 아니지만, 미술작품에 관심이 있거나 소극장 공연, 편히 즐기며 쇼핑하는 것을 좋아하는 여행자들이라면 분명 빈터투어의 매력에 빠지게 될 것이다. 빈터투어는 '예술의 도시이자, 박물관의 도시'라는 별칭을 가지고 있는데, 박물관 곳곳을 둘러보려면 뮤지엄 패스를 이용하는 것이 경제적이다. 뮤지엄 패스는 인포메이션 센터나 박물관 등에서 구입 가능하다.

★ 인포메이션 센터
주소 Bahnhofplatz 7
      8400 Winterthur
위치 빈터투어 기차역에 위치
운영 월~금 09:30~17:30,
      토 10:00~16:00
휴무 일요일
전화 +41 (0)52 208 0101
홈피 www.winterthur.com

빈터투어로 이동하기
- 취리히 시내에서 열차로 약 19분 소요
- 취리히 공항에서 열차로 약 13분 소요

> **Tip** | 빈터투어 현지인처럼 즐기기, 베움리 Bäumli
>
> 빈터투어 현지인들이 일상에서 잠시 벗어나 여유로움을 찾고 싶을 때 가는 곳. 도시가 내려다보이는 골든베르그 Goldenberg에 있다. 리헨베르그 거리Rychenbergstrasse에서 걸어갈 수 있는데, 와이너리에 둘러싸여 있는 나무가 늘어선 전망대가 인상적이며, 골든베르그 레스토랑에서 맛있는 음식도 즐길 수 있다.
> 주소 Bäumli, Goldenberg
>   8400 Winterthur

★★☆

GPS 47.499331, 8.731258

📷 옛 수로길 Oberer Graben

가로수 길인 이곳은 예전에는 수로로 사용되어 '윗수로'라는 뜻의 Oberer Graben이라는 명칭으로 불린다. 가로수 길에는 분위기 있는 레스토랑과 상점들이 즐비해 있으며 중간에는 'Holidi'라는 이름의 큰 목조 거인이 누워 있어 벤치로 활용된다.

주소 Oberer Graben 8400
      Winterthur
위치 구시가지 Marktgasse를 따라
      걷다 보면 길 끝 지점에서
      Oberer Graben 길의 교차점과
      만나게 된다.

© Winterthur Tourism

★★★

📷 구시가지 Altstadt

빈터투어 구시가지는 쇼핑에 최적이다. Untertor와 Marktgasse 거리를 중심으로 유명 브랜드 숍들과 개성 넘치는 젊은 층이 좋아할 만한 숍들이 몰려 있어 쇼핑하기에 편리하다. 구시가지의 중심에는 교회 시계탑이 있어 구시가지 여행의 중심을 시계탑으로 하고, 거리 곳곳을 둘러보자.

위치 빈터투어 기차역에서 길을 건너자마자 구시가지가 시작된다.

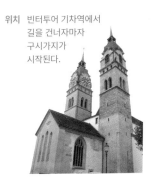

🏛 쿤스트할레 빈터투어 Kunsthalle Winterthur

구시가지를 걷다가 쉽게 만날 수 있는 붉은 회벽 건물에 자리하고 있다. 특히 아르데코 스타일의 매우 독특한 창문이 인상적. 이곳은 1980년 개관 이래 1년에 5~6차례 빈터투어 및 세계 각국의 진취적인 현대 예술가들의 작품을 전시하고 있다.

© Winterthur Tourism

주소 Marktgasse 25, 8400 Winterthur
위치 구시가지 Marktgasse의 중간 정도에 위치
운영 수~금 12:00~18:00, 토·일 12:00~16:00 **휴무** 월·화요일
요금 무료　　　　　　　　전화 +41 (0)52 267 5132
홈피 www.kunsthallewinterthur.ch

🏛 응용예술 디자인 박물관 Gewerbemuseum

인간의 오감과 무한한 상상력을 자극하는 다채로운 전시가 열리는 곳이다. 로봇, 디자인 소재, 자전거 디자인, 미래의 빛인 올레드, 음식까지 다양한 주제를 크로스오버로 넘나든다. 특히 디자인 분야에 관심이 많은 여행자라면 꼭 둘러볼 만하다. 함께 붙어 있는 **켈렌베르거 시계박물관**Kellenberger Clock and Watch Collection에도 방문해보자. 수 세기에 걸친 스위스 시계 디자인과 역사를 알 수 있을 것이다. 박물관 후원에는 카페도 있어 작은 여유를 즐길 수 있다.

© Michael Lio

주소 Kirchplatz 14, CH-8400 Winterthur
위치 구시가지 교회 광장 앞
운영 화·수·금~일 10:00~17:00, 목 10:00~20:00 **휴무** 월요일 및 공휴일
요금 성인 CHF 12, 학생 CHF 8, 16세 이하 무료
　　 ※ 스위스 뮤지엄 패스 유효
전화 +41 (0)52 267 5136　　　홈피 www.gewerbemuseum.ch

★★★ 오스카 라인하르트 컬렉션 '암 뢰머홀츠' Oskar Reinhart Collection 'Am Römerholz'

'오스카 라인하르트'는 빈터투어 지역 유명 거상의 개인 컬렉션으로, 암 뢰머홀츠라는 이름은 그가 살았던 곳이자, 현재 미술관으로 운영되는 이 저택의 이름이다. 개인 컬렉션이라고 하기엔 세계적인 화가 모네, 세잔, 고흐, 피카소의 가치 있는 작품들이 다수 전시되어 있다. 마치 유럽의 기품 넘치는 대저택에 원래부터 걸려 있는 그림처럼 저택과 작품들의 조화가 정말 훌륭하다. 작품 감상 외에도 잘 가꾸어진 정원에서의 산책, 아름다운 정원과 햇볕이 통유리창으로 들어오는 카페에서의 커피 한 잔이면 빈터투어에 온 이유가 충분할 정도이다.

주소 Haldenstrasse 95,
8400 Winterthur
위치 기차역을 기준으로
10번 버스는 Haldengut에서,
3번 버스는 Kantonsspital에서
하차 후, 언덕 쪽으로
약 10분 정도 도보 이동
운영 화~일 10:00~17:00
(수 10:00~20:00)
휴무 월요일 및 주요 공휴일
요금 성인 CHF 15
전화 +41 (0)58 466 7740
홈피 www.roemerholz.ch

© Oskar Reinhart Collection
'Am Römerholz', Winterthur

★★☆ 빈터투어 현대미술관 Kunst Museum Winterthur

빈터투어 현대미술관은 2017년 이후 오스카 라인하르트 미술관과 빌라 플로라 미술관을 합병하여 스위스에서 4번째 규모로 큰 대형 현대미술관으로 변모했다. 각기 다른 세 곳의 장소에서 전시된다.

주소 Museumstrasse 52, 8400 Winterthur
위치 1, 3, 5번 또는 10번 버스 Schmidgasse 하차
요금 성인 CHF16, 학생 CHF 13(티켓 하나로 현대미술관 3곳 모두
방문할 수 있음), 16세 이하 및 스위스 뮤지엄 패스 소지자 무료
전화 +41 (0)52 267 5162　　　　홈피 www.kmw.ch

▶▶ 바임 슈타트하우스
Beim Stadthaus

빈터투어 현대미술관 전신으로 회화, 조각, 드로잉 및 판화 작품만 수집하며 인상주의를 비롯해 19세기 후반부터 현대까지 아름다운 미술작품을 다양하게 소장하고 있다.

주소 Museumstrasse 52,
8400 Winterthur
운영 화 10:00~20:00,
수~일 10:00~17:00

▶▶ 라인하르트 암 슈타트가르텐
Reinhart am Stadtgarten

스위스 최초의 개인 미술 박물관인 오스카 라인하르트가 전신으로 18~20세기 독일, 스위스, 오스트리아, 네덜란드 작품이 주를 이룬다.

주소 Stadthausstrasse 6,
8400 Winterthur
운영 화~일 10:00~17:00,
목 10:00~20:00

▶▶ 빌라 플로라
Villa Flora

1846년 건축된 고급스러운 빌라 건축물 내에 마네, 세잔, 고흐, 마티스, 앙리 드 툴루즈 로트레크의 작품이 전시되어 있다.

주소 Tösstalstrasse 44,
8400 Winterthur
운영 2024년 3월 말/4월 초
재개관 예정(villaflora.ch에서
확인 바람)

빈터투어 사진 박물관
Fotomuseum Winterthur

★★☆ GPS 47.496218, 8.738904

© Christian Schwager

빈터투어 사진 박물관은 19세기 이후 사진 예술작품과 관련 자료들을 전시하고 있는 곳으로, 세계적인 유명 사진작가들의 작품 3만 점 이상이 전시되어 있다. 박물관 내 조지|George는 베이커리류가 맛있는 캐주얼 레스토랑으로 사진 박물관만큼이나 인기 있는 곳이다. **2025년 상반기까지 임시 휴관.**

주소 Grüzenstrasse 44 + 45, 8400 Winterthur
위치 기차역에서 2번 버스를 타고 Fotomuseum에서 하차하거나 Technikumstrasse를 따라 도보로 15분 소요
운영 화~일 11:00~18:00(수 11:00~20:00)
　　 휴무 월요일 및 주요 공휴일
요금 CHF 12(콤비 티켓 CHF 19), 수요일 17:00~20:00,
　　 만 16세까지 무료입장
전화 +41 (0)52 234 1060 **Infoline** +41 (0)52 234 1034
홈피 www.fotomuseum.ch

테크노라마
Swiss Science Centre Technorama

 ★★☆ GPS 47.513978, 8.764370

'Please Touch'라는 콘셉트를 가진 스위스 과학 센터는 독특하다. 500여 개가 넘는 실험 스테이션과 흥미진진한 실험실 섹션에서는 놀이하듯 자연과 기술에 대한 정보를 얻을 수가 있다. 아이들뿐 아니라 어른들도 흥미롭게 빠져드는 매력 있는 박물관이다.

주소 Technoramastrasse 1, 8404 Winterthur
위치 기차역을 기준으로 5번 버스 탑승 후 Technorama역 하차
운영 10:00~17:00 휴무 12월 25일
요금 성인 CHF 33, 6~15세 CHF 21, 5세까지 무료
전화 +41 (0)52 244 0844 　홈피 www.technorama.ch

© Roland zh

알바니 뮤직 클럽
Albani Hotel & Music Club

알바니 뮤직 클럽은 록, 블루스, 테크노, 1980~90년대 음악 등 다양한 장르의 밴드들이 공연을 하는 곳이다. 공연 외에도 다양한 파티, 모임들이 열린다. 빈터투어 관광청에서는 이곳이 스위스 뮤직 클럽의 태동이 된 곳이라고 소개할 정도로 유명하다. 자세한 정보는 홈페이지에서 확인해보자.

주소 Steinberggasse 16, 8400 Winterthur
위치 교회당 광장을 뒤로하고 Obere Kirchgasse에서 우측으로 조금 내려가면 위치
운영 월~수 15:00~24:00, 목 15:00~01:00,
　　 금·토 15:00~파티가 끝날 때까지 **휴무** 일요일
전화 +41 (0)52 212 6996 　　홈피 www.albani.ch

취리히에서 금·토 숙박을 한다면
기차로 20분 거리에 위치한
빈터투어의 클럽 방문이 가능하다.
클럽은 기차역 주변에 모여 있다.

잘츠하우스 Salzhaus

영어로는 솔트하우스로, 소금 창고를 개조한 곳이다. 인디부터 록, 일렉트로닉 등 다양한 음악을 세계적인 스타와 스위스 로컬 스타들을 통해 즐길 수 있다. 바나 라운지, 클럽이 혼재하며, 빈터투어의 젊은 층에게 파티 장소나 공연 관람 장소로 인기가 높다. 1년 동안 유효한 콘서트, 파티 바우처도 판매하니 참고하자.

주소 Untere Vogelsangstrasse 6, 8401 Winterthur
위치 기차역에서 도보로 1분 소요
운영 목~토 저녁 시간 휴무 일~수요일
전화 +41 (0)52 204 0554 　홈피 www.salzhaus.ch

© Salzhaus

✚ 샤프하우젠 Schaffhausen

샤프하우젠은 스위스 북동부에 위치한 도시로, 같은 이름의 주(州) 샤프하우젠의 주도이다. 라인 강의 무릎 즈음에 자리한 이 도시는 중세시대의 특징적인 요소들을 가장 잘 보존하고 있다는 평가를 받고 있다. 171개의 퇴창과 거리 곳곳에서 청량감을 안겨주는 분수는 약 1,000년 전부터 내려오고 있는 것들이다. 샤프하우젠 구시가지는 보도전용구역으로 차량의 방해를 받지 않고 중세시대를 느끼며 자유롭게 산책할 수 있다. 샤프하우젠 주변에는 질 좋은 와인을 생산하는 와이너리가 많아 와인투어를 하기에도 좋다.

★ 인포메이션 센터
주소 Vordergasse 73
       8200 Schaffhausen
운영 월~금 10:00~17:00
휴무 일요일
전화 +41 (0)52 632 4020
홈피 www.schaffhauserland.ch

샤프하우젠으로 이동하기

1. 취리히 → 샤프하우젠
취리히 중앙역에서 도시를 도시를 연결하는 인터시티InterCity 열차를 타면 갈아타지 않고 갈 수 있다. 약 40분 소요

2. 바젤 → 샤프하우젠
바젤 SBB 역에서 인터시티를 타고 바젤 바드 반호프Basel Bad Bf.에서 샤프하우젠으로 인터레기오 익스프레스InterRegio Express로 환승하는 것이 일반적이다. 약 1시간 30분 소요

3. 루체른 → 샤프하우젠 1.5시간 / 장크트 갈렌 → 샤프하우젠 1.5시간

★★★   GPS 47.696709, 8.639799

무노트 Munot

샤프하우젠의 랜드마크로 400년이 넘는 오랜 세월 동안 이 도시를 높은 곳에서 내려다보고 있다. 무노트 요새는 샤프하우젠 사람들이 자발적으로 16세기에 건축한 것으로 관광객뿐만 아니라, 이 지역 사람들에게 인기가 높다. 이곳에선 야외 영화상영 이벤트, 어린이 페스티벌, 댄스 이벤트 등 다양한 축제가 열린다. 또한, 무노트 관리인은 타워 내에서 거주하고 있으며, 그 유명한 무노트 종을 매일 저녁 9시에 직접 울린다.

주소 Munotstieg 17, 8200
       Schaffhausen
위치 Schaffhausen역에서 도보로
       약 12분 거리
운영 5~9월 08:00~20:00,
       10~4월 09:00~17:00
요금 무료
홈피 www.munot.ch

© Munot Club 2014

★★☆
하우스 춤 리터 Hause zum Ritter

하우스 춤 리터는 알프스 북쪽 지방에서 르네상스 양식 프레스코화 특징을 가장 잘 나타내고 있는 중요한 건물이다. 원형 그대로 잘 보존되고 있는 프레스코화는 1935년 토비아스 스티머Tobias Stimmer에 의해 복원되어 뮤지움 추 알러헤일리겐Museum zu Allerheiligen에 전시되었다. 이 건물은 보는 것만으로 중세시대로 시간여행을 떠난 듯한 기분을 전해준다.

주소 Vordergasse 65, 8200 Schaffhausen
위치 Schaffhausen역에서 도보로 약 6분 거리
요금 외부관람 무료, 내부관람 사전 예약제

Tip | 샤프하우젠에서 여유 있는 저녁 식사

라인 강을 바라보며 여유 있는 저녁 식사와 낭만을 즐겨보자. 샤프하우젠이야말로 여름철 저녁을 보내기에 그만이다. 강변에 자리한 레스토랑, 귀터호프Güterhof를 추천한다.
홈피 www.gueterhof.ch

★★★
라인 폭포 Rheinfall

라인 폭포는 유럽에서 가장 큰 폭포로 나이아가라, 빅토리아 폭포와 비교한다면 조금 실망스러울 수 있다. 하지만 물보라를 일으키며 떨어지는 물은 가히 압도적이다. 북부 스위스와 독일의 국경을 이루는 샤프하우젠 근처, 노이하우젠 암 라인폴Neuhausen am Rheinfall과 라우펜 우비센Laufen-Uhwiesen에 있다. 라인 강 상류에 자리 잡고 있으며 높이는 24m, 폭은 113m 정도 된다. 많은 관광객들이 찾는 명소로 공원에서 폭포를 바라보며 여유롭게 쉴 수도 있고, 보트를 타고 폭포를 좀 더 가까운 곳에서 볼 수도 있다. 라우펜 성과 뵈르트 성에서 식사를 즐길 수도 있다.

주소 Rheinfallquai, 8212 Neuhausen am Rheinfall
위치 ❶ Schaffhausen역에서 634번 버스 탑승. Schloss Laufen, Rheinfall 하차(약 24분 소요)
❷ Winterthur역에서 07:42~17:42까지 매시 6분, 42분에 라인폭포에 접한 Schloss Laufen am Rheinfall역까지 직행이 운행(약 24분 소요)
홈피 www.rheinfall.ch

© Zurich Tourism / Gaetan Bally

▶▶ 라인 폭포의 라우펜 성 Schloss Laufen

라우펜 성은 라인 폭포의 산증인 같은 곳. 포효하며 떨어지는 라인 폭포의 절경을 좀 더 가깝게 관람 가능하다. 라인 폭포에 피크닉을 온 여행객이라면 성 내, 히스토라마Historama에서 라인 폭포와 라우펜 성의 역사를 알아볼 수 있고 전망대에서 라인 폭포의 전경을 그대로 감상할 수도 있다. 라우펜 성 주변. 벨베데레 트레일Belvedere Trail을 걸어보며 웅장한 폭포의 굉음을 직접 몸으로 체험할 수도 있다. 어린이 놀이터와 레스토랑도 잘 갖추어져 있어 한나절 보내기에 딱 좋다.

주소 8212 Laufen-Uhwiesen
위치 라인 폭포 참조
운영 4·5·9·10월 09:00~18:00,
　　 6~8월 08:00~19:00,
　　 2·3·11월 09:00~17:00,
　　 1·12월 10:00~16:00
　　 레스토랑 11:30~23:30
　　 ※ 9~6월 월·화요일
　　 레스토랑 휴무
요금 성인 CHF 5,
　　 어린이(6~15세) CHF 3
　　 (히스토라마, 벨베데레 트레일,
　　 전망대, 파노라믹 리프트 포함가)
전화 +41 (0)52 659 6767
홈피 www.schlosslaufen.ch

© Schloss Laufen

© Schloss Laufen

▶▶ 라인 폭포의 뵈르트 성 Schlössli Wörth

라인 폭포 유람선을 타거나 와이드 뷰를 보고 싶다면 뵈르트 성 쪽에서 바라보는 것이 낫다. 뵈르트 성은 현재 레스토랑으로 변모했다. 쏟아지는 물줄기를 바라보며 식사할 수 있고, 일요일에는 어린이와 동반한 고객을 위해 유치원 교사 자격증이 있는 선생님이 어린이들을 돌봐준다(오후 12~15시). 1797년 위대한 문인 괴테가 이곳을 방문한 것에 대해 일기를 남겼을 정도로 강렬한 인상을 주는 곳이다. 라인 폭포 유람선 티켓 센터 인접.

주소 Rheinfallquai 30,
　　 8212 Neuhausen am
　　 Rheinfall
위치 Neuhausen an Rheinfall
　　 기차역에서 하차하거나
　　 버스 1번, 7번 Neuhausen
　　 Zentrum에서 하차
운영 수~금 11:30~14:30,
　　 17:30~22:00,
　　 토 11:30~22:00,
　　 일 11:30~21:00
전화 +41 (0)52 672 2421
홈피 www.schloessliwoerth.ch

✚ 슈타인 암 라인 Stein am Rhein

'슈타인 암 라인'이라는 이름은 '라인 강에 있는 돌'이란 뜻이다. 이곳에서 콘스탄스Constance 호수가 라인 강과 다시 만나게 되는데, 슈타인 암 라인 역에 내려 길을 따라 3분 정도 걸어 내려가면 라인 강에 놓인 라인 다리Rheinbrücke를 건너 구시가지로 들어갈 수 있다. 1분이면 건너갈 수 있는 다리지만 다리 하나 사이로 현대에서 중세시대로 여행을 떠날 수 있다. 이 중세도시 위에 있는 호엔클링엔Hohenklingen 성에는 꼭 올라가 보자. 남쪽으로 헤가우Hegau, 콘스탄스 호수, 라인 강이 한눈에 보인다.

슈타인 암 라인으로 이동하기

1. 취리히 → 슈타인 암 라인
취리히 중앙역에서 샤프하우젠까지, 다시 이곳에서 환승하여 슈타인 암 라인까지 약 1시간 20분 소요

2. 장크트 갈렌 → 슈타인 암 라인
장크트 갈렌에서 로만스호른Romanshorn까지, 이곳에서 환승하여 슈타인 암 라인까지 1시간 30분 소요. 직행도 있으나 소요시간은 거의 같다.

★ 인포메이션 센터
주소 Oberstadt 3, 8260 Stein am Rhein
위치 슈타인 암 라인 중앙역에서 도보 7분 거리, 구시가지 내
전화 +41 (0)52 632 4032
홈피 www.steinamrhein.ch

동화 속 성을 모티브로 해서 만든 간판은 바로 인포메이션 센터를 위한 것! 간판조차 서정적이다.

★★★
라트하우스 광장 Rathausplatz

GPS 47.659621, 8.859156

시청 광장이란 뜻의 라트하우스 플라츠에는 화려하게 채색된 두 채의 빌딩이 유명하다. 이 광장과 연결되는 좁다란 골목도 매우 인상적. 두 채의 가옥엔 각기 다른 시대로부터 현재까지 내려오는 퇴창과 외벽이 관광객의 마음을 사로잡는다. 16세기에 건축된 시청사는 백화점으로 이용되기도 했다. 현재 의회 홀은 박물관으로 이용되지만 예약에 의해서만 관람 가능하다는 것이 아쉽다.

위치 Stein am Rhein역에서 도보로 약 7분
전화 +41 (0)52 742 2020
홈피 www.steinamrhein.ch

★★☆
호엔클링엔 성 Burg Hohenklingen

GPS 47.666934, 8.858043

1225년경 세워진 성으로 매력적인 작은 도시 슈타인 암 라인을 내려다보고 있다. 현재는 미식가들이 즐겨 찾는 훌륭한 레스토랑으로 각광을 받고 있다. 레스토랑 식사만으로도 좋지만, 성을 둘러보며 마을을 감상하는 것은 무료니 슈타인 암 라인을 제대로 보고 싶다면 꼭 찾아가보자.

주소 Burg Hohenklingen, 8260 Stein am Rhein
위치 Bahnhofstrasse에서 NFB 7349 버스 탑승, Untertor에서 하차. 도보 약 15분
운영 수~일 10:00~23:00 (5~9월 화요일에도 성곽 시설 오픈)
전화 +41 (0)52 741 2137
홈피 www.burghohenklingen.com

★★☆
린트부름 박물관 Museum Lindwurm

GPS 47.660558, 8.858333

여행을 하다 보면 '현지인들은 과거에 어떻게 살았을까'라는 궁금증에 빠져들 때가 있다. 19세기는 프랑스 혁명으로 인하여 정치와 경제가 새로운 시류를 타서 혼란하였고 기계의 발달로 산업이 급속도로 발전한 격변기였다. 린트부름 박물관에서는 이 시대의 가정 생활상 및 농부의 작업 모습 등을 그대로 옮겨 담아 스위스를 새롭게 볼 수 있도록 해준다.

주소 Understadt 18, 8260 Stein am Rhein
위치 구시가지 위치, 도보로 이동
운영 3~10월 10:00~17:00
휴무 월요일 및 12~2월
요금 성인 CHF 5, 16세 미만 어린이 무료 ※ 스위스 뮤지엄 패스 유효
전화 +41 (0)52 741 2512
홈피 www.museum-lindwurm.ch

성 게오르겐 수도원 박물관 Klostermuseum St. Georgen

★★☆

성 게오르겐 수도원은 콘스탄스 호수 서쪽 끝자락 라인 강둑에 자리한 까닭에 아름다운 경관을 자랑한다. 과거 베네딕트 수도원으로서 2012년 연방정부가 운영하는 박물관이 되었으며 이 박물관을 찾는 관람객들은 수도원의 구조와 각 방들의 역할에 대해 알게 된다. 11세기에 건축된 수도원 건물은 역임했던 수도원장의 지휘 아래 14, 16세기에 증축되기도 했다.

르네상스 양식의 연회장(1515~1516)과 함께 수도원장 응접실, 식당, 예배실, 기숙사 등이 수도원 건물을 이루고 있다. 특히 연회장의 벽화는 초기 르네상스 양식으로 알프스 북쪽 지방 스위스의 문화적 경관을 독특하게 살리고 있다.

주소 Fischmarkt 3, 8260 Stein am Rhein
위치 구시가지 위치, 도보로 이동
운영 2024.3.29~10.27 휴무 10월 말~3월 말
요금 성인 CHF 5, 15세 이하 무료 린트부름 추가 콤비티켓 CHF 8
 ※ 스위스 뮤지엄 패스 유효
전화 +41 (0)52 741 2142　　홈피 www.klostersanktgeorgen.ch

운터 호수와 라인 강 유람선 Untersee & Rhein Schifffahrt

운터 호수와 라인 강을 오가는 유람선들은 샤프하우젠과 콘스탄츠 Konstanz 사이를 4월부터 10월까지 운행한다. 슈타인 암 라인, 라이나우 섬 등과 같이 독특한 목적지를 여행할 수 있다는 것이 큰 장점이다. 스위스 동북부 지역의 특별한 전경을 유람선에서 바라보며 코끝에서 톡톡 터지는 화이트와인을 마시는 것도 여행의 묘미. 전 구간을 이용하는 것보다 관심 있는 지역을 선택하여 시간에 맞춰 임팩트 있게 유람하는 것을 권하고 싶다. 유람선에서 식사도 할 수 있으니 사전에 홈페이지를 통해 예약해 이용해보자. 스위스 패스 소지자 정기 유람선 무료.

주소 **샤프하우젠 선착장** Freier Pl. 8, 8200 Schaffhausen
 슈타인 암 라인 선착장 Schifflӓndi 10, 8260 Stein am Rhein
 크로이츠링엔 선착장 Kreuzlingen Hafen(see), Kreuzlingen
운영 4~10월 운행
 Schaffhausen–Kreuzlingen 4시간 45분 소요
 Schaffhausen-Stein am Rhein 2시간 5분 소요
요금 **Schaffhausen-Kreuzlingen** 전 구간 이용 시 성인 CHF 55.4
 Schaffhausen-Stein am Rhein 성인 CHF 29, 어린이(만 6~15세) 부모와 여행시 데이티켓 최대금액 CHF 8.20로 사용 가능
 ※ 스위스 패스 소지자 정기 유람선 무료
전화 +41 (0)52 634 0888
홈피 www.urh.ch

© Rheinschifffahrt

✚ 장크트 갈렌 St. Gallen

지형적으로는 보덴 호수Bosensee와 알프슈타인Alpstein을 사이에 두고
취리히 지역과 그라우뷘덴 지역을 잇는 교량 역할을 하고 있는 매력만
점의 도시, 장크트 갈렌(프랑스어: 생 갈렌). 장크트 갈렌 주의 주도이
자 중세시대에는 유럽 문화와 무역, 교육, 종교의 중심지이기도 했다.
오늘날 도보 전용도로로 이루어진 구시가지는 여행객들의 마음을 사로
잡고 있으며, 종합 대학이 있어 도시 자체가 활기차다. 연극 및 클래식
공연 등 예술 행사가 열리는 천혜의 문화 환경을 자랑하며, 과거의 찬
란함을 엿볼 수 있는 퇴창과 유네스코 세계문화유산으로 등재된 수도
원 서고로 널리 알려져 있다. 근거리에 있는 샌티스Säntis 산과 에벤알
프Ebenalp로 반나절 하이킹 여행을 떠나는 것도 좋다.

★ 인포메이션 센터
주소 Bankgasse 9, 9001,
      St. Gallen
위치 대성당과 갈루스 광장 인근
운영 월~금 09:00~18:00,
      토 09:00~14:00,
      일·공휴일 10:00~14:00
전화 +41 (0)71 227 3737
홈피 www.st.gallen-bodensee.
      ch

장크트 갈렌으로 이동하기
취리히 중앙역Zurich HB에서 열차로 약 1시간 10분 소요(직행열차 있음)

※ 포어알펜 특급 열차Voralpen Express 구간 이용 가능. 스위스 동북부 지방부터
   스위스 중부 루체른 지역에 이르는 알프스, 초원, 호수 경관 감상 가능

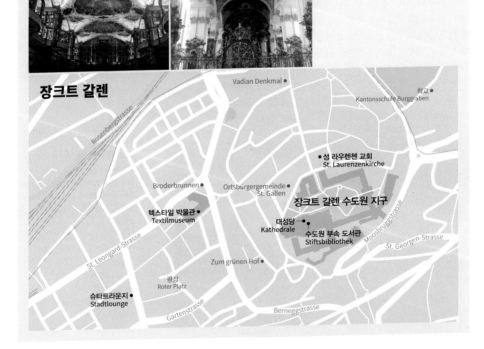

장크트 갈렌

Vadian Denkmal ●

학교 ●
Kantonsschule Burggraben

Rosenbergstrasse

● 성 라우렌첸 교회
   St. Laurenzenkirche

Broderbrunnen ●   Ortsbürgergemeinde ●
                     St. Gallen

장크트 갈렌 수도원 지구

텍스타일 박물관 ●
Textilmuseum

대성당 ●
Kathedrale   수도원 부속 도서관
                Stiftsbibliothek

Moosbruggstrasse

St. Leonard-Strasse

St. Georgen-Strasse

Zum grünen Hof ●

광장
Roter Platz

Gartenstrasse

슈타트라운지 ●
Stadtlounge

Berneggstrasse

★★★
장크트 갈렌 수도원 지구

유럽에서 가장 중요한 영적, 지성의 중심지였던 장크트 갈렌 수도원 지구는 오늘날에 이르러서도 베네딕트 수도사들의 정신을 느껴볼 수 있다. 후기 바로크 양식으로 건축된 웅장한 대성당과 방대한 원서가 보관되어 있는 수도원 부속 도서관 지구는 **1983년 유네스코 세계 문화유산으로 지정**되었다. 수도원 안뜰에서는 매년 장크트 갈렌 페스티벌이 열린다.

▶▶ 대성당 Kathedrale

1755~1767년까지 건축된 대성당 2개의 첨탑은 도시의 상징이 되고 있다. 대성당 내부는 '콘스탄스 호수 바로크 양식'으로 알려진 화려한 로코코와 고전주의 양식이 결합한 페인팅과 조각상이 인상적이다. 성당 내부 원형 홀에는 약 60명의 성인이 그림으로 묘사되어 있으며, 아름다운 성가대석과 오랜 전통의 오르간이 영적인 힘을 보태준다. 동편 지하실에는 수도원과 도시의 기원이 된 성인 갈루스의 무덤이 안치돼 있다.

주소 Klosterhof, 9001 St. Gallen
운영 **방문시간** 07:00~18:00
　　 ※ 미사 또는 종교 행사 시 방문 제한 있음
전화 +41 (0)71 227 3381
홈피 www.kathsg.ch

▶▶ 수도원 부속 도서관 Stiftsbibliothek

719년에 세워진 장크트 갈렌 수도원 도서관은 세상에서 가장 아름다운 도서관이란 평가를 받을 만큼 숭고한 아름다움이 감도는 곳이며 '영혼을 치료하는 약국'이라 불리기도 한다. 17,000여 권의 장서와 2,000여 점의 필사본들은 중세시대부터 유럽 문화와 역사의 발전을 보여준다. 오늘날 도서관 홀은 1758~1767년 사이에 재건되어 예술적인 완성도를 높였다. 세계에서 가장 오래된 건축도면이 이곳에 있다.

© St. Gallen-Bodensee Tourismus

주소 Klosterhof 6d, 9004 St. Gallen
운영 매일 10:00~17:00
　　 휴무 2024.4.22, 11.11~25, 12.24~25
요금 성인 CHF 18, 학생 CHF 12
　　 ※ 스위스 뮤지엄 패스 유효
전화 +41 (0)71 227 3416
홈피 www.stiftsbibliothek.ch

Tip | 성인 갈루스 St. Gallus
─────────────────
아일랜드의 수도사로 도시의 기원이 된 인물. 전설에 따르면 갈루스가 쉬고 있던 중 곰이 불쑥 나타났다. 갈루스는 곰을 근엄하게 꾸짖었는데, 그런 그에게 존경심을 품은 곰은 이후 주위를 맴돌았다. 이로 인해 도시의 상징이 되는 동물도 곰이 되었다고 전해진다.

★★☆

성 라우렌첸 교회 St. Laurenzenkirche

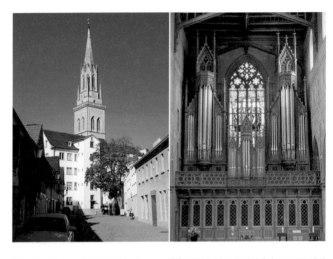

스위스 연방 기념물로 지정되어 보호되고 있는 유서 깊은 개신교 교회다. 12세기 중반 건축되기 시작했으나 현존하는 교회는 15세기부터 내려오는 것으로, 1850~1854년 사이에 탈바꿈되었다. 이 교회는 거의 300년이 넘는 기간 동안 장크트 갈렌의 정치, 종교, 사회적인 중심지의 역할을 해왔으며, 교회의 이름은 로마의 순교자, 로렌스 Laurence(독일어: Laurenzen)에 기인한다. 교회 탑까지 올라가면 수도원의 두 탑과 도시 전경을 감상하기에 아주 환상적이다.

주소 Marktgasse 25, 9000 St. Gallen
전화 +41 (0)79 222 6792
위치 대성당 인근, 중앙역에서 도보 9분 거리
홈피 www.ref-sgc.ch

★★★

퇴창 Erker

과거 장크트 갈렌 상인들의 재력의 증거이기도 한 퇴창은 구시가지 곳곳에 약 110개가 존재한다. 파인애플, 야자 열매 등 이국적인 과일과 코끼리, 원숭이 등 마치 인도를 연상시키는 듯한 형상의 조각으로 장식해 놓은 퇴창들을 보는 재미가 아주 쏠쏠하다. 과거 이곳에 살았던 부유한 계층은 이곳에서 차를 마시며 지나가는 사람들을 유유자적 구경했을 것이다.

위치 Spisergasse, Marktgasse, Kugelgasse, Schimiedgasse 등 구시가지 내

★★☆

슈타트 라운지 Stadtlounge

일명 '시티 라운지' 또는 '로터 플라츠Roter Platz'라 불리는 이곳은 스위스에서 가장 큰 야외 응접실로 유명하다. 빨간 카펫이 깔려 있는 듯한 바닥과 곳곳에 동일한 색깔로 만들어진 벤치에서 이 도시를 찾는 사람들이라면 누구나 편히 쉬었다 갈 수 있다. 건축가 카를로스 마르티네즈Carlos Martinez와 멀티미디어 예술가 피필로티 리스트Pipilotti Rist의 아이디어로 시작되었는데 지금은 도시의 명물이 되었다.

주소 Schreinerstrasse 6, 9001 St. Gallen
위치 중앙역에서 도보자 전용 거리를 향해 도보 6분
홈피 www.stadtlounge.ch

★★☆

텍스타일 박물관 Textilmuseum

오늘날 장크트 갈렌이 있기까지 많은 공헌을 한 산업이 텍스타일인 만큼 초기 역사부터 현재까지 흥망성쇠의 사이클을 알려주는 흥미로운 박물관이다. 희귀한 자수, 유럽 각 지역의 귀한 패브릭, 의상 및 패브릭을 짜던 기계 및 프린팅 기계들이 전시되어 있어 보는 재미도 있다. 하지만 외국어 설명이 다소 빈약한 것이 흠. 텍스타일에 관심이 많다면 지터베르크Sitterwerk도 관람해보면 좋다.

주소 Vadianstrasse 2, 9000 St. Gallen   위치 중앙역에서 도보 5분 거리
운영 10:00~17:00 휴무 12월 24·31일
요금 성인 CHF 12, 학생 CHF 5, 어린이 및 청소년(만 18세까지) 무료
　※ 스위스 패스 소지자 무료   전화 +41 (0)71 222 1744
홈피 www.textilmuseum.ch, www.sitterwerk.ch

장크트 갈렌 페스티벌 St. Gallen Festival

st.galler festspiele

장크트 갈렌 페스티벌 기간 중 수도원 뜰은 거대한 무대로 변한다. 페스티벌 기간 동안 이 도시를 방문하는 여행객들은 클래식 음악에 깊게 심취할 수도 있고 농업에 관해 알고 싶다면 OLMA(전시장)에 들러볼 기회도 마련되어 있다. 이 기간에 열리는 오페라는 종교적인 내용을 담고 대규모 합창단의 웅장한 합창으로 구성되어 있어 관객을 사로잡는다. 오페라와 콘서트의 하이라이트는 대성당, 대극장 그리고 유서 깊은 콘서트홀인 톤할레Tonhalle에서 열린다.

운영 2024.6.27~6.30
홈피 www.stgaller-festspiele.ch

© Toni Suter/T+T Photographie

로즈 서점 Buchhandlung zur Rose

중세시대부터 교육의 메카이며 인구밀도 대비 서점이 가장 많은 도시 장크트 갈렌에서 제일 잘나가는 작은 독립서점. 로컬들의 만남의 장소이기도 한 곳으로 예술 분야와 어린이 도서를 개성 있게 큐레이팅해 놓은 곳이다. 언어를 모르더라도 서점의 분위기와 책 커버를 보는 것만으로도 마음이 풍요로워진다. 옛 와인 저장고였던 지하창고는 개조해 문인들을 초대해 토론하는 장소로 사용하기도 한다.

주소 Gallusstrasse 18,
9000 St. Gallen
위치 수도원 나와 인포메이션 센터 바로 앞
운영 월 13:00~18:30,
화~금 09:00~18:30,
토 09:00~17:00 휴무 일요일
전화 +41 (0)71 230 0404
홈피 www.buchhandlungzur
rose.ch

 춤 골데넨 쉘플리 Zum Goldenen Schäfli

1484년 정육점 길드조합에 의해 만들어진 유서 깊은 빌딩. 1798년부터 레스토랑으로 운영되어온 곳이라는 것은 설명하지 않아도 들어서는 순간 느낄 것이다. 세월이 켜켜이 느껴지는 아늑한 공간뿐 아니라, 소시지를 포함한 스위스 전통 음식들 하나하나 끝내주는 맛이다. 예산을 넉넉하게 잡아야 한다.

주소 Metzgergasse 5,
9000 St. Gallen
위치 트램 및 버스 Markplatz에서 하차 후 도보 3분
운영 11:00~14:00, 18:00~24:00
요금 메인 요리 CHF 41~60
전화 +41 (0)71 223 3737
홈피 www.zumgoldenenschae-
flisg.ch

© Zum Goldenen Schäfli

> **Tip** | **장크트 갈렌의 화이트 소시지**
>
> 장크트 갈렌에 왔다면 절대 빼놓으면 안 되는 것이 소시지 먹방이다. 장크트 갈렌의 전통 소시지는 흰색으로 스위스 전역에서 가장 맛있는 소시지로 정평이 나 있다.

메츠게라이 겜펠리 Metzgerei Gemperli

겉으로 보기엔 테이크아웃 전문 소시지 숍처럼 보이지만, 140년이나 된
엄청난 곳. 장크트 갈렌에서도 가장 맛있는 화이트 소시지를 맛볼 수 있
으며, 본래는 정육점으로 현재도 로컬들의 사랑을 한몸에 받고 있다. 소
시지를 사면 딱딱하게 먹는 빵을 같이 주어 여행의 허기를 가볍게 달랠 수
있다. 꼭 먹어보길!

주소 Schmiedgasse 34,
　　 9000 St. Gallen
위치 대성당에서 한 블록 정도
　　 떨어진 곳 위치
운영 월·수·금 11:00~18:30,
　　 목 11:00~20:00,
　　 토 11:00~17:00
　　 휴무 일요일
요금 커리 소시지+빵 CHF 8.5
전화 +41 (0)71 222 3723
홈피 www.bratwurstundbowls.ch

© Metzgerei Gemperli

---

more & more 장크트 갈렌 근교, 에벤알프 하이킹 추천! 에셔 산장

에벤알프Ebenalp는 바위 끝에 위치한 에셔Aescher 산장 사진 한 장으로
여행자들의 마음을 매료시키는 곳. 최근 인스타그램에 계속 등장하는
인기 하이킹 여행지이자 높이 1,640m의 산이다. 산장에서 아래로 조
금만 더 내려가면 그림 같은 제알프제Seealpsee 호수가 있다.

주소 Luftseilbahn
　　 Wasserauen-Ebenalp AG,
　　 Schwendetalstrasse 82
　　 9057 Wasserauen
위치 St. Gallen에서 기차를 타고
　　 바서라우엔Wasserauen까지
　　 가서 케이블카를 타고
　　 올라간다.
운영 5월 초~10월 말
전화 +41 (0)71 799 1212
홈피 www.ebenalp.ch

✚ 아펜첼 Appenzell

아펜첼은 스위스 반주(半州)의 하나인 아펜첼 이너로덴(독일어: Appenzell Innerrhoden) 주의 주도로 인구 5,600명 정도가 거주하는 작은 도시이다. 지리적으로는 장크트 갈렌 주와 알프스 산맥 동북부 아펜첼 아우서로덴Appenzell Ausserrhoden 주 사이에 있다.

유명 산악 여행지가 없었던 까닭에 관광지로서 뒤늦게 개발되었지만, 직접 민주주의와 전통문화, 생활양식이 잘 보존되어 내려온 덕에 각광을 받고 있다. 이 지역 특유의 전통행사가 많아 '숨겨진 보물' 같은 느낌이 드는 곳이다. 특히 아펜첼 맥주와 치즈가 유명하다. 1시간이면 한 바퀴를 돌고도 남을 작은 마을이라 길을 잃을 염려는 없지만, 맛 좋은 맥주에 시간을 뺏길 수 있으니 주의하자.

아펜첼로 이동하기

- 장크트 갈렌에서 열차로 약 48분. 장크트 갈렌 역에서 나와 우측에 자리한 별도의 플랫폼 장크트 갈렌 아펜첼 철도St.Gallen AB에서 아펜첼행이 출발한다.
- 취리히 중앙역에서 열차로 약 2시간 소요. 장크트 갈렌에서 환승한다.

★ 인포메이션 센터
주소 9050 Appenzell
위치 Hauptgasse에 위치한
      시청사 옆
운영 **5~10월**
      월~금 09:00~12:00,
      13:30~18:00,
      토 10:00~17:00,
      일 11:00~17:00
      11~4월
      월~금 09:00~12:00,
      14:00~17:00,
      토·일 14:00~17:00
전화 +41 (0)71 788 9641
홈피 www.appenzell.ch

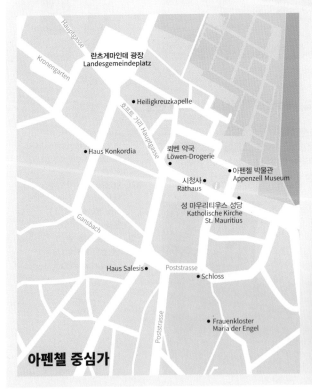

란츠게마인데 광장
Landesgemeindeplatz

Hauptgasse
Kronengarten
호프트 가린 Hauptgasse

● Heiligkreuzkapelle

● Haus Konkordia

뢰벤 약국
Löwen-Drogerie

시청사 ●
Rathaus

아펜첼 박물관
Appenzell Museum

성 마우리티우스 성당
Katholische Kirche
St. Mauritius

Gansbach

Haus Salesis ●   Poststrasse
                ● Schloss

Poststrasse

● Frauenkloster
  Maria der Engel

아펜첼 중심가

Tip | 아펜첼 타핀 Tafeen

'타핀'이라 알려진 독특한 사인을 아펜첼 중심가에서 볼 수 있다. 호텔, 여관, 레스토랑, 상점 외부에 걸어놓은 일종의 간판이라 볼 수 있는데 다른 지역보다 훨씬 정교해 시각적인 즐거움을 선사한다.

©Appenzellerland Tourismus AI

호프트가세 Hauptgasse

스위스 대도시나 유명 도시들처럼 역사적, 지리적으로 중요한 유적들이 있는 것은 아니지만 화려한 색감으로 채색된 전통 건물을 만날 수 있는 인상적인 중심가이다. 시청, 관광 센터, 뢰벤 약국 등 주요 건물들이 좁다란 길을 사이에 두고 나란히 줄지어 있다. 꽃과 열매 등 자연에서 모티브를 얻은 문양 또는 역사적 순간을 그려 넣은 아펜첼 고유 건물들을 보기 위해 많은 관광객이 이곳을 찾아온다.

위치 아펜첼 역 앞 Poststrasse를 따라 3분 정도 걸어가면 맞닿아 있다.

▶▶ 성 마우리티우스 성당
Katholishe Kirche St. Mauritius

수호성인 마우리티우스에 헌신하기 위해 지어졌다. 성당의 탑과 성가대석은 후기 고딕양식을 따랐으며 신도석은 매우 고전적이다. 성당 주변에는 아름답게 장식된 공동묘지가 있다.

▶▶ 시청사 Rathaus

강렬한 붉은 색채를 띤 다채로운 색감의 건물로 방문객들의 눈길을 사로잡는다. 시청사 건물은 1928년 아우구스트 슈미트 August Schmid 가 채색했다 전해진다.

▶▶ 뢰벤 약국
Löwen-Drogerie

건축물의 보석이라 불릴 정도로 건물 외관이 아름답게 채색된 뢰벤 약국은 약용 허브가 그려져 있으며, 둥근 아치 패널이 덧문을 감싸고 있는 것이 인상적이다.

★★☆　GPS 47.331559, 9.407774

란츠게마인데 광장
Landsgemeindeplatz

'유서 깊은 마을의 광장'이란 뜻으로 바로 이곳에서 아펜첼 이너로덴 주의 주요 사안을 정하는 직접 민주주의 행사, 란츠게마인데가 열린다. 직접 민주주의가 현재까지도 실현되는 주요한 장소로 거수로써 의사를 표시한다. 매년 4월 말 일요일에 행해지며(글라루스 Glarus 주에서도 볼 수 있음) 이 광장 주변으로 레스토랑과 호텔이 둘러싸고 있다.

위치　Hauptgasse와 Marktgasse가 만나는 지점에서 왼쪽 방향, 중앙역에서 도보 5분 거리

 ★★☆　GPS 47.331189, 9.412506

아펜첼러 맥주 공장 견학
Brauquöll Visitor Centre

물 좋은 미식의 고장 아펜첼러는 맥주로 유명하다. 1886년부터 5대째 로허Locher 가족이 맥주 공장을 운영하며, 40여 종의 맥주를 생산해오고 있다. 아펜첼 인근 센티스에서 몰트 위스키를 생산하고 있으며, 발사믹 식초와 진저비어도 있어 체험 가능하다.

주소　Brauerei Locher AG Brauquöll Visitor Centre, Brauereiplatz 1, 9050 Appenzell
운영　월 13:00~17:00, 화~금 10:00~12:15 13:00~17:00, 토·일 10:00~17:00
전화　+41 (0)71 788 0176
홈피　www.appenzellerbier.ch

★★☆　GPS 47.330859, 9.409750

아펜첼 박물관 Museum Appenzell

아펜첼 이너로덴 주의 문화와 역사를 중점으로 알려주는 박물관으로 시청사 바로 옆에 위치한다. 수공예품, 아름다운 자수, 전통복장, 민속신앙, 관습, 토속미술, 가구 페인팅과 관련된 전시물을 관람할 수 있으며, 각종 시청각 자료를 이용하여 어린이들의 이해를 돕는다.

주소　Hauptgasse 4, 9050 Appenzell
위치　인포메이션 센터와 함께 있음
운영　**4~10월** 월~금 10:00~12:00, 13:30~17:00, 토·일 11:00~17:00, **11~3월** 화~일 14:00~17:00
　　　휴무 1월 1일, 12월 25일
요금　성인 CHF 9, 학생 CHF 4 ※ 스위스 뮤지엄 패스 유효
전화　+41 (0)71 788 9631
홈피　www.museum.ai.ch

아펜첼 지방의 전통복장

Tip | 아펜첼 지방의 전통복장

스위스는 각 주마다 전통복장 양식이 조금씩 다른데 아펜첼 지역은 자수와 금속장식을 많이 이용하는 것이 특징. 남자 의복은 하얀 셔츠에 빨간 조끼를 입고 짙은 하의를 입는데 어린이들은 노란색 반바지를 즐겨 착용한다. 특이한 점은 한쪽 귀에 작은 국자 모양의 금빛 귀걸이를 한다는 점인데 자세히 들여다보면 뱀 모양이 양각되어 있다.
여자 의복은 하얀색 블라우스에 감색이나 짙은 초록 등의 주름치마를 입고 화려하게 수놓은 앞치마를 한다. 이때 머리를 양쪽으로 땋은 뒤 중심에서 한데 모아 묶는다.

소 품평회 Viehschau

주 차원의 소시장으로 아펜첼 맥주 공장 바로 앞. 맥주 양조장 광장 Brauereiplatz에서 열린다. 광장을 줄로 구획을 나누어 소를 일렬로 서게 한다. 이때 농부들과 방목업자들은 모두 전통복장을 갖춰 입는다. 행사장에 입장할 때 소 머리에 소나무 가지, 종이로 만든 색색의 꽃과 리본으로 장식하고 온갖 도구로 환영의 표시를 한다. 경험 많은 농부들이 소를 심사하여 상을 준다. 이 전통 이벤트를 보기 위해 각 지역에서 사람들이 몰려오며 떠들썩한 잔치가 벌어진다.

주소 Brauereiplatz, 9050 Appenzell
위치 성 마우리티우스 성당에서 도보 3분. 로허Locher 맥주 제조회사 광장
운영 매년 9월 중순~10월 중순
　　※ 아펜첼 아우서로덴 반주의 Herisau, Trogen 등 여러 마을에서
　　9월 중순 이후부터 소 품평회가 시작된다. 아펜첼 관광청 홈피 참조

> **Tip** | 아펜첼의 희한한 흡연 풍습
>
> 소 품평회가 있는 10월 초, 아펜첼의 남자아이들은 전통복장을 곱게 차려 입고 마치 자랑이라도 하는 듯 담배를 피운다. 10살 남짓한 아이도 말이다. 아펜첼에서는 소 품평회가 있는 날에 이례적으로 어린 남자아이들에게도 흡연을 허락한다.

 아펜첼의 별미

'아펜첼에 가면 살이 쪄서 온다'라는 말이 있을 정도로 이 지역의 식문화는 매우 발달되어 있다. 공기 좋은 아펜첼에서 전식부터 후식까지 음식을 탐닉하다 보면 저절로 살이 찔 것 같다.

▶▶ 아펜첼 치즈 Appenzeller Cheese

약간 단단한 세미-하드 치즈. 허브 소금물을 문질러 숙성시켜 풍부한 향과 맛이 특징이다. 숙성 기간, 지방 함유량, 유기농 우유를 사용했는지에 따라 치즈 종류가 달라진다.

▶▶ 비버 Biber

꿀을 넣은 밀가루 반죽과 아몬드 페이스트로 만든 생강빵. 하트, 동그라미 등 다양한 모양과 크기로 만들어진다. 배고플 때 먹거나 식후에 먹어도 그만.

▶▶ 모스트브뢰클리 Mostbröckli

소의 엄선된 둔부살로 만든다. 양념을 하고 살짝 훈제한 다음 빵과 와인을 곁들여 먹는다.

▶▶ 아펜첼 맥주 Appenzeller Bier

로허Locher 가(家)가 운영하는 브라우에라이 로허 Brauerei Locher에서 만들어지며 벌써 5대째 내려온다.

비법에 따라 여전히 수제로 만들어지는 전통 맥주다. 특히 보름달Vollmond 맥주가 끝내준다.

BASEL 바젤과 주변 지역

나에게 바젤은 모네의 〈수련 연못〉처럼 아련하고
가슴 한편 초록 물감을 타놓은 듯 심연하다.
또한, 한 움큼 잡아도 곧 빠져나가는 물처럼 아스라하다.
아마도 나는 바젤을 짝사랑하고 있었나 보다.
무뎌진 뇌를 말랑말랑하게 해주는 콧대 높은 바젤은
아직도 나에게 챙이 넓은 모자를 눌러쓰고
얼굴 반쪽만을 살짝 보여준 여인과도 같다.

02 **BASEL**

포켓 사이즈 대도시 **바젤**

Jay Advice 미술도감에서만 보았던 유명 화가들의 작품을 박물관에서 마음껏 보고 시원한 맥주를 마시는 것도 좋다. 고흐와 세잔과 같은 인상파 거장의 작품에 푹 빠져 정신이 몽롱해질 즈음 우엘리 비어(Ueli Bier)에서 향기 짙은 호프에 빠져보자. 우엘리 비어 사이트(www.uelibier.ch) 참조.

Janice Advice 바젤은 뚜벅이 여행이 최고. 바젤 관광청에서 홍보하고 있는 5개의 유명인 워킹 투어 코스도 좋지만 대바젤(Grossbasel)에서 시작하여 구시가지 명소를 둘러보고 라인 강가에서 그린 시티를 만끽한 다음 소바젤(Kleinbasel)을 둘러보고 다시 대바젤로 넘어오는 코스를 권하고 싶다.

© basel.com

흔히 바젤을 '두 얼굴의 도시'라 한다. 마리오 보타, 디이너 & 디이너, 헤르조그 & 드 뫼롱 등 세계적으로 유명한 현대 건축가가 설계한 건물들과 중세부터 전해진 고풍스러운 교회, 다리 등이 절묘한 조화와 아름다운 대비를 이루기 때문이다. 이것도 모자라 '박물관의 종합선물세트'라 불릴 정도로 현대미술, 종이, 만화, 인형, 역사 등 다양한 주제의 전시를 마련하고 있다. 그만큼 지적 만족도를 높여주는 도시로 정평이 나 있다.

다채로운 건축물과 박물관, 미술관으로 마음이 벅차오르는 호사를 누린 다음, 라인 강을 낀 바젤의 식물원과 공원도 놓치지 말자. 스위스 주요 도시 취리히, 베른 등과도 멀지 않으니 반나절 정도 관광해도 좋다. 느긋하게 휴식을 취하거나 산책을 즐긴다면 바젤 여행은 더없이 만족스러울 것이다.

여행정보
- 도시명 바젤
- 주 바젤-슈타트
- 인구 약 171,000명
- 주요 언어 독일어
- 고도 260m
- 키워드 스위스에서 세 번째로 큰 도시, 박물관, 가장 오래된 대학, 경제, 아트, 라인 강, 3개국 접경지

👍 추천 여행 일정

1 | Only 바젤 바젤 구시가지 도보 여행 + 박물관 및 갤러리 투어

2 | 바젤과 주변 지역 바젤 + 아라우 + 라인펠덴

3 | 유럽 3개국 투어 바젤(스위스) + 콜마르(프랑스) + 프라이부르크(독일)

ℹ 인포메이션 센터

바젤 관광청 슈타트 카지노 인포메이션 센터
주소 Barfüsserplatz
위치 바젤 시청 근처 인형박물관 길 건너편에 위치
운영 월~금 09:00~18:30, 토 09:00~17:00, 일·공휴일 10:00~15:00
전화 +41 (0)61 268 6868

✛ 바젤 들어가기 & 나오기

바젤은 지리적으로 유럽의 중심이자, 스위스 최단 북서쪽에 위치해 프랑스, 독일과 국경을 맞대고 있다. 스위스 쥐라 산맥, 독일의 흑림, 프랑스의 보주Vosges 산맥 사이 전원적인 분위기를 오롯이 간직한 지역이기도 하다. 위치상 바젤은 교통 허브 지역으로, 도시 중심부 세 곳의 기차역이 유럽 전역으로 최상의 교통편을 제공하고 있다.

1. 항공으로 이동하기

미니 사이즈 국제도시 바젤은 국제공항 유로에어포트Euro Airport가 있다. 30여 국 100여 곳의 취항지 운항하며 특히 여름 휴가철엔 이비자, 발렌시아, 바스티아 등 인가 휴양지까지 한시적으로 운항하기도 한다. 유로에어포트 바젤, 뮐루즈Mulhouse, 프라이부르크Freiburg는 프랑스와 스위스가 공동으로 운영한다.

※ 바젤 중심가에서 15분 거리(7분마다 버스 운행)

홈피 **유로에어포트** www.euroairport.com

★ 유럽 주요 도시 → 유로에어포트 비행시간
- 암스테르담 약 1시간 40분
- 베를린 약 1시간 25분
- 프랑크푸르트 약 45분
- 파리 약 1시간
- 바르셀로나 약 1시간 50분
- 뮌헨 약 1시간
- 브뤼셀 약 1시간
- 로마 약 1시간 30분

2. 차량으로 이동하기

바젤은 유럽의 주요 고속도로에 인접하여 어느 방면에서 진입하더라도 손쉽게 이동할 수 있다. 만약 스위스 고속도로망을 이용하려 한다면 비네트Vignette를 구입해 차량에 부착한 뒤 운전해야만 한다(바젤 관광청에서도 판매). 바젤 내에는 도시 중심가 및 상트 야콥–파크St. Jakob-Park 경기장에 4,000대를 주차할 수 있는 공간이 있으며, 호텔도 주차 시설이 잘 마련되어 있다.

★ 주요 도시 → 바젤 차량 이동시간
- 취리히 약 1시간 5분
- 베른 약 1시간 10분
- 제네바 약 2시간 50분
- 파리 약 5시간 35분

3. 열차로 이동하기

바젤의 세 기차역에서는 스위스 국내 및 유럽 국가로 향하는 열차가 매일 수시로 운행된다. 프랑스에서 출발하는 열차는 **바젤 SBB 기차역** Basel Bahnhof SBB과 같은 건물인 **바젤 프랑스 철도청**Basel SNCF 기차역에 도착하게 되며, 독일에서 출발하는 열차는 스위스 철도역이나 무역 센터 인근의, 독일 철도DB가 운영하는 **바젤 바디쉐 반호프**Basel Badischer Bahnhof(Basel Bad Bf.)에 도착하게 된다.

★ 주요 기차역

Basel SBB 기차역
주소 Centralbahnstrasse 22, 4051 Basel 홈피 www.sbb.ch

Basel SNCF 기차역
주소 Centralbahnstrasse 6, 4051 Basel
위치 바젤 SBB 역내. 플랫폼 30~35번 이용 전화 +41 (0)51 229 3155

Basel Badischer Bahnhof 기차역
주소 Schwarzwaldallee 200, 4016 Basel
위치 바젤 SBB 중앙역에서 트램 1, 2, 6번 약 10분 소요, 버스 30번
약 15분 소요, 통근 열차 또는 ICE Berlin Ostbahnhof행 탑승(1개 정거장)
전화 +41 (0)61 690 1215

★ 주요 도시 → 바젤 열차 이동시간

- 제네바 약 3시간
- 베른 약 1시간
- 프랑크푸르트 약 3시간
- 파리 약 3시간
- 취리히 약 1시간
- 뮌헨 약 5시간 30분
- 빈 약 9시간
- 로마 약 8시간

Tip 헷갈리지 마세요!

바젤 중앙역은 스위스 철도청과 프랑스 철도청이 운영하는 구간으로 나뉜다. 즉, 하나의 역을 두 회사가 이용하는 셈. 스위스 내에서 바젤로 이동할 때에는 **Basel SBB**(스위스 철도청 관할)에 도착하니 걱정하지 말자. 다만, 프랑스행 열차를 탈 때는 **Basel SNCF**(프랑스 철도청 관할)로 가야 한다. 이때는 플랫폼 30~35번으로 향한다. 그다음 FRANCE라고 적힌 간판을 보고, 자동문을 나가면 OK.

바젤 SBB 기차역

✚ 바젤 시내에서 이동하기

1. 대중교통 이용하기

바젤 시내에서 대중교통은 버스나 트램을 말한다. 마치 거미줄처럼 오밀조밀 연결되어 있어 편리하게 이곳저곳을 이동할 수 있다. 초록색의 지역 버스와 트램은 BVB^{Basler Verkehrs-Betriebe} 회사가, 노란색 버스와 트램은 BLT^{Baselland Transport} 회사에서 운영한다. 그중 BVB 회사 노선은 프랑스 알자스^{Alsace} 및 독일의 바덴^{Baden} 지역까지 통근버스를 운행해 시민들의 발이 되어준다.

바젤에 위치한 숙소를 이용한다면 바젤 시내 대중교통을 무료로 이용할 수 있는 바젤 카드^{Basel Card}가 무료로 제공되어 걱정 없겠지만, 숙소가 바젤이 아니고 스위스 패스조차 없다면 티켓을 구매해야 한다. 탑승 횟수, 기간, 운행 구역^{ZONE}에 따라 딱 맞는 티켓을 구매하자.

싱글 티켓(편도)	성인 정상가	어린이(만 6~15세) 할인가
단거리 30분	CHF 2.6	CHF 2.0
데이 티켓 TNW ZONE 10,11,13,14,15	CHF 10.70	CHF 7.5

※ 2등석 기준
※ 데이 티켓은 탑승 횟수에 관계없이 하루 동안 유효하다.
※ TNW 티켓 발매기, BVB 고객센터, BLT 카운터, TNW 어플, SBB 역에서 구매 가능
※ 유용한 홈피: ww.bvb.ch

만약 스위스 북서부 지역 바젤(TNW 지역)뿐만 아니라 독일 뢰어라흐^{Lörrach} 구역(RVL 지역) 및 프랑스 뮐루즈^{Mulhouse}, 생루이^{Saint-Louis}까지 여행한다면 세 지역 티켓 triregio ticket을 구매해서 사용하다. 구입은 BST 앱이나 SBB 역 등에서 가능하다. 요금 성인 CHF 23.40.

홈피 www.triregio.info

버스 :)

2. 택시 이용하기

스위스는 택시 요금이 한국보다 상당히 비싼 편이다. 메세 바젤^{Messe Basel}에서 유로에어포트 CHF 47, 바젤 SBB 기차역 CHF 21, 바젤 독일 기차역 CHF 12 정도다. 공휴일, 일요일에는 추가 요금 부과되며 기본요금은 CHF 6.5, km당 CHF 4.0~4.5.

★ 주요 택시 회사

33er Taxi AG
전화 +41 (0)61 333 3333   홈피 www.33ertaxi.ch

Taxiphon Genossenschaft
전화 +41 (0)61 444 4444

✚ 바젤 시티 투어

1. 바젤 카드 Basel Card

바젤 내 호텔, 호스텔, B&B, 또는 아파트먼트 숙소에서 1박 이상 투숙하면 체크인 시 무료로 받을 수 있다. 물론 스마트폰에 앱을 다운로드해 사용할 수도 있다. 지나쳐가는 바젤이 아닌, 머물다 가는 바젤을 위한 제대로 된 홍보가 아닐 수 없다.

- 바젤시 대중교통 무료
- 게스트 와이파이 사용 가능

2. 바젤 구시가지 워킹 투어 Walking Tours

바젤 시내에는 바젤에 거주했던 유명인의 이름을 딴 5개의 안내판이 있다. 이 안내판을 따라 바젤 구시가지를 거닐면 곳곳의 명소를 생생하게 엿볼 수 있다. 어떤 길이든 구시가지를 제대로 느낄 수 있으니 꼭 루트를 따라 그대로 걸어야 한다는 부담은 갖지 말자. 여행은 우연과 찰나의 만남에서 오는 매력이 있지 않은가.

이 도보 여행과 관련한 자세한 지도는 스위스 철도역, 독일 철도역, Marktplatz, Messeplatz, Schifflände 등에서 구할 수 있다. 또한, 아이투어 바젤iTour Basel 앱을 스마트폰에 다운로드 받아 사용하면 좀 더 편리하다.

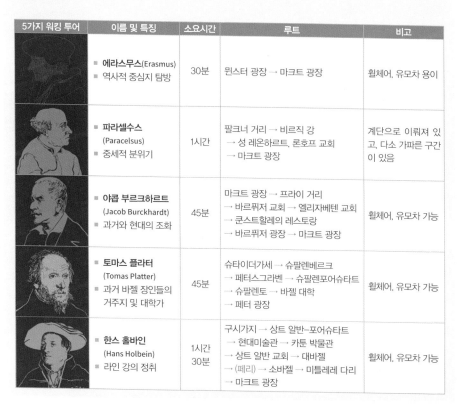

Tip | 바젤 카드의 또다른 혜택

50% 할인 혜택 가능
- 바젤 내 유수의 박물관
- 바젤 동물원
- 바젤 투어 버스
- 바젤 구시가지 가이드투어
- 바젤 선박회사 정기 유람선 등
- 라이골드스빌 – 바써팔렌 케이블카

5가지 워킹 투어	이름 및 특징	소요시간	루트	비고
	■ 에라스무스(Erasmus) ■ 역사적 중심지 탐방	30분	뮌스터 광장 → 마크트 광장	휠체어, 유모차 용이
	■ 파라셀수스 (Paracelsus) ■ 중세적 분위기	1시간	팔크너 거리 → 비르직 강 → 성 레온하르트, 론호프 교회 → 마크트 광장	계단으로 이뤄져 있고, 다소 가파른 구간이 있음
	■ 야콥 부르크하르트 (Jacob Burckhardt) ■ 과거와 현대의 조화	45분	마크트 광장 → 프라이 거리 → 바르퓌저 교회 → 엘리자베텐 교회 → 쿤스트할레의 레스토랑 → 바르퓌저 광장 → 마크트 광장	휠체어, 유모차 가능
	■ 토마스 플라터 (Tomas Platter) ■ 과거 바젤 장인들의 거주지 및 대학가	45분	슈타이더가세 → 슈팔렌베르크 → 페터스그라벤 → 슈팔렌포어슈타트 → 슈팔렌토 → 바젤 대학 → 페터 광장	휠체어, 유모차 가능
	■ 한스 홀바인 (Hans Holbein) ■ 라인 강의 정취	1시간 30분	구시가지 → 상트 알반–포어슈타트 → 현대미술관 → 카툰 박물관 → 상트 알반 교회 → 대바젤 → (페리) → 소바젤 → 미틀레레 다리 → 마크트 광장	휠체어, 유모차 가능

* km 표시는 바젤 중앙역 기준

Johanniterbrücke

N 란트슈텔레
Landestelle

바젤 대학병원
Universitätsspital Basel

Klingelbergstrasse

주차 빌딩
Parkhaus City

그랜드 호텔 레 트루아 루아
Grand Hotel Les Trois Rois

바젤 대학교
Universität Basel

Mittlerebrücke

Claragraben

미그로 슈퍼마켓 S
Migros

리들 슈퍼마켓 S
Lidl Schweiz

마노르 백화점
S Manor Basel

R 레스토랑 크라프트

호텔 크라프트 바젤
H Hotel Krafft Basel

구시가지 소바젤

R 레스토랑 피셔슈투베
Restaurant Fischerstube

Petersplatz

글로부스 백화점
S Globus Basel Warenhaus

마크트 광장
Marktplatz

시청사
Rathaus

라인 강
Rhein River

슈팔렌토 •
Spalentor

클라인바젤 S
Kleinbasel

요한 바너 크리스마스 하우스
S Johann Wanner Christmas House

리벤초른
Löwenzorn

뮌스터 광장
Münsterplatz

구시가지 대바젤

바젤 대성당
Basler Münster

Wettsteinbrücke

바젤 렉컬리 후스
Basler Läckerli Huus

Euterstrasse

Steinengraben

Schützenmattstrasse

Austrasse

인포메이션 센터

장난감 박물관 •
Spielzeug Welten Museum Basel

역사박물관
Historiches Museum Basel(HMB)

팅겔리 분수
Tinguely Brunnen

카툰 박물관
Cartoonmuseum Base

바젤 현대미술관
Kunstmuseum Base

N 미스터 피윅 펍
Mr. Pickwick Pub

나마멘
Namamen

인포메이션 센터

Heuwaage-Viadukt

Elisabethenstrasse

Birsigviadukt

공원
De-Wette Park

동물원
Zoo Basel

슈바이저호프
Schweizerhof

H

S 코옵
Coop Supermarkt

프랑스 국철 바젤 역
Basel SNCF

S 바젤 렉컬리 후스
인포메이션 센터

호텔 이비스 바젤 반호프
Hotel Ibis Basel Bahnhof

하이브 호스텔
H Hyve Hostel Basel(300m)

바젤 SBB 기차역
Basel SBB Bahnhof

비트라 디자인 뮤지엄
Vitra Design Museum
(10.4km)

바 루즈 N
Bar Rouge
• Messeplatz

바이엘러 재단 ▼
Fondation Beyeler
(8.7km)

바젤
N

메세 지구
Muster Messe

로젠탈 지구
Rosental

Basler Badischer
Bahnhof

클라라 지구
Clara

A 바젤 월드
Baselworld

Riehenring

Riehenstrasse

Wettsteinallee

베트슈타인 지구
Wettstein

팅겔리 미술관
Museum Tinguely

Grenzacherstrasse

공원 •
Solitude

Alemannengasse

Schaffhauserrheinweg

Schwarzwaldbrücke

라인 강
Rhein River

코옵 S
Coop Supermarkt

가스트호프 춤 골데넨 슈테르넨 R
Gasthof zum Goldenen Sternen

St. Alban-Vorstadt

• 종이 박물관
Basler Papiermühle

Zürcherstrasse

바젤 유스호스텔 H
Basel Youth Hostel

성 알반 탑 •
St. Alban Tor

St. Alban-Anlage

Lange G.

Kapellenstrasse

Hardstrasse

Hirzbodenweg

St. Alban-Ring

Emanuel Büchel Strasse

St. Jakobs-Strasse

Sevogelstrasse

Engelgasse

공원 •
Christoph-Merian-Park

아쿠아바질레아 A
Aquabasilea
(9.2km)

📷 ★★☆ 마크트 광장 Marktplatz

시장 광장이란 뜻의 마크트 광장은 다채로운 색감의 시청사로 인해 눈길을 단번에 사로잡을 뿐만 아니라 바젤 시민들의 생생한 생활을 느껴볼 수 있는 공간이다. 일요일을 제외하고 매일 바젤 근방에서 재배한 신선한 농산물과 유제품 및 특산품 등을 판매하고 있어 쇼핑을 하기도 그만. 크리스마스 시즌에는 크리스마스 마켓이 크게 열려 스위스 전역 및 외국에서도 많은 관광객들이 찾는 명소로 탈바꿈한다.

Tip | 알면 보여요~ 대바젤 VS 소바젤

바젤은 크게 시청사, 대성당이 위치한 대바젤Grossbasel과 라인 강 반대편 소바젤Kleinbasel로 나뉜다. 이름처럼 대바젤은 과거 종교, 정치, 경제적 중심지였고, 그와 반대로 소바젤은 하층민이 살았던 지역이었다. 바젤 구시가지를 다니다 보면 건물 상단에 유독 혀를 빼놓고 놀리는 듯한 남자의 조각을 만나게 되는데, 이는 자부심이 넘쳤던 대바젤 사람들이 소바젤을 향해 남겨둔 것이라고.

▶▶ 시청사 Rathaus

독일어로 '라트하우스'라 불리는 빨간색 벽돌로 건축된 시청사는 바젤의 랜드마크인 마크트 광장에 위치하고 있으며 바젤-슈타트 주 정부의 의석이 있는 곳이자 도시 의회의 기능을 담당하고 있다. 16세기에 건축된 의회실들은 둘러볼 만한 가치를 지니며, 독특한 분위기를 자아내는 안뜰, 낭만적인 아케이드와 솟아오른 탑은 그야말로 압권. 건물 뒷부분은 19세기에 개보수되었으나 한스 홀바인에 의해 그려진 프레스코화 일부가 남아 있어 특히 인상적이다.

주소 Marktplatz 9, 4051 Basel
위치 바젤 SBB 기차역에서 8, 11번 트램 탑승, Basel, Marktplatz에서 하차
운영 월~금 08:00~17:00
　　 휴무 토·일요일, 공휴일
전화 +41 (0)61 267 8181
홈피 www.altbasel.ch

★★★ 바젤 대성당 Basler Münster

로마네스크-고딕양식이 혼재된 아름다운 건물로 1019년에서 1500년 사이에 건축되었다. 로테르담의 에라스무스가 이곳에 영면하고 있으며 갈루스 게이트와 2개의 회랑이 찬란했던 역사의 증인이 되고 있다. 대성당 광장은 현재 만남의 장소와 각종 콘서트 및 이벤트의 장으로 이용되고 있으며 테라스인 팔츠Pfalz에서 바젤의 환상적인 비경과 만날 수 있다.

주소 Münsterplatz 9, 4050 Basel
위치 바젤 SBB 역 앞에서
트램 10, 11번 탑승
Basel Bankverein에서 하차
또는 2번 탑승 Basel,
Kunstmuseum에서 하차 후
도보 4분
운영 **여름 시즌** 월~금 10:00~17:00,
토 10:00~16:00,
일·공휴일 11:30~17:00,
겨울 시즌 월~토 11:00~16:00,
일·공휴일 11:30~16:00
휴무 1월 1일, 성 금요일,
12월 24일 및 기타 종교 관련 휴일
전화 +41 (0)61 272 9157
홈피 www.baslermuenster.ch

★★☆ 팅겔리 분수 Tinguely Brunnen

축제 분수(Fasnacht Fountain 또는 Carnival Fountain)라고도 불리는 이 분수는 장 팅겔리가 과거 극장 무대에서 사용되었던 잡다한 물건을 재활용하여 1975~1977년 제작한 것으로 Migros에서 바젤 시에 기증했다. 10개의 작품이 제각각 신나게 야외에서 물줄기를 뿜어댄다. 10개의 작품은 마임 예술가, 배우, 댄서 등 예술 혼을 불태운 직업군으로 이루어져 있는데, 이 중 두 눈에서 물을 뿜는 신화 속의 메두사가 특히 눈길을 끈다.

주소 Klostergasse, 4051 Basel
위치 바젤 SBB 기차역에서 10, 16번 트램 탑승,
Basel, Theater에서 하차 후 도보 1분

★☆☆ 슈팔렌토 Spalentor

바젤 대학의 식물원과 인접한 도시의 관문으로, 15세기에 건축되었다. 과거 프랑스 알자스에서 들여오던 각종 물자가 이곳을 통과했다. 2개의 첨탑이 있는데, 성모 마리아와 예언자 상으로 장식해놓았다.

주소 Spalenvorstadt, 4056 Basel
위치 바젤 SBB 기차역에서 30번 버스 탑승,
Basel, Spalentor에서 하차(3개 정거장)

★★★

🏛 바젤 현대미술관 Kunstmuseum Basel

스위스에서 놓치지 말아야 할 곳으로 손꼽히는 바젤 현대미술관은 본관
과 신관, 그리고 이들과 도보 10분 거리에 있는 현대관Basel Gegenwart, 세
공간으로 나뉜다.
홀바인, 크라나흐, 그뤼네발트, 호들러, 클레, 자코메티 등 미술관이 자랑
하는 주요 작품들이 상설전시되는 것 외에도 매년 새롭게 특별전시가 열
린다. 바젤을 현대미술의 메카로 등극하게 한, '아트 바젤'의 위상에 걸맞
은 15세기부터 현대까지의 미술작품을 방대하게 소장한 미술관이다.

주소 St. Alban-Graben 16,
4051 Basel
위치 바젤 중앙역에서 Riehen 방면
2번 트램 탑승,
Kunstmuseum에서 하차
(약 4분 거리)
운영 화~일 10:00~18:00
(목 10:00~20:00) 휴무 월요일
요금 **상설전시** 성인 CHF 16,
13~19세 및
30세 이하 학생 CHF 8,
13세 미만 어린이 무료,
매주 화·수·금·토 17:00~18:00,
매달 첫째 주 일요일 무료입장
※ 스위스 뮤지엄 패스 유효
전화 +41 (0)61 206 6262
홈피 www.kunstmuseumbasel.ch

★★☆

🏛 바이엘러 재단 Fondation Beyeler

렌조 피아노Renzo Piano가 설계하여 1997년 건립된 박물관 건물에 바이엘
러 재단의 소장품이 일반 대중을 위하여 소개되고 있다. 갤러리 경영자이
자 능력 있는 딜러였던 바이엘러가 수집한 고흐, 세잔 등 인상파 거장의
작품에서부터 자코메티의 거대 오브제, 아프리카, 오세아니아와 알래스카
의 부족민들이 그린 예술작품들까지 총 230여 작품과 만날 수 있다.

주소 Baselstrasse 101, 4125
Riehen/Basel
위치 바젤 SBB 기차역에서
2번 트램 탑승
Baden Bahnhof에서
6번 트램으로 환승,
Fondation Beyeler에서 하차
운영 10:00~18:00
(수 20:00까지, 금 21:00까지)
요금 성인 CHF 25,
바젤 카드 소지자 반액,
25세까지 무료입장(신분증 제시)
전화 +41 (0)61 645 9700
홈피 www.fondationbeyeler.ch

★★☆

비트라 디자인 뮤지엄 Vitra Design Museum

비트라 디자인 박물관은 디자인을 주제로 하고 있는 박물관 중 가장 주목을 받고 있는 곳. 디자인 표현과 연구를 중점으로 하는 동시에 건축, 예술 및 문화와 관련된 과거 및 현재에 관심을 두고 있다. 박물관 주요 건물은 프랑크 게리Frank Gehry에 의해 설계되었고 연중 두 차례의 주요 특별전이 열린다. 박물관에서는 다양한 워크숍과 가이드 투어가 진행되니 관심 있는 주제를 홈페이지를 통해 찾아보자. 박물관은 바젤 인근 독일에 위치한다.

주소 Vitra Design Museum, Charles-Eamesstresse 1, 79576 Weil am Rhein
위치 Basel Badische Bahnhof에서 RE Offenburg행 열차 탑승, Haltingen에서 하차 (2개 정거장) 도보 20분
운영 10:00~18:00 (12월 24일 10:00~14:00)
요금 성인 EUR 15, 가이드투어 EUR 10, 12세 미만 무료, 바젤 카드 소지자 반액
전화 +49 (0)7621 702 3200
홈피 www.design-museum.de

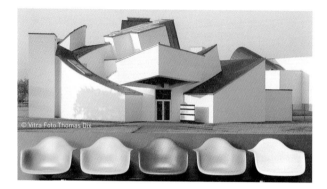
© Vitra Foto Thomas Dix

© Basel Tourismus

★★☆

팅겔리 미술관 Museum Tinguely

움직이는 예술을 뜻하는 '키네틱Kinetic' 아트의 거장. 장 팅겔리의 작품을 전시한 곳이다. 티치노 출신 건축가 마리오 보타가 건물을 디자인했으며, 외부에는 팅겔리의 부인인 니키 드 생팔의 작품이 전시되어 있다.

주소 Paul Sacher-Anlage 2, 4002 Basel
위치 트램 8, 11번 Barfüsserplatz 하차, 버스 31, 36, 38번 Tinguely Museum 하차
운영 화~일 11:00~18:00(목 21:00까지) 휴무 월요일
요금 성인 CHF 18, 16세 이하 무료 ※ 스위스 뮤지엄 패스 유효
전화 +41 (0)61 681 9320
홈피 www.tinguely.ch

★★☆

장난감 박물관
Spielzeug Welten Museum Basel

6,000여 점이 넘는 테디 베어와 인형, 인형의 집, 회전목마 등을 통해 장난감의 세계를 보여주는 박물관이다. 아이는 물론, 어른도 푹 빠져 시간 가는 줄 모르고 관람하게 된다. 레스토랑 라 소스타La Sosta도 함께 있다.

주소 Steinenvorstadt 1, 4051 Basel
위치 트램 8, 11번 Barfüsserplatz 하차
운영 화~일 10:00~18:00 휴무 월요일, 일부 공휴일 및 이벤트
요금 성인 CHF 7, 16세 이하 무료(어른과 동행 시) ※ 스위스 뮤지엄 패스 유효
전화 +41 (0)61 225 9595
홈피 www.spielzeug-welten-museum-basel.ch

종이 박물관 Basler Papiermühle
★★★　　　GPS 47.554676, 7.603103

지인의 소개로 들른 종이 박물관은 이제 바젤에서 가장 아끼는 곳이 되고야 말았다. 박물관 외부 물레방아가 인상적인 이곳은 스위스 종이산업 역사의 산증인이기도 하다. 그에 걸맞게 종이 탄생의 배경과 그 이전의 역사, 다양한 타이포그래피에 대해 감동을 자아낼 만큼 재밌게 설명해준다. 직접 종이를 만들 수 있으며, 원한다면 청첩장, 카드 등을 주문할 수도 있다 (물론 시간이 걸리겠지만).

주소　St. Alban-Tal 37, 4052 Basel
위치　바젤 SBB 기차역에서 2번 트램 탑승, Kunstmuseum에서 하차 후 Sankt Alban-Tal을 향해 도보 10분
운영　화~일 11:00~17:00(토 13:00~17:00)
　　　휴무 월요일 및 일부 공휴일
요금　성인 CHF 20, 어린이(만 5~16세) CHF 11
　　　※ 스위스 뮤지엄 패스 유효
전화　+41 (0)61 225 9090
홈피　www.papiermuseum.ch

전통 방식에 따라 종이 제작 실연 :)

역사 박물관
★★☆　　　GPS 47.554575, 7.590326
Historiches Museum Masel (HMB)
BARFÜSSERKIRCHE

역사 박물관은 14세기 건축된 과거 교회 건물로 1894년 개관한 이후 라인 강 상류 지방인 바젤의 종교적 보물 및 종교 개혁 이전의 성물, 길드제도와 사회 등에 대해 알려준다.

주소　Barfüsserplatz, 4051 Basel
위치　트램 3, 6, 11, 14, 16번 Barfüsserplatz에서 하차
운영　화~일 10:00~17:00 **휴무** 월요일 및 일부 공휴일
요금　성인 CHF 15, 13세 이하 어린이 무료, 화~토 16:00~17:00, 매달 첫번째 일요일 무료입장
　　　※ 스위스 뮤지엄 패스 유효
전화　+41 (0)61 205 8600　　　홈피　www.hmb.ch

카툰 박물관 Cartoonmuseum Basel
★★☆　　　GPS 47.554466, 7.596533

카툰Cartoon을 좋아하는 사람들이라면 꼭 거쳐야 할 곳. 디터 부르크하르트가 설립한 미술관으로 소장하고 있던 캐리커처와 만화 작품을 기반으로 1979년 개관했다. 만화, 파스티슈, 패러디물, 캐리커처 등 20~21세기 작품 1,000여 점을 소장하고 있으며 유쾌한 관람을 할 수 있다. 방문 전 홈페이지에서 개관 여부 꼭 확인!

주소　Sankt Alban-Vorstadt 28, 4052 Basel
위치　바젤 중앙역에서 트램 10번 탑승 Basel Bankvereinp 하차 후 도보 5분
운영　화~일 11:00~17:00 **휴무** 월요일
요금　성인 CHF 12, 학생(25세 이하) CHF 7, 10세 이하 어린이 무료
　　　※ 스위스 뮤지엄 패스 소지자 유효
전화　+41 (0)61 226 3360　　　홈피　www.cartoonmuseum.ch

라인 강 크루즈 Rhine Cruise

라인 강을 따라 아름다운 도시를 감상할 수 있는 관광 크루즈로 4~10월까지 바젤과 라인펠덴Rhienfelden 사이를 운행한다. 라인펠덴을 가는 길에 비르스펠덴Birsfelden과 아우그스트Augst에 위치한 수력발전소를 통과하는 여행을 즐길 수 있으며, 3개국이 국경을 마주하고 있는 곳까지 물길을 따라 이동한다. 런치 보트, 디너 보트 및 다양한 프로그램이 마련되어 있어 가족과 함께하기에 좋다. 짧은 구간만 이용해도 된다.

운치 있고 아름다운
라인 강 전경 :)

주소 바젤 선착장 Schifflände 4051 Basel
위치 바젤 SBB 기차역에서 11번 트램 탑승, Schifflände에서 하차
      (Mittlerebrücke 근처에 위치) ※ 스위스 패스 할인 적용
전화 +41 (0)61 639 9500   홈피 www.bpg.ch

추천
라인 강 나룻배 Rhine Ferryboat

라인 강을 가로지르는 바젤의 5개 다리 사이에서 빌트 마Wild Maa, 레우Leu, 포겔 그리프Vogel Gryff와 우엘리Ueli라고 이름 붙은 페리선(혹은 나룻배)을 발견하게 될 것이다. 이 나룻배는 동력의 도움 없이 자연의 힘으로만 움직이는데 관광객뿐만 아니라 바젤 시민들도 즐겨 이용한다.

위치 **레우 탑승**
      대성당에서 라인 강을 향해
      내려오면 선착장과 만날 수 있음.
      반대편에서도 승선 가능
운영 하절기 09:00~20:00,
      동절기 11:00~17:00
요금 성인 CHF 2, 어린이 CHF 1
      ※ 단체 예약도 가능
전화 +41 (0)61 225 9595
홈피 www.faehri.ch

아쿠아바질레아 Aquabasilea

아쿠아바질레아는 바젤 중심가에서 불과 10분 거리에 있는 프라텔른Pratteln에 위치한 곳으로 남녀노소 누구나 물놀이를 즐기기에 좋다. 13,000m² 공간에 8개의 워터 슬라이드, 온천 욕장, 사우나 및 헬스 스파, 하맘 등을 갖춘 종합 워터파크로 가족, 연인들이 즐겨 찾는 곳이다.

주소 Aquabasilea AG, Hardstrasse
      57, 4133 Pratteln
위치 트램 14번(Basel/Pratteln),
      S-1(Basel/Laufenburg),
      S-3(Basel/Olten),
      버스 79, 82번 Pratteln에서 하차
운영 일~목 12:00~21:00,
      금·토 12:00~22:00
요금 **수영 및 사우나(성인)**
      2시간 CHF 37, 4시간 CHF 47
      수영(어린이)
      2시간 CHF 30, 4시간 CHF 40
      ※ 주말 요금 추가 있음
전화 +41 (0)61 826 2424
홈피 www.aquabasilea.ch

© Aauabasilea
© Aauabasilea
© Aauabasilea

바젤 파스나흐트
Basel Fasnacht (겨울축제)

바젤의 대표적인 축제로 사순절 첫날, 재의 수요일이 지난 다음 월요일에 시작해 3일간의 특별한 재미를 예고한다. 오전 4시부터 다채로운 가면과 등불, 화려한 의상을 입은 밴드의 행진이 시작된다. 현지인들은 파스나흐트 기간이 일년 중 가장 좋은 날이라고 하는데, 약 2만 명이 적극적으로 축제에 참가한다. 축제 기간에 먹는 전통음식이 따로 있을 정도다.

운영 2025년 3월 10일~12일
홈피 www.baslerfasnacht.info

© Basel Tourismus

임플루스 페스티벌
IMPLUSS FESTIVAL (여름 음악축제)

바젤이야말로 여름을 온전히 즐기기에 알맞은 도시다. 라인강둑에서 신비로운 여름 밤의 흥을 돋우기 위한 콘서트가 축제 기간 매일 60분씩 열린다. 벌써 20여 년 동안 이어져 왔으며 입장료 없이 관중, 기업들의 후원으로 운영된다고 한다. 후원하는 방법도 다양하다. 장소는 클라인바젤 라인강둑에서 열린다.

운영 2024년 8월 6일~24일
홈피 www.floss.ch

© Samuel Bramley

아트 바젤 Art Basel

아트바젤은 20세기와 21세기의 예술작품을 전시하고 있으며, 의심할 여지 없이 국제 미술시장에서 가장 중요한 글로벌 전시회이다. 세계 주요 갤러리에서 엄선된 300명 이상의 출품 전시자들이 행사 기간에 바젤을 임시 박물관으로 만든다. 전시 기간 동안 예술가, 수집가 및 문화계의 많은 유명 인사들이 바젤에서 만난다. 국내 갤러리 및 컬렉터들도 많이 방문하는 유명 행사다.

운영 매년 6월(2024.6.13~16)
홈피 www.artbasel.com

© Basel Tourismus

바젤 크리스마스 마켓
Basel Christmas Market

바젤 크리스마스 마켓은 스위스에서 가장 전통적인 크리스마스 마켓 중 하나로 크리스마스 한 달 전부터 열리기 시작한다. 뮌스터 광장Münsterplatz을 찾는다면 아름답게 장식된 크리스마스트리와 장식품들로 인해 눈이 휘둥그레진다. 크리스마스 마켓에서 꽁꽁 언 몸을 녹여줄 글뤼바인Glühwein 한잔도 음미해보자.

요한바너 크리스마스 하우스
Johann Wanner Christmas House

크리스마스 마켓이 아름답기로 유명한 바젤의 명소. 온갖 크리스마스 장식물과 기념품이 있는데, 대량생산 마트 제품이 아닌 핸드메이드 장식을 판매한다. 가격은 다소 비싸나 대를 이어가며 크리스마스 시즌에 쓸 수 있을 만큼 질과 디자인이 훌륭하다. 각양각색의 천사 및 스위스를 모티브로 한 오너먼트가 시그니처.

주소 Spalenberg 14, 4051 Basel
운영 월~금 09:30~18:30, 토 10:00~17:00 **휴무** 일요일
전화 +41 (0)61 261 4826
홈피 www.johannwanner.ch

베이커리 길겐
Konditorei-Confiserie Gilgen

1937년 현재 가게 그 자리에서 오픈한 베이커리. 최상의 버터, 밀가루, 우유만을 고집하며 좋은 것들을 위한 작은 장소를 여전히 고집하고 있다. 명절에는 이곳의 케이크나 디저트를 구입하기 위해 상점 밖까지 줄을 서서 기다리는 모습이 현지인에게 낯설지 않다. 창업자 후손들이 여전히 가게를 운영한다.

주소 Spalenberg 6, 4051 Basel
운영 월~금 07:00~18:30 토 06:30~17:00
전화 +41 (0)61 261 6229
홈피 www.gilgenag.ch

클라인바젤 Kleinbasel

패션에 관심이 있다면 바젤에서 탄생한 브랜드, 클라인바젤에 관심을 가져볼 만하다. 다양한 연령대의 여성이 선호하는 의상과 소품 등을 시즌에 따라 새롭게 선보인다. 아직까지도 가죽 가방은 스위스에서 생산하는 것을 지향하고 있다.

클라인바젤 플래그십 스토어
주소 Schneidergasse 24, 4051 Basel
운영 월 14:30~18:30 화~금 11:00~18:30 토 10:00~17:00 **휴무** 일요일
전화 +41 (0)61 322 4482
홈피 www.kleinbasel.net

바젤 렉컬리 후스 Basler Läckerli Huus

중세시대부터 만들기 시작한 바젤 전통의 생강 쿠키. 렉컬리 후스Läckerli Huus에서 만들어지는 바젤 렉컬리야말로 진정한 특산품. 꿀, 헤이즐넛, 아몬드, 오렌지, 레몬 껍질과 최상급 향신료의 절묘한 비율로 생산되는 이 쿠키는 처음에는 딱딱하지만 입안에 오래 물고 천천히 음미하면서 먹어야 제맛이다. 바젤에만 총 3개의 상점이 있다(게버가세Gerbergasse, 그라이펜가세Greifengasse 및 바젤 중앙역에 위치).

바젤 렉컬리 후스 게버가세
주소 Gerbergasse 57, 4001 Basel
운영 월~금 09:00~18:30, 토 09:00~18:00 **휴무** 일요일, 공휴일 축소 운영
전화 +41 (0)61 260 0060
홈피 www.laeckerli-huus.ch

바젤 렉컬리 후스 중앙역
주소 Passerelle SBB Station, 4053 Basel
운영 월~금 07:30~21:00, 토 08:00~20:00, 일 09:00~20:00, 공휴일 축소 운영
전화 +41 (0)61 363 0333
홈피 www.laeckerli-huus.ch

가스트호프 춤 골데넨 슈테르넨
Gasthof zum Goldenen Sternen

1412년 영업을 시작한 바젤에서 가장 오래된 여인숙 건물에 위치하며 식당 룸과 발코니가 인상적. 낭만적인 상트 알반 언덕, 구시가에 있어 라인 강둑과 가깝다. 나룻배인 빌데 마나 수상택시, 트램 혹은 도보로 이동할 수 있다. 이곳이야말로 바젤 역사의 한 부분이다.

주소 St. Alban-Rheinweg 70, 4052 Basel
운영 월~금 11:00~14:00, 18:00~23:00
　　　토 11:00~23:00, 일 11:00~22:00
메뉴 지중해 및 지역 특선 요리
요금 그린샐러드 CHF 13.5, 비프 타르타르 CHF 39,
　　　와인 1병 CHF 48~
전화 +41 (0)61 272 1666
홈피 www.sternen-basel.ch

레스토랑 피셔슈투베
Restaurant Fischerstube

클라인바젤 구시가지 중심지에 위치한 브루어리 레스토랑으로 바젤에서 생산되는 우엘리 맥주와 함께 이집의 시그니처 메뉴인 '코르동블루Cordon-bleu'를 비롯한 푸짐한 식사와 맥주와 환상의 궁합을 이루는 비어 프레첼 같은 타파스 메뉴를 맛볼 수 있는 곳. 라인 강과도 가까워 맥주를 부를 때 손쉽게 갈 수 있고, 편안한 분위기가 특징이다.

주소 Rheingasse 45, Basel
운영 월~목 16:00~23:00, 금 16:00~자정,
　　　토 14:00~자정, 일 14:00~23:00
메뉴 식사류(샐러드, 코르동블루, 버거, 생선 요리),
　　　안주류
요금 비어 프레첼 CHF 3.5, 햄과 베이컨을 곁들인
　　　코르동블루 CHF 48, 슈니첼 CHF 44,
　　　맥주 30dℓ CHF 5.5
전화 +41 (0)61 692 9200
홈피 www.restaurant-fischerstube.ch

뢰벤초른 Löwenzorn

16세기부터 내려오는 오래된 무도회장이 있었던 곳으로 바젤에서 가장 로맨틱한 정원에 자리 잡은 레스토랑. 제철 재료를 가지고 만드는 신선한 스위스 요리가 자랑이다. 합리적인 가격 또한 매력적. 스위스의 분위기를 최대한 느끼고자 하는 여행객에게 적합하다.

주소 Gemsberg 2, 4051 Basel
운영 월~금 11:00~14:00, 16:30~23:00,
　　　토 12:00~23:00, 일 14:00~22:00
요금 그린샐러드 CHF 9, 라이온 버거 CHF 29,
　　　메인 CHF 26~, 런치 메뉴 CHF 24
전화 +41 (0)61 261 4213
홈피 www.loewenzorn-basel.ch

© Löwenzorn

나마멘 Namamen

신선한 재료와 다채로운 채소를 가지고 만드는 일본식 라멘집으로 빨리 먹을 수 있는 장점이 있다. 한식집이 없는 바젤에서 국물 요리가 그립다면 가볼 수 있는 집. 미소, 간장, 돼지 뼈 국물을 고를 수 있고 면도 라멘, 우동, 소바 중에서 선택 가능. 김치 토핑도 있다. 바젤엔 두 곳 영업 중.

주소 Steinenberg 1, 4051 Basel
운영 월~목 11:00~21:30, 금·토 11:00~22:30,
　　　일 12:00~21:30
요금 채소라멘 CHF 20.5, 닭고기라멘 CHF 22.5,
　　　김치 토핑 CHF 2
전화 +41 (0)61 271 8068　홈피 www.namamen.ch

© Namamen

레스토랑 크라프트
Restaurant Krafft

크라프트 바젤Krafft Basel 호텔에서 운영하는 레스토랑으로 실내의 로맨틱한 분위기의 우든 플로어와 천장 장식이 인상적이다. 식물로 둘러싸여 있는 라인 강에 인접해 있어 봄부터 가을까지 야외에서 런치를 즐기기 좋다.

주소 Rheingasse 12, 4058 Basel
운영 매일 12:00~자정
　　　※ 4월 1일부터 재오픈. 운영시간 변경 가능
전화 +41 (0)61 690 9130　　**홈피** www.krafftbasel.ch

란트슈텔레 Landestelle

여름 시즌에만 오픈하는 라인 강에 바로 접해 있는 야외 라운지 겸 바로 '착륙장'이라는 뜻이다. 오후에는 라이브 뮤직도 들을 수 있다. 스낵을 가볍게 먹으면서 음료를 마시기 딱 좋은 곳.

주소 Uferstrasse 35, 4057 Basel
운영 **여름 시즌** 월~토 14:00~, 일 11:00~
요금 파니니 CHF 9.5, 아페로 플래터 CHF 25~

바 루즈 Bar Rouge

국제 무역 센터Messe 31층에 있는 멜랑콜리한 분위기의 바로, 화려한 조명으로 불을 밝힌 바젤의 야경을 제대로 즐길 수 있는 곳이다. 바젤의 요염한 풍경을 감상하며 파티 분위기에 젖어 애피타이저와 함께 각종 음료를 음미해보자. 매주 금요일은 '레드 프라이데이'로 저녁 10시부터 시작하며, 입장료(CHF 10)가 있다.

주소 Messeplatz 10, 4058 Basel
운영 수 17:00~01:00, 목 17:00~02:00,
　　　금·토 17:00~04:00, 일 17:00~23:00 **휴무** 월·화요일
전화 +41 (0)61 361 3031　　**홈피** www.barrouge.ch

© Bar Rouge

미스터 픽윅 펍 Mr. Pickwick Pub

바젤뿐만 아니라 베른, 추크, 취리히 등에서도 찾아볼 수 있는 잉글리시, 아이리시 스타일의 캐주얼한 펍으로, 대형 스크린에서 스포츠를 중계해준다. 다트 게임을 즐길 수도 있으며 올드 팝을 흥얼거리면서 부담스럽지 않은 가격으로 스낵과 함께 시원한 맥주를 마실 수 있다. 매우 대중적인 곳.

주소 Steinenvorstadt 13, 4051 Basel
운영 월 11:45~23:00, 화·수 11:45~자정, 목 11:45~01:00,
　　　금 11:45~02:00, 토 12:00~02:00, 일 12:00~23:00
전화 +41 (0)61 281 8687
홈피 www.pickwick.ch/mr-pickwick-pub-basel/

그랜드 호텔 레 트루아 루아
Grand Hotel Les Trois Rois

1681년 오픈한 가장 오래된 시티 호텔 중 한 곳으로 호텔다운 기품과 뛰어난 시설, 서비스를 갖춘 바젤 최고의 호텔이다. 나폴레옹, 엘리자베스 여왕, 파블로 피카소, 토마스 만 등 유명 인사들이 묵은 곳으로 유명하다.

주소 Blumenrain 8, 4001 Basel
요금 Deluxe Junior Room City side CHF 400~
전화 +41 (0)61 260 5050
홈피 www.lestroisrois.com

3성급

슈바이처호프 Schweizerhof

스위스 유명 체인 호텔로 만족할 만한 수준의 호텔 시설과 서비스를 제공하는 것으로 유명하다. 바젤 중앙역이 건립되자마자 생긴 1호 호텔로 중앙역 바로 앞에 자리하고 있어 편리하다. 알짜배기 3성 호텔이다.

주소 Centralbahnplatz 1, 4002 Basel
요금 이코노미 CHF 200~(금요일과 주말에는 더 저렴)
전화 +41 (0)61 560 8585
홈피 www.schweizerhof-basel.ch

2성급

호텔 이비스 바젤 반호프
Hotel Ibis Basel Bahnhof

현대적이고 합리적인 가격대를 자랑하는 호텔로 중앙역에서 도보로 3분 거리에 있을 만큼 가깝고 메세 바젤 전시장과 연계성이 좋다. 비즈니스 및 레저를 즐기러 온 여행객들에게 특히 권할 만하다.

주소 Margarethenstrasse 33-35, 4053 Basel
요금 싱글 CHF 110~   **전화** +41 (0)61 201 0707
홈피 www.ibis.com

© 2022 Hotel Schweizerhof AG.

© 2022 Hotel Schweizerhof AG.

바젤 유스호스텔
Basel Youth Hostel

혁신적인 건축디자이너 Buchner & Bründler에서 설계한 디자인 호텔이기도 한 이곳은, 바젤 SBB 역에서 도보 15분, 종이 박물관에서 불과 10분 정도로 구시가지 중심지 상트 알반St. Alban 타워와 바로 인접해 있다. 미니멀리즘 디자인을 기본요소로 큰 창문과 나무 가구들이 세련미를 더하며, 라인 강과도 가까워 투숙하기 이상적인 곳이다.

주소 Maja Sacherplatz, 4052 Basel
요금 6인실 벙커 1인 CHF 42~, 4인실 벙커 1인 CHF 44~,
　　　 4인실 가족룸(+샤워실) CHF 260~,
　　　 1인실(+샤워실) CHF 111 ※ 요금에 조식 포함
전화 +41 (0)61 272 0572
홈피 www.youthhostel.ch

하이브 호스텔
Hyve Hostel Basel

Meet and Sleep, Work and Eat! 현대적이고 영한 감성을 지닌 인테리어로 재탄생한 호스텔로 바젤 SBB역에서 300m 거리. 호텔, 호스텔, 캡슐 호텔까지 다양한 콘셉트의 객실이 있다.

주소 Gempenstrasse 64, 4053 Basel
요금 호스텔 싱글 CHF 70~, 더블룸 CHF 80~,
　　　 캡슐 1인 CHF 50~
전화 +41 (0)61 311 1616
홈피 hyve.ch

작품을 대하는 자세에 대하여
스위스에 갈 때마다 유명 미술관을 꼭 둘러본다. 그림에 대한
지독한 애정이 있어서라기보다 그림을 대하는 사람들의 자세
를 배우고 싶어서다. 다른 이의 어깨너머로 그림을 바라보면
또 다른 세계가 다가옴을 느낀다. 여행의 매력은 낯선 이에게
서 인생을 배워 나가는 것이기도 하다.

스위스 + 프랑스 + 독일 여행

스위스뿐만 아니라 프랑스, 독일도 한 번쯤은 가고 싶다면
스위스에서는 바젤을 기점으로 삼는 것을 추천한다.
독일, 프랑스와 국경을 마주해 대중교통으로 편하게 이동할 수 있다.
프랑스는 콜마르Colmar, 독일은 프라이부르크Freiburg로
3개국 투어가 가능하다.

✚ 콜마르: 프랑스 알자스 주의 낭만적인 마을

와인 생산지인 알자스 지역의 주요 도시인 콜마르에 도착하면 아름다
운 구시가지 곳곳을 산책해봐야 한다. 프랑스의 문인이자 비평가인 조
르주 뒤아멜(1884~1966)도 콜마르를 '세계에서 가장 아름다운 마을'
이라 극찬했을 정도. 가장 알자스다운 마을이라 평가받고 있는 콜마르
는 역사적, 건축학적으로 다양한 유적을 잘 보존하고 있기도 하다. 또
한 발달된 수로를 통해 작은 배를 타고 짧은 낭만을 즐길 수 있어 **작은
베니스**라고 불린다. 크리스마스 시즌에는 특히 아름답다. 작은 관광열
차를 타고 콜마르 구시가지 투어를 할 수도 있다(약 45분 소요).

> **🛈 | 인포메이션 센터**
>
> **주소** Place Unterlinden,
> 68000 COLMAR
> **운영** 월~토 09:00~17:00
> 일 10:00~13:00
> **전화** +33 (0)38 920 6892
> **홈피** www. tourisme-
> colmar.com

위치 바젤에서 콜마르까지 바젤 중앙역에서 매시 21분에 출발하는 열차를
이용하면 환승할 필요 없이 44분 만에 도착한다. 열차 시간 및 티켓 가격은
사이트(www.sbb.ch) 참조

© OT COLMAR

❶ 콜마르 성 마르탱 교회

Collégiale St. Martin

시내 중심가. 시청과 인접한 고딕양식의 교회로 1235년 공사를 시작해 14세기 중반에 완공되었다. 콜마르에서 가장 거대한 중세 교회로, 아치형 창과 첨탑으로 둘러싸인 웅장한 외곽이 특징. 교회 주변에는 16세기부터 내려오는 전통 가옥과 바르톨디 박물관Musée Bartholdi이 있다.

주소 Place de la Cathedrale, 68000 Colmar
운영 화~금 08:00~18:00(토 19:00까지)
　　　 일 10:00~19:00 **휴무** 일요일 미사 시간
전화 +33 (0)38 920 6892

❷ 콜마르 도미니크회 성당

Église des Dominicains de Colmar

콜마르의 주요 종교 건축물이자 관광명소. 중세 고딕 양식으로 1283년 건축을 시작해 1364년에 완공되었다. 예배당 내부의 아치형 천장, 조각, 종교화 등이 인상적이며 특히 중세시대의 유명 미술가 마틴 숀가우어의 〈장미 덤불 속의 성모 마리아〉가 눈길을 사로잡는다.

주소 Place des Dominicains, 68000 Colmar
운영 화·목·금·토·일 10:00~13:00, 15:00~18:00
　　　 휴무 월·수요일
요금 성인 EUR 2, 학생(12~18세) EUR 1, 12세 미만
　　　 어린이 무료
전화 +33 (0)38 920 6892

❸ 바르톨디 박물관 Musée Bartholdi

콜마르 구시가지 출신이자 뉴욕의 상징인 〈자유의 여신상〉의 작가. 아우구스트 바르톨디. 그의 생가를 개조한 박물관으로 총 3층에 걸쳐 전시가 이루어진다. 작가가 사용했던 가구와 유품. 유대인의 아름다운 수집품도 볼 수 있다.

주소 30 Rue des Marchands, 68000 Colmar
운영 2024.2.6~12.31 화~일 10:00~12:00, 14:00~18:00
　　　 휴무 월요일, 5월 1일, 11월 1일, 12월 25일
요금 성인 EUR 5, 18세 이하 무료
전화 +33 (0)38 941 9060
홈피 www.musee-bartholdi.fr

❹ 운터린덴 박물관 Musée Unterlinden

프랑스에서 널리 알려진 박물관 중 하나로 '보리수나무 아래Under the Linden Tree'라 불리는 곳에 13세기에 건축되었다. 알자스에서 규모가 큰 수도원으로 꼽히며, 현재는 후기 고딕양식 조각품 및 인상주의 시기와 20세기의 예술작품이 전시되고 있다.

주소 1 Rue d'Unterlinden, 68000 Colmar
운영 월·수~일 09:00~18:00
　　　 휴무 화요일, 1월 1일,
　　　 5월 1일, 11월 11일,
　　　 12월 25일
요금 성인 EUR 13, 학생 EUR 8,
　　　 단체 EUR 11,
　　　 12세 이하 무료
전화 +33 (0)38 920 1550
홈피 www.musee-unterlin-
　　　 den.com

✚ 프라이부르크: 독일의 친환경 도시

독일 바덴-뷔르템베르크Baden-Württemberg 주에 자리한 도시로 프라이부르크 임 브라이스가우Freiburg im Breisgau라고도 하며 친환경, 그린 시티로 정평이 나 있다. 13세기 고딕양식으로 건립된 대성당이 이 도시의 랜드마크. 1457년 개교한 프라이부르크 대학이 있는 전통적인 교육도시 중 한 곳이기도 하다. 매년 많은 사람이 태양열 에너지 이용과 환경 보전에 관해 배우고자 이곳을 찾아온다.

위치 ❶ 바젤에서 ICE 직행 탑승,
약 40분 후 프라이부르크
중앙역 도착
❷ 콜마르에서 직행 없음.
바젤 경유 약 2시간
❸ 브라이자흐Breisach에서
경유, 차량으로 약 50분

❖ | 인포메이션 센터

주소 Rathausgasse 33,
79098 Freiburg
운영 월~금 09:30~17:30,
토 09:30~14:30,
일 10:00~12:00
전화 +49 (0)761 3881 880
홈피 visit.freiburg.de/

---

more & more **프라이부르크 크리스마스 마켓**

한 달 내내 성탄절 기분을 느낄 수 있는 프라이부르크 크리스마스 마켓. 이 마켓은 크리스마스를 한 달 앞둔 11월 하순부터 시청 광장Rathausplatz, 카르토펠 시장Kartoffelmarkt, 프란치스카너 거리Franziskanerstrasse, 투름 거리Turmstrasse와 운터

© Daniel Schoenen

린덴 광장Unterlindenplatz 등을 아름다운 불빛으로 치장하고 크리스마스에 필요한 장식품, 공예품, 먹거리 등을 판매하는 장이 들어선다. 마켓의 하이라이트는 역시 사람들과의 어울림 그리고 흥청거림일 것이다. 글루바인 한 잔 사 들고 자연스럽게 분위기를 즐겨보자.

운영 11월 하순~12월 25일
(매년 약간의 변동 있음)
월~토 10:00~21:30, 일 11:30~20:30

❶ 프라이부르크 사원 Freiburger Münster

프라이부르크를 찾는 방문객이라면 도착하자마자 이곳을 가장 먼저 찾는다. 그다음 구시가지의 전경을 한눈에 바라볼 수 있는 날씬한 탑에 오르는데, 모두 209개의 계단을 올라야 하니 자신이 없으면 오르지 말자. 바덴 출신의 유명한 역사학자이자 작가인 칼 야콥 부르크하르트 Carl Jakob Burckhardt도 이 탑의 아름다움에 감탄했다는 이야기가 전해진다. 탑의 높이는 116m로, 1330년에 완공되었다.

주소 Münsterplatz, 79098 Freiburg im Breisgau, Germany
위치 프라이부르크 기차역에서 3, 5번 트램 탑승, Bertoldsbrunnen (2개 정거장) 하차 후 도보 3분
운영 **방문 시간**
월~일 09:00~17:00
※미사 시간에는 방문 불가
타워 월~토 11:00~16:00
요금 **입장료** 성인 EUR 2, 학생 EUR 1.5
타워 성인 및 학생 EUR 5, 8~12세까지 EUR 3
홈피 www.freiburgermuenster.info

© eyeflyer

❷ 프라이부르크 베흘레 Freiburg Bächle

프라이부르크 베흘레는 오래된 역사를 지닌 구시가지를 이루는 요소로 '작은 수로Small Canal'를 뜻한다. 본래 이 수로는 산업용수를 제공하고, 다 쓴 용수는 버리는 하수구의 역할을 하던 것이었다. 그러나 오늘날에는 더운 날, 더위를 잊게 해주는 시민들의 놀이터로 탈바꿈했다. "프라이부르크를 다시 찾고 싶으면 수로에 발을 한번 담그라"는 말이 전해질 정도로 이 수로는 정서적으로 시민들과 깊이 닿아 있다.

© KekrOn

Tip | 흑림 투어
| Black Forest Tours

독일의 흑림 지대에 관심이 있다면, 투어는 어떨까. 영어 가이드와 함께 프라이부르크, 프랑스 알자스까지 여행할 수 있으며, 개별 투어부터 그룹 투어까지 마련돼 있어 예산과 일정에 따라 선택하면 된다. 자세한 사항은 홈페이지를 참고하자.

홈피 www.the-black-forest.com

바젤 라인 강변의 주택가

바젤 주변 지역

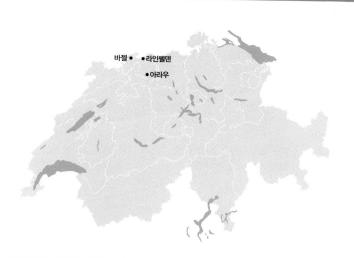

바젤 주변 스위스 북부 지역으로 떠나는 여행은 라인 강과 아레 강을 따라 떠나는 여행이라 할 수 있다. 아레 강변에 위치한 **아라우** Aarau 는 16세기부터 내려오는 박공 지붕인, **다흐힘멜** Dachhimmel 로 유명하며, 라인 강변에 자리한 **라인펠덴** Rheinfelden 은 물이 주는 풍요로움을 그대로 누리는 곳이다. 외국인 관광객에게는 널리 알려지지 않은 지역들이지만, 관광객들이 별로 없는 호젓한 분위기를 그대로 누릴 수 있어 더 소중하다.

✚ 아라우 Aarau

아라우는 스위스 미텔란트Mittelland 지방의 아라우 주의 주도로, 쥬라 산맥과 아레 강에 의해 지형이 형성됐다. 주와 도시 이름은 아레 강에서 따왔다. 아라우는 그림같이 아름다운 구시가지가 인상적이며, 취리히, 바젤, 루체른 지역과도 가까워 이동이 편리하다. 이런 지리적 이점으로 1789년에는 초기 스위스 수도로 최초 국회 의사당이 있던 곳이기도 하다. 그로 인해 지역의 문화 수준이 높고, 역사적 명소가 많은 것이 특징. 그중 섬세하게 색을 입힌 '다흐힘멜Dachhimmel'이라 불리는 아름다운 처마가 이 도시의 자랑거리이다. 이곳에는 또한 지역의 전통 축제가 열리는데, 특히 마이엔추크Maienzug와 바흐피쉐트Bachfischet가 유명하다.

아라우로 이동하기

1. 바젤 → 아라우
바젤에서 떠날 경우 매시 47분에 출발하는 인터레기오(IR) 직행편을 이용할 수 있으며 소요시간은 35분 정도. 47분 차량을 놓쳤더라도 걱정할 필요는 없다. 매시 4, 31분에 올텐Olten으로 향하는 열차를 타고 올텐에서 경유하더라도 40분밖에 걸리지 않는다.

2. 취리히 → 아라우
취리히에서는 아라우로 향하는 열차 편수가 시간당 5편 정도로 바젤보다 많은 편이다. 경유지에 따라 20~40분 소요된다.

★ 인포메이션 센터

주소 Aarau Info, Metzgergasse 2, 5000 Aarau
운영 월 13:30~18:00,
　　　화~금 09:00~18:00,
　　　토 09:00~13:00
　　　휴무 일요일
전화 +41 (0)62 834 1034
홈피 www.aarauinfo.ch

Tip | 아라우 투어

가이드 투어
시간이 허락된다면 아라우 관광청에서 제공하는 가이드 투어 중 하나를 선택하여 즐기는 것도 방법이다.

미식 투어
(The Culinary Old Town Tour)
각기 다른 6개의 장소를 다니며 아페리티프 및 갖가지 음식을 즐기며 여행하게 된다. 에를린스바흐Erlinsbach에 위치한 란트가스트호프 히르쉔Landgasthof Hirschen에서 특선 음식 또한 맛볼 수 있다. 총 3시간 소요.

★★☆

다흐힘멜 Dachhimmel

16세기부터 내려오는 것으로 예쁘게 단장된 처마라는 뜻이다. 우리나라의 단청과 색감이 유사하며 자연물을 기하학적으로 표현한 문양과 색깔이 인상적이다.

 ★★☆

오버토르투름 Obertorturm

오버토르투름은 아라우의 랜드마크로 13세기에 3층 규모의 주택으로 지어졌다가 16세기에 탑으로 재건되었다. 약 10층 높이로 가이드 투어를 통해 탑 관리인의 아파트와 탑의 대형 시계를 관리하는 업무를 지켜볼 수 있다.

 ★☆☆

아르가우 현대미술관
Aargauer Kunsthaus

건축가 뢰페, 헤니 & 헨글리가 설계하여 1959년 건축하고, 국제적으로 알려진 헤르조그 & 드 뫼롱이 확장한 미술관으로 18세기부터 현대까지 스위스 예술품을 전시하고 있다. 박물관 카페에서 아페리티프 한 잔의 여유를 가져보는 것도 좋다.

주소   Aargauerplatz 5001 Aarau
위치   아라우 기차역에서 도보 5분 거리
운영   화~일 10:00~17:00(목 10:00~20:00)
     휴무 월요일(공휴일에는 개관 시간 변동 있음)
요금   성인 CHF 17, 할인가 CHF 12, 만 16세까지 무료
전화   +41 (0)62 835 2330
홈피   www.aargauerkunsthaus.ch

★☆☆

나투라마 자연사 박물관
Naturama

스위스에서 가장 현대적인 박물관 중 한 곳으로, 아르가우의 자연과 연계하여 재미와 정보를 함께 접할 수 있는 곳이다. 아이들과 여행 시 둘러보면 좋은 경험이 될 만한 장소이다.

주소   Feerstrasse 17, 5001 Aarau
위치   아라우 역 앞에 위치
운영   화~일 10:00~17:00 휴무 월요일
요금   성인 CHF 12, 학생 CHF 10, 어린이(6~16세) CHF 4
     ※ 스위스 뮤지엄 패스 유효
전화   +41 (0)62 832 7200
홈피   www.naturama.ch

✚ 라인펠덴 Rheinfelden

라인펠덴은 유럽사에 지대한 영향을 미친 체링엔Zahringen 가문이 1130년에 세운 도시이다. 이 가문이 세운 도시 중 가장 오래된 곳이며, 이 역사적인 마을의 중심가에는 과거 부유한 시민이 주로 거주했던 스위스의 전형적인 저잣거리, 마크트가세Marktgasse가 있다. 라인펠덴은 19세기부터 웰니스 중심의 휴양 도시로 유명했는데, 이 중심에는 에덴 호텔의 소금욕 온천과 솔레 우노가 있다.
또한 라인펠덴은 라인 강을 사이에 두고 독일과 마주하고 있는 지역이기도 하다. 여권을 소지하고, 돌다리를 건너면 바로 독일로 넘어갈 수 있다. 바젤과도 가까워 라인 강을 따라 유람선을 타고, 두 곳을 함께 여행해도 괜찮다.

★ 인포메이션 센터
주소 Marktgasse 16
4310 Rheinfelden
운영 월 09:00~12:00,
13:30~18:00(금 17:00까지)
휴무 토~일요일
전화 +41 (0)61 835 5200
홈피 www.tourismus
-rheinfelden.ch

라인펠덴으로 이동하기
바젤에서 라인 강으로 이어지는 라인펠덴은 독일과 매우 인접해 있는 지역. 유람선으로 이동할 시 열차보다 시간이 몇 배로 들지만, 날씨가 좋고 시간이 허락한다면 시도해볼 만하다.

1. 열차로 이동하기
 ▪ 바젤에서 약 20분 ▪ 취리히에서 약 1시간

2. 유람선으로 이동하기
바젤에서 라인펠덴까지 유람선으로 편도 약 2시간 20분

★★★
GPS 47.533194, 7.722018

🏛 아우구스타 라우리카 Augusta Raurica

라인펠덴과 바젤 인근 아우그스트에 위치한 박물관으로 라인 강에서 가까운 이곳은 스위스 북서부 지역에서 가장 큰 야외 고고학 박물관이다. 이곳의 고대 극장 및 고대 로마인들의 거주지 등과 같이 잘 보존된 유적지는 고대 로마시대의 건축 전문 기술을 증명해준다.

주소 Giebenacherstrasse 17,
4302 Rheinfelden
위치 라인펠덴에서 열차로
Kaiseraugst로 이동(14분 소요)
한 후 도보로 이동(15분 소요)
운영 10:00~17:00
휴무 12월 24·25·31일, 1월 1일
요금 역사 유적지 관람 무료,
고대 로마 가옥 포함 박물관 입장료
성인 CHF 8, 어린이 CHF 6
※ 스위스 뮤지엄 패스 유효
전화 +41 (0)61 816 2222
홈피 www.augustaraurica.ch

© Roemerstadt Augusta Raurica

★★☆

구시가지 Altstadt

체링엔 가문이 세운 도시 중 스위스에서 가장 오래된 구시가지를 직접 도보로 체험해볼 수 있다. 바로크양식의 건물 외관, 정원, 현관 및 웅장한 홀과 함께 인상적인 마을회관을 경험해보자. 구시가지에서 독일 흑림, 라인 강 등 멋진 전망을 즐길 수도 있다. 옛날 저잣거리, 마크트가세Marttgasse는 대도시와 달리 유유자적하며 시장을 구경하거나 쇼핑하기 좋다. 특히 라인펠덴은 맥주에 진심이니 펍에 꼭 들러보자.

© Rheinfelden Tourismus

GPS 47.557502, 7.799689

솔레 우노 Sole Uno

오랜 옛날부터 소금 창고가 있었던 라인펠덴의 역사를 살린 리조트. 야외 어드벤처 풀은 약 3% 염도의 특별한 물로 준비되어 몸을 이완하기에 좋다. 연간 약 50만 명이 스파, 마사지, 수영, 사우나로 일상의 피로를 풀기 위해 찾아온다.

주소 Roberstenstrasse 31, 4310 Rheinfelden
위치 라인펠덴 중앙역에서 시내버스 86번
     Parkresort에서 하차, 15분 소요(3개 정거장).
     파크리조트 라인펠덴 내에 위치
운영 08:00~22:30
요금 **성인** 2시간 CHF 33, 3시간 CHF 38, 데이티켓 CHF 52
     어린이(4~13세) CHF 20
전화 +41 (0)61 836 6763   홈피 www.parkresort.ch

GPS 47.587494, 7.589451

바젤 페르조넨쉬프파르트 크루즈
Basler Personenschifffahrt

정기적으로 낮 시간에 운행. 라인 강 상류에서 출발하여 독일과 프랑스 지역으로 향한다. 특별 크루즈는 선상 파티, 음악이 함께하는 퐁뒤 크루즈 및 저녁 만찬 등과 같은 이벤트가 진행된다. 크기가 다른 3대의 크루즈 선박이 있으며, 개인 이벤트를 위해 대선도 가능하다. 라인펠덴은 크루즈의 시작/종착 지점이다.

홈피 www.bpg.ch

GPS 47.545841, 7.789888

펠트슐뢰스헨 맥주공장 견학
Feldschlösschen Brewery

FELDSCHLÖSSCHEN

1876년 창설되어 140여 년 동안 명맥을 이어오고 있는 스위스 대표 맥주 회사. 유구한 역사답게 회사 건물은 영국의 고성 같은 모습을 하고 있으며, 맥주 시음이 포함된 캐슬 투어를 홈페이지에서 예약할 수 있다. 맥주 애호가라면 시도해보자. 비지터센터 개별 방문도 가능.

주소 Feldschlösschenstrasse 32, 4310 Rheinfelden
위치 라인펠덴 중앙역에서 도보로 11분(850m)
운영 **가이드 투어** 수~일 08:30~18:00
     (2시간 소요, 온라인 예약가능)
     비지터센터 수~토 11:00~17:00
요금 CHF 20(개별 금액)   전화 +41 (0)58 123 4567
홈피 www.brauwelt.ch

레스토랑 펠트슐뢰스헨
Restaurant Feldschlösschen

맥주 러버들이 좋아할 만한 곳으로, 라인펠덴에서 생산된 신선하고 맛있는 맥주와 그에 어울리는 맛깔난 식사 및 안주를 즐길 수 있다. 날씨가 좋은 날에는 신선한 공기를 마시며 야외에서 맥주를 마실 수 있어 인기가 높다. 런치 메뉴도 준비되어 있으며, 저녁에는 갖가지 이벤트가 열려 흥미롭다. 갈증을 풀기에 이만한 곳이 없다.

© Feldschloesschen Restaurant

주소 Feldschlösschenstrasse 32, 4310 Rheinfelden
운영 화~목 11:00~22:00, 금·토 11:00~23:00,
     일 10:00~17:00 **휴무** 월요일
전화 +41 (0)61 833 9999
홈피 www.feldschloesschen-restaurant.ch

루체른과 주변 지역 *LUZERN*

나에게 루체른은 생각만 해도 마음이 편해지고 정겨운 도시이다.
스위스의 중앙에 위치하고 융프라우 다음으로 한국인들이 많이 찾는
유명 관광지 중 한 곳이기에 출장 중 자주 거치게 되었던 덕도 있었겠다.
평온해 보이는 루체른 호수와 '친구의 정'이라는 꽃말을 가진
제라늄이 흐드러지게 늘어뜨려진 나무다리 카펠교를 바라보게 된다면,
어떤 여행자라도 나와 같은 감정이 들게 될 것이다.
여행자들에게 루체른의 문턱은 낮지만, 한 번 발을 깊숙이 디디게 된다면
아기자기하고 로맨틱하기까지 한 루체른의 매력에 곧 취하게 될 것이다.
이는 분명 에펠탑이 있는 콧대 높은 파리 같은 여행지에서 느끼는
감성과는 차원이 다른, 그런 느낌이다.

03
전통과 현대가 조화로운 루체른
LUZERN

루체른만큼 스위스다운 곳이 또 있을까? 전통과 현대가 조화롭게 이루어진 깨끗한 도심의 모습과 시내 너머로 보이는 알프스의 명산들, 푸른 초원 그리고 도시를 둘러싼 아름다운 루체른 호수까지. 스위스다운 요소들로 가득한 곳이 바로 루체른이다. 루체른은 오래전부터 스위스 정중앙에 위치해 교통의 요지이자 대표적인 스위스 관광지였다. 로이스 강 서쪽에 자리해 강 양쪽으로 도시가 개발되었고, 봄이면 꽃으로 흐드러져 더욱 아름다운 목조다리 카펠교를 중심으로 4개의 다리가 두 도시를 이어준다.

한겨울 빛축제Lilu Light Festival를 시작으로 기괴한 분장과 밴드의 행렬이 인상적인 카니발, 일 년 내내 끊이지 않는 클래식과 재즈 음악회, 7월이면 다양한 음악을 야외에서 선보이는 루체른 라이브 행사로 지루할 틈 없이 축제 분위기를 만끽할 수 있다. 루체른 호수의 증기유람선 여행과 더불어 여왕의 산 리기 산, 용의 전설로 유명한 필라투스 산, 만년설로 일 년 내내 겨울 스포츠를 즐길 수 있는 티틀리스 산, 릿지 하이킹의 진수 슈토스도 시간 내어 찾아가보자.

© Lucerne Tourism

👍 추천 여행 일정

1 | Only 루체른 루체른 시내 관광(카펠교 및 구시가지 + 빈사의 사자상 + 루체른 호수 유람선 타기)

2 | 루체른 주변 산 루체른 시내 + 리기 산(유람선 타고 비츠나우 또는 베기스로 이동 또는 필라투스, 티틀리스, 슈탄저호른 중 택1)

3 | 루체른과 주변 지역 루체른 시내 관광 + 슈비츠(슈토스) 또는 루체른 호수 유람선 선상 런치 크루즈 즐기기)

ℹ️ 인포메이션 센터

주소 Zentralstrasse 5,
      Ch 6002 Luzern
위치 루체른 기차역 플랫폼 3번 근처
운영 월~금 08:30~17:00,
      토·공휴일 09:00~16:00
      (전화 업무 13:00까지),
      일 09:00~13:00
      ※ 시즌에 따라 변경될 수 있음
전화 +41 (0)41 227 1717
홈피 www.luzern.com

여행정보
- 도시명 루체른
- 인구 약 82,000명
- 주요 언어 독일어
- 고도 436m
- 키워드 루체른 주의 주도, 로이스 강, 루체른 호수, 카펠교, 리기 산, 슈토스, 필라투스 산, 티틀리스 산, 빌헬름 텔
- 교통의 요지

Jay Advice 역시 여행의 묘미는 하루를 마감하는 맥주 한 잔의 여유. 루체른의 구시가지 및 카펠교를 중심으로 다양한 바와 클럽이 있는데 특히 맥주를 직접 양조해 판매하는 라트하우스(Rathaus Brauerei)를 가보자. 맥주 맛이 타의 추종을 불허한다.

Janice Advice 루체른의 장점이자 최대 단점은 행사가 끊이지 않는다는 것. 따라서 숙소 가격이 상당히 비싼 편이다. 루체른 시내에서 벗어나 버스나 기차로 5~10분 내 거리에 있는 크리엔스나 시내 외곽으로 눈을 돌리면 가격이 저렴해진다.

✚ 루체른 들어가기 & 나오기

루체른은 스위스의 정중앙에 위치한 유럽 및 스위스 내 주요 교통의 요지이다. 스위스 혹은 주변국을 포함한 스위스 여행을 계획하는 여행자라면 열차를 갈아타거나 중간거점으로 반드시 들르게 되는데 그렇지 않더라도 일부러라도 들러야 하는 매력적인 도시이다. 특히 한국 사람들이 가장 많이 찾는 융프라우 지역의 인터라켄으로 이동할 때나, 스위스 취리히 공항으로 인-아웃 할 때 잠시라도 들러 반나절 정도는 꼭 머무는 지역이다.

1. 차량으로 이동하기

스위스 내 주요 도시에서 1~3시간이면 루체른에 도착할 수 있다. 바젤이나 루가노에서는 A2, 취리히에서는 A14나 A4 도로를 이용한다. 루체른은 주차시설이 부족한 편이다. 따라서 하루 이상 루체른에 머문다면 숙박 예정인 호텔 주차장이나 중앙역 지하주차장 및 인근 주차시설을 미리 확인해 이용하는 것이 좋다. 호텔 주차장은 무료부터 CHF 10~20의 요금을 받는 곳까지 다양하다. 시내에서 운전하다 보면 대형 건물 주차장의 여유 공간을 알려주는 전광판을 어렵지 않게 발견할 수 있어서 도움이 된다. 주차를 하고 시내는 도보나 대중교통을 이용해 여행하는 것이 훨씬 편리하고 경제적이다.

2. 항공으로 이동하기

스위스 주요 국제공항인 취리히 공항과 제네바 공항을 이용해 루체른으로 들어갈 수 있다. 각 공항에서 루체른 시내까지의 소요시간은 열차로 각각 1시간, 3시간 정도다. 따라서 취리히 공항을 이용하는 게 훨씬 효율적이다.

Tip | 헤매지 말아요!

루체른 도보 여행 시에는 카펠교를 중심으로 삼는다. 카펠교를 가운데 놓고 주요 볼거리가 위치해, 현재 서 있는 곳을 기준으로 카펠교가 어디에 있는지에 따라 자신의 위치를 확인하면 별로 헤맬 일이 없다.

루체른 호수 지역, 트라이브(Treib)

© Lake Lucerne Navigation Company

3. 열차로 이동하기

유럽 주요 도시에서 루체른으로의 이동은 크게 어렵지 않다. 열차로 4~5시간이면 루체른에 도착할 수 있는데 프랑스 파리나 독일 프랑크푸르트에서는 바젤이나 베른을, 독일 뮌헨이나 오스트리아 빈에서는 취리히를, 이탈리아 주요 도시에서는 키아소를 거쳐 루체른으로 들어갈 수 있다. 스위스 철도 맵을 보면 유명 테마 열차가 루체른으로 통하는 것을 알 수 있다. 루체른~인터라켄 익스프레스(골든패스로 이어짐), 고타드 파노라마 익스프레스(티치노 지역) 등 주요 노선이 루체른과 연계된다.

★ 주요 도시
→ 루체른 열차 이동시간(최단)
- 취리히 약 50분
- 베른 약 1시간 30분
  (직행 1시간)
- 인터라켄 동역 약 2시간
- 쿠어 약 2시간 10분
- 몽트뢰 약 2시간 40분
- 루가노 약 2시간

✚ 루체른 시내 & 루체른 호수 지역에서 이동하기

루체른 구시가지(루체른 중앙역~빈사의 사자상)는 충분히 도보로 이동 가능하다. 만약, 스위스 패스 비소지자라면 루체른 호수 지역에서 1박 이상일 경우 무료로 제공되는 루체른 방문자 카드Lucerne Visitor Card를 이용해보자. 도착하는 날부터 익일까지 기차, 버스(유람선 제외) 노선을 무료로 탈 수 있다. 적용 범위는 ZONE 10까지. 자세한 내용은 아래 홈페이지 참고.

홈피 www.luzern.com/en/services/visitor-card-lucerne

호텔 데 빌랑스에서 바라본 리기 산과 루체른 전경

루체른 빛축제 기간에 촬영한
루체른 기차역

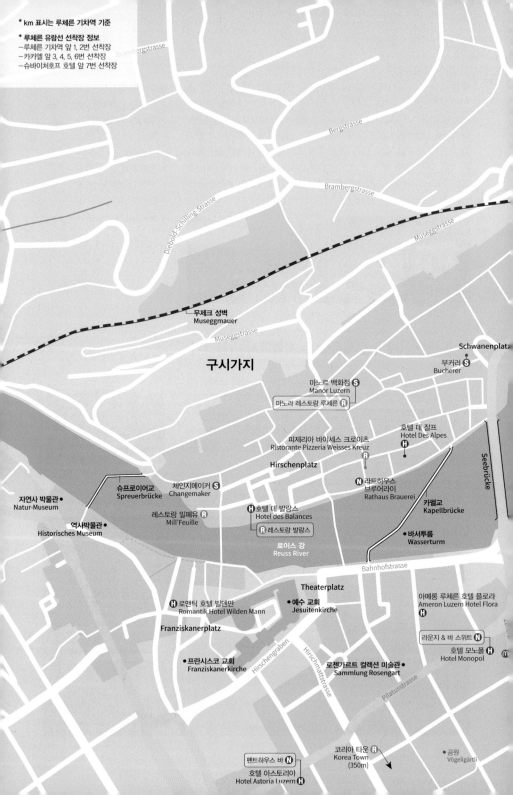

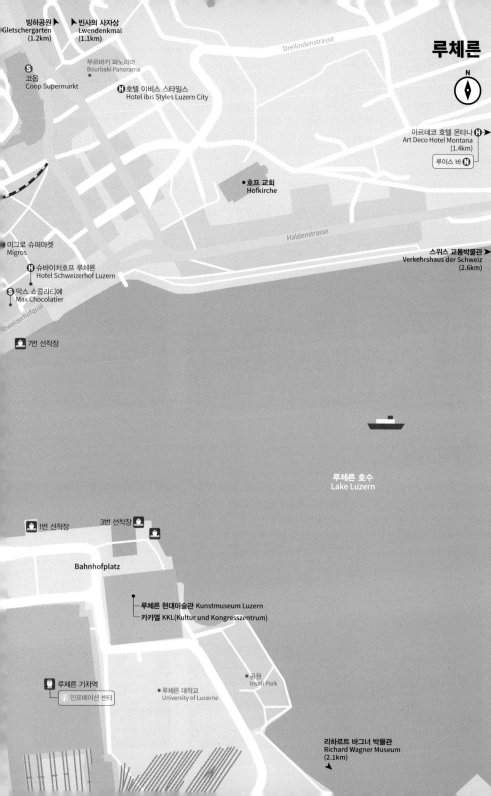

루체른

빙하공원 ▶
Gletschergarten
(1.2km)

▶ 빈사의 사자상
Lwendenkmal
(1.1km)

부르바키 파노라마
Bourbaki Panorama

Ⓢ
코옵
Coop Supermarkt

Ⓗ 호텔 이비스 스타일스
Hotel ibis Styles Luzern City

Dreilindenstrasse

N

아르데코 호텔 몬타나 Ⓗ ▶
Art Deco Hotel Montana
(1.4km)

루이스 바 Ⓝ ▶

● 호프 교회
Hofkirche

Haldenstrasse

미그로 슈퍼마켓
Migros

Ⓗ 슈바이처호프 루체른
Hotel Schweizerhof Luzern

스위스 교통박물관 ▶
Verkehrshaus der Schweiz
(2.6km)

Ⓢ 막스 쇼콜라티에
Max Chocolatier

nweizerhofquai

7번 선착장

루체른 호수
Lake Luzern

1번 선착장

3번 선착장

Bahnhofplatz

루체른 현대미술관 Kunstmuseum Luzern
카카엘 KKL(Kultur und Kongresszentrum)

공원
Inseli Park

루체른 기차역
ⓘ 인포메이션 센터

루체른 대학교
University of Lucerne

리하르트 바그너 박물관
Richard Wagner Museum
(2.1km)

📷 카펠교 Kapellbrücke

14세기에 만들어진 카펠교는 지붕이 있는 목조다리로 본래의 용도는 방어벽이었다. 현재는 루체른의 상징으로 많은 사람에게 사랑받는 다리이다. 특히 꽃들이 만개했을 무렵이 가장 아름답다. 다리를 걷다 보면 머리 위로 스위스 역사 및 건국신화와 관련한 100여 점의 17세기 판화작품을 감상할 수 있다. 일부는 그림이 비어 있는데, 이는 1993년 화재로 인한 것으로 대부분은 복원되었으나 비어 있는 곳은 대체할 내용에 대해 스위스 사람들이 이견을 좁히지 못해 그대로 남아 버렸다는 설이 있다.

위치   루체른 기차역에서 내려 북쪽으로 다리를 건너면 바로 왼편에 위치

17세기의 판화작품들과 화재로 인해 빈 부분 :)

📷 바서투름 Wasserturm

카펠교와 바로 옆으로 붙어 있는 팔각 저수탑인 바서투름은 성곽의 일부로 1300년대에 지어졌다. 이후 보관창고나 감옥, 고문실 등으로 사용되어 왔다. 루체른의 랜드마크 중 하나로 카펠교와 예쁘게 사진에 담으려면 기차역 반대편 카펠교 입구 부근에서 바서투름을 왼쪽 뒤로하고 루체른 호수의 거위들이 헤엄치는 순간을 포착하자.

위치   카펠교 바로 옆에 위치

슈프로이어교 Spreuerbrücke ★★☆

남쪽 구시가지의 역사박물관과 북쪽의 자연사 박물관을 연결해주는 다리이다. 카펠교에 비해 작고 화려한 맛이 적어 덜 알려져 있으나 이 역시 15세기에 지어져 유서가 깊다. 이곳에 원본 그대로 잘 보존된 〈죽음의 춤〉 판화는 과거 역병이 어떻게 사람들에게 유행했는지를 보여주고 있다. 중세시대에는 사람들이 곡식의 껍질 등을 버릴 수 있었던 유일한 다리였다고도 전해진다.

위치 루체른 기차역 쪽에서는 역사박물관 앞에, 구시가지 쪽에서는 Mühlenplatz 앞에 위치

구시가지 Altstadt ★★★

구시가지 광장의 여러 모습들 :)

루체른 호수의 북쪽, 카펠교 좌측에 자리 잡은 곳이 구시가이다. 바닥에 아기자기하게 깔려 있는 돌멩이를 보고 구시가지와 신시가지를 구분할 수 있다. 이곳 건물의 아름다운 벽화는 루체른이 스위스 중세의 모습을 잘 간직하고 가꾸어 나가고 있다는 것을 보여준다. 카펠 광장 Kapellplatz, 곡물 시장 광장 Korn-marktplatz, 와인 시장 광장 Wein-marktplatz, 히르셴 광장 Hirschenplatz을 중심으로 다양한 기념품 가게와 상점이 모여 있다.

위치 루체른 기차역에서 다리를 건너, 왼편에 위치한 카펠교의 뒤쪽 거리가 구시가지

★★☆

GPS 47.055679, 8.313950

호프 교회 Hofkirche

로이스 강변에 위치한 호프 교회
는 스위스에서 가장 중요한 르네
상스양식의 교회 중 하나로 8세
기에 지어졌다. 아름다운 제단과
파이프오르간의 경건함으로 유명
하다. 17세기에 화재로 소실되었
다가 재건되었다.

주소 Sankt-Leodegar-St. 6,
     6006 Luzern
위치 루체른 기차역에서
     7, 14, 73번 버스 탑승 후
     Wey에서 하차
     (도보로는 9분 소요)
전화 +41 (0)41 410 5241

 ★☆☆

GPS 47.050485, 8.305142

예수 교회 Jesuitenkirche

카펠교 남쪽 바로 근처에 위치하는 예수 교회는 17세기에 세워진 스위스
최초의 거대한 천골 바로크양식 교회로 그 의미가 크다. 특히 천장과 벽
으로 내려오는 화려한 내부 장식이 인상적이다. 스위스의 수호성인 클라
우스 신부가 입었던 수도복 및 다양한 역사적 유물이 보관되어 있다.

주소 Bahnhofst. 11A,
     6003 Luzern
위치 루체른 기차역에서 다리를
     건너지 않고 강둑을 따라 이동
     (도보로 5분 소요)
전화 +41 (0)41 240 3133
홈피 www.jesuitenkirche-luzern.ch

★☆☆

GPS 47.049711, 8.303271

프란시스코 교회 Franziskanerkirche

13세기 말에 세워진 중세 고딕양식의 건축물이다. 건물은 겉으로 보기에
는 수수하지만 교회 내부 장식은 스위스에서 가장 화려하다고 해도 과언
이 아니다. 중세 루체른의 역사를 알 수 있는 아름다운 프레스코화 등도
감상할 수 있다.

주소 Franzikanerplatz 1,
     6003 Luzern
위치 루체른 기차역에서
     51, 52, 53, 72번 등
     버스 탑승 후
     Franziskanerplatz에서
     하차(예수 교회에서
     도보로 5분 소요)
전화 +41 (0)41 226 0080

**Tip | 루체른의 교회는
교회일까 성당일까?**

스위스는 주마다 중심이 되는 종
교에 따라 교회가 교회이기도 하
고 성당이기도 하다. 루체른은 예
로부터 가톨릭이 중심이 되는 지
역이었다. 따라서 여기에 소개된
교회는 우리나라 개념상 모두 성
당이다. 2010년 스위스 루체른 교
구가 젊은 층의 발길을 성당으로
돌리기 위해 보통 가톨릭에서 반
대하는 콘돔 3,000개를 배포해
세계적으로 이슈가 된 적이 있다.
이는 전통과 현대의 모습이 잘 조
화를 이루는 루체른의 도시 모습
과도 일맥상통하지 않을까?

★★★
무제크 성벽 Museggmauer

루체른 시내와 호수, 알프스의 산을 한눈에 감상하고 싶다면 반드시 무제크 성벽으로 향할 것. 성벽의 중심이 되는 총 9개의 탑 중에서 현재 4개의 탑(쉬르머탑Schirmerturm, 멘리탑Männliturm, 치트탑Zytturm, 바르트Wacht) 내부만 오를 수 있다. 그중 치트탑에는 가장 오래된 시계가 있는데 일반 시계보다 항상 1분 더 빨리 울리는 것이 재미있는 특징이다. 무제크 성벽은 언덕길이니 무거운 짐을 가지고 이동하는 것은 삼가자.

주소 Schädrütist. 37,
　　 6006 Luzern
전화 +41 (0)41 227 1717
홈피 www.museggmauer.ch

루체른 시내와 호수,
알프스의 산을
한눈에 감상하고 싶다면
반드시 무제크 성벽으로
향할 것! :)

★★☆
카카엘 KKL(Kultur und Kongresszentrum)

기차역 바로 우측에 위치한 문화컨벤션센터 카카엘은 프랑스 건축가 장 누벨의 작품. 카카엘과 루체른 호수에 비친 또 다른 카카엘의 아름다운 조화는 루체른의 매력을 더하기에 충분하다. 현대미술관뿐 아니라 타의 추종을 불허하는 사운드 시스템과 배 모양을 모티브로 한 아름다운 콘서트홀 그리고 다양한 이벤트와 회의를 열 수 있는 회의장. 다목적 공간 등을 통해 카카엘 내부의 아름다움을 즐길 수 있다. 일 년에 세 번 루체른 페스티벌이 열리는 루체른의 가장 존재감 있는 현대 건축물이다.

주소 KKL Luzern Management
　　 AG, Europaplatz 1,
　　 6005 Luzern
위치 루체른 기차역 나와 바로 우측
전화 +41 (0)41 226 7070
홈피 www.kkl-luzern.ch

© Lucerne Tourism

배를 모티브로 만든 카카엘 내부 홀 천장 장식

📷 ★★★
빈사의 사자상 Lwendenkmal

루체른은 교통의 요지이자 동시에 전쟁의 요지이기도 했다. 빈사의 사자상은 프랑스 혁명 당시 루이 16세를 끝까지 지키기 위해 희생한 스위스 용병들을 기리기 위해, 자연 암벽 위에 약 10m 정도 길이로 1820년에 제작됐다. 마크 트웨인은 "세상에서 가장 슬프고 가슴 아픈 조각품"이라고 칭하기도. 실제로 보면 사자의 눈에서 금방 눈물이 떨어질 것만 같다.

주소 Denkmalst. 4, 6006 Luzern
위치 1, 19, 22, 23번 버스를 타고 Löwenplatz에 도착해 도보로 2분 거리. 구시가지에서 루체른 호수를 우측에 두고 무제크 성벽을 따라 거닐다 보면 도착

📷 ★★★
빙하공원 Gletschergarten

생각보다 의외로 많은 시간을 할애하게 되는 묘한 곳. 과거 루체른은 800m 두께의 빙하 아래 있었다고 한다. 빙하가 흘러서 만들어진 거대한 홀은 스위스의 천연기념물이다. 산책할 수 있는 정원과 스위스와 빙하의 역사 등을 알려주는 내부 박물관. 스페인 알함브라 궁전에서 영감을 받아 만든 거울의 방이 인상적이다. 아이가 있는 가족이라면 꼭 방문해야 한다.

주소 Denkmalst. 4, 6006 Luzern
위치 빈사의 사자상 바로 옆에 위치
운영 **2024.4.1~10.29**
09:00~18:00
2024.10.30~2025.3.31
10:00~17:00
요금 성인 CHF 22,
학생 CHF 17,
어린이(6~16세) CHF 12
전화 +41 (0)41 410 4340
홈피 www.gletschergarten.ch

> **Tip | 이렇게 이동해요**
>
> 뢰벤 광장에서 빈사의 사자상으로 가는 길에 부르바키 파노라마가 있다. 이것과 빈사의 사자상 바로 위의 빙하공원을 함께 보면 동선상 효율적. 빈사의 사자상을 본 후 무제크 성벽으로 오르는 길은 쉽게 만날 수 있다(반대로 무제크 성벽을 내려와 호수 반대편으로 걸으면 빈사의 사자상 도착).

루체른 현대미술관 Kunstmuseum Luzern

카카엘 가장 위층에 위치한 루체른 현대미술관 역시 건축가 장 누벨의 작품이다. 19세기부터 20세기에 이르는 미술작품을 소장한 동시에 신진작가들의 컨템포러리 전시들이 자주 열리므로 미리 전시 일정을 확인하고 방문해보자.

주소 Europaplatz 1, 6002 Luzern
운영 화~일 11:00~18:00
(수 11:00~19:00)
(크리스마스 시즌 및 신년 등은 11:00~16:00)
※ 작품 준비 기간에는 잠시 문을 닫을 수도 있으니 방문 전 사이트 참조 휴무 월요일, 2월 일부 주간(부활절 및 성령강림절 월요일만 오픈)
요금 성인 CHF 15,
16~25세 CHF 6,
만 15세까지 무료
가족(성인 1인 및 어린이) CHF 21,
가족(성인 2인 및 어린이) CHF 30,
방문자 카드 소지 시 CHF 12
※ 스위스 패스 소지자 무료
전화 +41 (0)41 226 7800
홈피 www.kunstmuseumluzern.ch

로젠가르트 컬렉션 미술관 Sammlung Rosengart

미술 거래상이었던 지그프리드 로젠가르트Siegfried Rosengart와 그의 딸 안젤라Angela 여사가 2대에 걸쳐 수집한 작품들이 수준 높게 전시되어 있다. 스위스가 사랑한 파울 클레 작품 125점과 부녀와 인연이 깊었던 파블로 피카소의 작품 100여 점을 소장하고 있다. 특히 피카소가 그린 젊은 시절 안젤라 여사의 그림이 인상적. 이 외에도 세잔, 샤갈, 마티스, 르누아르 등 유명 작가들의 작품을 함께 감상할 수 있다. 건물은 옛 베를린 은행으로 1924년 안젤라 여사가 로젠가르트 컬렉션을 열기 위해 매입한 것이다.

주소 Pilatusst. 10, 6003 Luzern
위치 루체른 기차역에서 Pilatusstrasse를 따라 도보로 3분 소요
운영 4~10월 월~금 10:00~18:00, 11~3월 11:00~17:00
요금 성인 CHF 20,
노인(65세 이상) CHF 18,
학생(30세까지) CHF 10,
어린이(7~16세) CHF 10
※ 스위스 패스 소지자 무료
전화 +41 (0)41 220 1660
홈피 www.rosengart.ch

루체른은 상상 외로 박물관과 미술관
천국이다. 이틀만 제대로 투어해도 이틀을
꼬박 걸릴 것이다. 로젠가르트 컬렉션과 같은
수준급의 박물관부터 스위스인들에게
가장 많이 사랑받는다고 알려진
교통박물관 등을 꼭 방문해볼 가치가 있다.

스위스 교통박물관 Verkehrshaus der Schweiz

스위스 교통박물관은 1959년 개관 이래 가족 단위로 여행하는 스위스인
들 사이에서 가장 인기 있는 박물관 중 한 곳이다. 4만m²의 부지에 철도,
자동차, 비행기, 헬리콥터 등 탈 수 있는 모든 교통수단 3,000대 이상이
전시되어 있다. 약 200m²의 크기로 스위스 국토를 에어뷰로 형상화해 놓
은 스위스 아레나관부터 3D 아이맥스 영화관, 커뮤니케이션 박물관, 스위
스 현대 예술가인 한스 에르니 박물관 및 초콜릿 어드벤처 등도 놓칠 수
없는 볼거리이다.

주소 Lidost. 5, 6006 Luzern
위치 루체른 기차역에서
　　　버스 6, 8, 24번을 탑승 후
　　　Verkehrshaus역에서 하차
운영 **박물관** 여름 시즌 10:00~18:00,
　　　겨울 시즌 10:00~17:00
요금 **박물관**(미디어 월드, 한스 에르니
　　　박물관 포함) 성인 CHF 35,
　　　26세 미만 학생 CHF 25,
　　　16세 미만 CHF 15,
　　　6세 미만 무료
　　　※ 스위스 패스 소지자 할인
전화 +41 (0)41 370 4444
홈피 www.verkehrshaus.ch

리하르트 바그너 박물관 Richard Wagner Museum

독일의 대표적인 작곡가이자 지휘자, 연출가로 활동
한 바그너가 둘째 부인과 1866년부터 1872년까지 살
던 곳이다. 클래식 마니아라면 한 번쯤 들러보면 좋을
곳으로 바그너의 삶과 작품을 재조명하고 있다. 5개의
공간에 귀중한 원본 컬렉션을 비롯하여 그가 사용했
던 작은 오르간, 가구, 입었던 옷, 역사적인 사진과 그
림 등도 감상할 수 있다.

주소 Richard Wagner Weg 27, 6005 Luzern
위치 루체른 기차역에서 버스 6, 7, 8번을 탑승 후
　　　Wartegg에서 하차(약 10분 소요),
　　　루체른 호반을 따라 남쪽으로 걸어서 약 20분
운영 화~일 11:00~17:00
　　　휴무 월요일, 12월~3월 말
요금 성인 CHF 12, 학생 및 시니어 CHF 5, 12세 이하 무료
　　　※ 스위스 뮤지엄 패스·스위스
　　　패스 소지자 무료
전화 +41 (0)41 360 2370
홈피 www.richard-wagner-
　　　museum.ch

Tip | 지그프리트 목가 Siegfried Idyll

'지그프리트 목가'는 바그너가 이곳에 살면서 만든 곡으
로, 사랑하는 부인의 33번째 생일을 기념해 만들었다. 생
일날 아침 잠든 아내에게 오케스트라 연주를 들려주며
첫선을 보였다. 지그프리트는 아들의 이름이기도 하다.

역사박물관 Historisches Museum

★☆☆

슈프로이어교 기차역 방향 끝에 자연사 박물관과 나란히 자리하고 있는 역사박물관은 옛 무기창고로 지어졌던 건물에 1986년 개관했다. 옛 시대의 유물부터 루체른과 다른 지역 사이에서 일어났던 전투와 루체른의 전통을 알 수 있는 전시품, 그림, 소품이 다채롭게 구성되어 있다. 3,000여 점의 전시품에는 각각 영어와 독일어로 된 바코드 오디오 가이드가 있어 깊이 있는 관람이 가능하다.

주소 Pfistergasse 24, Postfach 7437, 6000 Luzern 7
위치 루체른 기차역에서 다리를 건너지 않고 강둑을 따라 이동, 도보로 7분
운영 화~일 10:00~17:00
휴무 월요일, 12월 24·25일
요금 성인 CHF 10, 노인 및 학생·그룹 CHF 8
※ 스위스 패스 소지자 무료
전화 + 41 (0)41 228 5424
홈피 www.historischesmuseum.lu.ch

자연사 박물관 Natur-Museum

★☆☆

자연사 박물관은 스위스 중앙 지역의 다양한 곤충과 동식물, 지질 역사 등과 관련한 물품을 전시하고 있다. 천천히 감상하다 보면 스위스 중앙 지역의 지질학적 특징을 이해하는 것은 물론, 스위스의 핵심인 알프스의 형성 기원도 알 수 있다. 이 외에도 루체른 근교 필라투스 산 '용의 입'에서 나왔다고 전해지는 '루체른 용의 돌'도 감상할 수 있다.

주소 Kasernenplatz 6, 6003 Luzern
위치 루체른 기차역에서 다리를 건너지 않고 강둑을 따라 이동, 도보로 10분
운영 화~일 10:00~17:00
휴무 월요일, 12월 25일 및 1월 1일, 카니발 기간(사전 확인 필요)
요금 성인 CHF 10, 학생 및 방문자 카드 소지자 CHF 8, 어린이(6~16세) CHF 3
※ 스위스 뮤지엄 패스 소지자 무료
전화 +41 (0)41 228 5411
홈피 www.naturmuseum.ch

루체른 카니발 축제 Luzerner-Fasnacht

보통 2월에 열리는 루체른 카니발은 스위스 카니발 중에서도 가장 성대
하게 치러진다. 전통을 중시하면서도 가장 해학적으로 표현하는 루체른
카니발은 부활절을 앞두고 약 5일 동안 열리며, 새벽 5시부터 행사가 시
작될 정도로 열정적이다. 또한, '카르네 발레(고기여 안녕이라는 뜻의 라
틴어)'의 뜻을 담은 파스나흐트Fasnacht(금식전야) 축제는 마지막 날에 열
린다. 대규모 가장행렬 참가자는 군게뮤지게Gunggemuusige라고 불리는 가
면을 쓰고 퍼레이드를 진행하며, 밴드는 화음이 맞지 않는 음악을 일부러
요란스럽게 연주한다. 루체른 시민이라면 거의 참가할 만큼 인기가 높다.

운영 매년 2월
홈피 www.lfk.ch

© Lucerne Tourism

카니발에 참가하기 위해 몇 달 전부터
그룹을 이뤄 주말마다 의상을 만들고
준비하는 후체른 시민들이 많다.
상점마다 축제를 기리기 위해
디스플레이에도 한껏 힘을 준다.

블루볼 페스티벌 Blueball Festival

매년 7월에 열리는 블루볼 페스티벌은 1992년 루체른의 오래된 증기유람
선인 슈타트 루체른Stadt Luzern 선상 위에서 펼쳐졌던 작은 음악제에서 시
작되었다. 현재는 스위스 독일어권 지역에서 가장 큰 음악제로 자리매김
했다. 재즈, 팝, 블루스, 월드 뮤직 등 전 세계의 유명 가수들이 참여하며
총 9일 동안 10만 명 이상의 사람들이 KKL, 슈바이처호프 등 루체른 호
숫가 주변에 모여 축제를 즐기게 된다.

운영 2024.7.19~7.27(예정)
홈피 www.blueballs.ch

© Lucerne Tourism

루체른 페스티벌 Luzern Festival

전 세계적 음악 축제인 루체른 페스티벌은 일 년에 3~4회로 나뉘 열린다. 2024년에는 3월 스프링 페스티벌, 5월 피아노 페스트, 8~9월 여름 페스티벌, 11월 포워드 페스티벌을 진행한다. 페스티벌 기간에 장 누벨이 건축한 KKL은 전 세계에서 건너 온 음악 팬들로 가득 찬다. 티켓은 홈페이지에서 구입할 수 있고, KKL에서 현장 구입도 가능하다. 유명한 음악가의 공연은 금방 매진되기 때문에 미리 서두르는 것이 좋다.

홈피 www.lucernefestival.ch

© Lucerne Tourism

© Lucerne Tourism

Tip | 루체른 방문자 카드
| Luzern Visitors Card

스위스 패스는 스위스의 거의 모든 대중교통시설과 박물관을 무료입장할 수 있게 해준다. 그런데 스위스 패스 없이 루체른과 루체른 호수 주변 도시의 박물관이나 미술관에 가고 싶다면, 반드시 Visitors Card를 활용하자. 호텔에 요청하면 그냥 도장을 찍어준다. 소지만으로도 70곳 이상의 케이블카, 호수 크루즈, 박물관 등 할인 혜택을 받을 수 있다.

루체른 크리스마스 마켓 Luzern Christmas Market

매년 11월 말부터 크리스마스 때까지 약 한 달간 루체른 중앙역과 구시가지를 중심으로 크리스마스 마켓이 열린다. 루체른 근방의 다양한 상인들이 참여하여 장식품 및 공예품 판매를 하고 아이들을 위한 양초 만들기 행사 등도 펼쳐진다.

홈피 www.luzern.com

✚ 루체른에서 쇼핑하기

작가의 경험상 스위스에서 쇼핑하기 좋은 곳이 있다면 바로 루체른이다. 물론 하이엔드 브랜드 쇼핑을 하려면 취리히 중심부, 반호프 거리가 좋겠지만 루체른은 구시가지를 중심으로 백화점, 쇼핑센터, 핸드메이드 제품, 부티크, 이름만 대면 모두가 아는 브랜드를 판매하는 상점이 몰려 있어 관광과 쇼핑을 한 번에 끝낼 수 있다는 것이 큰 장점. 만약 비가 오는 날이라면 글로부스Globus, 마노르Manor, 코옵 시티Coop City 같은 실내 쇼핑을 즐겨야겠지만, 바인마크트Weinmarkt, 뮐렌플라츠Mühlenplatz, 콘마크트Kornmarkt, 히르쉔플라츠Hirschenplatz, 카펠플라츠Kapellplatz 등의 구시가지 쇼핑은 놓치지 말자.

★ 구시가지 상점 영업시간
운영 월~금 19:00까지,
　　 토요일 17:00까지,
　　 목요일 21:00까지 연장 영업
휴무 일요일

 ## 체인지메이커 Changemaker

이름에서 느껴지듯 유기농, 핸드메이드, 공정무력, 재활용, 에너지 절약, 스위스 메이드를 기조로 사회의 책임 있는 긍정적 변화를 이끌어내는 브랜드이다. 생활, 스타일용품, 커피, 초콜릿까지 살 만한 것들이 다양하다. 가방 종류가 특히 만족스러우며 스위스 내 9개 매장이 있다.

주소 Kramgasse 9, 6004 Lucerne
위치 구시가지 내
운영 월~금 10:00~19:00,
　　 토 09:00~17:00
휴무 일요일
전화 +41 (0)41 440 6620
홈피 www.changemaker.ch

부커러 Bucherer

세계적인 브랜드 부커러는 시계와 보석을 취급한다. 루체른은 부커러가 비즈니스를 시작한 곳으로 세계에서 가장 큰 롤링볼 시계를 감상할 수 있다. 이외에도 스와치부터 롤렉스까지 다양한 브랜드의 시계를 판매하고 있으며, 자체 제작한 보석 제품도 있다. 금세공의 장인들이 모두 손으로 작업한 보석 제품들은 특히 명성이 자자하다. 루체른 부커러에는 스와로브스키와 빅토리녹스 매장이 함께 있으며, 고가의 보석 제품부터 아미나이프 등의 작은 기념품까지 만나볼 수 있다.

주소 Schwanenplatz 5, 6002 Luzern
위치 루체른 기차역에서 버스 1, 6, 7, 8번 등 탑승 후 Schwanenplatz 하차
      (도보로 5분)
운영 월~금 09:00~18:00, 토 09:00~17:00
      휴무 일요일
전화 +41 (0)41 369 7700
홈피 www.bucherer.com

© Lucerne Tourism

Tip | 루체른의 거리 시장

❶ **과일, 야채, 꽃, 생선 시장**
(Wochenmarkt)
기간 매주 화요일, 토요일
      (생선 시장: 금요일)
위치 로이스Reuss 강가 오른쪽
      둑 거리

❷ **벼룩시장(Flohmarkt)**
기간 5~10월 매주 토요일
위치 부르크 거리Burgerstrasse
      로이스슈테그Reusssteg

❸ **아트 및 공예 장터**
(Handwerksmarkt)
기간 4~12월 매월 첫째 주 토요일
위치 바인마크트Weinmarkt
      히르쉔 광장Hirschenplatz

❹ **월간 장터**
(Monats-Waren-Markt)
기간 3~12월 매월 첫째 주 수요일
위치 반호프 거리Bahnhofstrasse

---

more & more **루체른 지역 디저트 & 베이커리 브랜드 3인방**

❶ **하이니** Heini
1957년 루체른에서 오픈한 베이커리, 초콜릿, 디저트, 카페 브랜드이다. 루체른 시내 4곳에서 영업 중이며 각 지점마다 인테리어 컨셉이 달라 이색적이다. 현지 브랜드 카페를 경험하고 싶다면, 하이니로 가보자.

홈피 www.heini.ch

❷ **막스 쇼콜라티에**
Max Chocolatier
2009년 초콜릿에 대한 순수한 열정으로 탄생한 브랜드. 부활절이면 부활절 토끼를 예술로 승화한 초콜릿 작품을 선보이며, 소중한 사람에게 선물할 수준 높은 초콜릿 제품을 구매할 수 있다.

홈피 www.maxchocolatier.com

❸ **바흐만** Bachmann
루체른 사람들이 가장 많이 애용하는 베이커리이자 카페로 기차역과 시내 곳곳에 상점이 많아 아침에 커피와 간단한 요깃거리를 테이크아웃하는 현지인들이 많다. 루체른 상징물을 모티브로 한 디저트 선물 세트를 구입하기 좋다.

홈피 www.confiserie.ch

© Max Chocolatier

레스토랑 밀페유 Mill'Feuille

슈프로이어 다리 건너 구시가지 로이스 강가에 위치한 분위기 좋은 레스
토랑. 현지인들의 모임 장소로 아침부터 저녁까지 붐비는 곳이다. 홈메이
드 레모네이드, 커피, 향긋한 말차라테, 런치, 푸짐한 저녁 식사까지 편안
한 분위기에서 즐길 수 있다. 날씨가 좋으면 야외 테이블에서 음료나 식
사 가능하며 겨울에는 윈터 가든이라 불리는 실내에서 따뜻하게 즐길 수
있다. 인기가 많은 곳이니 저녁 식사를 원한다면 꼭 예약해야 한다.

주소 Mühlenplatz 6 6004 Lucerne
위치 슈프로이어 다리 건너
      구시가 쪽 위치
운영 월~토 07:30~늦은 저녁,
      일·공휴일 09:00~늦은 저녁
전화 +41 (0)41 410 1092
홈피 www.millfeuille.ch

---

more & more 정통 이탈리아 맛을 즐기려면

❶ 피제리아 바이세스 크로이츠 Ristorante Pizzeria Weisses Kreuz

부티크 호텔 바이세스 크로이츠
에서 운영하는 피제리아 레스토
랑으로 루체른에서 가장 맛있는
이탈리아 정통 피자를 맛볼 수
있는 곳이다. 신선한 재료와 치
즈가 토핑된 도우의 가장자리가
이태리 피자 화덕에서 바삭하
게 익어가는 냄새가 저절로 입맛을 돌게 만든다. 친절하고 유쾌한 서버
들로 인해 식사가 더욱 즐거운 곳. 봉골레 스파게티와 이탈리아 피칸테
피자가 특히 맛있다. 온라인 예약 가능.

주소 Furrengasse 19, 6004 Luzern
위치 구시가지, 카펠교에서 2~3분 거리
운영 화~일 11:00~23:00 **휴무** 월요일
요금 봉골레 스파게티 CHF 31,
      피칸테 피자 CHF 26,
      그린샐러드 CHF 10
전화 +41 (0)41 418 8220
홈피 www.pizzerialuzern.ch

❷ 로스테리아 L'Osteria

유럽 독어권과 북유럽권역에 체
인으로 운영하는 캐주얼 이탈리
안 레스토랑으로 비교적 가격도
착하고 맛도 기본 이상은 되어
현지인들도 많이 찾는다. 매콤
짭조름한 피자 살시치아 프레
스카와 펜네 종류 파스타가 맛
있다.

주소 Bürgenstrasse 3, 6005,
      Luzern
위치 루체른 역에서 루체른 대학
      방면으로 래디슨 블루 호텔
      인근
운영 월~목 11:00~23:00,
      금·토 11:00~24:00,
      일 12:00~23:00
전화 +41 (0)41 202 1055
홈피 www.losteria.ch

레스토랑 발랑스 Restaurant Balances

로이스 강가에 자리한 호텔 데 발랑스Hotel Des Balances에 속한 레스토랑이다. 라운지와 바, 테라스가 강가에 있어 아름다운 카펠교를 감상하며 낭만적인 식사를 즐길 수 있다. 요리의 예술가로 불리는 안디 플루리Andy Fluri가 선보이는 감각적인 요리는 스위스의 미슐랭 스타인 고 미요에서 14점을 획득하기도 했다. 합리적인 런치 메뉴가 매력적이다.

주소 Weinmarkt, 6004 Luzern
위치 루체른 기차역에서 버스 1, 6, 7, 8번 등 탑승 Schwanenplatz 하차 후 도보 5분 (도보로는 8분 소요)
운영 07:00~00:30
요금 스타터 CHF 19~31, 메인 CHF 38~63, 코스 5코스 CHF 105, 7코스 CHF 135
전화 +41 (0)41 418 2828　　홈피 www.balances.ch

© Des Balances　© Des Balances

코리아 타운 Korea Town

루체른 중심가에 있는 한국식당으로 루체른 기차역에서 도보 5~6분 거리. 쇠고기, 돼지고기, 닭고기, 오리고기 등 육류 베이스의 단품 메뉴와 정식 메뉴까지 다양하게 준비되어 있다. 월~금까지 평일 점심에는 약 15가지의 한 · 중 · 일식을 섞어놓은 듯한 런치 뷔페를 CHF 22에 제공하여 루체른 현지 직장인들이 많이 찾는다.

주소 Hirschmattst. 23, 6003 Luzern
위치 레스토랑 밤부가 있는 The Hotel에서 조금 더 걷다가 Hirschmattst.에서 좌회전(기차역에서 도보로 6분)
운영 월~토 11:30~14:30, 17:30~23:30 휴무 일요일
요금 김치찌개 CHF 34, 비빔밥 CHF 34, 정식 CHF 42/48/62
전화 41 (0)41 210 1177　　홈피 www.koreatown.ch

마노라 레스토랑 루체른
Manora Restaurant Luzern

마노르 백화점 꼭대기층(5층)에 위치한 셀프서비스 레스토랑. 다양한 종류의 음식을 합리적인 가격으로 먹고 싶은 사람들에게 추천할 만하다. 맛도 훌륭해서 여행자뿐 아니라 주변 현지인들도 많이 애용하는 곳. 테라스도 있어 경관을 즐길 수 있다.

주소 Weggisgasse 5, Luzern 6004
운영 월~토 09:00~17:00 휴무 일요일
요금 CHF 6~23
전화 +41 (0)41 419 7680

© manora

글로우 글로우 GLOU GLOU

찐 로컬들이 즐겨 찾는 곳에서 브런치, 식사, 저녁에 한잔하고 싶다면 이 곳을 추천하고 싶다. 봄부터 가을이면 실외에도 야외 테이블을 놓아 좀 더 쾌적하고 자유로운 분위기가 연출된다. 다이닝 메뉴도 훌륭하지만, 꽤 다양한 와인, 드링크 메뉴가 준비되어 있다. 주변에 루체른 최고의 커피를 파는 카페 타쿠바 노이슈타트Café Tacuba Neustadt도 있으니 로스팅된 커피를 구매하고 싶으면 들러도 좋다.

주소 WALDSTÄTTERSTRASSE 7, AT HELVETIAPLATZ, 6003 LUCERNE
위치 루체른 신시가지, 루체른 역에서 도보 10분
운영 화~금 11:30~14:00, 16:30~23:45, 토 09:30~23:45
　　　 휴무 일·월요일
요금 브런치 메뉴 CHF 2~20, 레드와인 1잔 CHF 9, 보틀와인 CHF 65~
전화 +41 (0)79 510 6124
홈피 www.glouglou-luzern.ch

루이스 바 Louis Bar

분위기를 사랑하는 위스키 러버들이 한 번쯤 가볼 만한 아르데코 호텔 몬타나 내 바. 130종 이상의 스코틀랜드 클래식 몰트 위스키를 보유하고 있다. 화~토요일엔 라이브 재즈공연도 열린다. 높은 곳에 위치해 루체른 호수와 도시 전경이 보이는 나이트 뷰가 끝내준다. 아페리티프를 즐기기 좋은 곳.

주소 Adligenswilerstrasse 22, 6002 Luzern
위치 Art Deco Hotel Montana 내
운영 일~목 17:00~00:30, 금·토 17:00~02:00
요금 CHF 10 미만부터 CHF 1,000 이상까지 위스키에 따라 다양
전화 +41 (0)41 419 0000
홈피 www.hotel-montana.ch

🌙 라트하우스 브루어라이 Rathaus Brauerei

카펠교의 로이스 강가에 위치한 라트하우스는 독일어로 '시청사'를 뜻하는데 이곳은 시청사 바로 옆에 위치해 붙은 이름이다. 라트하우스 건물은 1601년에 지어진 유서 깊은 건물이며 1998년부터 문을 연 이래, 직접 하우스비어를 만들어내는 양조장과 함께 맥줏집과 레스토랑을 운영하고 있다. 특히 이곳은 필라투스 산에서 나는 샘물로 맥주를 양조하는 것으로 유명한데 계절에 따라 최소 4종류의 맥주를 선보인다. 꼭 맛보아야 할 것은 '라트하우스 비어'라고 불리는 일반 블론드 라거이다. 그 외에도 밀맥주, 흑맥주, 가장 진한 복BOK을 맛볼 수 있다. 함께 즐기는 소시지 브라트부어스트Bratwust의 맛도 일품이다.

주소 Unter der Egg 2, 6004 Luzern
위치 구시가지 시청사 바로 옆에 위치
운영 **4~10월** 09:00~24:00
(일·공휴일 ~23:00)
11~3월 10:00~24:00
(일·공휴일 ~23:00)
요금 주메뉴 CHF 10~30
전화 +41 (0)41 410 5257
홈피 www.rathausbrauerei.ch

🌙 펜트하우스 바 Penthouse Bar

호텔 아스토리아 꼭대기에 위치하고 있는 펜트하우스 바는 루체른 전망이 한눈에 내려다보이는 트렌디한 루프트톱 바이다. 총 2층으로 되어 있고 3개의 루프트톱 테라스가 이색적이다. 루체른의 세련된 젊은 층이 모여드는 스폿으로 저녁 식사 후 칵테일 한잔하거나 가볍게 몸을 흔들 수 있는 곳이다. 매주 금요일마다 7080 디제잉 음악과 함께 새벽이 다 되도록 즐길 수 있으니 스위스의 밤 문화가 궁금하다면 꼭 가보자.

주소 Hotel Astoria, Pilatusst. 29, 6002 Luzern
위치 루체른 기차역에서 버스 1, 2, 7, 8번 등 탑승 후
Kantonalbank에서 하차 후 도보 3분(도보로는 7분 소요)
운영 화·수·일 17:00~00:30, 목 17:00~01:30,
금·토 17:00~03:30 휴무 월요일
전화 +41 (0)41 226 8888
홈피 www.penthouse-luzern.ch

🌙 라운지 & 바 스위트
Lounge & Bar Suite

기차역 바로 앞에 있는 호텔 모노폴Hotel Monopol의 루프톱 바. 루체른 호수의 아름다운 전경을 감상하며 칵테일 및 스시를 포함한 간단한 플레이트로 요기를 할 수 있다. 칵테일의 종류가 무척 다양하며 크게 부담 없는 가격으로 즐길 수 있다.

주소 Pilatusst. 1, 6003 Luzern
위치 루체른 기차역 좌측으로 나와 바로 옆 위치
운영 월 16:00~23:30, 화·수 16:00~00:30, 목 16:00~01:00,
금 16:00~03:00, 토 15:00~03:00, 일 15:00~23:30
요금 칵테일 CHF 13~19
전화 +41 (0)41 210 2131 **홈피** www.suite-rooftop.ch

루체른의 숙소

루체른 도심에는 100여 개의 호텔이 있다. 그 때문에 여행자는 자신의 취향과 여행 목적 등에 따라 폭넓은 선택을 할 수 있다. 여기서는 로이스 강 기준 북쪽으로 구시가지 및 루체른 호숫가 주변 호텔과 남쪽 기차역 방면 호텔로 나누어 소개한다.

3성급
호텔 이비스 스타일스
Hotel Ibis Styles Luzern City

로이스 강 북쪽 루체른 기차역에서 멀지 않고 구시가지 및 주변 카페나 상점까지 걸어서 5~10분이면 된다. 유럽의 지저분하거나 오래된 느낌의 호텔이 싫다면 이곳으로 가보자. 위치 및 가격 대비 모던하고 깨끗한 시설에서 머물 수 있다는 장점을 가진 곳이다.

주소 Friedenst. 8, 6004 Luzern
위치 루체른 기차역에서 버스 7, 14번 탑승 시 Wey, 19, 23번 탑승 시 Löwenplatz에서 하차 후 도보 3분
요금 싱글 CHF 139~(아침 식사 포함)
전화 +41 (0)41 418 4848　　**홈피** www.ibis.com

5성급
슈바이처호프 루체른
Hotel Schweizerhof Luzern

로이스 강 북쪽 명실상부 루체른에서 가장 뛰어난 5성급 호텔이다. 기차역에서 다리만 건너면 바로 보이고 루체른 호수 전경을 즐길 수 있는 럭셔리 호텔로 훌륭한 음식 수준을 갖춘 파빌리온과 레스토랑 갤러리 및 풀서비스 스파와 사우나클럽 등을 이용할 수 있다.

주소 Schweizerhofquai 3, 6002 Luzern
위치 루체른 기차역에서 버스 19, 24번 탑승 Luzernerhof에서 하차 후 도보 4분(도보로 8분 소요)
요금 비수기 더블 CHF 370 성수기 CHF 450~(4~10월)
전화 +41 (0)41 418 2828
홈피 www.schweizerhof-luzern.ch

© Hotel Schweizerhof

3성급
호텔 데 잘프 Hotel Des Alpes

로이스 강 북쪽 카펠교 바로 앞에 위치한 호텔이다. 가장 많은 관광객들이 몰리는 카펠교 앞이라 소음이 걱정일 수 있지만 창문시설의 방음은 좋은 편이다. 호텔 테라스에서 로이스 강을 배경으로 인생샷을 남길 수 있다. 위치는 가격 대비 매우 훌륭하다. 호텔에 들어가면 발 고린내가 가끔 날 수 있는데 호텔 레스토랑의 치즈 퐁뒤 냄새이니 오해는 하지 말자.

주소 Rathausquai 5, 6004 Luzern
위치 루체른 기차역에서 버스 1, 6, 7, 8번 등 탑승 Schwanenplatz 하차 후 도보 3분
(도보로 5분 소요, 카펠교 바로 앞에 위치)
요금 싱글 CHF 110~(아침 식사 포함)
전화 +41 (0)41 417 2060
홈피 www.desalpes-luzern.ch

4성급
호텔 데 발랑스 Hotel Des Balances

로이스 강 북쪽 옛 길드 건물에 지어진 호텔은 로이스 강과 바인마크트Weinmarkt 광장 사이에 있다. 1200년경에 문을 열어 전 세계의 많은 귀족들과 유명 인사들이 거쳐갔다. 건물 외부 프레스코화는 호텔의 전통을 말해주며, 내부는 무척 깨끗하다. 현대적 체인 호텔을 선호하는 사람에게는 적합하지 않지만, 유럽 전통 건축양식을 체험하기에는 좋다.

주소 Weinmarkt 12, 6004 Luzern
위치 루체른 기차역에서 버스 1, 6, 7, 8번 등 탑승 Schwanenplatz 하차 후 도보 5분(도보로 8분 소요)
요금 싱글 CHF 210(비수기), CHF 290~(성수기)
전화 +41 (0)41 418 2828　　**홈피** www.balances.ch

© Des Balances

아메롱 루체른 호텔 플로라
Ameron Luzern Hotel Flora

로이스 강 남쪽 루체른 구시가지와 역에서 매우 가까운 4성 호텔. 베이직하면서 스위스와 북유럽 스타일의 미니멀함이 조화를 이룬 체인 호텔로 루체른에 출장 시 저자가 매번 이용한다. 체크인, 체크아웃 시간에 투숙객이 몰리면 입구 근처가 혼잡스러운 것이 흠이지만, 에어컨 시설이 잘되어 있어 여름철에 특히 머물기 좋다. 로젠가르트 컬렉션 미술관에서 불과 15m 거리에 있다.

주소 Seidenhofstrasse 5, 6002 Luzern
위치 중앙역에서 카펠교 방향으로 도보 4분
요금 스탠더드 싱글 CHF 123.75~,
　　　스탠더드 더블 CHF 148.75~
전화 +41 (0)41 227 6666
홈피 ameroncollection.com/de/luzern-hotel-flora

골드너 슈테른 호텔
Hotel Goldner Stern

로이스 강 남쪽 슈테른 호텔의 홈페이지에는 이런 소개글이 있다. 하늘에는 별이 많겠지만 그 별이 각각 어떻게 빛나는지가 더 중요하다고 말이다. 그 말처럼 별 2개의 호텔이지만 별이 더 많은 구시가지 호텔들보다 훨씬 깨끗하고 저렴한 호텔이다. 옛 호텔의 모습들을 모두 리노베이션하여 현대적인 시설을 갖추었다.

주소 Burgerst. 35, 6003 Luzern
위치 루체른 기차역에서 버스 1, 6, 7, 8번 등 탑승
　　　Schwanenplatz 하차 후 도보 3분
　　　(도보로는 7분 소요)
요금 스탠다드 더블 CHF 130~
전화 +41 (0)41 227 5060　**홈피** www.sternluzern.ch

© Stern Luzern

로맨틱 호텔 빌덴만
Romantik Hotel Wilden Mann

로이스 강 남쪽 1517년부터 시작해 스위스 로맨틱 호텔 및 히스토릭 호텔 리스트에 이름이 올라 있다. 이름처럼 낭만을 꿈꾸는 이들에게 추천한다. 호텔 레스토랑 부르거슈투베는 루체른 향토 요리로 유명하다.

주소 Bahnhofst. 30, 6000 Luzern 7
위치 루체른 기차역에서 버스 50, 52, 53, 72번 등 탑승
　　　Franziskanerplatz에서 하차 후 도보로 3분 소요
요금 스탠더드 트윈 CHF 270~360,
　　　싱글 CHF 165~220(아침 식사 포함)
전화 +41 (0)41 210 1666　**홈피** www.wilden-mann.ch

컨티넨탈 파크 호텔
Hotel Continental Park

루체른 중심가에 위치하지만 어린이들이 뛰노는 공원을 끼고 있어 평화로운 분위기를 연출하는 매우 현대적인 호텔. 스위스 남부 티치노 음식을 선보이는 벨리니 레스토랑은 맛집으로도 유명하다. 에어컨 시설이 잘 되어있어 여름철에 이용하기도 좋다.

주소 Murbacherstrasse 4, 6002 Lucerne
위치 루체른 역에서 도보 5분
요금 싱글 CHF 150~, 더블 CHF 200~
전화 +41 (0)41 228 9050
홈피 www.continental.ch

스위스 찐호수! 루체른 호수 즐기기

크리스털처럼 맑은 호수와 야자수가 드리워진 작은 마을들,
그리고 피오르드 풍경까지 모두 담은 그곳.
스위스에서 가장 아름답기로 유명한 루체른 호수와 우리 호수를 통칭해 피어발트슈테터 호수Vierwald-
stättersee라고 부른다. 이 호수를 중심으로 루체른, 슈비츠Schwyz, 우리Uri, 운터발덴Unterwalden 주가 함
께 맞닿아 있다. 스위스 연방이 탄생한 뤼틀리Rütli 초원도 루체른 호수에 위치하고 있을 만큼 스위스
건국 역사적으로 매우 의미 있는 곳이다.

※ 정기 유람선의 경우 스위스 패스 소지자 무료 탑승, 유레일 패스 소지자 50% 할인
※ 좀 더 자세한 정보는 루체른 호수 유람선 회사 홈피에서 체크 가능
홈피 www.lakelucerne.ch

Activity 루체른 호수 유람선 투어

호수 주변 마을과 루체른 호수와 접해 있는 산악 여행지인 리기, 필라투스, 뷔르겐슈톡을 유람선과 촘촘히
연계해서 여행해보는 것을 추천한다.

가장 인기 있는 유람선 루트

❶ **루체른 → 베기스**(약 45분 소요) **또는 루체른** → [베기스 경유] →
비츠나우(약 55분 소요) / **비츠나우** → [베기스 경유] → **루체른 반
대 방향도 가능**

▪ 베기스는 루체른 호수 지역에서 봄에서 가을이 아름답기로 유명한
마을로 호숫가 방향으로 호텔과 레스토랑이 즐비하다. 비츠나우도
호숫가를 따라 비츠나우어호프, 파크호텔 등 유명 호텔이 있어 럭셔
리한 여행을 선호한다면 이곳에 묵는 것도 좋다. 베기스, 비츠나우
에서 리기 산으로 여행할 수 있다.

❷ **루체른에서 플뤼엘렌까지**(약 2시간 40분 소요)

▪ **루체른 → 베기스**(약 45분 소요) → **비츠나우** → **베켄리드**Beckenried
→ **브룬넨**Brunnen → **플뤼엘렌**Flüelen

▪ 런치 시간에 맞춰 루체른에서 출발하거나, 반대로 플뤼엘렌에서 출
발하면 선상에서 아페리티프를 즐기면서 점심을 즐길 수 있다.
플뤼엘렌에서 기차로 환승해 티치노 주의 벨린초나, 루가노 지역까
지 빠르게 열차로 이동 가능

| Tip 1 | 유람선은 1등석? 2등석? |

기차처럼 유람선 또한 1등석,
2등석으로 나뉘어져 있다. 1등
석은 상층 데크까지 자유롭게
갈 수 있지만, 2등석은 제한이
있다. 스위스 패스 2등석 소지
자라도 추가 요금으로 업그레
이드 가능하다.

루체른 호수와 주요 지역

알트도르프
Altdorf

Seedorf

수르에넨패스
SURENENPASS

우리로트슈톡
URIROTSTOCK

티틀리스 산
Mt. Titlis

엥겔베르크
Engelberg

플뤼엘렌
Flüelen

Isleten

브리센
BRISEN

텔스플라테
Tellsplatte

Bauen

우른너 호수
Umersee

뮤센알프
MUSENALP

슈토스
Stoos

시지콘
Sisikon

뤼틀리
Rütli

젤리스베르크
Seelisberg

클레벤알프
Klewenalp

슈탄서호른
Stanserhorn

Treib

Buochserhorn

브룬넨
Brunnen

슈비츠
Schwyz

Gersau

베켄리드
Beckenried

슈탄스
Stans

뷔르겐슈톡
Bürgenstock

알프나흐슈타트
Alpnachstad

비츠나우
Vitznau

케르지텐-뷔르겐슈톡
Kehrsiten-Bürgenstock

슈탄스슈타드
Stansstad

골다우
Goldau

리기 산
Mt. Rigi

베기스
Weggis

루체른 호수
Vierwaldstättersee

케르지텐
Kehrsiten
Dorf

Hergiswil

필라투스 산
Mt. Pilatus

아트
Arth

Hertenstein

Kastnienbaum

Greppen

메겐
Meggen

Meggenhorn

주거 호수
Zugersee

Seeburg

퀴스나흐트
Küsnacht

교통박물관
Verkehrshaus-Lido

루체른
Luzern

크리엔스
Kriens

Tip 2 | 기왕이면 유람선의 다이아몬드, 디아망Dimant 또는 증기유람선을!

루체른 호수 유람선 회사는 총 5대의 증기선과 14대의 모터보트를 운행한다. 그중 MS 디아망은 5개의 데크를 갖춘 최신식 유람선으로 최대 1,100명이 승선 가능하다. 선내 승강기가 있어 장년층과 장애를 가진 여행자들도 편리하게 이용할 수 있다. 1900년대 초반 건조되어 정기적으로 리노베이션 과정을 거치는 증기유람선은 5월부터 겨울이 오기 전인 가을까지 운행한다. 루체른 호수 유람선 홈페이지 타임테이블에서 확인 가능.

디아망 운행 정보
❶ 루체른(10:12 출발) → 베기스 (10:53) → 비츠나우(11:09) → 베켄리드(11:27) → 플뤼엘렌 (12:55 도착)
❷ 플뤼엘렌(13:00 출발) → 베켄리드(14:31) → 비츠나우(14:48) → 베기스(15:05) → 루체른 (15:47 도착)

증기선

모터쉽 디아망

런치 크루즈, 혀끝에서 감도는 루체른 호수의 감동

루체른 호수 유람선 회사의 타임테이블을 살펴보면 포크와 나이프 아이콘(🍴)을 볼 수 있다. 이 표시가 있으면 식사가 가능하다는 뜻이다. 와인잔 아이콘(🍷)은 음료만 서빙 가능하다는 뜻. 따라서 정기 유람선을 타고 이동하는 동안 시간이 맞는다면 유람선에서 늦은 아침, 점심 식사까지 할 수 있다.

※ 정기 유람선의 경우 스위스 패스 소지자 무료 탑승. 주문한 식사 가격만 지불
※ 단품 및 코스 요리 모두 주문 가능
※ 작가 추천 시간: 12시 12분 루체른 1번 선착장 출발
※ 시즌별로 타임테이블 상이, 자세한 내용은 www.lakelucerne.ch에서 체크

강추! 선셋 크루즈

루체른 호수 유람선은 정기 유람선 외에 선셋, 화이타, 캔들라이트 크루즈 등 저녁 시간을 알차게 보낼 수 있는 상품이 많다. 노을이 짙어져 가는 저녁을 좀 더 로맨틱하게 보낼 수 있는 선셋 크루즈는 스위스 패스 소지자의 경우 추가 요금 없이 승선 가능하다.

운영 매년 5월 중순 이후~9월 중순 매일 운행
(19:12 루체른 출발, 21:47 루체른 도착, 약 2시간 30분 소요)

Tip 3 │ 스위스에서 만나는 북유럽

유람선을 타고 브룬넨과 뤼틀리를 지나면 북유럽의 피오르드 풍경을 그대로 옮겨놓은 듯한 우리 호수의 아름다운 풍경이 연출된다. 스위스에서 북유럽을 만나보자!

파노라마 요트 사파이어 & 숏 카타마란 크루즈
1시간 동안 즐기는 왕복 유람선 투어

루체른 구시가지 관광을 마치고 1시간 정도 여유가 있다면 초현대식 유람선을 타보는 것도 좋다. 루체른 시내에서 출발/도착하여 다음 일정에도 무리가 없다는 것이 장점.

❶ 파노라마 요트 사파이어
- 출발/도착 루체른 7번 선착장(슈바이처호프 호텔 건너편)
- 2024.4.20~10.20 하루 4회 운행(성수기 5.25~9.8 하루 6회 운행)
- 성인 CHF 32, 어린이(만 6~15세) CHF 12,
  스위스 패스 소지자 성인 CHF 19

❷ 숏 카타마란 크루즈
- 출발/도착 루체른 3번 선착장(KKL 인근)
- 매일 매시 7분에 출발(09:07~19:07), 금 · 토 22:07까지 운행
- 성인 CHF 27.60, 어린이(만 6~15세) CHF 22.50,
  스위스 패스 소지자 무료

※ 시즌별 운행 시간 변동 가능. 자세한 내용은 www.lakelucerne.ch에서 체크

숏 카타마란 크루즈

파노라마 요트 사파이어

루체른 근교 산으로의 여행

루체른의 아름다움은 네 곳의 명산과 함께 더욱 빛을 발휘한다. 루체른을 여행했다고 하면, '어느 산에 갔어?'라는 질문을 꼭 받을 만큼 네 곳의 산은 루체른 여행의 필수 코스. 용의 전설이 담긴 **필라투스**, 천사의 마을 엥겔베르크에 자리 잡고 있는 만년설산 **티틀리스**, 그리고 목가적인 스위스 풍경을 그대로 보여주는 산들의 여왕 **리기**, 릿지 하이킹의 성지 **슈토스**까지 각기 다른 개성이 넘치는 산악 여행지이다.

✚ 필라투스 산 Mt. Pilatus

루체른 도심에서 KKL 너머로 보이는 웅장한 바위산이 바로 필라투스이다. 산의 이름인 '필라투스'는 그리스도를 처형한 로마 총독, 폰티우스 필라투스Pontius Pilatus(본디오 빌라도)에서 유래되었다고 한다. 그가 죽고 시체를 받아줄 곳이 없자 결국 용의 산, 악마의 산이라 불린 험한 바위산인 이곳에 버려졌다는 전설이 전해진다. 또 다른 전설로는 이곳에 치유력을 가진 플루에Flue라는 용이 살았다고 하여, 지금까지도 용의 산이라 불린다.

필라투스 여행하는 법
골든 라운드 트립 Golden Round Trip
'골드'가 붙은 이름답게 5~10월 중순에 방문하는 여행자들에게만 허락되는 필라투스 여행의 정석을 보여주는 방법이다.

상행 **루체른** → [유람선] → **알프나흐슈타트**Alpnachstad → [푸니쿨라] → **필라투스 쿨름**Pilatus Kulm

하행 **필라투스 쿨름** → [케이블카] → **프레크뮌텍**Fräkmüntegg → [곤돌라] → **크리엔저엑**Krienseregg → **크리엔스**Kriens → [버스] → **루체른**

루체른 유람선 출발시간
09:38, 10:38, 12:38, 13:38, 14:38(알프나흐슈타트까지 1시간 10분 소요)
※ 역방향도 가능. 동계 기간에는 푸니쿨라 비운행, 케이블카와 곤돌라로 여행 가능

크리엔스 역
주소 Pilatus-Bahnen AG.
Schlossweg 1, 6010
Kriens/Luzern
운영 성수기(5월~10월 말) 및
비수기(10월 말~4월) 등
운행 여부와 첫차 및 막차
시간 차이가 있으므로 사이트
사전 확인 필요(톱니바퀴
열차는 5월 초중순~
11월 중순까지만 운행)
요금 **알프나흐슈타트-
필라투스 쿨름-프레크뮌텍-
크리엔저엑, 크리엔스 구간**
성인 CHF 78, 어린이
(만 6~15세까지) CHF 39,
※ 스위스 패스 소지자 할인
CHF 39
※ 동계 시즌 티켓: 알프나흐
슈타트-필라투스 쿨름-
알프나흐슈타트 구간
성인 CHF 62.40
어린이 CHF 35.10
전화 +41 (0)41 329 1111
홈피 www.pilatus.ch

© Pilatus-bahnen AG

필라투스 골든라운드 트립

필라투스 쿨름
Pilatus Kulm

프레크뮌텍
Fräkmüntegg

크리엔저엑
Krienseregg

크리엔스
Kriens

루체른
Luzern

알프나흐슈타트
Alpnachstad

헤르기스빌
Hergiswil

카스타니엔바움
Kastanienbaum

슈탄스슈타트
Stansstad

Activity ❶ 다양한 액티비티

아이들과 동반하거나 액티비티를 좋아하는 여행자라면 프레크뮌텍이 성지가 될 것이다. 바로 이곳에서 다양한 액티비티를 즐길 수 있다. 자일파크, 트리 텐트, 로프파크 외에도 트리톱 패스, 토보건이 있고 겨울에는 썰매도 탈 수 있다. 아이들이 어리다면 이곳의 놀이터를 이용하면 된다. 특히 나무와 나무 사이에 매달아놓은 트리 텐트에서 1박 하는 경험은 진정 압권!

★ 트리 텐트
운영 6~9월
요금 1박 성인 CHF 140,
　　　만 12~15세 CHF 105,
　　　만 8~11세 CHF 95,
　　　8세 이하 CHF 65
　　　※ 포함: 열차티켓
　　　(크리엔스-프레크뮌텍-
　　　크리엔스 왕복), 로프파크,
　　　그릴뷔페(저녁 식사), 조식

© Pilatus Bahnen AG
© Pilatus Bahnen AG

Activity ❷ 하이킹 추천 루트

필라투스 정상에는 필라투스 쿨름을 왕복하는 용의 길Dragon Path과 필라투스 산의 가장 높은 지점인 톰리스호른Tomlishorn까지 다녀오는 꽃길Flower path이 유명하다. 특히 꽃길은 왕복 1시간 남짓으로 운이 좋다면 산양 종류인 슈타인복을 볼 수도 있다.

✚ 슈토스 Stoos

슈토스는 사실 산 이름이 아닌, 슈비츠Schwyz 근처의 산악마을 이름이다. 슈토스까지 최고 110도 경사도를 갖춘 세계에서 가장 가파른 푸니쿨라가 운행되어 유명해졌다. 여름에는 특히 슈토스에서 체어리프트를 타고 갈 수 있는 프론알프슈톡Fronalpstock과 클링엔슈톡Klingenstock까지 오른 다음 산등성이를 걷는 릿지 하이킹을 꼭 권하고 싶다. 체어리프트는 날씨 영향을 많이 받으니 출발 전에 꼭 홈페이지를 통해 운영 여부를 확인하도록.

홈피 www.stoos.ch

루체른에서 슈토스 가는 법

❶ 루체른에서 기차를 타고 슈비츠까지 이동. 이곳에서 버스로 환승하여 슈토스 푸니쿨라를 탈 수 있는 슈비츠, 슈토스반Schwyz, Stoosbahn까지 이동한 후 푸니쿨라로 슈토스 이동

❷ 루체른에서 브룬넨Brunnen까지 기차로 이동. 이곳에서 버스로 환승. 모르샤흐Morshach 도착. 모르샤흐에서 케이블카로 슈토스 이동

※ 모르샤흐에는 가족끼리 투숙하기 좋은 4성급 패밀리 리조트, 스위스 홀리데이 파크Swiss Holiday Park가 있다. 스위스 패스보다는 차량으로 여행하는 가족들에게 좋다. 홈피 www.swissholidaypark.ch

▪ 점검기간: 슈비츠~슈토스 푸니쿨라 2024.04.15~5.3(토·일 운행), 2024.11.4~11.29(케이블카·체어리프트도 점검기간 별도로 있음)

▪ 요금: **슈비츠/모르샤흐~슈토스 왕복** 성인 CHF 23.20, 아동 CHF 11.60
※ 스위스 패스 소지자 무료
슈비츠/모르샤흐~프론알프슈톡/클링엔슈톡 왕복
성인 CHF 56, 아동 CHF 20 ※ 스위스 패스 소지자 CHF 33

슈토스에서 가장 포토제닉한 교회당

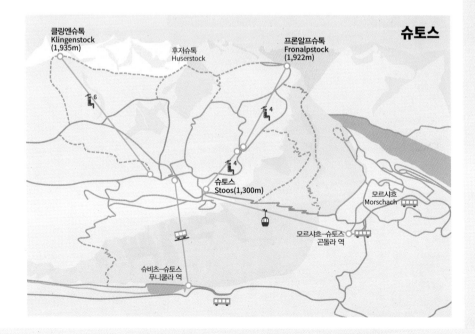

✚ 리기 산 Mt. Rigi

푸른 알프스 초원, 소와 당나귀가 자유롭게 풀을 뜯는 곳, 머릿속에 그리던 바로 그 스위스의 모습이 현실이 되는 곳, 리기.

루체른 주와 슈비츠 주 사이에 있는 리기 산은 베르너 오버란트 지방의 높은 알프스가 리기 산을 향해 경배하고 있는 듯한 고고한 자태를 지녀 '여왕의 산'이란 별명으로 유명하다. 영국의 빅토리아 여왕, 미국의 작가 마크 트웨인 등 명사들이 방문하여 많은 영감을 얻은 리기는 오랜 관광의 역사를 갖춘 산으로서 유럽 최초의 산악열차가 1871년에 개통된 곳이기도 하다. 루체른, 주크, 라우에르츠 호수가 리기를 둘러싸고 있어 산과 호수의 절경, 특히 겨울에는 산자락에 하얀 솜처럼 깔린 운무가 감성을 자극한다.

비츠나우 역

주소 Banhofstrasse 7,
        6354 Vitznau

운영 ❶ **산악열차: 비츠나우-
        [리기 칼트바드]-리기 쿨름**
        상행 첫차 08:15,
        하행 막차 17:00(하계 20:00),
        1시간 1회 운행
      ❷ **산악열차:
        아트-골다우-리기 쿨름**
        상행 첫차 07:55,
        하행 막차 17:16(하계 18:16),
        1시간 1회 운행
      ❸ **케이블카:
        베기스-리기 칼트바드**
        상행 첫차 08:10,
        하행 막차 19:25,
        1시간 2회 운행

요금 **리기 산 데이 패스(2024년)**
        성인 CHF 78,
        부모와 동반하는 어린이
        (만 15세까지) 무료
        ※ 스위스 패스 소지자 무료

전화 +41 (0)41 399 8787

홈피 www.rigi.ch
        (한국어 서비스 있음,
        리기 산 타임테이블 확인)

리기 쿨름

© RIGI BAHNEN AG

리기 클래식 여행 Classic Rigi Round Trip

여행자들이 가장 많이 선호하는 리기 산 여행 방법은 열차와 케이블카, 유람선 조합이다. 스위스 리비에라 지역으로 손꼽히는 베기스는 봄부터 가을까지 방문객이 끊이지 않는다. 호숫가에서 차나 아페리티프를 마시며 유람선이 오는 시간을 기다리거나 산책해보는 것도 좋다.

상행

09:12 루체른 1번 선착장에서 유람선 탑승해 비츠나우로 이동
10.09 비츠나우Vitznau 도착
10:15 비츠나우에서 신형 산악열차에 올라 리기 쿨름으로 출발
10:47 리기 쿨름Rigi Kulm 도착
      리기 쿨름 뷰 포인트까지 짧은 하이킹(약 25분), 리기 쿨름에
      서 리기 슈타펠Rigi Staffel까지 쉬운 내리막길 하이킹(약 35분)
11:50 레스토랑 록세븐Lok 7에서 메인 메뉴로 점심

하행

13:05 리기 슈타펠에서 열차로 출발
13:15 리기 칼트바드 도착, 리기 칼트바드 마을 짧게 둘러보기
13:40 케이블카 탑승하여 리기 칼트바드 출발
13:50 베기스 도착, 보트 선착장까지 언덕길 내려가기(약 15분)
14:05/15:05 루체른 호수 유람선 탑승
14:47/15:47 루체른 도착

비츠나우 역
아트-골다우 역
베기스 선착장

취리히나 티치노에서 출발/귀환한다면

취리히나 스위스 남부 티치노에서 출발 또는 귀환해야 한다면 리기 산악열차 역이 있는 아트 골다우Arth-Goldau를 추천하고 싶다. 아트 골다우-취리히 50분 소요, 벨린초나 2시간 소요.

■ **아트 골다우** ⋯ [산악열차] ⋯ **리기 슈타펠** ⋯ **리기 쿨름**

루체른
Luzern
교통박물관
루체른 호수
30분
리기 슈타펠
Rigi Staffel
리기 쿨름(정상)
Rigi Kulm
아트 골다우
Arth Goldau
(열차로 취리히까지 약 40분,
벨린초나까지 약 55분)
리기 칼트바드
Rigi Kaltbad
40분
베기스 케이블카 역
10분
40분
베기스
Weggis
10분
35분
비츠나우
Vitznau

○ 리기 산 주요 열차/케이블카 역
— 열차(루체른-아트 골다우)
— 루체른 호수 유람선 루트
— 산악열차[비츠나우 ↔ (리기 칼트바드) ↔ 리기 쿨름]
— 산악열차(아트 골다우 ↔ 리기 쿨름)
— 케이블카(베기스 ↔ 리기 칼트바드)

리기 산

리기 산의 다양한 교통 수단

리기 산 여행의 장점 중 하나는 다양한 교통 수단 체험이 가능하다는 것이다. 비츠나우–리기 쿨름 구간은 2022년 신형 하이브리드 산악열차가, 아트 골다우–리기 쿨름 구간은 19세기 말 또는 20세기 초반에 제작된 빈티지한 노스탤지어 객차가 운행된다.

케이블카를 타고 싶다면 리기 칼트바드–베기스 구간을 이용하면 된다. 단, 케이블카는 일 년에 2회 점검일이 있다. (3월, 11월 중) 신형 하이브리드 산악열차는 에너지 선순환 기차로 하산할 때의 전기 에너지를 저장하여 상향 구간에 이용한다.

❶ 비츠나우–[리기 칼트바드]–리기 쿨름

2022년 5월부터 운행하는 모던 열차

리기 산의 명물, 빨간 열차

❷ 아트 골다우–리기 쿨름

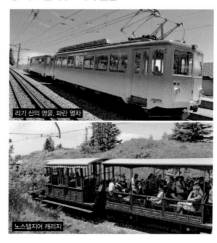

리기 산의 명물, 파란 열차

노스탤지어 캐리지

❸ 베기스–리기 칼트바드

50인승 케이블카

❹ 크레벨–리기 샤이덱

10인승 케이블카

베기스–리기 칼트바드 구간 케이블카를 이용할 경우에는 하향 시 탑승하는 것을 추천하고 싶다. 베기스 케이블카 역에서 베기스 선착장 또는 버스 정류장까지는 내리막길로 편하게 걸어갈 수 있지만 반대 방향일 경우는 오르막길로 다소 힘들다. (베기스 케이블카–베기스 선착장 도보 12~15분)

▶▶ 하이킹 추천 루트 (5월 말~10월)

리기 산의 대부분 하이킹 패스는 초보자가 걷기에도 무리가 없을 만큼 안전하고 편안한 길로 이루어져 있다는 것이 장점. 심지어 유모차를 끌고 걸을 수도 있는 등 구간이 다양하다. 여름에는 약 120km, 겨울에는 35km의 하이킹 코스가 있으며, 리기 철도역에서 지도를 요청하여 하이킹 루트를 정하면 된다. 표지판도 잘 되어있다.

클래식 트레일: 2번 루트

리기 쿨름 → 리기 슈타펠 → 켄츨리^{Känzli} **→ 리기 칼트바드**

리기 산 정상에서 시작해서 적당히 가파른 구간인 리기 슈타펠까지, 그리고 멋진 경관을 볼 수 있는 켄츨리를 경유하여 웰니스 스파를 즐길 수 있는 리기 칼트바드까지 기분 좋은 1시간 30분의 하이킹을 보장한다. 켄츨리 부근에는 바비큐를 할 수 있는 공간이 마련되어 있다.

↓ **소요시간** 1시간 30분~2시간
↓ **난이도** 쉬움(운동화 신고 가능)

파노라마 트레일: 5번 루트

리기 칼트바드 → 리기 샤이덱^{Rigi Scheidegg}

걷기 매우 쉽고 오르막이 거의 없는 편평한 트레일을 걷다 보면 전후 방으로 펼쳐지는 알프스 지대의 경관을 즐길 수 있다. 하이킹 초입에 위치한 샬레 쉴드^{Chalet Schild}나 종료지점인 리기 샤이덱 레스토랑에서 진정한 로컬 음식도 맛볼 수 있다. 리기 샤이덱에서 크레벨^{Kräbel}까지 케이블카, 크레벨에서 아트 골다우 역까지 산악열차로 이동 가능.

↓ **소요시간** 2.5시간
↓ **난이도** 쉬움(운동화 신고 가능)

Activity ❷ 웰니스 체험 **미네랄바드 & 스파 리기 칼트바드** Mineralbad & Spa Rigi Kaltbad

전체적으로 차분한 그레이스톤과 조명, 개성 넘치는 단단한 구조가 미스터리한 감성을 주는 곳으로 스위스 유명 건축가, 마리오 보타가 설계했다. 공간은 모두에게 개방되는 미네랄바드 존과 16세 이상 이용 가능한 스파 존으로 나뉘며, 근처 교회당에서 샘솟는 몸에 좋은 미네랄이 함유된 냉천을 데워 사용한다. 13세기 이전부터 병을 고치기 위해 리기 산 냉천을 찾았다는 기록이 있을 정도로 유명하다. 하이킹 후 몸을 담그면 최고의 여행이 될 것이다.

주소 리기 칼트바드 역에 위치
운영 11:00~19:00(이른 아침에는 리기 칼트바드 호텔 숙박객에게만 오픈)
요금 성인 CHF 41, 아동(만 7~15세) CHF 21
※ 2024년 인상 요금
※ 수영복, 타월, 개인 위생용품 지참 필수 (대여 가능)
전화 +41 (0)41 397 0406
홈피 www.mineralbad-rigikaltbad.ch

미네랄바드 & 스파

© Rigi Kaltbad

Food 리기 산 미식 체험

리기 산에는 의외로 레스토랑이 많다. 현지인들이 여유시간을 이용하여 가볍게 리기 산을 많이들 찾기 때문인 것 같다. 리기 산자락 곳곳에 있는 산악 레스토랑은 하이킹을 하다가 발길 닿는 대로 주머니 사정에 맞게 메뉴를 선택할 수 있다.

❶ 리기 쿨름 역
- 리기 쿨름 호텔 레스토랑 & 카페테리아
- **리기 쿨름 리기 비스트로** Rigi Bistro : 간편식 전문
- **알프 케제렌홀츠** Alp Chäserenholz : 리기 산에서 생산된 신선한 우유로 만든 풍미 좋은 치즈를 맛보고 싶다면 리기 쿨름에서 20분 정도 언덕길을 내려가 알프 케제렌홀츠 농장을 방문해보자. 치즈 플래터와 화이트 와인을 함께 주문해 1시간 정도 머물며 담소를 나누기 좋다. 돌아올 땐 리기 슈타펠까지 30분 정도 하이킹을 한 후, 열차를 타고 하산하면 된다.

알프 케제렌홀츠

주소 Kulmweg 19, 6410 Rigi Kulm
전화 +41 (0)41 855 0206

❷ 리기 슈타펠 역

- **리기 반회플리** Rigi Bahnhöfli : 푸짐한 일품식사
- **록 세븐** LOK 7 Restauant : 모던하고 안락한 분위기. 스위스 뢰스티와 막걸리 세트 메뉴인 안주&반주를 맛볼 수 있는 곳

❸ 리기 칼트바드 역

- **리기 칼트바드 호텔 레스토랑** : 친절하고 정갈한 메뉴로 유명
- **리기 크래우터 호텔** : 미슐랭이 인정한 자연주의 레스토랑, 레지나 모티움이 유명

록 세븐 레스토랑

록 세븐의 안주 & 반주

Tip | 리기 맥주

식사를 즐기면서 가볍게 리기 맥주를 곁들이는 것도 좋겠다. 리기 맥주는 리기 산에서만 맛볼 수 있는 맥주로 깨끗한 물과 양질의 홉으로 한정된 양만 생산해 극히 제한적인 곳에서만 판매된다.

Stay 리기 산에서 잊을 수 없는 하룻밤

❶ 리기 칼트바드 스위스 퀄리티 호텔
Rigi Kaltbad Swiss Quality Hotel

리기 산의 대표적인 호텔로 객실에서 만년설이 쌓인 알프스 산악 풍경을 질릴 때까지 즐기며, 저녁에는 산과 내가 오롯이 하나가 되는 느낌을 받는 곳. 리기 칼트바드 미네랄바드를 편리하게 이용할 수 있다. 주말에는 스위스 사람들이 많이 이용하니 되도록이면 평일에 이용하는 것이 더 한가롭다.

주소 Zentrum 4, 6356 Rigi Kaltbad(리기 칼트바드 역)
요금 **더블 스탠더드** CHF 220~400(조식 포함),
      CHF 320~500(조식·석식 포함)
전화 +41 (0)41 399 8181
홈피 www.hotelrigikaltbad.ch

❷ 리기 쿨름 호텔 Rigi Kulm Hotel

리기 산 정상에 있는 호텔로 로맨틱한 일몰과 일출 경관이 매우 인상적이다. 1816년 오픈한 스위스 최초 산악 호텔이며, 신혼부부들에게 추천하고 싶다.

주소 6410, Rigi Kulm
요금 더블 CHF 228~318(조식 포함)
전화 +41 (0)41 880 1888   홈피 www.rigikulm.ch

❸ 뉴로 캄푸스 호텔 다스 모르겐
Neuro Campus Hotel DAS MORGEN

비츠나우 역 바로 인근에 새로 생긴 현대적인 감각의 호텔. 음악과 요리가 매우 독특한 방법으로 하나가 되어 사람을 이롭게 하는지에 대해 컨셉을 잡아 탄생했다. 호텔 내부에는 300석 규모의 콘서트홀도 있고 객실 타입이 다양해 여행 목적, 일행에 따라 예약할 수 있다.

주소 Seestrasse 75, 6354 Vitznau
      (비츠나우 역 도보 3분)
요금 스탠다드 더블 CHF 175~, 싱글 CHF 135~
전화 +41 (0)41 399 8800
홈피 www.dasmorgen.ch

✛ 티틀리스 산 Mt. Titlis

스위스 중부 지방에서 가장 높은 산(3,239m)이자 유일한 만년설산인 티틀리스는 '천사의 마을'이란 이름이 딱 걸맞은 아름다운 엥겔베르크 Engelberg에서 여행을 시작할 수 있다. 만년설 덕분에 스키 및 보드 등 거의 연중 스노 스포츠를 즐길 수도 있고 패러글라이딩, 하이킹 등 다양한 스포츠의 메카이기도 하다.

특히 엥겔베르크는 한국의 숙박 시설, 콘도 스타일의 홀리데이 아파트먼트가 많아 스위스 중부 지방의 자연을 만끽하면서 3박 이상 머물기에도 그만이다.

주소	Titlis Bergbahnen Gerschnistrasse 12 6390 Engelberg
운영	**여름 시즌** 매년 5월 하순~ 10월 초 **겨울 시즌** 매년 10월 초~ 5월 하순 ※점검 기간: 회전 케이블카 로테어&아이스 플라이어 체어 리프트 2024.11.4~11.15 ※ 겨울 시즌 스키, 스노보더를 위한 리프트 운영. 시간은 홈페이지 참조
요금	**엥겔베르크-티틀리스 왕복** 성인 CHF 96, 어린이(만 6~15세) 및 스위스 패스 소지자 50% 할인 ※ 여름 시즌에는 하이킹 패스, 겨울 시즌에는 다양한 스키 패스 판매
전화	+41 (0)41 639 5050
홈피	www.titlis.ch

© Lucerne Tourism

마을 엥겔베르크 Engelberg

1120년에 창건된 베네딕트 수도원을 중심으로 발전한 마을로, 수도원에는 8,838개의 파이프로 이루어진 오르간과 치즈를 구입할 수 있는 치즈 공장이 있다. 엥겔베르크는 사계절 내내 액티비티를 즐기기 좋은 베이스 타운으로 스키어, 스노보더를 위한 장기 숙박 숙소나 콘도미니엄 스타일의 현대식 숙소가 잘 마련되어 있는 곳이다. 도시는 아니지만, 해외 여행자들이 많은 까닭에 꽤 다양하고 만족스러운 퀄리티의 음식을 즐길 수 있다.

※ **가는 방법:** 루체른 역(주로 12번 플랫폼)에서 젠트랄반Zentralbahn 탑승, 직행 43분 소요

> ### 🛈 인포메이션 센터
>
> **주소** Klosterstrasse 3, 6390, Engelberg
> **전화** +41 (0)41 639 7777
> **홈피** www.engelberg.ch

티틀리스 여행하는 법

엥겔베르크 기차역 바로 앞에서 셔틀버스를 타거나, 셔틀버스 시간이 애매하게 남았다면, 곤돌라 출발역까지 걸어보자. 딱 기분 좋게 걸을 수 있는 8분 거리.

엥겔베르크 역 → [곤돌라, 티틀리스 익스프레스Titlis Xpress 탑승] → **트륍제 호수**Trübsee 경유 → **슈탄트** Stand **도착 후 환승** → [회전 케이블카, 로테어Rotair 환승] → **티틀리스** 정상(총 30여 분 소요)

© TITLIS Cableways

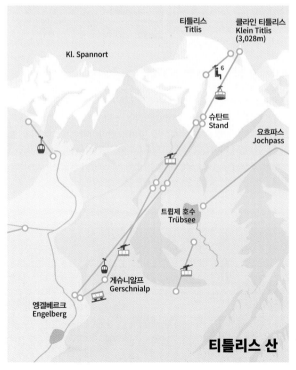

티틀리스
Titlis

클라인 티틀리스
Klein Titlis
(3,028m)

Kl. Spannort

6

슈탄트
Stand

요흐파스
Jochpass

트륍제 호수
Trübsee

게슈니알프
Gerschnialp

엥겔베르크
Engelberg

티틀리스 산

© Engelberg-Titlis Tourismus AG

티틀리스의 다양한 액티비티

스위스 산 중에서 사계절 내내 즐기기 좋은 액티비티를 마치 선물상자처럼 모아 놓은 곳이 있다면, 바로 티틀리스이다. 스키가 처음이라면 티틀리스에서 강습 받는 것을 추천하고 싶다. 특히 어린아이와 함께 여행 중이라면, 엥겔베르크에서 숙박하면서 티틀리스뿐만 아니라 브루니^{Brunni}까지 함께 즐겨보는 것을 추천한다.

Activity ❶ 보트 & 카약 타기

해발 1,800m에 있는 산정호수, 트립제에서 카약과 무료 보트를 탈 수 있다. 5~10월 날씨에 따라 운행되며, 시간당 CHF 10 정도의 기부금이 선택사항. 여름철에는 호수 주변에 바비큐 시설이 운영되어 바비큐를 준비해오는 가족, 친구 단위의 현지인들이 많다.

© TITLIS Cableways

Activity ❷ 플라이어 집라인

트립제 알파인 별장에서 호수까지 500m 짜릿한 비행이 가능하다. 최대 2인까지 함께 이용할 수 있으며, 매년 7월 초~10월 중순에 오픈한다. 요금은 CHF 12, 이용 최소 연령은 만 8세 이상.

Activity ❸ 트로티바이크

방향 전환과 제동만 하면 되는 트로티바이크^{Trottibike}는 게슈니알프^{Gerschnialp} 중간 정거장 또는 운터트립제^{Untertrüsee} 레스토랑에서 대여 가능하다. 3.5km 거리의 숲속을 달려 티틀리스 케이블카 하부 정거장까지 이동하게 된다. 매년 5~10월 오픈하며, 가격은 CHF 8.

Activity ❹ 티틀리스 클리프 워크 Titlis Cliff Walk

티틀리스 산 정상에 도착하면 지하 터널을 통해 빙하 동굴을 지나, 남쪽 벽에 난 창으로 전망대까지 이동하게 된다. 현수교인 클리프 워크는 전망대부터 빙하 체어리프트인 아이스 플라이어^{Ice Flyer}의 최고 높이 정거장까지 이어진다. 해발고도 3,041m. 지면에서 500m로 아드레날린이 고조된다. 상시 오픈하며, 악천후 시 운영이 중단된다. 가격은 무료.

© TITLIS Cableways

Activity ⑤ 4개의 호수 하이킹

엥겔베르크에서 시작하는 이 하이킹 루트는 트륍제, 요흐패스Jochpass, 엥슈틀렌알프Engstlenalp-탄알프Tannalp-멜히제Melchsee 호수-프루트Frutt를 지나는 코스로 중부 스위스에서 가장 아름다운 하이킹 길로 정평이 나 있다. 중간에 체어리프트를 이용해 시간을 단축하고, 체력도 아낄 수 있다. 프루트에서 기차를 타고 다시 엥겔베르크로 돌아올 수 있고 다른 지역으로도 이동할 수 있다. 소요시간은 4시간, 난이도는 중급 정도. 시기는 6~10월을 추천 자세한 내용 www.engelberg.ch 참조.

Activity ⑥ 스노 스포츠

스위스 중부 지방에서 스키, 스노보드를 배우기 좋은 곳이 바로 엥겔베르크이다. 그만큼 스노 스포츠 강습이 체계적으로 잘 이루어져 있다. 시간이 허락된다면 2~3일 이곳에서 머물면서 제대로 배워보는 것도 좋다. 스키 초급 성인 3일 그룹 강습(월~수 3시간씩)은 CHF 300이고, 청소년과 어린이 강습 프로그램도 있다. 자세한 사항은 아래 홈페이지 참조.

홈피 www.skischule-engelberg.ch
(엥겔베르크 티틀리스 스위스 스키 스쿨)

Activity ⑦ 아이스 플라이어

발밑에 펼쳐진 장엄한 빙하를 무료로 볼 수 있다. 꽁꽁 얼어붙은 설원과 새파란 협곡 위를 안락하고 안전하게 이동하면서 크레바스를 조망한다. 상시 오픈하며, 악천후 시 운영이 중단된다.

Stay
켐핀스키 팰리스 엥겔베르크 티틀리스 - 스위스 알프스 호텔
Kempinski Palace Engelberg Titlis - Swiss Alps Hotel

엥겔베르크는 여행자들의 예산에 따라 선택할 수 있는 숙소가 다양하지만, 5성급 호텔이 없다는 것이 이 지역의 매력을 살짝 떨어뜨리는 이유가 되곤 했었다. 그러나 이제는 럭셔리한 감성을 충족시켜줄 5성급 켐핀스키 엥겔베르크 호텔이 오픈하여 보다 다양한 여행자들의 니즈를 충족시켜주고 있다. 주변 전경을 감상하며 즐길 수 있는 루프톱 스파가 있다.

주소 Dorfstrasse 40, 6390, Engelberg
요금 부티크 객실 CHF 562~(2인, 조식 포함)
홈피 www.kempinski.com

리기 산 정상 하이킹 루트

©Gabriel Han

루체른 **주변 지역**

루체른 주변 스위스 중부 지역은 역사상 의미 있는 마을이 제법 있다. 스위스 연방의 기원인 '뤼틀리 맹약' 서약서를 보관하고 있는 **슈비츠**Schwyz, 스위스 건국신화빌헬름 텔의 주 무대인 **알트도르프**Altdorf, 스위스에서 가장 부유한 주인 **추크**Zug, 유네스코 세계자연유산으로 지정된 **엔틀레부호**Entlebuch, 하이킹이나 세계 최초 카브리오 케이블카를 경험할 수 있는 **슈탄스**Stans가 그것이다. 루체른을 여행한다면 주변 지역을 함께 둘러보는 것도 추천한다.

✚ 슈비츠 Schwyz

경사도가 높은 슈토스 푸니쿨라가 오픈하면서 슈비츠를 찾는 사람도
전보다 많아졌다. 푸니쿨라로 슈토스를 가기 위해서는 무조건 슈비츠
를 지나야 하기 때문. 슈비츠는 쫑긋 선 당나귀 귀를 닮은 그로서 미텐
Grosser Mythen 산(해발 1,989m) 아래 위치한 작지만 유서 깊은 마을이
다. 이 마을의 핵심은 크게 두 가지. 하나는 1291년 스위스 연방의 기원
인 '뤼틀리 맹약'의 원본 서약서가 연방 고문서 박물관에 귀히 보관되어
있다는 것, 또 하나는 스위스 아미나이프로 유명한 빅토리녹스 브랜드
가 1884년부터 이 지역에서 시작되었다는 것이다. 그래서 슈비츠는 스
위스 나이프 밸리라고도 불린다.
이 밖에 가벼운 산책이 가능한 이탈 레딩 저택도 방문해볼 만하다. 지
역의 주요 볼거리는 인포메이션 센터에서 제공하는 지도를 따라 둘러
볼 수 있으며, 2시간 정도 소요된다.

★ 인포메이션 센터
주소 Zeughausst. 10,
      6430 Schwyz
위치 슈비츠 우체국 버스정류장
      맞은편에 위치
운영 월~금 08:00~18:00
      휴무 토·일요일
전화 +41 (0)41 810 1991
홈피 www.info-schwyz.ch

슈비츠로 이동하기

1. 열차로 이동하기
루체른에서 IR 직행 열차로 약 40분, 아트 골다우를 거쳐 약 50분

2. 기차역에서 슈비츠 시내로 이동하기
기차역 앞에서 Schwyz Post행 로컬 버스를 타고 언덕 위 시내로 약 5분

Tip | 빅토리녹스

스위스의 유명 칼브랜드. 빅
토리녹스는 슈비츠 지역의 상
징이지만, 정확히는 슈비츠
옆 이바흐Ibach 지역에서 시
작되었다. 본사와 공장형 매
장이 슈비츠 이바흐에 있다
(주소 Schmiedgasse
57, 6438 Ibach
전화 +41 (0)41
818 1299).

그로서 미텐
Grosser
Mythen

연방 고문서 박물관
Bundesbriefmuseum
Kapuziner-kloster
Herrengasse
Riedstrasse
Maria-Hilf-Str.
Rickenbachstrasse
St. Karligasse
Bahnhofstrasse
Schulgasse
이탈 레딩 저택
Ital Reading Hofsttatt
Secfienergasse
스위스 국립 박물관
Forum der Schweizer
Geschichte
Zeughausstrasse
성 마틴 교회
Kirchen-areal
St. Martin
Lückerstrasse
Haupt-platz
시청
Rathaus
Reichsstrasse
Sonnen-plätzli
Hinterdorfstr.
Strehlgasse
Grundstr.
Schmiedgasse
슈비츠
성 피터 수녀원
Frauen-kloster St. Peter

★★☆　　　　GPS 47.021682, 8.655849

이탈 레딩 저택 Ital Reding Hofstatt

1609년에 지어진 이탈 레딩 저택은 슈비츠 지역에서
가장 아름다운 영주 저택으로, 당시의 건축 양식과 스
위스 중부 지방의 건축 양식이 가장 잘 혼재되어 있는
것으로 알려져 있다. 특히 내부의 목조 양식 인테리
어가 멋지다. 현재는 주립도서관으로 활용되고 있다.
이탈 레딩 저택 밖에 있는 베들레헴 하우스Bethlehem
House는 스위스 연방 서약 전인 1287년 지어진 것으로
역사적인 가치가 있다.

주소　Rickenbachstrasse 24, 6430 Schwyz
운영　**5~10월** 화~금 14:00~17:00,
　　　토·일 10:00~16:00 **휴무** 월요일, 11~4월
요금　성인 CHF 5, 16세까지 무료
전화　+41 (0)41 811 4505　　　홈피 www.irh.ch

★☆☆　　　　GPS 47.021427, 8.651546

스위스 국립 박물관
Forum der Schweizer Geschichte

1995년에 문을 연 스위스 국립 박물관은 스위스 국립
박물관 본부로 스위스 중부 지역의 역사와 문화뿐 아
니라 알파인 지역의 문화사를 충실히 보여주고 있다.
특히 12세기부터 14세기에 걸친 스위스 건국에 대한
상설 전시는 아이를 동반한 가족 단위의 여행객들에
게 반응이 좋다. 매우 사실적이고 상호작용 가능한 전
시 방법이 매우 인상적이고 수준이 높다.

주소　Hofmatt, Zeughausstrasse 5, 6430 Schwyz
운영　화~일 10:00~17:00 **휴무** 월요일
요금　성인 CHF 13.00, 6세 미만 무료
　　　※ 스위스 패스 소지자 상설전시 무료
전화　+41 (0)41 819 6011　홈피 www.forumschwyz.ch

★★★　　　　　　　　　　　　GPS 47.022043, 8.648244

연방 고문서 박물관 Bundesbriefmuseum

스위스의 신화와 실제 역사를 명확히 구분 지은 사건이
1291년 일어났다. 합스부르크의 침략에 맞서기 위해 슈비
츠, 우리, 운터발덴 3개의 주 대표 33인이 모여 루체른 호
수 뤼틀리 들판에서 연합에 서약한 것. 이 서약은 연방국
인 스위스의 시작이 되었으며, 그때의 원본 서약서가 현재
연방 고문서 박물관에 귀중하게 보관되어 있다. 이 외에도
연방 고문서 박물관에는 스위스의 국가 중요 문서 및 주요
역사적 사실들을 명시한 자료를 소장하고 있다.

주소　Bahnnofst. 20,6430 schwyz
위치　아라우 기차역에서 도보 5분 거리
운영　화~일 10:00~17:00 **휴무** 월요일
요금　성인 CHF 5, 만 16세까지 무료
　　　※ 스위스 패스 소지자 무료
전화　+41 (0)62 819 2064
홈피　www.bundesbrif.ch

✛ 알트도르프 Altdorf

스위스가 탄생한 요람이라고 불리는 지역. 빌헬름 텔Wilhelm Tell(영어: 윌리엄 텔)이 태어났다고 전해지는 뷔르글렌Bürglen과 더불어 스위스 건국신화 빌헬름 텔의 주요 볼거리가 있는 곳이다. 알트도르프의 시청 앞 광장은 텔이 아들의 머리 위에 사과를 올려놓고 화살을 쏘았던 장소로 유명하다. 빌헬름 텔 동상과 우리Uri 극장(www.theater-uri.ch) 등이 주요 볼거리. 주변 마을인 뷔르글렌, 샤트도르프Schattdorf, 플뤼엘렌Flüelen 등과 함께 주변 산으로 하이킹을 떠나기 좋은 곳이다.

알트도르프로 이동하기

1. 열차로 이동하기
루체른에서 알트도르프까지 약 1시간 15분 소요. 아트 골다우에서 지역 열차Urban Train로 갈아타게 된다.

2. 기차역에서 알트도르프 시내로 이동하기
기차역에서 중심가까지 1km 정도 반호프 거리를 따라 도보 혹은 버스로 이동

★ 인포메이션 센터
주소 Schützengasse 11,
      6460 Altdorf
위치 빌헬름 텔 동상에서
      Schützengasse를 따라
      걷다 보면 위치
      (우리 극장 건물)
운영 월 13:00~17:30,
      화~금 08:00~12:00,
      13:00~17:30
      토 08:00~12:00
      휴무 일요일
전화 +41 (0)41 874 8000
홈피 www.uri.swiss

★★★

GPS 46.881799, 8.643930

📷 빌헬름 텔 동상 Telldenkmal

밖으로 보이는 빌헬름 텔의 위엄에 한 번, 탑에 오르며 빌헬름 텔과 이곳의 역사를 흥미롭게 전하는 내부에 또 한 번 감동받는다. 스위스 전역의 30명의 아티스트 중 스위스 솔로투른의 아티스트 리차드 키슬링Richard Kissling에 의해 1895년 8월 세워진 빌헬름 텔 동상은 CHF 142,000이 투자된 스위스 건국 역사의 값진 자산이다.

주소 Rathausplatz, 6460 Altdorf
위치 알트도르프 기차역에서
      반호프 거리를 따라 1km 정도
      걸으면 시청 광장에 위치
운영 09:00~19:00
홈피 www.telldenkmal.ch

✦ 추크 Zug

추크는 추크 주의 주도로 스위스에서 가장 부유한 주이자 국제적인 도시이다. 가난한 농부들만 살았던 추크가 부유하게 된 이유는 세계에서 가장 낮은 세금 때문. 낮은 세금으로 인해 부자들이 계속해서 추크로 이주해 왔고, 뒤이어 많은 기업도 같은 이유로 추크에 본사를 두기 시작했다. 지금은 2만 9,000개가 넘는 다국적 회사가 터를 잡고 있다. 그 때문인지 관광객보다 비즈니스 여행자가 더 많이 찾지만, 그렇다고 관광지로서의 매력이 없진 않다. 중세 느낌의 아름다운 구시가지 골목길, 삶의 여유를 주는 한적한 호반, 달콤한 체리 케이크, 도심 곳곳에서 만나는 작은 분수들은 추크를 여행지로 삼는 데 주저하지 않게 한다.

★ 기차역 인포메이션 센터
주소 Bahnhofplatz,
Bahnhofzug 6300, Zug
위치 추크 기차역 내에 위치
운영 월~금 09:00~17:00,
토 09:00~12:00,
12:30~16:00
휴무 일요일
전화 +41 (0)41 723 6800
홈피 www.zug-tourismus.ch

추크로 이동하기

1. 열차로 이동하기
루체른이나 취리히에서 IR 열차로 20분, 지역 열차로 30~45분

2. 기차역에서 추크 시내로 이동하기
기차역에서 구시가지가 시작되는 Postplatz까지 도보 10분

213

★★☆
그레스 슈엘 분수 Greth Schell Brunnen

GPS 47.165016, 8.514252

종종 술 취한 남편을 등에 업고 집으로 데려왔다는 전설의 주인 공, 그레스 슈엘Greth Schell 여사의 분수대. 추크 카니발 때는 '그 레스 슈엘 퍼레이드'가 따로 거행되기도 한다. 그 레스 슈엘과 7명의 어릿광대로 분한 사람들이 퍼레이드를 펼치면 어린이들이 "그레스 슈엘!" 이라고 외치고, 소시지와 간식을 얻는 풍습이 있다.

위치 성모 교회Liebfrauenkapelle 옆

★★★
콜린 분수 & 콜린 광장 Kolinbrunnen & Kolinplatz

GPS 47.166162, 8.515594

콜린 광장은 구시가지의 메인 역할을 하는 시민의 광장이다. 이곳에 서 있는 콜린 분수는 1540년에 세워져 여러 번의 리뉴얼을 거쳤다. 옥슨 호 텔City-Hotel Ochsen 옆에 위치해 '옥슨 분수'라고 불리기도 한다. 광장 내에 는 시계탑이 있고, 구시가지 탐방 시 시작점으로 삼으면 좋다.

위치 Postplatz에서 Neugasse를 따라 걷다 보면 나옴

★★★
시계탑 Zytturm

GPS 47.166122, 8.515168

52m 높이의 시계탑은 처음에 구시가지 진입구로 지어졌으나, 수 세기를 거치며 죄수의 감옥이나 봉화대 등의 목적으로 활용되기도 했다. 그에 따라 전보다 높이 가 더 높아졌고, 형태도 조금씩 변모했 다. 1574년에 이르러 시계가 제작되면서 현재의 시계탑 역할을 하게 되었다. 메인 시계의 아랫부분은 주, 월, 윤년 등을 나 타내는 천문학 시계다.

주소 Kolinplatz, 6300 Zug
위치 Postplatz에서 Neugasse를 따라 걷다 보면 정면에 보임

추크 현대미술관 Kunsthaus Zug

★★☆　　GPS 47.164949, 8.517402

추크 현대미술관은 아마도 오스트리아가 아닌 곳에서 빈 현대 예술의 가장 포괄적인 컬렉션을 소장하고 있는 곳일 것이다. 헤르베르트 뵈클Herbert Boeckl, 리하르트 게르스틀Richard Gerstl, 구스타프 클림트Gustav Klimt, 에곤 실레Egon Schiele 등 30여 작가들의 작품이 전시되어 있다.

주소　Dorfst. 27, 6301 Zug
운영　화~금 12:00~18:00, 토·일 10:00~17:00 **휴무** 월요일
　　　(부활절 및 크리스마스 시즌, 신년 및 공휴일 휴무)
요금　성인 CHF 15, 학생(16~25세) CHF 12
　　　※ 스위스 패스 소지자 무료
전화　+41 (0)41 725 3344
홈피　www.kunsthauszug.ch

추크 성 박물관 Museum Burg Zug

★★☆　　GPS 47.165169, 8.516731

11세기 건물인 추크 성 박물관은 추크 도시를 만든 키부르크Kyburg 백작들이 탑을 세운 데서 시작됐다. 세월이 흐르면서 성은 요새에서 주택이 되었고, 1945년까지 추크 가(家)의 개인 소유였다. 1979년부터 1982년까지 대규모 복원작업이 되었고, 현재는 추크 주와 시의 역사문화박물관으로 운영된다.

주소　Kirchenst. 11, 6300 Zug
운영　화~토 14:00~17:00, 일 10:00~17:00
　　　휴무 월요일, 일부 공휴일
요금　성인 CHF 10, 청소년(17~25세) CHF 6,
　　　16세 이하 무료(매월 첫째 주 수요일 무료입장)
　　　※ 스위스 패스 소지자 무료
전화　+41 (0)41 728 2970　　홈피　www.burgzug.ch

슈펙 Speck

100년 넘게 체리 케이크를 만든 추크의 맛집. 추크에 들렀다면 이곳의 체리 케이크 '키르쉬토르테Kirschtorte'를 꼭 맛봐야 한다. 키르쉬토르테와 각종 베이커리, 초콜릿 제작 과정도 볼 수 있고, 시식도 가능하다.

주소　Alpenst. 12, 6304 Zug
운영　월~금 06:30~19:00, 토 07:00~17:00, 일 08:00~12:00
전화　+41 (0)41 711 3888　　홈피　www.speck.ch

유스호스텔 추크
Jugendherbergen Zug

취리히와 루체른에서 가까운 추크에서 추천하고 싶은 숙소. 구시가지와 호수까지 이동하기 쉬워 편리하고 특히 여름철엔 호숫가에서 한때를 보내기도 좋다. 밝은 메이플 가구와 현대적인 인테리어가 인상적이며, 잔디가 깔려 있는 정원도 있다.

주소　Allmendstrasse 8, 6300 Zug
요금　4/6인실 공용 1인 CHF 44~(조식 뷔페 포함)
전화　+41 (0)41 711 5354　　**홈피**　www.youthhostel.ch

✚ 아인지델른 Einsiedeln

슈비츠 부근의 아인지델른은 인구 1만 4,000여 명의 작은 마을이지만 베네딕토회 수도원으로 전 세계적으로 유명하다. 수도자들이 모여 살다가 마을을 이룬 곳으로 아인지델른 수도원 내 '검은 성모 마리아 상'이 알려지며 스위스 최대의 성지 순례지가 되었다. 'Einsideler'는 독일어로 '수행자'를 뜻하는데 이 도시의 중심이 되는 수도원의 이름과도 의미가 깊다.

아인지델른으로 이동하기

■ 루체른에서 열차로 약 1시간   ■ 취리히에서 열차로 약 1시간

★ 인포메이션 센터
주소 Hauptst. 85, 8840
       Einsiedeln
위치 아인지델른 수도원 맞은편
운영 월~금 09:00~17:00,
       토 09:00~16:00,
       일 10:00~13:00
전화 +41 (0)55 418 4488
홈피 www.einsiedeln
       -tourismus.ch

★★★   GPS 47.126858, 8.752650

아인지델른 수도원 Kloster Einsiedeln

아인지델른 수도원은 유럽의 유명 순례지 중 한 곳이다. 기적을 전하는 것으로 알려진 '검은 성모 마리아' 나무 상을 보기 위해 매년 15~20만 명에 이르는 가톨릭 신자들이 방문한다. 수도원은 947년에 세워진 바로크 양식의 건물로 현재까지도 건물 내외부가 잘 보존되어 있으며, 현재는 성당, 수도사들의 거주처, 대학 및 도서관 등 다방면으로 활용되고 있다.

© Creative Commons

주소 Kloster Einsiedeln, 8840 Einsiedeln, Schwyz
위치 아인지델른 기차역에서 Haupst.를 따라 도보로 10분 소요
전화 +41 (0)55 418 6111   홈피 kloster-einsiedeln.ch

✚ 엔틀레부흐 유네스코 자연유산 지역 UNESCO Biosphäre Entlebuch

엔틀레부흐 유네스코 자연유산 지역은 스위스 중부 최초의 유일한 생물권 보호지다. 총 394km²의 방대한 황야지대와 바위로 된 카르스트 지형 등이 신비로운 경관을 자아낸다.
이곳을 즐기는 방법은 여행자에 따라 다양하다. ① 쇠렌베르크Sörenberg로 가서 스위스 중부의 가장 높은 산인 로트호른(해발 2,350m)까지 산악 케이블카를 타거나 ② 슈프하임Schopfheim에 가서 엠메Emme 강을 따라 엔틀레부흐까지 아름다운 하이킹을 하거나 ③ 플뤼힐Flühil로 가서 수중운동요법인 크나이프를 경험하는 것이다.

주소 UNESCO Biosphäre
       Entlebuch, Chlosterbüel
       28, 6170 Schüpfheim
위치 루체른을 기준으로 각
       원하는 지역으로 열차 및
       포스트버스로 이동 가능
전화 +41 (0)41 485 8850
홈피 www.biosphaere.ch

Tip | 텔 패스 Tell Pass

스위스 중부 지역을 위주로 2일 혹은 그 이상 머무를 계획이라면 텔 패스를 이용하자. 스위스 중부 지역의 거의 모든 열차, 유람선, 산악열차를 자유롭게 이용할 수 있다. 2,3,4,5,10일권이 있다.
홈피 www.tellpass.ch

© Lucerne Tourism

✚ 슈탄스 Stans

스위스 중부 니드발덴Nidwalden 주의 주도로 슈탄서호른 자락에 위치한 마을이다. 젬파흐Sampach 전투에서 합스부르크 군대를 격파한 스위스의 영웅, 아놀드 폰 빙 켈리드의 기념상과 스위스 교육자이자 사상가인 페스탈로치가 운영한 고아원 역할을 했던 성 클라라 수녀원이 특징인 곳이다.

슈탄스로 이동하기
■ 루체른에서 열차로 약 20분

★ 인포메이션 센터
주소 Bahnhofplatz 2,
     6370 Stans
운영 월~금 07:00~19:00,
     토 07:15~17:00,
     일·공휴일 08:00~12:00,
     13:00~16:00
홈피 www.tourismusstans.ch

★★★　　　　　　　　　　　　　　　　　　　　GPS 46.929813, 8.340275

📷 슈탄서호른 Stanserhorn

2012년 6월 세계 최초로 카브리오 케이블카(개방형 케이블카)를 선보인 곳. 흥미진진하게 케이블카에 오르면 감탄이 절로 나오는 호수와 알프스 산악 전경을 감상할 수 있다. 카브리오 케이블카를 타기 전에는 우선 슈탄스에서 나무로 된 빈티지 푸니쿨라를 타고 중간역인 켈티Kälti까지 올라가게 되는데, 이 또한 새롭다. 정상에 위치한 회전 레스토랑에서 맛있는 식사가 가능하고 주말 저녁엔 캔들라이트 디너가 진행된다.

주소 Stansstaderst. 19, 6370
     Stans
위치 슈탄스 중앙역에서 도보 3분 거리
운영 매년 4월 중순~11월 하순
     2024.4.13~11.24
요금 **슈탄스-슈탄서호른**
     성인 왕복 CHF 82,
     만 6~15세 왕복 CHF 20.50
     ※ 스위스 패스 소지자 무료
전화 +41 (0)41 618 8040
홈피 www.stanserhorn.ch

© Stanserhorn-Bahn

© Stanserhorn-Bahn

어릴 나이 밖으로 나가 잠시 공부할 기회가 있었다.
우연히 한 반이 된 페터(Peter)라는 남학생!
수업 첫 시간 그는 자신을 소개할 때 스위스 베른에서 왔노라고
전한 뒤 끝에 베른은 스위스 수도라는 말을 잊지 않았다.
나는 '풋~' 하고 웃지 않을 수 없었다. '처리히가 아니었구나.'
스위스 수도가 나의 무지에 실소가 나왔을 때
다른 친구들도 모두 그러끄덕, 나만 모르는 것이 아니었다.
다들 '스위스의 수도가 베른이었어?' 하는 눈치였다.
그 후 시간이 한참 흘러 베른을 찾았을 때 그 반가움이란!
오래되어 예스러운 풍치나 모습이 그윽함이라는 뜻의
고색창연(古色蒼然)이란 말을 이곳에서 비로소 느낄 수 있었다.
현대적인 베른 중앙역에서 시가지로
발걸음을 옮길수록 드러나는 베른의 자태는 참 곱디곱다.

BERN 베른과 주변 지역

04 BERN
고색창연한 스위스의 수도 베른

스위스의 수도는 베른이다. 스위스에서 가장 긴 강인 아레 ^{Aare} 강이 구시가지를 감싸고 흐르는 까닭에 구시가지 전체가 하나의 거대한 요새 같아 보이는 곳이다.

베른의 역사를 살며시 들춰보자면 12세기로 거슬러 올라가야 한다. 1191년 베르톨트 체링엔 ^{Bertold Zähringen} 공이 사냥에서 가장 처음 잡은 동물의 이름으로 도시의 이름을 짓겠다 선언하고 사냥을 나갔는데, 바로 이 사냥에서 곰 ^{Bären}을 잡았다고 한다. 오늘날의 수도 베른의 이름은 여기서 따온 것이라는 전설이 전해져 내려오고 있다.

이후 베른은 1353년에 스위스 연방에 가입했으며, 1848년에 이르러 스위스 수도가 되었다. 베른의 구시가지는 1983년 유네스코 세계문화유산으로 지정되었을 만큼 고풍스러운 중세 분위기를 그대로 간직해오고 있다. 이와 동시에 베른은 스위스 정치, 행정의 중심지이자 교통의 허브 역할을 하고 있다. 또한 베르너 오버란트 알프스 산악 지역과 가까운 덕에 관광객들이 꼭 머무르고 싶어하는 여행지가 되었다.

🕐 추천 여행 일정

1 | 베른 반나절 구시가지 도보 여행 + 구르텐 또는 로젠가르텐에서 점심 또는 저녁 먹기

2 | 베른 한나절 구시가지 도보 여행 + 박물관 및 갤러리 + 구르텐 또는 장미 공원

3 | 베른과 주변 지역 한나절 베른 구시가지 도보 여행 + 그뤼에르, 프리부르, 무어텐 중 택1

ℹ️ 인포메이션 센터

중앙역 인포메이션 센터
주소 Bahnhofplatz 10a, 3011 Bern
운영 월~토 09:00~19:00,
　　 일·공휴일 09:00~18:00
전화 +41 (0)31 328 1212

여행정보
- 도시명 베른
- 주 베른
  - 스위스에서 두 번째로 큰 주
  - 융프라우요흐, 쉴트호른, 슈톡호른 등 유명 산악 여행지가 속해 있음
- 인구 133,798명(베른 시), 1,031,126명(베른 주)
- 주요 언어 독일어   고도 542m
- 키워드 스위스 수도, 유네스코 세계문화유산, 곰, 아인슈타인, 물의 도시, 아레 강, 체링엔

Janice Advice 베른은 유독 곰과 관련된 쇼핑 아이템들이 많으니 이런 아이템들을 모아 보는 것도 좋겠다.

Jay Advice 걷고 또 걷자. 베른은 트램, 버스 등 대중교통 노선이 잘 갖추어져 있지만 진면목을 알려면 발품을 파는 것이 좋다. 쉬벨렌메텔리에서 영국 정원을 거쳐 곰 공원까지 걸으면서 아레 강이 두 팔로 껴안고 있는 베른을 바라보자.

✚ 베른 들어가기 & 나오기

1. 항공으로 이동하기

베른 공항에서는 유럽 내 약 12개 지역(시즌마다 다름)으로 취항한다. 거의 여름 휴가지로 유명한 팔마, 엘바섬, 코스섬 등이다. 베른 공항에서 유럽 내 주요 도시로 운항하는 비행기는 없으니 취리히 공항(직행열차 1시간 10분)이나 제네바 공항(약 2시간)으로 도착해 베른까지는 육로로 이동하는 것이 좋다.

Tip | 교통 허브, 베른

스위스의 교통 허브 베른은 차량, 열차 등을 통해 스위스 각 지역에서 이동하기 매우 편리하다.

2. 차량으로 이동하기

스위스 남부와 이탈리아까지 뢰취베르크Lötschberg, 심플론Simplon, 그랑 생 베르나르Grand St. Bernard 터널을 통해 스위스 어떤 지역에서라도 편리하게 이동할 수 있다. 주차는 베른 중앙역, 카지노, 시청 등의 공용 주차장에서 가능하다.

★ 주차 정보
요금 소형 차량 12분마다 CHF 0.50~
　　　※ 차량 크기, 주차 시간대 및 장소 등에 따라 다름. 종일 주차 가능
홈피 베른 주요 주차장 정보 www.parking-bern.ch

3. 열차로 이동하기

스위스 철도청 본사가 베른에 있을 만큼 교통의 요지이다. 취리히, 루체른 등 스위스 주요 도시 및 관광지까지 편리하게 이동 가능한 열차 노선이 잘 갖추어져 있다.

★ 주요 도시 → 베른 열차 이동시간
- 파리 약 4시간
- 취리히 중앙역 약 55분
- 루체른 약 1시간 30분
- 인터라켄 동역 약 1시간
- 제네바 약 1시간 50분
- 루가노 약 3시간 15분

✚ 베른 시내에서 이동하기

1. 버스·트램으로 이동하기

베른 시는 훌륭한 대중교통 시스템을 갖추고 있다. 베른에서 최소 1박 이상을 할 경우 베른 티켓Bern Ticket을 받게 되는데, 이 티켓을 이용하여 구시가지를 포함한 Zone 100/101을 운행하는 대중교통을 무료로 이용할 수 있다. 베른 전경을 한눈에 내려다볼 수 있는 구르텐Gurten 푸니쿨라와 베른의 저지대에서 베른 중심지까지 운행하는 푸니쿨라인 마르칠리반Marzilibahn, 베른 대성당 리프트도 베른 티켓에 포함되어 있으니, 베른 여행을 계획한다면 베른에서 가급적 1박을 하는 것도 좋겠다. 주요 버스, 트램은 베른 중앙역 앞 터미널에서 대부분 출발하며, 베른은 도보로 구시가지 여행이 가능할 만큼 아담한 도시이므로 혹시 잘못 탔더라도 크게 당황하지 말자.

Tip | 아레 강 River Aare

아레 강은 베른의 보물이다. 도시의 지리적 이점을 나타내 주는 상징적 존재이기도 하지만, 여름이면 도시의 숨통을 터주는 허파 같은 곳으로 변한다. 덥다고 무작정 현지인들처럼 아레 강에 직접 뛰어들기보다 전문 가이드와 동행하는 투어나 아레 강에 잠시 발을 담그는 정도로 체험하자.

구르텐 푸니쿨라

마르칠리반

2. 택시로 이동하기

베른 역에서 대기하고 있는 택시를 이용하거나 전화로 요청해 움직이는 것이 편리하다. 베른 역에서 베른 공항까지 택시 이용 금액은 약 CHF 55, 베른 엑스포까지는 약 CHF 30이니 참고하자(이용 시간대에 따라 금액 상이).

★ 노바 택시 Nova Taxi
전화 0800 879 879   홈피 www.novataxi.ch

3. 이바이크E-Bike로 이동하기

자전거 공유 시스템인 퍼블리바이크Publi-Bike는 베른뿐만 아니라 로잔-모르쥬, 프리부르, 취리히, 루가노, 라-코테, 시옹 등 8개 도시에서 운영되고 있다. 스마트폰에 퍼블리바이크 앱을 설치하면 자전거를 대여할 수 있는 스테이션의 위치, 렌트 가능 대수 확인, 지불까지 편리하게 이루어진다. 구글 맵스와도 연동되며, 앱으로 자전거 위치를 찾을 수 있다.

홈피 www.publibike.ch

아레 강
Aare River

Ⓐ TSC 캠핑 베른 에이마트
TSC Camping Bern Eymatt
(5.9km)

Lorrainebrücke

● 식물원
Botanischer Garten

● 베른 현대미술관
Kunstmuseum Bern

Hodlerstrasse

Parkterrasse

Speichergasse

● 베른 대학교
Universität Bern

🚉 베른 중앙역
Bahnhof Bern

인포메이션 센터

콘하우스켈러 Ⓡ
Kornhauskeller

베스트 웨스턴 호텔 베른 Ⓗ
Best Western Hotel Bern

Ⓢ 쇼핑몰
Well7

베엘러 베른 Ⓢ
Beeler Bern

죄수의 탑
Käfigturm

샤 느와
Chat Noir

Ⓢ 미그로 슈퍼마켓
Migros

Ⓢ 백화점
Loeb Department Store

소렐 호텔 아도르 베른
Sorell Hotel Ador Bern
Ⓗ

Ⓗ 호텔 시티 암 반호프
Hotel City am Bahnhof

Amthausgasse

◀Ⓢ 웨스트사이드 쇼핑 & 레저 센터
Westside Shopping and Leisure Center
(6.6km)

연방의사당 광장
Bundesplatz

연방의사당 광장 아이스링크 Ⓐ

호텔 벨뷰 팔라스 Ⓗ
Hotel Bellevue Palace

Ⓡ 아리랑
Arirang

연방의사당
Bundeshaus

Bundesgasse

Effingerstrasse

Bern DMB

Ⓗ 베른 유스호스텔
Bern Youth Hostel

Dalmazibrücke

● 시티 공원
Kleine Schanze

Sulgeneckstrasse

Brückenstrasse

Aarstrasse

● Floraanlage

Ⓗ 호스텔 77
Hostel 77
(2.6km)

구르텐 Ⓐ
Gurten
(6.8km)

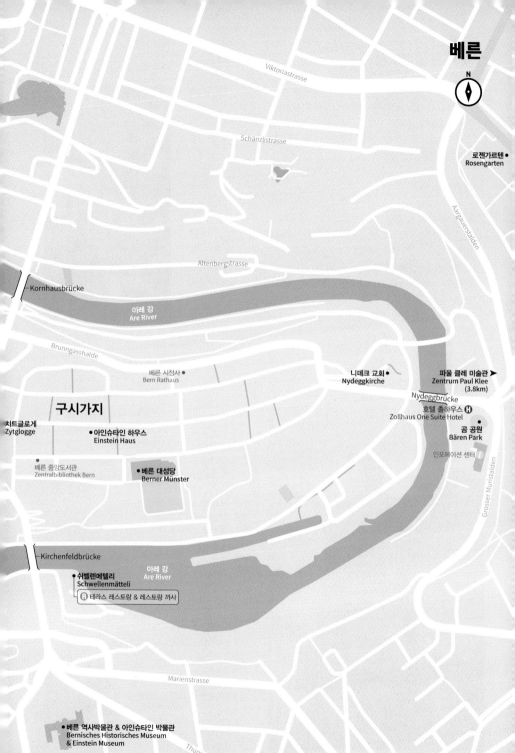

베른

N

로젠가르텐
Rosengarten

Viktoriastrasse

Schanzlistrasse

Altenbergstrasse

Kornhausbrücke

아레 강
Are River

Brunngasshalde

베른 시청사 •
Bern Rathaus

니데크 교회 •
Nydeggkirche

파울 클레 미술관 ▶
Zentrum Paul Klee
(3.8km)

Nydeggbrücke

구시가지

치트글로게
Zytglogge

• 아인슈타인 하우스
Einstein Haus

호텔 졸하우스 H
Zollhaus One Suite Hotel

곰 공원
Bären Park

인포메이션 센터

베른 중앙도서관
Zentralbibliothek Bern

• 베른 대성당
Berner Münster

Grosser Muristalden

Kirchenfeldbrücke

아레 강
Are River

• 쉬벨렌메텔리
Schwellenmätteli

R 테라스 레스토랑 & 레스토랑 까사

Marienstrasse

• 베른 역사박물관 & 아인슈타인 박물관
Bernisches Historisches Museum
& Einstein Museum

Thunstrasse

A 캠핑 아히홀츠
Camping Eichholz
(4.7km)

Aargauerstalden

✚ 베른 둘러보기

스위스의 수도라서가 아니라 베른은 하루 종일 둘러보아도 지겨울 틈이 없다. 무더운 여름엔 시원하게 더위를 식혀줄 아래 강이 있어서일까? 현지인들도 베른 여행은 24시간이 부족할 정도로 다채롭다고 강조한다. 일정에 쫓기는 여행이라 하더라도 여름철에는 반드시 반나절 정도는 베른에 방문해 보자.

추천 여행 일정

구시가지 반나절 일정
베른 중앙역 → 죄수의 탑 → 연방의사당 → [푸니쿨라 or 계단] → 달마치 다리Dalmazibrücke → 베른 역사박물관 & 아인슈타인 박물관 → 쉬벨렌메텔리 → 영국 정원길 → 곰 공원 → 아인슈타인 하우스 → 치트글로게 → 베른 대성당 → [트램] → 로젠가르텐에서 점심 또는 구르텐으로 이동하여 점심

※ 여유가 있다면 파울 클레 미술관, 현대미술관까지 관람하자.

GPS 46.948177, 7.443944

★★☆

📷 죄수의 탑 Käfigturm

베른의 두 번째 도시 관문인 죄수의 탑은 원래 이름 그대로 죄수를 가둬두는 탑의 용도로 1634년 건설되었으나 1999년 이래 연방의회 정치 포럼이 열리는 곳으로 탈바꿈했다. 정치적 이슈와 관련된 전시회 및 이벤트가 정기적으로 열린다.

주소 Marktgasse 67, 3011 Bern
위치 베른 역에서 도보 5분
운영 월 14:00~18:00, 화~금 10:00~18:00, 토 10:00~16:00
　　 휴무 일요일
요금 무료
전화 +41 (0)31 310 2060
홈피 www.polit-forum-bern.ch

Tip | 물, 왜 사서 마셔요?

베른의 분수는 알프스 지대의 빙하와 만년설이 녹아내린 물을 이용하고 있다. 그만큼 깨끗한 물이기 때문에 베른에서는 빈 물병에 물을 받아 마시는 사람들을 종종 마주칠 수 있다. 그러니 베른에서는 빈 물병만 있다면 특별히 생수를 구입할 필요가 없다.

© Bern Tourism

연방의사당 & 광장 Bundeshaus & Bundesplatz

1848년 스위스 수도가 베른으로 공표되고 난 후 1852년부터 연방의사당 건축이 시작되었다. 서와 동 양쪽으로 넓게 대칭을 이루고 있으며, 1884년 증축을 거듭하여 1902년 완공되었다. 의사당 건물은 스위스 연방의회와 주의회의사당으로 구성되어 있으며 스위스 전역에서 온 38명의 예술가가 의사당 건물 장식을 책임졌다고 한다. 중앙 돔의 홀과 양쪽 회의실은 스위스 역사를 상징적으로 보여준다. 광장은 개방된 공간으로 각종 이벤트, 만남의 장소 등으로 폭넓게 이용되고 있다.

주소 Bundesplatz 3, 3005 Bern
위치 버스 10, 19번 탑승,
Bundesplatz 하차
운영 **연방의사당 가이드 투어**(독일어,
프랑스어, 이탈리아어, 영어 가능)
화~금 11:30, 15:00
토 11:30, 13:30, 14:00, 15:00
휴무 각종 공휴일엔 가이드 투어
없음. 자세한 사항은 사이트 참조
요금 가이드 투어는 무료(예약 필수)
전화 +41 (0)58 322 9022
메일 parlamentsbesuche@parl.
admin.ch
홈피 www.parlament.ch

광장에서 열린 가을 행사

쉬벨렌메텔리 Schwellenmätteli

중앙역 인포메이션 센터에서 추천하는 장소로 여름철 베른에서 시간 보내기 좋은 곳이다. 강력한 인상을 남길 만큼 시원하게 쏟아지는 물줄기와 도시 하단부를 감싸고 흐르는 아름다운 아레 강의 생생한 물소리를 그대로 들을 수 있다. 레스토랑도 있어 식사나 음료를 즐길 수도 있고, 아레 강의 생태에 대한 안내판을 보며 간단한 학습도 할 수 있다(쉬벨렌메텔리 레스토랑 정보는 p.237 참조).

주소 Dalmaziquai 11, 3005 Bern
위치 중앙역에서 트램 6, 7, 8번 또는
버스 19번 Helvetiaplatz 하차.
또는 연방의사당 바로 옆,
Marzili에서 아레 강변 쪽으로
운행하는 푸니쿨라
Drahtseilbahn Marzili–Stadt
Bern를 타거나 연방의사당에서
도보 10분 거리

★★☆

잉글리쉬 녹지 정원 Parkanlage Englische Anlagen

정원이라고 하지만 쉬벨렌메텔리에서 곰 공원까지 아래 강의 산 사면을 따라 이어진 시원한 산책로이다. 베른 시민들이 점심시간 짬을 내어 조깅을 하거나 벤치에 앉아 흐르는 강물을 보며 여유를 찾는 곳이다. 여름철 녹음을 즐기기 좋다.

주소 Englishe Anlagen 3005 Bern

★★★

곰 공원 Bären Park

뵈르크와 핀, 그리고 두 곰의 딸인 우르시나까지 한 가족을 만나볼 수 있는 공원이다. 구시가지 끝자락 아래 강변이 한눈에 내려다보이는 아름다운 곳에 자리한다. 더운 날에는 공원 근처 아래 강에서 발을 적실 수도 있고, 근처 알테스 트람데포트Altes Tramdepot에서 시원한 수제 맥주를 즐길 수도 있다.

주소 Grosser Muristalden 6, 3006 Bern
위치 중앙역에서 12번 버스 탑승, Bären Park에서 하차 (약 6분 거리)
운영 08:00~17:00
　　휴무 연중무휴
요금 무료
전화 +41 (0)31 357 1525
홈피 www.tierpark-bern.ch/baerenpark

★☆☆

니데크 교회 Nydeggkirche

베른 구시가지 동쪽 가장자리에 위치한 개신교 교회. 1341~1346년 사이 건축되었으며 베른 시의 창건자인 체링엔 가문의 베르톨트 5세가 곰을 사냥한 동상이 세워져 있다. 니데크브뤼케Nydeggbrücke에 교회 입구가 연결되어 있다.

주소 Nydegghof 2, 3011 Bern
위치 곰 공원에서 니데크 다리와 니데크가세를 향해 도보 5분
요금 무료
전화 +41 (0)31 352 0443 (09:00~12:00)
홈피 www.nydegg.ch

베르톨트 5세가 곰을 사냥한 동상

★☆☆

아인슈타인 하우스 Einstein Haus

시계탑, 치트글로게를 약 200m 눈앞에 두고 자칫 지나 쳐 갈 수도 있는 이곳은 1903~1905년 아인슈타인이 그의 아내, 밀레바와 아들 한스와 함께 살던 곳이다. 아 인슈타인 박물관은 별도로 있으니 헷갈리지 말자. 소박했던 그의 삶을 사 진과 생활하던 가구 등의 물품으로 엿볼 수 있다. 1층은 아인슈타인 카페!

주소 Kramgasse 49, 3011 Bern
위치 버스 19, 12, 10번, 트램 7, 8번 Zytglogge 하차 후 도보 2분
운영 2024.2.1~12.20 10:00~17:00
※ 비운영기간: 2024.12.21~2025.1.31
요금 성인 CHF 7, 학생 CHF 5
※ 스위스 패스 소지자 할인 (성인 CHF 5)
전화 +41 (0)31 312 0091
홈피 www.einstein-bern.ch

★★★

치트글로게 Zytglogge

베른의 상징이 되고 있는 시계탑. 치트글로게는 1530년 완성된 움 직이는 형상물과 화려하게 장식된 천문시계로 마크트가세 Marktgasse 가 끝나는 교차로에 있다. 매시 4분 전이면 시계에 장치된 인형이 종을 울리기 위해 움직이기 시작 하고 이어서 곰이 나타난다. 마지 막에 시간의 신 크로노스가 모래 시계를 뒤집어 놓으면 인형이 망 치로 종을 두드린다. 이 광경을 보 기 위해 매시 10분 전부터 사람들 이 몰려든다.

주소 Zeitglockenturm(Zytglogge), Bim Zytglogge 3, 3011 Bern
위치 버스 10, 12, 19번, 트램 7, 8번 Zytglogge 하차
요금 무료(내부 관광은 가이드 투어로만 가능, 예약 필수)
가이드 투어 매일 14:15 성인 CHF 20

★★★

베른 대성당 Berner Münster

스위스 최대 기독교 건축물로 1421년 짓기 시작해 각기 다 른 건축가들에 의해 1893년 완공되었다. 교회 첨탑까지 걸 어서 올라갈 수 있으며 약 310개의 계단을 오르면 베른 전 경을 한눈에 볼 수 있다. 현재 첨탑까지는 그룹 또는 퍼블 릭 투어로만 진행됨.

주소 Münsterplatz 1, 3011 Bern
위치 12번 버스 Rathaus에서 하차 후 도보 2분
운영 매일(계절, 주중, 주말마다 다름)
전화 +41 (0)31 312 0462   홈피 www.bernermuenster.ch

로젠가르텐 Rosengarten

'장미 정원'이라는 뜻의 로젠가르텐은 베른 구시가지가 한눈에 들어와 인생샷을 찍기도 좋은 곳이다. 220여 종의 장미와 200여 종의 아이리스가 봄부터 가을까지 앞을 다투어 만개한다. 이곳에 위치한 레스토랑은 모든 사람이 즐겨 찾으며, 아인슈타인 모형이 있는 벤치가 눈길을 끈다. 곰 공원에서 오르막길을 따라 약 5~6분이면 도착한다.

주소   Alter Aargauerstalden 31b, 3006 Bern
위치   버스 10번 (Ostermundigen 방면) Rosengarten 하차, 버스 12번(Paul Klee Museum) Bärengraben 하차
운영   **공원** 연중 개방
      레스토랑 월~금 09:00~23:30
전화   +41 (0)31 331 3206
홈피   www.rosengarten.be

★★☆   GPS 46.948843, 7.474184

파울 클레 미술관 Zentrum Paul Klee

스위스 화가 파울 클레의 작품 4,000여 점이 전시되어 있는 공간으로 베른 외곽 전원지대에 위치한다. 전시 빌딩은 마치 세 개의 물결이 일렁이고 있는 모습으로 렌조 피아노가 설계했다. 단순한 전시공간을 넘어 아이들이 직접 작품 활동을 펼치는 프로그램도 마련되어 있으며, 어린이 박물관도 운영한다.

주소   Monument im Fruchtland 3, 3000 Bern
위치   버스 12번 Zentrum Paul Klee에서 하차
운영   화~일 10:00~17:00 **휴무** 월요일(일부 공휴일엔 월요일도 운영)
요금   성인 CHF 20, 학생 CHF 10, 어린이 CHF 7 ※ 스위스 뮤지엄 패스 유효
전화   + 41 (0)31 359 0101   홈피   www.zpk.org

Tip | 파울 클레 Paul Klee

파울 클레(1879~1940)는 스위스의 화가. 판화가로서 색채의 전조(轉調)나 큐비즘적 공간 구성, 쉬르레알리슴의 오토마티즘적 수법을 구사하여, 시기마다 화풍을 달리했다. 말기에는 단순한 형상·기호·암호에 의한 작화에 이르렀으며, 작품은 그때마다 다른 심정을 반영했다.

파울 클레가 그린 자화상

© Bern Tourism

❶ 유네스코 세계문화유산 **베른**

스위스의 수도, 베른은 유네스코에서 지정한 세계문화유산! 알프스의
웅장하고 황홀한 눈 덮인 전경과 아래 강이 감싸고 있는 구시가지는
그 자체로 놀랍다. 사암으로 건축된 아름다운 대성당과 비를 맞지 않고
걸어 다닐 수 있는 6km 길이의 아케이드는 중세 유럽 건축물의 보석
이라고도 불린다.

❷ 분수의 도시, 베른

베른에는 총 100개가 넘는 분수가 있다. 이 중 11개는 제작 당시의 모습을 그대로 간직하고 있다. 분수의 대
부분은 중세시대부터 제작되어 내려오는 것으로 다채로운 색감의 기둥에 정교한 조각상이 그 위에 올라가
있는 모습이다. 정의의 여신, 모세 등 신화나 성경 속에 등장하는 인물들을 주로 묘사하여 제작되었으며, 회
색빛 주변 건물들과 절묘한 조화를 이루고 있다.

🏛 베른 현대미술관 Kunstmuseum Bern ★★★

3,000여 점의 회화와 4만 8,000여 점의 드로잉, 인쇄물, 사진, 비디오와 영화가 소장된 곳으로 스위스에서 가장 오래된 미술관이기도 하다. 피카소, 클레, 호들러 등 세계 유명 화가의 작품과 19~20세기 인상주의, 큐비즘 등 다양한 예술사조와 지난 8세기를 아우르는 작품들의 터전이다.

주소 Hodlerstrasse 8, 3011 Bern
위치 중앙역에서 도보 약 2~3분
운영 화 10:00~21:00,
　　수~일 10:00~17:00
　　휴무 월요일 및 일부 공휴일
요금 **전관 가능 입장권** 성인 CHF 24,
　　학생 CHF 12
　　**베른 미술관 + 파울클레 미술관
　　콤보 입장권** 성인 CHF 32,
　　학생 CHF 18
　　※ 스위스 뮤지엄 패스 유효
전화 +41 (0)31 328 0944
홈피 www.kunstmuseumbern.ch

🏛 베른 역사박물관 & 아인슈타인 박물관 ★★☆
Bernisches Historisches Museum & Einstein Museum

베른 지역의 역사와 민족 등에 관해 알려주는 박물관이다. 석기시대부터 현재까지 유럽 전역의 다양한 문화를 보여준다. 위대한 과학자 알베르트 아인슈타인의 업적과 생애를 담은 아인슈타인 박물관이 바로 전 세계 역사의 한 페이지를 장식하듯 이곳에 함께한다.

주소 Helvetiaplatz 5, 3005 Bern
위치 중앙역에서 트램 6, 7, 8번
　　또는 버스 19번 탑승
　　Helvetiaplatz에서 하차 후
　　도보 5분
운영 화~일 10:00~17:00
　　**휴무 월요일 및 치벨레메리트
　　축제 기간 및 성탄절**
요금 **역사박물관 상설전시**
　　성인 CHF 16, 6~16세 CHF 8
　　아인슈타인 박물관 포함 시
　　성인 CHF 18, 6~16세 CHF 9
　　※ 스위스 뮤지엄 패스 유효
전화 +41 (0)31 350 7711
홈피 www.bhm.ch

© Bernisches Historisches Museum, Bern　© Bernisches Historisches Museum, Bern

아레 강 체험하기

무더운 여름철 베른을 방문한다면 아레 강에 발을 꼭 담가보았으면 한다. 곰 공원 가장 낮은 계단이야말로 최적의 장소. 만약 더 과감한 체험을 하고 싶다면 툰Thun에서부터 베른까지 아레 강을 따라 래프팅을 즐겨보기 바란다. 아레 강은 곳에 따라 유속이 매우 빨라 지역에 익숙하지 않은 여행객들이 혼자 하기엔 위험하니 전문업체를 통해 전문가이드가 진행하는 투어를 이용하는 것이 안전하다.

요금 **아레 강 보트 타기(반일 코스)** CHF 129~
홈피 **아웃도어 인터라켄** www.outdoor.ch

구르텐 Gurten

서울에 남산이 있다면, 베른에서는 구르텐이 그 역할을 한다. 구르텐은 베른 구릉지를 이용해 1999년 생긴 공원으로 이곳의 구르텐 호텔에서는 세미나와 각종 회의가 열린다. 베른 구시가지가 한눈에 들어오는 레스토랑에서는 외식을 하기에도 그만. 날씨가 좋다면 알프스 전경도 손에 닿을 듯 보인다. 공원에는 아이들이 좋아할 만한 미니 열차와 터보건, 놀이터가 있으며, 시민들은 가벼운 하이킹이나 산악자전거를 즐기러 이곳을 찾는다. 바베른Wabern에서 구르텐까지 푸니쿨라를 타면 5분이면 도착한다.

주소 Gurten-Park im Grünen,
3084 Wabern
위치 트램 9번 탑승 Wabern에서 하차 후 푸니쿨라 역까지 도보 7분
운영 매일 07:00 매 15분마다 운행,
마지막 하강 열차는 23:45
(일·공휴일 20:15) **휴무** 연중무휴
요금 **바베른-구르텐 왕복**
성인 CHF 11,
어린이(6~16세) CHF 5.5
※ 스위스 패스 및 베른 데이 티켓 유효(동행하는 만 16세 이하 무료)
전화 +41 (0)31 970 3333
홈피 www.gurtenpark.ch

Tip | 구르텐 페스티벌

한여름 4일 동안 구르텐에서 뮤직 페스티벌이 열린다. 환상적인 파노라마 경관을 무대로 라이브 공연과 디제잉이 펼쳐진다. 팝, 록, 펑크, 일렉트로, 소울 등 장르를 망라하여 전 세계에서 온 밴드들이 귀와 눈을 즐겁게 만든다.
운영 매년 7월 중순 4일간
홈피 www.gurtenfestival.ch

© Gurtenfestival

캠핑 Camping

스위스 수도, 베른에서 캠핑을 즐겨보는 것은 어떨까? 봄부터 가을까지 이곳을 찾는 여행객들에겐 베른의 캠핑장은 희소식이 아닐 수 없다. 구르텐과 가까운 바베른에 위치한 **아히홀츠**Eichholz 캠핑 사이트와 웨스트 사이드 쇼핑 센터와 가까운 **TSC 캠핑 베른 에이마트**Eymatt를 추천해 본다. 두 곳 모두 아래 강과 인접하고 있어 현지인들과 더불어 자연을 느껴볼 수 있다.

Camping Eichholz
주소 Standweg 49, 3084 Wabern
운영 4월 하순~9월 하순
홈피 www.campingeichholz.ch

TSC Camping Bern Eymatt
주소 Wohlenstrasse 62c, 3032
Hinterkappelen
운영 3월 하순~11월 하순
홈피 www.tcs.ch

베른 카니발 Fasnacht Bern

베른 카니발은 스위스에서 세 번째로 큰 규모의 이벤트로 자리매김했다. 목요일, 죄수의 탑의 곰이 드럼 소리에 기나긴 겨울잠을 깨고 자유의 몸이 된다는 설정하에 시작되는 행사는 다채로운 의상과 음악에 절로 흥이 난다. 페스티벌 참가자들은 마스크를 쓰고 떼를 지어 구시가지 곳곳을 몰려다닌다. 구겐무직-클리크Guggenmusik-Cliques라 불리는 카니발 음악대가 베른의 긴 아케이드를 시끌벅적한 음악으로 가득 채운다.

운영 2025.3.6~3.8
홈피 www.fasnacht.be

© Bern Tourism

Tip | 베른의 이벤트

중세 도시, 스위스 수도라는 타이틀에 얽매이지 않고, 베른은 활기 가득한 다양한 이벤트로 여행객들을 설레게 한다. 연방의사당 광장 앞은 활짝 열린 시민의 공간이며 이곳을 중심으로 또는 구시가지 곳곳에서 사계절 내내 오감을 자극하는 이벤트가 펼쳐진다. 베른 관광청 홈페이지를 통해 이벤트를 수시 체크해보자.

박물관의 밤 Museums Night Bern

매년 박물관의 밤 행사 때가 되면 차갑게 느껴지던 건물들이 화려한 조명으로 치장한다. 이 기간에 베른을 찾는 방문객이라면 마치 한 편의 잘 짜인 이색적인 쇼를 보는 듯할 것이다. 평소 박물관을 선호하지 않는 사람이라도 이때만큼은 함께 즐길 수 있다. 티켓은 중앙역 인포메이션 센터에서 CHF 25에 구입 가능하다. 이날은 늦은 시간까지 대중교통을 운행한다.

운영 매년 3월 중순
홈피 www.museumsnacht-bern.ch

© Nelly Rodriguee

© Nelly Rodriguee

연방의사당 광장 아이스링크
Bundesplatz Ice-rink

여름 여행은 이것저것 할 것도 많지만 겨울 도시 여행은 자칫 삭막할 수도 있다. 하지만 베른에서라면 걱정 없다! 연방의사당 광장이 겨울이면 아이스링크로 변신하기 때문. 발이 꽁꽁 얼었다면 아이스링크 레스토랑에서 따뜻한 차와 간식을 먹도록 하자.

운영 매년 12월 중순 이후~2월 중순(기후에 따라 변동)

양파축제 Zibelemärit

좀 우습게 들릴지도 모르겠지만, 베른의 양파시장. 치벨레메리트는 베른 주변의 농부들이 끈을 꼬아 엮은 50여 톤의 양파를 도자기, 채소, 전통 제품 등과 함께 판매한다. 새벽 5시, 동도 트지 않을 무렵부터 사람들은 이곳을 찾는다. 먹을거리, 살 거리가 함께 어우러지는 즐거운 행사.

운영 매년 11월 넷째 주 월요일

베엘러 베른 Beeler Bern

'스위스=초콜릿'이라는 다소 식상한 공식이지만 주변 지인들에게는 스위스 초콜릿, 달콤하고 이국적인 디저트는 언제나 먹히는(?) 선물이 아닐 수 없다. 좀 더 신경을 써야 하는 선물이라면 포장까지 세심하게 마친 베엘러 베른의 초콜릿, 디저트로 제격이 아닐 수 없다. 베른을 상징하는 곰, 치트글로게 등을 표현한 디저트도 구입 가능하다.

주소 본점 Spitalgasse 36, 3011 Bern
위치 구시가지, 중앙역에서 도보 3분
운영 월~금 07:30~19:00, 토 07:30~17:00, 일 08:30~18:00
전화 +41 (0)31 311 2808
홈피 www.confiserie-beeler.ch

Tip | 베른의 쇼핑

(지극히 개인적이지만) 사실 취리히보다 쇼핑하기 더 좋은 곳이 베른이 아닐까 싶다. 6km에 이르는 아케이드, 라우벤Lauben을 걷다 보면 백화점, 슈퍼, 식품점, 인테리어 소품 가게, 레스토랑, 카페까지 쇼핑의 경계를 허무는 경험을 하게 된다. 특히 비 오는 날이면 우산 없이도 쇼핑할 수 있어 편리하고, 우연히 발견한 작은 숍에서 여행의 소소한 기쁨도 누릴 수 있다.

웨스트사이드 쇼핑 & 레저 센터 Westside Shopping and Leisure Center

© Westside

베른 구시가지에서 살짝 벗어나 신시가지에 위치한 쇼핑, 숙박(홀리데이 인), 레저(스파 베른 아쿠아, 영화관) 시설이 함께 있는 현대적인 복합몰로 이곳 호텔에서 머물면서 낮에는 구시가지를 관광하고 저녁엔 가볍게 식사를 하거나 레저를 즐겨보는 것도 좋겠다.

주소 Riedbachstrasse 100, 3027 Bern
위치 신시가지, 베른 역에서 열차 S-Bahn(No. S5, S51, S52)으로 약 6분 거리
운영 **쇼핑센터** 월~목 09:00~20:00, 금 09:00~22:00, 토 08:00~17:00 **휴무** 일요일(레스토랑 및 영화관, 스파 시설은 일요일에도 영업)
전화 +41 (0)31 556 9111
홈피 www.westside.ch

샤 느와 Chat Noir

아무 의미 없는 기념품 대신 오랫동안 곁에 두고 여행지에서의 추억을 떠올리게 해줄 만한 포스터, 엽서, 생활용품. 아이디어 상품을 사보는 것은 어떨까? 아이들을 위한 기념품 가게인 르 프티 샤 느와(Theaterplatz 4)도 함께 운영
중이다. 참고로 샤 느와는 프랑스어로 검은 고양이라는 뜻이다.

주소 Marktgasse 53, 3011 Bern
운영 월 10:00~18:30, 화~수·금 09:00~18:30, 목 09:00~19:00, 토 09:00~17:00 **휴무** 일요일
전화 +41 (0)31 311 8185
홈피 www.chat-noir.ch

Tip | 베른의 별미, 베르너 하젤누스 레브쿠헨
Berner Haselnuss Lebkuchen

바젤의 렉컬리 후스Leckerli Huus와 풍미는 비슷하지만 헤이즐넛과 꿀 등을 이용해 훨씬 더 부드럽다. 설탕으로 베른의 상징인 곰을 만들어 장식한다. 베른 시내 곳곳에 있는 제과점에서 구입할 수 있다.

more & more 베른 쇼핑 더 즐기기

❶ 구시가지 내 상점

운영 월 09:00~18:30, 화·수 09:00~18:30, 목 09:00~20:00, 금 09:00~18:30, 토 09:00~17:00
휴무 일요일(중앙역 내 상점 제외)
※ 베른 중앙역에는 약 80여 개의 상점이 연중무휴로 운영

❷ 생산자 직거래 시장
베른 구시가지 곳곳에서 열리는 생산자 직거래 시장. '바렌마크트Warenmarkt'에서 이 지역 자영업자들의 조언을 들으며 그들이 생산한 독창적이고 질 좋은 상품을 구입할 수 있다. 여행자들에겐 색다른 문화와 향토 요리를 즐기는 이색적인 장소다.

주소 베른 구시가지 곳곳(Waisenhausplatz, Bärenplatz, Bundesplatz, Schauplatzgasse, Gurtengasse, Bundesgasse, Münstergasse)
운영 1~11월 화 08:00~18:00, 토 08:00~17:00 4~10월 목 09:00~18:00

콘하우스켈러 Kornhauskeller

과거 지상 3층은 곡식 저장고로, 지하는 와인을 담은 통을 보관했으나 1998년 카페, 바, 레스토랑으로 변모했다. 이곳은 건축학적으로도 의미가 있는데 12개의 기둥은 베르네제^{Bernese} 지방 여성들의 전통복장을, 아치 사이의 공간들은 르네상스시대 독일 남성 전통복장을 입은 31명의 음악가들이 표현되어 있다. 이곳에서의 식사는 베른 고유의 문화를 함께 맛볼 수 있는 귀중한 시간이 된다.

주소 Kornhausplatz 18, 3011 Bern
위치 버스 10, 12, 19번,
       트램 7, 8번 Zytglogge에서 하차 후 도보 1분
운영 **레스토랑** 월~토 11:30~14:30, 17:30~23:30
       바 월~목 17:00~23:30, 금·토 16:00~02:00
       휴무 일요일
전화 +41 (0)31 327 7272
홈피 www.kornhauskeller.ch

 쉬벨렌메텔리 Schwellenmätteli

아레 강 위로 뻗어 있는 테라스 레스토랑과 미팅을 하며 식사까지 가능한 귀글리바이츠^{Güggeli-Beiz}, 겨울에만 한시적으로 운영되는 퐁뒤 휘테^{Fondü Hütte}로 이루어져 있다. 이곳에서는 아레 강의 시원한 물소리와 연방의사당을 배경으로 자연과 벗 삼아 식사할 수 있다. 베른 역사박물관 가는 길목에 있다.

주소 Dalmaziquai 11, 3005 Bern
위치 중앙역에서 트램 6, 7, 8번 또는 버스 19번
       Helvetiaplatz 하차. 또는 연방의사당 바로 옆,
       Marzili에서 아레 강변 쪽으로 운행하는 푸니쿨라
       Drahtseilbahn Marzili–Stadt Bern를 타거나
       연방의사당에서 도보 10분
운영 **레스토랑 테라스** 월~토 09:00~23:30, 일 10:00~23:30
전화 +41 (0)31 350 5001
홈피 www.schwellenmaetteli.ch

`more & more` **베른의 한식당**

베른은 규모가 아담하지만, 수도인 까닭에 다양한 입맛을 만족시켜줄 레스토랑, 바, 패스트푸드점이 있다. 한식 메뉴도 눈에 띄는데, 특정 몇 곳을 제외하면 코로나로 인해 중국 음식점이 한식당으로 변경한 곳도 많다고 한다. 한식의 세계화가 이루어지는 과정에서 외국인이 한국 음식을 요리하는 것이 낯설지는 않지만, 그들도 한식의 근원 그리고 본질을 살려가며 요리했으면 하는 바람이 있다.

아리랑 Arirang
현지인들이 주요 고객일 정도로 인기인 아리랑은 비빔밥, 만두, 회덮밥, 불고기까지 단품 요리가 주를 이루며, 깔끔한 인테리어가 인상적이다. 테이크아웃 가능.

주소 Hirschengraben 11, 3011 Bern
운영 월~토 11:30~14:00, 17:45~20:30
       휴무 일요일
전화 +41 (0)31 329 2945
홈피 www.restaurant-arirang.ch

베른의 숙소

베른에 머문다면 호텔 사정은 주중보다 주말이 더 여유롭고 구시가지에서 살짝 벗어난 곳을 예약한다면 조금 더 저렴한 가격에 객실을 얻을 수 있다. 호텔, 호스텔, B&B, 캠핑 그리고 Pop-Up 호텔까지 예산, 기호, 여행 구성원에 따라 다양한 니즈를 맞출 수 있는 것이 장점이다. 만약 베른에 머물기로 한 날 예산에 비해 객실이 과하게 비싸다면 베른 인근 도시인 프리부르Fribourg나 툰Thun으로 알아보는 것도 현명하다.

5성급

호텔 벨뷰 팔라스 Hotel Bellevue Palace

아르누보 건축 양식의 호텔로 의회의사당 바로 옆 베른의 중심부에 위치. 알프스와 아레 강이 빚어내는 풍경이 예술. 최고의 호텔!

주소 Kochergasse 3-5, 3001 Bern
요금 더블 CHF 1,060~
전화 +41 (0)31 320 4545
홈피 www.bellevue-palace.ch/bern

4성급

베스트 웨스턴 플러스 호텔 베른
Best Western Plus Hotel Bern

세심한 서비스와 특색 있는 인테리어가 돋보이는 호텔. 구시가지 중심가에 위치하고 있다. 중앙역과도 가깝다. 한스 에르니Hans Erni가 손으로 엮은 카펫이 벽에 걸린 회의실이 유명하다.

주소 Zeughausgasse 9, 3011 Bern
요금 더블 CHF 200~
전화 +41 (0)31 329 2222
홈피 www.bestwestern.ch

3성급

호텔 시티 암 반호프
Hotel City am Bahnhof

중앙역 바로 앞에 위치해 있기 때문에 베른을 처음 찾는 여행자라도 문제없이 찾을 수 있는 호텔이다. 기본에 충실한 느낌을 주며 투숙객들에게 친절한 호텔 스태프들이 인상적이다. 비즈니스 및 대중교통을 이용하는 여행자에게 적합하다.

주소 Bubenbergplatz 7, 3011 Bern
요금 더블 CHF 180~
전화 +41 (0)31 311 5377
메일 cityab@fhotels.ch
홈피 www.fassbindhotels.com

3성급

소렐 호텔 아도르 베른
Sorell Hotel Ador Bern

중앙역에서 도보 3분. 구시가지에서 약 5분 거리. 주변에 카페, 레스토랑들이 많아 이용하기 편리하다. 3성이지만 서비스, 청결도, 인테리어는 웬만한 4성급 수준.

주소 Laupenstrasse 15, 3001 Bern
요금 더블 CHF 250~, 싱글 CHF 200~
홈피 www.sorellhotels.com/en/ador/bern

Pop-Up Hotel

호텔 촐하우스 Zollhaus One Suite Hotel

아레 강 위에 놓인 다리, 니더브뤼케Nydeggbrücke에 위치한 팝업 호텔로 1844년까지 세금을 받던 조그마한 세관을 개조하여 만든 이색 숙소다. 하나의 스위트 객실만을 운영하며, 나만을 위한 공간을 지향하고, 이색적인 경험을 하고자 하는 낭만여행객에게 딱 어울리는 장소다. 예약은 홈페이지에서 가능.

주소 Grosser Muristalden 2, 3006 Bern
요금 CHF 350~
전화 +41 (0)31 368 1415
홈피 www.zollhausbern.ch

호스텔 77 Hostel 77

2018년 문을 연 호스텔로 과거 병원으로 운영되던 건물을 개조한 곳이다. 젊은 감각으로 밝고 모던하게 꾸민 것이 인상적이다. 세탁시설과 주방이 있어 편리하고 호스텔이지만 조식도 제공된다.

주소 Morillonstrasse 77, 3007 Bern
요금 싱글 CHF 95~, 4인실 1인당 CHF 46~,
　　　 가족실(4인 가능) 1인당 CHF 38, 더블룸 CHF 116~
전화 +41 (0)31 970 7000
홈피 www.hostel77.ch

베른 유스호스텔 Bern Youth Hostel

의회의사당 뒤편 아레 강을 따라 걸어가거나 푸니쿨라를 타고 내려가면 찾기 쉽다. 가족적인 분위기가 특징이다. 싱글, 더블, 가족을 위한 객실, 다인실까지 여행 규모에 맞게 선택 가능하다.

주소 Weihergasse 4, 3005 Bern
요금 싱글 CHF 127~, 더블 CHF 134~,
　　　 4인실 1인당 CHF 58~
　　　 ※ 호스텔 카드 프리미엄 소지자 할인 혜택 있음
전화 +41 (0)31 326 1111
홈피 www.youthhostel.ch/en/hostels/bern

more & more 베른의 지하 갤러리

베른의 아케이드 라우벤Lauben과 더불어 매우 인상적인 것이 바로 지하 갤러리들이다. 라우벤 옆에 마치 부속품처럼 군데군데 설치되어 있는 지하 갤러리들은 과거 저장고로 사용되던 곳으로 현재는 극장, 아트 갤러리, 카페, 심지어 이발소로도 이용되고 있다. 구시가지를 걷다가 지하 갤러리를 발견한다면 꼭 들러보자.

베른 주변 지역

베른 시를 건립한 체링엔 가문의 역사적 발자취를 살펴볼 수 있는 베른 주변 지역 으로 떠나보자. 베른과 꼭 닮은 중세 요새 도시인 **프리부르/프라이부르크**Fribourg/ Freiburg에서는 고즈넉한 배경으로 스냅사진을 찍는 것도 좋겠다. 만약 미식가라면 스위스 3대 치즈 중 하나인 **그뤼에르**Gruyères 치즈마을에서 치즈 퐁뒤를, 스위스 최 초의 밀크 초콜릿 공장 **브록**Broc의 **메종 까이에**Maison Cailler에서 달콤한 초콜릿을 맛보자.

✛ 프리부르/프라이부르크 Fribourg/Freiburg

프리부르 주의 주도로 스위스 가톨릭의 중심지이다. 시민의 대부분은 프랑스어를 사용한다. 체링엔 가문의 베르톨트 4세에 의해 1157년에 세워진 도시로 독일어로 Frei(자유), Burg(요새)를 뜻한다.
도시에서 가장 오래된 곳들은 사린Sarine(또는 자네Saane) 강 삼면이 둘러싸인 절벽 초입에 있다. 도시는 하나의 거대한 요새와도 같아 강변에서 올려다보는 도시와 사린 강을 가로질러 건축된 여섯 개의 다리는 그야말로 중세 도시의 전형을 보는 듯하다. 프리부르 관광청에서 중세 시대 프리부르 방어시설들을 둘러보는 가이드 투어도 마련해두고 있다. 특히 베른과는 열차로 채 30분이 걸리지 않으므로, 베른에서 숙소를 구하는 게 여의치 않을 경우 프리부르에서 머무는 것도 좋은 방법!

프리부르/프라이부르크로 이동하기
- 베른에서 열차로 약 30분
- 제네바에서 열차로 약 1시간 25분
- 그뤼에르에서 열차로 약 1시간(1회 환승)
- 취리히에서 열차로 약 1시간 25분

프리부르에서 알아두면 좋은 정보

1. 프리부르 시티 카드
프리부르 여행객 중 스위스 트래블 패스 비소지자라면 프리부르 시티 카드를 구입해 도시 곳곳을 여행해보자. 대중교통(ZONE 10에 한함), 푸니쿨라, 미니 열차, 주요 박물관 및 수영장을 무료로 이용할 수 있는 혜택이 있다. 1일권, 2일권으로 나뉘며, 동계는 하계보다 이용할 수 있는 시설이 적은 만큼 가격이 더 저렴하다. 온라인 구매 가능. 어플로 다운로드 가능.

요금 **하계 기준(4~10월) 1일권** 성인 CHF 20, 어린이(6~16세) CHF 10
2일권 성인 CHF 30, 어린이(6~16세) CHF 12

2. 4번 버스 타고 프리부르 둘러보기
도시의 지형을 파악하고 투어를 진행하는 것이 순서. 프리부르 기차역 내의 버스 정류장에서 출발하는 4번 버스를 타고 종착역 Auge Sous-Pont까지 타고 가다 보면 주요 스폿을 지나게 된다.

3. 미니 열차
고지대와 저지대로 나뉘어 처음 이 도시를 찾는 사람들에겐 다소 헷갈릴 수 있으니, 미니 열차를 타고 주요 스폿을 1시간 동안 둘러보는 것도 좋다. 열차의 출발 및 도착은 프리부르 관광안내소에서 이루어진다.

주소 **프리부르 관광안내소** Place Jean Tinguely 1
운영 **4·5·6·9·10월** 화~일 10:00, 11:00, 13:00, 14:00, 15:00, 16:00
7·8월은 동시간대 매일 운영
요금 **데이 패스** 성인 CHF 15, 어린이(만 6~15세) CHF 10 ※ 시티 카드 소지자 무료

★ 인포메이션 센터
주소 Place Jean Tinguely 1,
Case postale 1120,
1701 Fribourg
운영 월~금 09:00~18:00,
토(5~9월) 09:00~16:00,
토(10~4월) 09:00~13:00,
일(5~9월) 10:00~15:00
휴무 일요일(5~9월 제외),
법정 공휴일
전화 +41 (0)26 350 1111
홈피 www.fribourgtourisme.
ch

© Fribourg Tourisme

Tip | 수도원 스테이

가톨릭의 주요 도시, 프리부르에서는 수도원 스테이가 가능하다. 영혼의 안식을 얻고자 하는 사람들에게 추천하고 싶다. 프란시스 수도원Franciscan Convent에서 가능.
홈피 www.cordeliers.ch/
fr/couvents/suisse/
fribourg/pelerins/

4. 프리부르의 명물, 푸니쿨라 Funiculaire de Fribourg

도시 남부 저지대, 도시에서 가장 오래된 구시가지인, Basse-Ville와 도시 중심부인 고지대까지 운행하는 푸니쿨라는 이 도시의 진정한 아이콘. 이곳 푸니쿨라는 스위스 국가유산 목록에도 올라가 있을 정도다. 도시 폐수를 이용해 1899년부터 운행되고 있다.

운영 **9~5월** 월~금 07:00~19:00, 일·공휴일 09:30~19:00
     6~8월 월~금 07:00~20:00, 일·공휴일 09:30~19:00
운행 6분 간격, 약 2분 소요
요금 1회 CHF 2.9
     ※ 스위스 패스 소지자 CHF 2.2, 시티카드 소지자 무료
홈피 www.tpf.ch

 ★★★

GPS 46.806132, 7.163209

성 니콜라스 성당 Cathédrale St. Nicolas

1283년 건축을 시작해 1490년에 완공된 고딕 양식의 성당이다. 성당의 첨탑은 74m 높이로 도시 곳곳에서 눈에 띄어 가히 프리부르의 랜드마크라 할 수 있다. 총 365개의 계단으로 이루어진 첨탑을 천천히 올라가 보면 이 도시의 전망이 한눈에 들어온다. 성당 주입구의 〈최후의 심판〉을 묘사한 조각과 아르누보 양식의 스테인드글라스, 13개의 종으로 유명하다. 성당 오르간은 프란츠 리츠마저 칭찬을 아끼지 않았던 이 지역 오르간 제작자, 알로아 모제Aloys Mooser가 10년 동안 심혈을 기울여 제작한 것이다. 매해 12월 첫 주에는 니콜라스 성인의 축제가 3일 동안 열린다.

주소 Rue des Chanoines 3,
     1700 Fribourg
위치 프리부르 역에서 2, 6번 버스 탑승.
     Bourg 역에서 하차. 도보 2분 거리
운영 월~토 10:00~18:00,
     일·공휴일 12:00~17:00
     첨탑 3~11월까지 개방
요금 성인 CHF 5,
     어린이(6~16세) CHF 2
전화 +41 (0)26 347 1040
홈피 www.stnicolas.ch

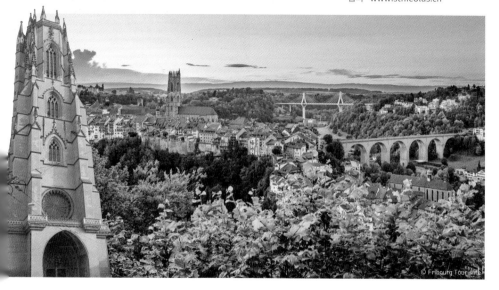

© Fribourg Tourisme

243

★★☆ 프리부르 중세 방어시설과 오래된 분수들

프리부르는 중세시대 중요한 요충지였기 때문에 도시 저지대와 사린 강이 만나 경계를 이루는 곳에 방어시설을 구축해 놓았다고 한다. 2km에 달하는 성벽, 14개의 탑, 돌다리 등이 매우 이색적이다. 4번 버스를 타면 주요 유적을 창밖으로 볼 수 있으며, St-Jean Eglise 정류장에서 내려 중심지까지 천천히 걸으면 오래된 분수들도 만날 수 있다.

GPS 46.807132, 7.161392

★★☆ 장 팅겔리 & 니키 드 생팔 미술관 Espace Jean Tinguely & Niki de Saint Phalle

과거에 전차 차고로 이용되던 프리부르 예술가 박물관 근처 건물을 개조하여 들어선 미술관이다. 20세기 위대한 예술가 장 팅겔리와 그의 부인이자 또 한 명의 훌륭한 예술가인 니키 드 생팔의 작품을 전시해놓은 곳이다. 장 팅겔리는 움직이는 예술작품에 천재적인 소질을 타고난 작가. 그의 작품들은 보고, 듣고, 만지고 때로는 냄새까지 맡도록 고안된 것이 특징이다. 니키 드 생팔의 작품에서 놓치지 말아야 할 것은 〈나나 Nanas〉다.

주소 Rue de Morat 2, 1700 Fribourg
위치 Fribourg, St. Pierre에서 버스 2번 탑승
　　 또는 프리부르 기차역에서 버스 123번 탑승,
　　 Fribourg, Tilleul에서 하차(1개 정거장) 후 도보 2분
운영 수·금~일 11:00~18:00, 목 11:00~20:00
　　 휴무 월·화요일, 일부 공휴일
요금 성인 CHF 7, 학생 CHF 5
　　 ※ 프리부르 시티 카드 소지자 1회 무료입장
전화 +41 (0)26 305 5140
홈피 www.fr.ch/mahf

✚ 그뤼에르 Gruyères

백작 가문의 영지였던 이 작은 마을은, 이곳에서 생산되는 그뤼에르 치즈로 세계적으로 널리 알려지게 되었다. 그뤼에르는 행정상 프리부르 Fribourg 주에 속하며 그뤼에르 역에 도착하여 마을을 향해 언덕을 오르다 보면 마치 중세시대를 향해 빨려 들어가는 듯한 느낌을 받게 된다. 대단한 관광지는 없으나 알프스 전 지대의 넓은 초원과 깨끗한 자연, 전통을 이어오고 있는 이들의 다채로운 문화가 매력적인 곳이다.

그뤼에르로 이동하기
- 베른에서 약 1시간 50분(뷜Bulle에서 환승)
- 로잔에서 약 1시간 30분(2번 환승)

★ 인포메이션 센터

주소 Rue du Bourg 1,
　　 Case Postale 123,
　　 1663 Gruyeres

운영 **1·2월** 월~금 13:00~16:30,
　　 토·일 10:30~12:00,
　　 13:00~16:30
　　 3·11·12월 10:30~12:00,
　　 13:00~16:30
　　 4월 10:30~12:00,
　　 13:00~17:30
　　 5·6·9·10월 09:30~12:00,
　　 13:00~17:30
　　 7·8월 09:30~17:30
　　 휴무 일부 공휴일

전화 +41 (0)26 919 8500

홈피 www.la-gruyere.ch

Tip | 그뤼에르 맛집 추천

❶ Chalet de Gruyères
주소 Rue du Bourg 53
위치 고성으로 가는 길 초입 좌측
홈피 www.chalet-gruyeres.ch

❷ Hôtel La Fleur de Lys
주소 Rue du Bourg 14
위치 타운 광장 초입에 위치
홈피 www.hotelfleurdelys.ch

★★★

GPS 46.584702, 7.083938

🏛 HR 기거 박물관 HR Giger Museum

오스카 시각효과상을 수상한 스위스 출신 예술가 HR 기거의 독특한 작품세계를 반영한 박물관이다. 아름다운 그뤼에르와 그로테스크하고 괴기스러운 그의 작품의 만남은 다소 이질적이지만 색다른 경험을 선사한다. 현실과 이상, 과거와 미래를 넘나드는 회화, 조각, 필름 등 다양한 작품을 만날 수 있다. 박물관 앞 좁은 골목을 마주하고 그로테스크한 매력이 있는 기거 바Giger Bar가 있다. 영화 〈에일리언〉 시리즈를 보고 자란 중년층이 매우 좋아하는 곳.

주소 Château St. Germain,
　　 1663 Gruyères

위치 고성에서 남서쪽 방면으로 100m
　　 도보 2분

운영 **4~10월** 월~금 10:00~18:00,
　　 토·일 10:00~18:30
　　 11~3월 화~금 13:00~17:00,
　　 토·일 10:00~18:00
　　 휴무 11~3월 월요일

요금 성인 CHF 12.5, 학생 CHF 8.5,
　　 어린이 CHF 4

전화 +41 (0)26 921 2200

홈피 www.hrgigermuseum.com

★★☆ 그뤼에르 성 Château de Gruyères

13세기에 건축되어 그뤼에르의 백작들이 기거했던 고성이다. 백작 미헬 Michel이 재정적으로 어려워지면서 채권자에게 성을 넘긴 것을 시작으로 주인이 여러 번 바뀌었다. 마침내 1938년 프리부르 주가 이 성을 매각하여 박물관을 재개관했고, 이후 상설전시회 및 특별전시를 꾸준히 열고 있다. 성의 안뜰이 매우 아름다우며, 마을 가장 높은 곳에 위치한 고성답게 주변 전경을 감상하기에 더없이 좋다.

주소	Rue de Château 8, 1663 Gruyères
위치	그뤼에르 기차역에서 Route de la Cité에서 Rue du Bourg로 진입 계속 걷다가 Rue du Château로 계속 진행 도보 10분
운영	4~10월 09:00~18:00, 11~3월 10:00~17:00
요금	성인 CHF 12, 학생 CHF 8, 어린이(6~15세) CHF 4 ※ **콤비네이션 티켓** 그뤼에르 성 외에 HR 기거 박물관이나 그뤼에르의 집을 함께 방문하고자 한다면, 저렴한 혜택이 있는 콤비네이션 티켓 이용 가능. 고성+그뤼에르의 집 CHF 16(정상가 CHF 19)
전화	+41 (0)26 921 2102
홈피	www.chateau-gruyeres.ch

★★☆ 그뤼에르의 집(치즈 공방) La Maison du Gruyère(Cheese-dairy)

그뤼에르 치즈Le Gruyère AOP의 역사와 전통적인 방법으로 치즈 만드는 과정, 소와 관련된 문화 등을 이곳 박물관에서 자세히 보여준다. 또한 장인이 현대적인 시설에서 직접 치즈를 만드는 모습을 지켜볼 수 있다. 공방에 함께 자리한 레스토랑에서는 치즈를 이용한 다양한 음식도 맛볼 수 있고, 숍에서는 그뤼에르 특산물도 구입할 수 있다.

© La Maison du Gruyère

주소	Pringy-Gruyères
위치	그뤼에르 기차역 바로 앞
운영	09:00~18:00 **치즈 생산 과정 실연** 하루 2~4회 09:00~12:30 사이
요금	성인 CHF 7, 학생 CHF 6, 어린이(~12세) CHF 3
전화	+41 (0)26 921 8400
홈피	www.lamaisondugruyere.ch

🍴 그뤼에르의 향토 음식

▶▶ 퀴숄르 빵 Cuchaule Bread

프리부르 주의 전통적인 빵으로 사프란을 넣어 노란색을 띤다. 쌉싸름하면서 달콤한 베니숑 머스터드Moutarde de Bénichon를 잼처럼 발라 먹는다.

▶▶ 머랭 Meringue

정말 맛있지만 칼로리 때문에 살짝 걱정되는 디저트로 계란 흰자를 거품 내어 오븐에 구워 만든다. 더블크림과 계절에 따라 딸기류를 곁들여 먹게 된다.

▶▶ 퐁뒤 므와티에-므와티에 Fondue Moitié-Moitié

그뤼에르 치즈와 바슈랭 프리부르 치즈Vacherin Fribourgeois AOP를 감자 녹말과 화이트와인과 함께 작은 냄비에 넣어 녹여 빵에 찍어 먹는다.

➕ 브록 Broc

브록은 그뤼에르에 속한 작은 마을로, 차로 5분 거리에 위치한다. 인구 2600명 정도 되는 이 작은 마을의 핵심은 메종 까이에^{Maison Cailler} 초콜릿 공장이다. 1819년 브베에서 시작한 까이에는 1898년부터는 브록에 최초의 밀크 초콜릿 공장을 만들어서 브록의 경제를 책임져 왔다. 메종 까이에의 브랜드 관련 퀴즈를 풀어보는 '아웃도어 게임'을 하며 브록 마을을 돌아볼 수 있다.

브록 이동하기
- 베른에서 열차로 1시간 18분 소요(직통)
- 그뤼에르 열차/버스로 15분 소요(Broc Village에서 환승)

'스위스 셀프 트래블' 독자들을 위한
입장료 20% 할인 코드
SwissSelfTravel

까이에 홈페이지 상단 Ticket 클릭 후, 나오는 Promotional code 칸에 'Swiss SelfTravel'을 넣으면 20% 할인 적용
※ 할인적용금액 CHF 13.60(성인), 2024년 12월 31일까지 사용 가능

Tip | 초콜릿 익스프레스

베른에서 메종 까이에 바로 마당 앞까지 가는 직통 열차가 2023년 개통했다. 07:09부터 1시간 단위로 열차가 베른에서 출발한다. 일반 열차이므로 스위스 패스로 이용 가능하다.

★★★

GPS 46.606931, 7.108710

📷 네슬레 초콜릿 공장 '메종 까이에' Maison Cailler

'다른 스위스 초콜릿 브랜드의 공장과 다르게, 메종 까이에 제품에 들어가는 우유는 저기 그뤼에르 들판에 있는 소들로부터 나온다'를 엄청 강조하는 메종 까이에는 높은 품질의 밀크 초콜릿으로 스위스에서는 정평이 나 있고, 처음으로 우유를 초콜릿과 합치는 기술을 만든 덕에 더욱 유명하기도 하다. 하지만 스위스 국내 생산만 하기 때문에, 공장에 들러 관람하고 초콜릿을 사야 할 이유가 있다. 물론 스위스 슈퍼마켓에서도 까이에 초콜릿을 팔지만, 메종 까이에 기념품 숍에 있는 초콜릿의 종류는 상상초월이다. 예전 까이에 광고를 살린 옛스런 틴 케이스는 구매욕을 자극한다. 공장과 함께 있는 초콜릿 박물관에 들어서면 놀이공원 롯데월드의 '신밧드의 모험'을 시작한 것 같다. 8개의 인터렉티브한 체험을 통해 카카오부터 스위스 초콜릿의 역사를 남녀노소 쉽게 알게 된다.
이후 초콜릿 무료 시식과 공장 제조 과정을 관람한다. 초콜릿 러버나 아이들과 함께라면, 마스터 쇼콜라티에와 함께 초콜릿을 만들어보는 '초콜릿 워크숍'에 도전하자.

주소 Chocolaterie Suisse, Rue Jules Bellet 7, 1636 Broc
위치 기차역 Broc-Chocolaterie에서 바로 하차
운영 연중무휴. 11~3월 10:00~17:00, 4~10월 10:00~18:00
요금 성인 CHF 17, 6~15세 CHF 7, 스위스 패스 소지자 및 6세 미만 무료
　　※ 초콜릿 만들기 체험(1시간) 시 CHF 25(체험 진행 시 입장료 성인 CHF 8.50, 6~15세 CHF 3.50)
　　※ 한국어 오디오 가이드 무료
전화 + 41 (0)26 921 5960
홈피 www.cailler.ch

이 산이 나를 오라 하네.
산을 오르는 것이 아니라, 산이 나를 불러 간다 했던가?
배낭 하나 둘러메고 등산화를 신었을 뿐인데
벌써 자연과 나는 하나가 된다.
한 걸음 한 걸음 걸을 때마다 마음의 무거운 짐을
하나씩 하나씩 그에게 털어낸다. 그리고 다시
겸허하게 이 세상을 살아가겠노라 다짐해본다.
산은, 자연은 내게 가르치려 하지 않는다.
내가 그에게서 얻어갈 뿐! 산은 언제나 무덤덤하고
속정 깊은 아버지와 같이 나의 등을 토닥여준다.

BERNER OBERLAND

베르너 오버란트-융프라우 지역

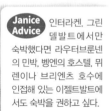

Janice Advice 인터라켄, 그린델발트에서만 숙박했다면 라우터브룬넨의 민박, 벵엔의 호스텔, 뮈렌이나 브리엔츠 호수에 인접해 있는 이젤트발트에서도 숙박을 권하고 싶다.

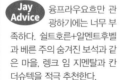

Jay Advice 융프라우요흐만 관광하기에는 너무 부족하다. 쉴트호른+알멘트후벨과 베른 주의 숨겨진 보석과 같은 마을, 렝크 임 지멘탈과 칸더슈텍을 적극 추천한다.

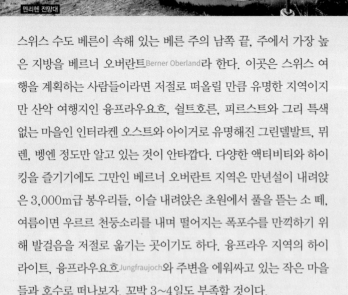
멘리헨 전망대

스위스 수도 베른이 속해 있는 베른 주의 남쪽 끝, 주에서 가장 높은 지방을 베르너 오버란트Berner Oberland라 한다. 이곳은 스위스 여행을 계획하는 사람들이라면 저절로 떠오를 만큼 유명한 지역이지만 산악 여행지인 융프라우요흐, 쉴트호른, 피르스트와 그리 특색 없는 마을인 인터라켄 오스트와 아이거로 유명해진 그린델발트, 뮈렌, 벵엔 정도만 알고 있는 것이 안타깝다. 다양한 액티비티와 하이킹을 즐기기에도 그만인 베르너 오버란트 지역은 만년설이 내려앉은 3,000m급 봉우리들, 이슬 내려앉은 초원에서 풀을 뜯는 소 떼, 여름이면 우르르 천둥소리를 내며 떨어지는 폭포수를 만끽하기 위해 발걸음을 저절로 옮기는 곳이기도 하다. 융프라우 지역의 하이라이트, 융프라우요흐Jungfraujoch와 주변을 에워싸고 있는 작은 마을들과 호수로 떠나보자. 꼬박 3~4일도 부족할 것이다.

여행정보

- 교통거점 인터라켄 동역
- 주 베른
- 주요 언어 독일어
- 키워드 융프라우요흐, 산악열차, 아이거, 뫼히, 툰과 브리엔츠 호수, 하이킹, 액티비티, 호숫가 작은 마을들
- 주요 산악 여행지 융프라우요흐, 피르스트, 쉴트호른, 하더쿨룸, 쉬니게 플라테
- 주요 마을 인터라켄, 그린델발트, 라우터브룬넨, 벵엔, 뮈렌, 툰, 브리엔츠
- 새로운 여행지 렝크 임 지멘탈, 슈톡호른, 칸더슈텍(외슈넨 호수)

🔵 추천 여행 일정

1일 일정　안타깝게도 1일만 융프라우 지역에서 체류할 예정이라면, 융프라우 VIP 1일권 패스를 구매하여 패스에 포함된 혜택들을 알뜰하게 사용해보자.

- **오전:** 그린델발트 터미널 출발 → [아이거 익스프레스 곤돌라] → 아이거글레처 → [산악열차] → 융프라우요흐 → [산악열차] → 클라이네 샤이덱에서 점심 식사
- **오후:** 클라이네 샤이덱 → [하이킹 1.5시간] → 멘리헨 → [케이블카] → 벵엔
- **저녁:** 인터라켄에서 하더쿨름에 올라 저녁 식사

2일 일정　다소 빡빡했던 1일 일정을 좀 더 여유 있게 나누어 즐겨보는 것이 좋다. 융프라우 VIP 2일권 패스를 이용하여 브리엔츠 호숫가의 드라마 촬영지 이젤트발트Iseltwald 또는 기스바흐Giesbach, 생각을 뛰어넘을 정도로 멋있는 도시, 툰Thun에서 저녁 시간을 보내는 것을 추천하고 싶다.

- 1일 일정 + 피르스트 등정 및 바흐알프제Bachalpsee 주변 하이킹과 액티비티 체험

※ 피르스트에서 가능한 액티비티: 플라이어, 글라이더, 마운틴 카트, 트로티 바이크 등

3일 일정　렝크Lenk는 베르너 오버란트에서 외국인 관광객이 가장 적은 지역 중 하나로, 오염되지 않은 자연환경과 유황온천으로 유명한 보석과도 같은 마을이다. 칸더슈텍Kandersteg은 산정호수인 외슈넨 호수로 유명한 산악마을로, 체르마트가 있는 발레 주까지 기차로 이동하기 편리하다.

- 1, 2일 일정 + 인근 지역 렝크, 칸더슈텍 또는 쉴트호른 관광
- 인터라켄 → [골든패스 라인 파노라믹 열차] → 츠바이짐멘 이동, 환승하여 렝크로 이동
- 칸더슈텍으로 이동하여 외슈넨 호수Oschnensee, 블라우 호수Blausee 관광
- 산악 여행에 많은 관심이 있다면, 라우터브룬넨Lauterbrunnen에서 갈 수 있는 쉴트호른Schilthorn 추천

© YOUNGWOONG KO

바흐알프제, 피르스트

✚ 인터라켄으로 이동하기

융프라우 지역은 베르너 오버란트 지역 중 가장 널리 알려진 융프라우 (4,158m)를 포함한 주변 산악 지역 및 007 산으로 유명한 쉴트호른 등 매우 다채로운 산악 여행지와 호수들이 조화를 이룬 곳이다. 이 지역을 여행하기 위한 거점을 인터라켄으로 베른, 루체른 등 주요 도시에서 편안하게 이동할 수 있는 교통 편의 지역이다.

1. 스위스 내에서 열차로 이동하기

인터라켄은 동쪽의 인터라켄 동역Interlaken Ost과 서쪽의 인터라켄 서역 Interlaken West으로 나뉜다. 2023년부터 취리히공항(취리히중앙역Zurich HB 경유)에서 인터라켄까지 직행 열차가 07:45~18:45까지 약 2시간 간격으로 운행되어 편리하다. 만약 기다리는 시간이 지루하다면, 경유 편을 이용해도 된다.

취리히 공항 출발 시간 07:45/10:45/12:45/14:45/16:45/18:45(인터라켄 오스트까지 2시간 소요) **열차 타임테이블 체크** www.sbb.ch

- 취리히 중앙역 → 인터라켄 동역 (베른 1회 경유) 약 1시간 55분

※ 루체른을 경유하는 편도 있음. 10분 정도 더 걸림
※ 인터라켄 서역 정차함

- 루체른 → 인터라켄 동역 (직행) Luzern–Interlaken Express 탑승. 약 1시간 50분

※ 예약은 따로 필요하지 않으며, 점심시간을 이용하여 이동할 예정이라면 열차 내에 식당칸에서 간단한 식사를 즐길 수도 있다.
※ 인터라켄 서역은 정차하지 않음

- 베른 → 인터라켄 동역 (직행) 약 50분
- 제네바 → 인터라켄 동역 (베른 1회 경유) 약 2시간 55분

2. 파리에서 열차로 이동하기

- 파리 동역Paris-Est → 인터라켄 동역 (Strasbourg Ville과 Basel 2회 또는 Basel에서 1회 경유) 약 5시간 35분
- 파리 리옹역Paris-Gare de Lyon → 인터라켄 동역 (Basel 1회 경유) 약 5시간 35분

※ 파리 리옹역–바젤: TGV 이용

Tip | 인터라켄의 어원

인터라켄은 지도에서 보면 알 수 있는 툰과 브리엔츠 호수 사이에 있는 마을이다. Inter 는 사이, Laken은 호수라는 뜻으로 말 그대로 '호수 사이' 를 의미한다.

3. 인터라켄 + 주변 지역 포스트버스 이용하기

- 인터라켄 동역과 서역 걷기에 살짝 애매한 거리. 동역과 서역 바로 앞에 버스 정류장에서 구간을 운행하는 포스트버스를 이용할 수 있다(103번, 102번, 104번).
- 103번 버스 브리엔츠 호수 주변 작은 마을(뵈니겐, 이젤트발트 등)로 운행
- 21번 버스 툰 호수 주변 작은 마을로 운행
- 자세한 시간표는 열차와 마찬가지로 www.sbb.ch에서 검색 가능

★ 융프라우 지역 내 포스트버스 운행구간 안내도(스위스 패스 적용 구간)

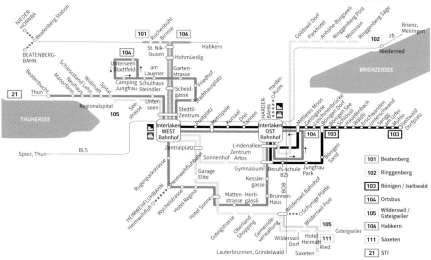

101	Beatenberg
102	Ringgenberg
103	Bönigen / Iseltwald
104	Ortsbus
105	Wilderswil / Gsteigwiler
106	Habkern
111	Saxeten
21	STI

Tip | 인터라켄 게스트 카드 Interlaken Visitor's Card

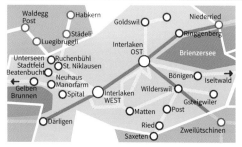

인터라켄 및 주변 마을(Matten, Unterseen, Wilderswil, Saxeten, Gsteigwiler, Bönigen, Iseltwald 등), 합케른Hapkern, 베아텐베르크 Beatenberg에서 1박 이상 숙박하는 방문객들에게는 대중교통 수단을 무료로 이용할 수 있도록 게스트 카드(방문객 카드)를 발급해준다. 각종 액티비티, 입장료 등도 할인 혜택도 있다.

━━ 열차   버스

융프라우 지역

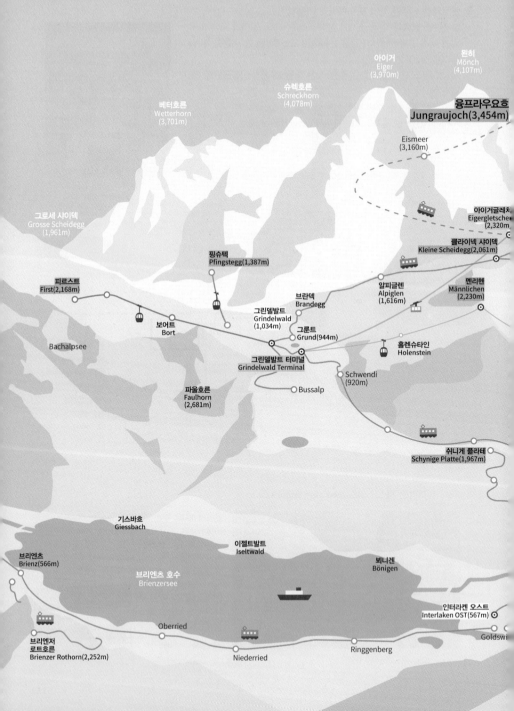

베터호른
Wetterhorn
(3,701m)

슈렉호른
Schreckhorn
(4,078m)

아이거
Eiger
(3,970m)

묀히
Mönch
(4,107m)

융프라우요흐
Jungraujoch(3,454m)

Eismeer
(3,160m)

그로세 샤이덱
Grosse Scheidegg
(1,961m)

핑슈텍
Pfingstegg(1,387m)

아이거글레처
Eigergletsche
(2,320m

클라이네 샤이덱
Kleine Scheidegg(2,061m)

피르스트
First(2,168m)

보어트
Bort

브란덱
Brandegg

알피글렌
Alpiglen
(1,616m)

멘리헨
Männlichen
(2,230m)

그린델발트
Grindelwald
(1,034m)

그룬트
Grund(944m)

홀렌슈타인
Holenstein

Bachalpsee

그린델발트 터미널
Grindelwald Terminal

Schwendi
(920m)

파울호른
Faulhorn
(2,681m)

Bussalp

쉬니게 플라테(1,967m)
Schynige Platte(1,967m)

기스바흐
Giessbach

이젤트발트
Iseltwald

뵈니겐
Bönigen

브리엔츠
Brienz(566m)

브리엔츠 호수
Brienzersee

인터라켄 오스트
Interlaken OST(567m)

Goldswi

브리엔저
로트호른
Brienzer Rothorn(2,252m)

Oberried

Niederried

Ringgenberg

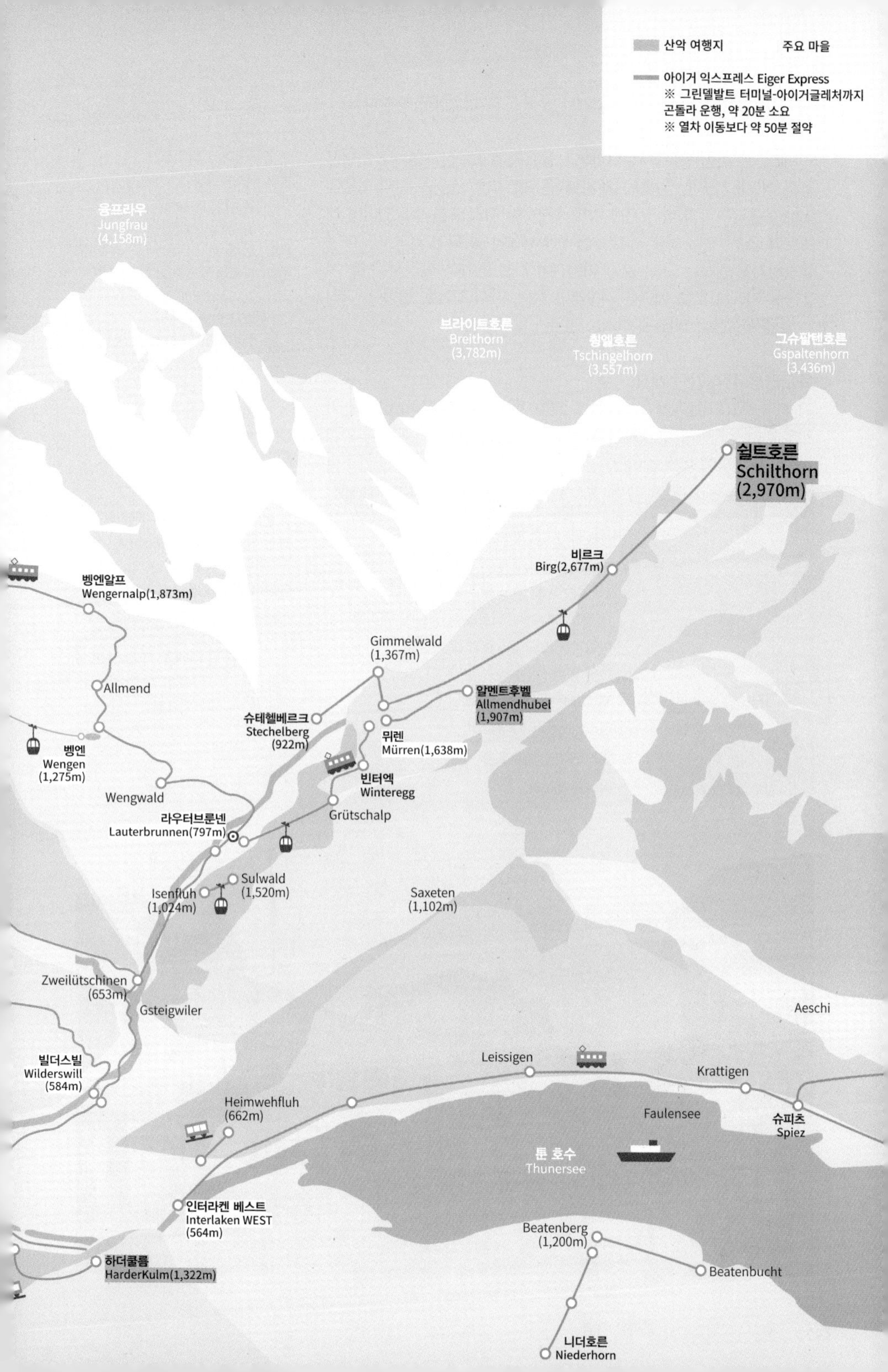

산악 여행지
주요 마을
아이거 익스프레스 Eiger Express
※ 그린델발트 터미널-아이거글레처까지 곤돌라 운행, 약 20분 소요
※ 열차 이동보다 약 50분 절약
융프라우 Jungfrau (4,158m)
브라이트호른 Breithorn (3,782m)
칭엘호른 Tschingelhorn (3,557m)
그슈팔텐호른 Gspaltenhorn (3,436m)
쉴트호른 Schilthorn (2,970m)
비르크 Birg(2,677m)
벵엔알프 Wengernalp(1,873m)
Allmend
벵엔 Wengen (1,275m)
Wengwald
Gimmelwald (1,367m)
알멘트후벨 Allmendhubel (1,907m)
슈테헬베르크 Stechelberg (922m)
뮈렌 Mürren(1,638m)
빈터엑 Winteregg
Grütschalp
라우터브룬넨 Lauterbrunnen(797m)
Sulwald (1,520m)
Isenfluh (1,024m)
Saxeten (1,102m)
Zweilütschinen (653m)
Gsteigwiler
Aeschi
빌더스빌 Wilderswill (584m)
Leissigen
Krattigen
Heimwehfluh (662m)
Faulensee
슈피츠 Spiez
툰 호수 Thunersee
인터라켄 베스트 Interlaken WEST (564m)
하더쿨름 HarderKulm(1,322m)
Beatenberg (1,200m)
Beatenbucht
니더호른 Niederhorn

✚ 인터라켄 Interlaken (융프라우요흐 철도의 시작, 종착지점)

인터라켄은 특별한 관광지는 아니다. 융프라우요흐 산악열차나 하더쿨름을 여행하기 위한 일종의 베이스타운으로 다른 스위스 산악 마을에 비해 아름답거나 특색 있지는 않다. 다만, 이 지역 교통의 요지이며 레스토랑, 쇼핑, 면세쇼핑, 카지노 등 편의시설이 잘 되어 있어 이곳에서 투숙하기를 원하는 단체, 개별 여행객이 많은 편이다. 따라서 여름, 겨울 성수기에는 호텔 예약을 서둘러야 하며, 가격도 높은 편이다. 그러나 호텔 시설은 기대에 못 미치는 경우가 많다.

융프라우 지역 간단 개요

이 지역 주요 마을에서 갈 수 있는 산악 여행지를 헷갈리지 않도록 아래와 같이 정리해보았다. 지명과 산 이름이 생소하겠지만, 되뇌다 보면 어느새 머릿속에 남을 것이다.

마을 이름	특징과 이동 가능 산악 여행지
인터라켄 Interlaken	융프라우요흐 철도 출발 or 종착지점
	하더쿨름
그린델발트 Grindelwald	융프라우요흐 철도 출발 or 종착지점
	클라이네 샤이덱, 피르스트, 핑슈텍, 멘리헨
	아이거 익스프레스 출발 or 종착지점(그린델발트 터미널)
라우터브룬넨 Lauterbrunnen	뮈렌, 쉴트호른
벵엔 Wengen	멘리헨, 클라이네 샤이덱
뮈렌 Mürren	알멘트후벨, 쉴트호른
빌더스빌 Wilderswil	쉬니게 플라테

★ 인포메이션 센터
인터라켄 관광청
주소 Marktgasse 1,
　　　3800 Interlaken
위치 인터라켄 서역에서 도보 약 4분
운영 **5~6월** 월~금 08:00~12:00,
　　　13:30~18:00 토 10:00~16:00
　　　휴무 일요일
　　　7·8월 월~금 08:00~18:00,
　　　토·일 10:00~16:00
　　　※ 시즌마다 변동 있음,
　　　홈페이지 참조
전화 +41 (0)33 826 5300
홈피 www.interlaken.ch

★ 인터라켄 오스트 기차역(동역)
주소 Interlaken Bahnhof,
　　　3800 Interlaken
운영 **티켓카운터** 06:00~18:40
　　　수하물 07:00~17:40
　　　코인로커 매일
　　　(작은 짐 CHF 5, 큰 짐 CHF 7)
전화 +41 (0)33 828 7380

인터라켄

N

*km 표시는 인터라켄 베스트 역 기준

인터라켄 오스트 역(동역)
Interlaken Ost

하더쿨룸

Interlaken
Harderbahn

아레 강 Aare

아레 강 Aare

아레 강 Aare

S 쿠옵 Coop

유스호스텔 인터라켄 H
Youth Hostel Interlaken

H **밤부** Bamboo

이슬라니 코너 H
Asilani's Corner

린드너 그랜드 호텔 보리바주 H
Lindner Grand Hotel Beau Rivage

트룰리 아시아 R
Truly Asia

H **호텔 인터라켄**
Hotel Interlaken

슐로스 공원
Schloss Park

호텔 아르토스 인터라켄 H
Hotel Artos Interlaken

H **메종 부르그도르프**
Maison Burgdorf

백패커스 빌라 조넨호프 H
Backpackers Villa Sonnenhof

A **아웃도어 인터라켄**
Outdoor Interlaken

스위스 마운틴 마켓 S
Swiss Mountain Market

S **데 잘프**
Des Alpes

카지노 쿠어살
Casino Kursaal

R **레스토랑 AARE**
Restaurant AARE

키르히호퍼 S
Kirchhofer

회에마테
Höhematte

호텔 데비 인터라켄 H
Hotel Derby Interlaken

빅토리아 융프라우 그랜드 호텔 & 스파
Victoria Jungfrau Grand Hotel & Spa

H **호텔 메트로폴**
Hotel Metropole

R **더 헤이 호텔**
The Hey Hotel

S **쿠옵** Coop

일 부옹구스티오 R
Il Buongustaio

미나리 한식당 R
Minari

S **미그로 휠슐리**
Mänthüsil Shop Interlaken

S **리들 슈퍼마켓**
Lidl

부티크 호텔 벨뷰 인터라켄 H
Boutique Hotel Bellevue Interlaken

R **치타 베키아**
Citta Vecchia

스위스 호텔 인터라켄 H
Stella Hotel Interlaken

셀파크 인터라켄 (2.9km)
Selipark Interlaken

A

인터라켄 베스트 역(서역)
Interlaken West

치코 인박 R
Ssico

S **미그로 슈퍼마켓**
Migros

한식당 트로야 R
Ssroja

S **쿠옵** Coop

H **호텔 보사이트**
Hotel Beausite

미그로 레스토랑 R
Migros Restaurant

📷 ★★★ 카지노 쿠어살 & 회에마테 Casino Kursaal & Höhematte

1859년 개관한 카지노 쿠어살은 현재 회의장, 카지노, 콘서트홀, 스위스 전통 레스토랑으로 운영된다. 푸른 잔디에 대조적으로 원색의 꽃을 가꾸어놓아 사진을 찍기에도 그만. 그 앞에 있는 마을의 중앙 광장, 회에마테에서 보는 융프라우는 그야말로 압도적이다.

주소 Strandbadstrasse 44, 3800 Interlaken
위치 인터라켄 동역에서 도보 11분 또는 동역 앞 103번 버스 Kursaal에서 하차(2개 정거장)
운영 레스토랑, 카지노 각각 다르니 사이트 참조
전화 +41 (0)33 827 6100
홈피 www.congress-interlaken.ch

아웃도어 Outdoor Interlaken

잠재워 왔던 모험심을 인터라켄에서 깨워보자. 캐녀닝(CHF 152~), 리버 래프팅(CHF 125~), 자일 파크(CHF 24~), 패러글라이딩(CHF 160~), 스카이다이빙(CHF 395~), 번지점프(CHF 199~) 등 무궁무진한 익스트림 스포츠를 즐길 수 있다. 안전과 관련된 만큼 업체 선정이 중요한데 이곳에서 가장 유명한 업체는 Outdoor Interlaken AG이다. 온라인 예약이 가능하며 날씨에 따라 취소될 수 있기 때문에 변수를 고려해서 진행해야 한다. 액티비티별 모임 장소가 상이할 수 있어 체크 필수.

Outdoor Interlaken AG
주소 Hauptstrasse 15, 3800 Matten b. Interlaken
위치 인터라켄 동역에서 104번 버스 탑승, Hotel Sonne(5개 정거장)에서 하차 후 도보 1분
운영 겨울 08:00~12:00, 16:00~19:00, 여름 08:00~20:00
전화 +41 (0)33 224 0707
홈피 www.outdoor.ch

자일 파크 Seilpark Interlaken

아이를 동반한 가족에게 모험이 될 만한 액티비티. 나무다리, 타잔의 그네, 집라인 등 9개의 다양한 코스를 경험하게 되는 로프 파크로 땅에서부터 20m 높이에서 120여 개의 흥미로운 도전을 할 수 있다. 2시간 50분~3시간 소요된다. 안전 지도가 철저하며 장비는 모두 준비되어 있다.

주소 Wagnerenstrasse, 3800 Interlaken
위치 인터라켄, 마텐Matten 또는 운터젠Unterseen에서 택시로 이동
　※ 1~4명 CHF 12, 5~8명 1인당 CHF 3 **택시 Free Call** 0800 22 0088
운영 **3·11월** 토·일 10:00~17:00 **4·5월** 월~금 13:00~18:00 **9·10월** 토·일 10:00~18:00 **6월** 10:00~18:00 **7·8월** 10:00~19:00 ※ 12~2월은 일정치 않음
요금 성인 CHF 39, 16세까지 어린이 CHF 29
전화 +41 (0)33 826 7719　　　**홈피** www.seilpark-interlaken.ch

인터라켄의 쇼핑

융프라우 지역에서 가장 많은 아시아 국가 단체 관광객들과 개별 여행객들이 많이 몰리는 타운인 까닭에 스위스 시계, 주얼리, 럭셔리 브랜드, 기념품 가게가 인터라켄 동역과 서역 사이 특히 메트로 폴 호텔 주변으로 많으며, 특히 서역 주변에는 스위스 브랜드 마트인 대형 미그로Migros가 동역 바로 앞에는 큰 규모의 코옵Coop이 있어 마트에서 구매할 수 있는 용품을 구매하기 편리하며 인터라켄 곳곳에 작은 규모의 코옵도 곳곳에 있어 편리하다.

■ 슈퍼마켓

❶ 미그로Migros

주소 Rugenparkstrasse 1,
3800 Interlaken
위치 인터라켄 서역 앞
운영 월~토 08:00~20:00(토 ~18:00)
휴무 일요일

❷ 코옵Coop

주소 Untere Bönigstrasse 10,
3800 Interlaken
위치 인터라켄 동역 앞
운영 08:00~18:30(주말에는 변동)
※ 이곳 외에도 두 곳이 더 있다.

■ 스위스 브랜드 시계 및 명품

❶ 키르히 호퍼
Kirchhofer(카지노 갤러리점)

인터라켄에서 가장 유명한 브랜드 숍으로 명품 시계, 주얼리, 화장품, 가죽 제품 등을 구매할 수 있다.

주소 Höeweg 73,
3800 Interlaken
운영 여름 08:20~22:00,
겨울 09:30~19:30
홈피 www.kirchhofer.com

■ 스위스 토산품 및 기념품

❶ 스위스 마운틴 마켓
Swiss Mountain Market

베르너 오버란트 지역에서 생산되는 지역 특산물, 목각, 뷰티용품, 수제품 등을 구매할 수 있는 곳.

주소 Höeweg 133,
3800 Interlaken
운영 월~금 10:00~12:00,
13:30~18:30, 토 10:00~16:00
휴무 일요일
홈피 www.mountain-market.ch

❷ 메리트휘슬리
Märithüsli Shop Interlaken

에델바이스와 알프스 허브 등 자연에서 영감을 얻은 스위스 전통 문양을 모티브로 생산된 텍스타일로 만든 의류제품을 판매. 스위스 분위기를 물씬 풍기는 데일리 의류는 선물하기에 좋다.

주소 Jungfraustrasse 38,
3800 Interlaken
운영 월~금 09:30~12:00,
13:15~18:00, 토 09:00~17:00
휴무 일요일
홈피 www.maerithuesli.ch

인터라켄의 음식

대도시가 아님에도 불구하고 세계 각국에서 온 다양한 여행객의 기호를 만족시킬 만한 음식과 레스토랑이 많다. 한국, 중국, 아시아 퓨전, 이탈리아, 멕시코, 미국, 터키, 할랄, 스위스 전통 음식까지 다채로운 선택을 할 수 있다. 간단히 먹고 싶다면 코옵이나 미그로에서 판매되는 조리 식품도 꽤 훌륭하니 테이크아웃하는 것도 괜찮다.

■ 한국 음식

❶ 미나리Minari

주소 Centralstrasse 13,
     3800 Interlaken
운영 11:30~14:30, 17:30~21:30
전화 +41 (0)33 820 2100

❷ 아레Restaurant AARE

주소 Strandbadstrasse 15,
     3800 Interlaken
운영 11:30~14:30, 15:00~23:00
전화 +41 (0)33 822 8888

■ 중국 음식

❶ 트룰리 아시아Truly Asia

주소 Höheweg 199,
     3800 Interlaken
운영 11:00~15:00, 17:00~22:00
전화 +41 (0)33 822 1548

❷ 밤부Bamboo

주소 Untere Bönigstrasse 4,
     3800 Interlaken
운영 10:00~14:30, 17:00~22:00
전화 +41 (0)33 821 1961

■ 버거 & 패스트푸드

❶ 아슬라니 코너Asllanis Corner

주소 Höheweg 94,
     3800 Interlaken
운영 12:00~21:00
홈피 www.asllanis-corner.ch

❷ 맥도날드McDonald's

주소 Bahnhofstrasse 11,
     3800 Interlaken
운영 10:00~22:00
전화 +41 (0)33 823 5333

■ 캐주얼 레스토랑

❶ 미그로 레스토랑
Migros Restaurant

주소 Rugenparkstrasse 1,
     3800 Interlaken
운영 월~수 08:00~19:00,
     목 08:00~16:00, 금 08:00~21:00,
     토 08:00~18:00
     휴무 일요일
전화 +41 (0)58 567 8130

❷ 후터스Hooters

주소 Höheweg 57, 3800 Interlaken
운영 08:30~01:00
전화 +41 (0)33 822 6512

■ 이탈리안

❶ 일 부온구스타이오
Il Buongustaio

주소 Marktgasse 48,
     3800 Interlaken
운영 화·수 17:30~22:30,
     목·금 11:30~14:00, 17:30~22:30,
     토·일 12:00~14:00, 17:30~22:30
     휴무 월요일
전화 +41 (0)33 552 0250

인터라켄 중심 동역과 서역에서 가까운 호텔은 꽤 비싸다. 여행객이 몰려드는 까닭인데, 일 년에 몇 달을 빼 놓고는 거의 성수기다. 그러니 숙박 시 인터라켄만 고집하지 않아도 좋다. 개인적으로는 슈피츠, 툰, 이젤트 발트나 벵엔을 선호하는 편. 하지만 인터라켄에서 꼭 투숙하겠다면 시설 좋은 유스호스텔을 권한다.

5성급
린드너 그랜드 호텔 보리바주
Lindner Grand Hotel Beau Rivage

인터라켄에서 가장 좋은 호텔로 동역과 가까우며 우아한 분위기다. 귀족 저택의 느낌이 물씬 나며, 레스토랑도 유명하다.

주소 Höheweg 211, 3800 Interlaken
전화 +41 (0)33 826 7007 **홈피** www.lindner.de

B&B
치코 민박 Ssico

유명 연예인들도 많이 묵어간 가성비, 위치 최고의 한국인 민박. 투어 프로그램도 자체적으로 운영하고, 다양한 이벤트가 있어 재미지다.

주소 Bahnhofstrasse 45, 3800 Interlaken
전화 +41 (0)33 821 1510

3성급
호텔 아르토스 인터라켄
Hotel Artos Interlaken

복잡한 시내에서 벗어난 전원적이고 조용한 호텔. 쉬니게 플라테와 니센 산이 한눈에 들어온다.

주소 Alpenstrasse 45, 3800 Interlaken
전화 +41 (0)33 828 8844 **홈피** www.hotel-artos.ch

3성급
호텔 보시트 Hotel Beausite

서역 번화가 부근 한적한 주택가에 위치한 호텔로 개별 여행객들이 주로 찾는 아담하고 가족 같은 분위기의 3성급 호텔이다.

주소 Seestrasse 16, Unterseen, 3800 Interlaken
전화 +41 (0)33 826 7575
홈피 www.beausite.ch

4성급
호텔 메트로폴 Hotel Metropole

인터라켄에서 가장 높은 빌딩을 발견했다면 그곳이 바로 여기다. 산악 경관이 잘 보이는 파노라마 레스토랑이 유명하며, 주변에 럭셔리 브랜드 숍이 많다.

주소 Höheweg 37, 3800 Interlaken
전화 +41 (0)33 828 6666
홈피 www.metropole-interlaken.ch

4성급
호텔 인터라켄 Hotel Interlaken

동역에서 서역 쪽으로 도보 5분 거리. 일본풍의 정원이 인상적이며, 스위스 특유의 인테리어가 돋보인다.

주소 Höheweg 74, 3800 Interlaken
전화 +41 (0)33 826 6868
홈피 www.hotelinterlaken.ch

백패커스 빌라 조넨호프
Backpackers Villa Sonnenhof

배낭여행자들이 즐겨 찾는 호스텔로 유스호스텔 회원 숙박시설. 가족 단위의 여행자에게도 인기가 높다.

주소 Alpenstrasse 16, 3800 Interlaken
전화 +41 (0)33 826 7171 **홈피** www.villa.ch

추천
유스호스텔 인터라켄
Youth Hostel Interlaken

동역 근처에 위치한 유스호스텔로 가족 여행객, 젊은 여행자들에게 인기 만점이다.

주소 Untere Bönigstrasse 3a, 3800 Interlaken
전화 +41 (0)33 826 1090
홈피 www.youthhostel.ch/interlaken

✚ 융프라우 철도 교통 시스템

1. 융프라우 철도회사 Jungfrau Railways

유럽에서 가장 높은 곳에 위치한 기차역, 클라이네 샤이덱~융프라우요흐까지 운행하는 이 지역 대표 철도 회사. 1896~1912년 사이 건축되어 현재 7개 노선이 한 체제로 운영되고 있다. 융프라우 VIP 패스 구입 시 모든 노선 탑승이 가능하며, 스위스 트래블 패스(이하 스위스 패스) 소지 시 일부 사철 구간은 무료 탑승 또는 50% 할인된 가격을 지불해야 이용 가능하다(단, 융프라우요흐 25% 할인).

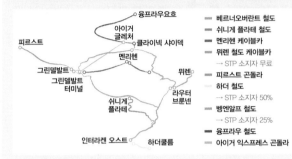

▬	베르너오버란트 철도
▬	쉬니게 플라테 철도
▬	멘리헨 케이블카
▬	뮈렌 철도 케이블카 → STP 소지자 무료
▬	피르스트 곤돌라
▬	하더 철도 → STP 소지자 50%
▬	벵엔알프 철도 → STP 소지자 25%
▬	융프라우 철도
▬	아이거 익스프레스 곤돌라

Tip | 융프라우 철도

완공일 1912년 8월 1일
총길이 9.3km
고도차 1,393m
건설기간 1896~1912년
최고역 고도 3,454m
소재지 융프라우 지역, 베른 주
홈피 www.jungfrau.ch

2. 융프라우 VIP 패스 (=융프라우 지역 만능 패스)

융프라우 지역을 가장 알차게 여행할 수 있는 동신항운 '융프라우 VIP 패스'를 소개한다. 스위스 여행의 만능 패스 '스위스 패스'와 같이 융프라우 지역의 만능 패스로 융프라우 철도회사의 열차, 곤돌라뿐 아니라 이 지역 기차, 유람선, 버스를 자유롭게 탈 수 있고 각종 액티비티와 여행 관련 할인 혜택이 있다.

※ 스위스 패스 소지자는 동신항운 할인쿠폰이 없어도 현지에서 정상가의 25% 할인 혜택 가능
※ 기타 혜택: 융프라우요흐에서 컵라면 무료, 패스 사용 가능 지역 액티비티 40~50% 할인. 계절마다 다양한 혜택이 있음.

❶ 2024년 여름 융프라우 VIP 패스 가격(2024.3.29 ~ 2024.12.1) (단위: CHF)

패스 기간(연속 사용)	성인(만 26세부터)	스위스 패스(중복 할인)	유스(만 16~25세)	어린이(만 6~15세)
1일	190	175	170	요금 CHF 30 ※ 단일 요금, 성인과 동일 혜택 ※ 0~5세 무료
2일	215	200	190	
3일	240	215	205	
4일	265	235	220	
5일	290	260	235	
6일	315	270	250	

❷ 융프라우 VIP 패스 혜택 구간

융프라우요흐 1회 왕복 구간	❶ 아이거글레처–융프라우요흐(운행 기간: 연중)
	❷ 그린델발트 터미널–아이거글레처(운행 기간: 연중)
	❸ 인터라켄 오스트–라우터브룬넨/그린델발트–클라이네 샤이덱(운행 기간: 연중)
	❹ 그린델발트–피르스트(운행 기간: 2023.12.16~2024.10.27, 11.30~)
무제한 탑승 구간	❺ 빌더스빌–쉬니게 플라테(운행 기간: 2024.6.15~10.20)
	❻ 인터라켄–하더쿨룸(운행 기간: 2024.3.29~12.1)
	❼ 라우터브룬넨–그뤼치알프–뮈렌(운행 기간: 연중 / 정비 기간: 2024.5.4~5.31, 10.21~11.8)
	❽ 벵엔–멘리헨–그린델발트 터미널(운행 기간: 하계 2024.5.25~10.20(동계에도 운행))

3. 융프라우 철도 이용

그린델발트 터미널(Grindelwald Terminal) 기준

융프라우요흐까지 더 빨리 많은 여행자를 실어 나르기 위해 그린델발트 터미널에서 아이거글레처까지 최신식 곤돌라인 아이거 익스프레스Eiger Express가 운행된다. 터미널까지는 열차나 차량으로 이동 가능하며, 이곳엔 1,032대까지 주차 가능한 주차장과 간편식 레스토랑, 바, 쇼핑 공간이 있다.

아이거글레처까지 이동하는 곤돌라는 44대(한 대당 26명 좌석)가 있으며, 1시간에 2,200명 정도를 나를 수 있다. 터미널에서부터 약 20분이 걸린다. 이곳에서 열차로 다시 환승하여 융프라우요흐까지 바로 갈 수 있다.

구간	기존 소요시간	현재 소요시간 (아이거 익스프레스 탑승 시)
그린델발트–융프라우요흐	1시간 27분	40분
인터라켄–융프라우요흐	2시간 17분	1시간 15분

❶ 티켓 구매하기

- 역에 도착하여 대기 번호를 뽑고 창구 번호 안내 확인 후 해당 창구로 이동
- 동신항운 할인쿠폰과 해당 패스(스위스 패스 소지자)를 제시하고 현금 또는 카드 결제
- 어린이 티켓 구매 시 부모 한 명의 여권과 어린이 여권 함께 제시

※ 동신항운 할인쿠폰은 대한민국 여권 소지자에게만 유효. 1인 1매 소지 필수
※ 무거운 짐은 터미널 내, 코인로커 보관 가능(가격 별도)

❷ 아이거 익스프레스 탑승

융프라우요흐–아이거글레처 방향 사인을 향해 이동. 안내에 따라 곤돌라 탑승. 좌석 예약은 필요 없다.

인터라켄 오스트 기준

그린델발트 터미널과 이용 방법은 동일하다. 티켓 발권을 완료하고 지정된 플랫폼으로 이동하는 것이 중요!

- 라우터브룬넨 방향 2A 플랫폼 / 그린델발트 터미널 방향 2B 플랫폼

※ 무거운 짐은 역에 있는 코인로커 보관 가능(가격 별도)
※ 개별 여행자Individual와 그룹 여행자Group 번호표가 다르니, 잘 선택해야 한다.

유럽의 지붕, 융프라우요흐

'스위스 여행=융프라우요흐'가 공식이던 시절이 있었다. 스위스를 처음 가거나, 단체 패키지로 여행을 간다면 별다른 선택지가 없었을 정도로 융프라우요흐는 스위스 알프스의 모든 것이었다. 그러나 유럽 여행이 일생에 한 번이던 과거와는 달리 지금은 스위스 한 나라를 몇 번씩 여행하는 사람도 있다. 덕분에 융프라우요흐만 올라갔다 내려오는 단순한 경험이 아닌 주변 산악 여행지, 마을, 액티비티로 관심이 점차 넓어지고 있다. 사실 융프라우요흐는 스위스 현지인보다 외국인 여행객(특히 겨울이 없는 나라에서 온 여행객!)에게 더욱 인기가 높은 곳이기도 하다. 최근에는 인도 관광객이 폭증하고 있다.

Tip | 동신항운 할인쿠폰

융프라우 철도 한국 총판인 동신항운이나 스위스 패스 판매 업체 또는 동신항운 파트너사에서 받을 수 있다. 동신항운 홈페이지를 통해 신청할 경우 이메일로 받을 수 있다. 한국에서 직접 티켓을 구매하는 방법이 아닌 할인쿠폰을 소지하고 스위스 현지에서 할인을 받아 구매하는 방식이다.

홈피 www.jungfrau.co.kr

✚ 융프라우요흐 등정 기본 루트

추천1 **클래식 루트 1: 소요시간 최소 5시간 50분**

루트: **인터라켄 오스트 → 융프라우요흐 → 그린델발트**

등정 인터라켄 오스트 → 라우터브룬넨(환승) → 클라이네 샤이덱(환승) → 융프라우요흐(정상 관광 및 식사)
하산 융프라우요흐 → 클라이네 샤이덱(환승) → 그린델발트

※ 그린델발트에서 시작하여 인터라켄 오스트에서 끝나는 일정도 좋다.
※ 점심 식사를 해야 한다면 융프라우요흐도 좋지만, 환승 주요 지역인 클라이네 샤이덱이나, 바로 전 역인 아이거글레처에서 하는 것도 좋다. 아이거글레처에서 식사했다면 소화를 위해 클라이네 샤이덱까지 1시간~1시간 30분 정도 하이킹을 해보자.

추천2 **클래식 루트 2: 소요시간 최소 8시간**

루트: **인터라켄 오스트 → 융프라우요흐 → 벵엔 → 인터라켄 오스트**

등정 인터라켄 오스트 → 라우터브룬넨(환승) → 클라이네 샤이덱(환승) → 융프라우요흐
하산 융프라우요흐→ 클라이네 샤이덱(약 2시간 하이킹) → 벵엔 → 라우터브룬넨(환승) → 인터라켄 오스트

※ 묵었던 숙소와 다음 일정에 따라 융프라우요흐 등정 일정을 계획하도록 하자.
※ 일정을 편리하게 계획하기 위해 동신항운 철도 시간표 참조. 출발시간, 체류시간에 따라 일정을 일목요연하게 도표로 보여준다.
열차 시간표 확인 www.jungfrau.co.kr/rail/railtime.asp
※ 만약, 기차를 놓쳤다면 당황하지 말자. 다음 열차를 타거나 때에 따라 다음 정거장까지 하이킹을 즐기면 된다.

추천 3 **아이거 익스프레스 루트:** 소요시간 최소 3시간 30분

루트: 그린델발트 터미널 → 아이거 글레처 → 융프라우요흐 → 아이거
글레처 → 그린델발트 터미널

등정 그린델발트 터미널 → 아이거글레처(환승) → 융프라우요흐(정상 관광)
하산 융프라우요흐 → 아이거글레처(환승 및 식사) → 그린델발트 터미널

※ 시간이 빠듯한 여행자에게 적합한 방법으로 열차로만 여행하는 방법보다 최
대 2시간 정도 시간 절약이 가능하다. 그린델발트 터미널에서 그린델발트로
도보 또는 버스로 이동하여 시간을 보내거나, VIP 패스로 그린델발트에서 출
발 가능한 피르스트로 가볼 수도 있다.
※ 그린델발트 터미널 도착 후 멘리헨Männlichen까지 곤돌라로 이동 가능(19분
소요). 시간이 넉넉하다면 멘리헨에서 멋진 경관을 감상한 후 벵엔까지 반대
방향으로 곤돌라를 타고 이동할 수 있다.
그린델발트 터미널 → [곤돌라] → 멘리헨 → [곤돌라] → 벵엔 → [열차] →
라우터브룬넨 → [열차] → 인터라켄 오스트

✚ 융프라우요흐 여행 시 주의사항

❶ **넉넉한 시간 확보** 최소 4시간 30분, 하이킹 시 6시간 이상 확보하
자(루트에 따라 상이).

❷ **적절한 복장** 정상은 여름에도 춥고, 겨울에는 평지보다 온도가 낮
다. 여름에도 방풍 점퍼, 긴팔 셔츠, 긴 바지가 필요하다. 겨울에는 방
한복, 스웨터, 모자, 장갑이 필수. 사계절 내내 미끄럽지 않은 편안한
신발, 선글라스, 선크림도 챙기자.

개별(좌석 예약자)

개별(좌석 비예약자)

❸ **높은 곳 적응하기** 3,454m까지 오르므로 등정 전 과음을 삼가고 물
을 자주 마신다. 천천히 걸으며 뛰는 행동은 절대 금물. 만약 몸에 이
상이 생긴다면 주변 직원에게 도움을 구하거나, 비상시 Help 버튼을
누르자. 평소 심장질환 등 질환이 있다면 사전에 의사와 상담하자.

그룹

❹ **열차 탑승 시** 개별 여행객(좌석 예약자/좌석 비예약자), 그룹 여행
객 안내판에 따라 탑승해야 한다. 그룹 여행객이 몰리는 계절 및 시간
에는 사전에 좌석을 예약하는 것도 좋다.
※ 온라인 예약 www.jungfrau.ch(예약비 별도: CHF 10 개별)

❺ **검표 받기** 모든 열차마다 승무원이 표 검사를 하며, 아이거 익스프
레스를 탑승할 경우 개찰구를 지나야 하기 때문에 여행을 마칠 때까지
꼭 티켓을 소지해야 한다.

✛ 융프라우요흐 정상 투어

3,454m 융프라우요흐 정상까지 산악열차를 타고 오르는 것은 대단한 일이다. 특히 로마시대부터 웅장하고 아름다운 산으로 유명한 융프라우 정상에 오르면 갖가지 볼거리와 할 거리가 다양해 더 큰 즐거움을 준다. 융프라우 철도의 추천 관광 루트에 따라 시간을 보낸다면 놓치는 것 없이 알찬 여행이 될 것이다.

융프라우 추천 관광 루트
❶ 역–매표소 안내 → ❷ 로커 → ❸ 융프라우 파노라마Jungfrau Panorama → ❹ 스핑스 전망대Sphinx →
❺ 알레취 빙하Aletschgletscher–스노 펀 → ❻ 묀히요흐 산장Mönchjochhütte(필수 코스 아님) →
❼ 알파인 센세이션Alpine Sensation → ❽ 얼음궁전Eispalast → ❾ 플라토 전망대Plateau →
❿ 베르그하우스Berghaus(본관)

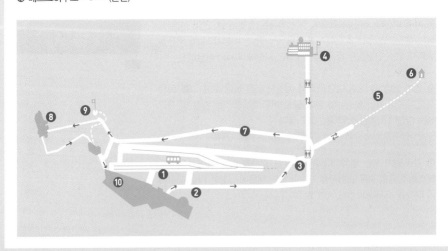

날씨가 좋지 않은 날 하필 융프라우요흐 일정이 잡혔더라도 많이 실망하지는 말자. 날씨에 상관없이 주변 전경을 영상으로 볼 수 있도록 한 **융프라우 파노라마**와 독특한 이미지와 빛, 음악으로 화려한 연출미를 보여주는 **알파인 센세이션**이 있기 때문이다. 편안하게 무빙워크로 이동하면서 이를 감상할 수 있다.

© Jungfrau Railways

왼쪽부터
융프라우 파노라마, 알파인 센세이션

스핑스 전망대(3,571m)는 알프스 최장의 알레취 빙하(22km)와 독일의 흑림지대까지 조망할 수 있는 곳으로 극심한 기후 조건하에 3년여의 난공사 끝에 완공되었다. 여행객들은 최고속 승강기를 이용해 올라갈 수 있으며, 이곳은 천문기상대의 역할을 하고 있다.

© Jungfrau Railways

왼쪽부터
스핑스 전망대, 전망대 까마귀
융프라우에서 맺은 사랑의 약속

얼음궁전은 알레취 빙하 아래 1,000m² 면적으로 만들어진 얼음 터널로 이동하는 빙하 내 시설을 유지하기 위해 특수장치를 이용하고 있다. 얼음궁전 방문객으로부터 발생하는 온기는 융프라우 레스토랑 난방에 사용된다고 한다. **플라토 전망대**에서 만년설과 빙하를 체험할 수 있다.

© Jungfraubahnen 2019

왼쪽부터
얼음궁전, 플라토 전망대에서 바라본 전경
스위스 국기를 배경으로 찰칵

Activity 융프라우 정상에서 즐기는 스노 스포츠 Jungfraujoch Snow Sport

다행히 고소에 적응을 잘했고, 날씨가 좋다면 알레취 빙하, 유럽의 정상에서 각종 스노 스포츠를 즐겨보자. 융프라우 할인쿠폰이나 VIP 패스가 있다면 눈썰매, 스키 & 스노보드, 티롤리안 모두를 이용할 수 있는 1일 이용권 Day Pass를 할인받을 수 있다(통합 1일 이용권 5월 초~10월 중순까지 가능. 성인 1인 CHF 45, 어린이 CHF 25).

눈썰매 Sledge Park

무빙워크를 이용해 언덕까지 힘들이지 않고 이동할 수 있어 보다 편하고 재밌게 눈썰매를 타고 파우더 같은 눈 위를 미끄러져 내려올 수 있다. 남녀노소 모두 즐길 수 있다

운영 2024.5.25~2024.10.13
요금 **눈썰매 1일권** 성인 CHF 20, 어린이 CHF 15
　　　※ VIP 패스 소지자 40% 할인

집라인(티롤리안) Zipline

안전한 자일에 매달려서 빙하 위를 약 200m 정도 새가 된 듯 날아가 보는 액티비티로 공중을 가르며 내려가는 시원함이 끝내준다. 단점이라면 순식간에 끝난다는 것이다.

운영 2024.5.25~10.13
요금 **1일권** 성인 CHF 20, 어린이 CHF 15
　　　※ VIP 패스 소지자 40% 할인

© Jungfrau Railways

© Jungfrau Railways

---

more & more 뫼히요흐 산장 Mönchsjoch Hut까지 하이킹

세계에서 가장 높은 기차역인 융프라우요흐까지 왔다면 스위스에서 가장 높은 곳에 있는 뫼히요흐 산장(3,657m)까지 하이킹을 해본다면 어떨까? 고소증세가 별로 없다면 도전해볼 만하다. 유네스코 세계자연유산으로 선정된 알레취 빙하를 직접 가로질러 걷는 것은 꽤 괜찮은 경험이 될 것이다(융프라우요흐에서 편도 약 1시간). 산장에서 가볍게 식사나 음료를 즐길 수도 있으며, 투숙도 할 수 있다. 대부분 산장에서 발레 주까지 빙하 하이킹을 즐기려는 사람들이 투숙한다. 숙박 시 사전 온라인 예약 필수.

주소 3818 Grindelwald
운영 3월 하순~10월 중순
요금 **성인** 1박 CHF 40,
　　　석식 포함 CHF 78
　　　어린이 1박 CHF 25,
　　　석식 포함 CHF 49
전화 +41 (0)33 971 3472
홈피 www.moenchsjoch.ch

Tip | 아이스미어 역
Eismeer Station

융프라우요흐 정상 바로 한 정거장 전에 5분 정도 이곳에서 정차한다. 해발 3,160m. 마치 마지막 빙하기 시대를 재현한 듯한 놀라운 풍경을 감상할 수 있다.
※ 화장실 시설 있음

융프라우요흐의 기념품 숍 Jungfraujoch Souvenir Shop

융프라우요흐 내에서 쇼핑할 수 있는 곳은 세 곳이나 된다. 세계에서 가장 높은 곳(3,571m)에 위치한 스위스 시계 브랜드점 키르히호퍼 Kirchhofer와 이곳 외에도 융프라우 철도가 심혈을 기울여 만든 자체 브랜드 Top of Europe Shop은 유형별로 멋진 스위스 오리지널 제품과 자체 브랜드 제품으로 다양하게 구성되어 있다.

키르히호퍼 융프라우요흐 스핑스점

주소 Sphinx Terrace,
　　　3801 Jungfraujoch
운영 4~10월 08:45~17:15,
　　　11~3월 08:45~16:15
전화 +41 (0)33 828 7975

융프라우요흐의 레스토랑 Jungfraujoch Restaurant

융프라우 정상에는 총 다섯 곳의 레스토랑이 있으며 우스갯소리로 높은 곳에서 낮은 곳으로 내려갈수록 음식값이 저렴해진다는 말을 한다. 가장 고급스러운 레스토랑인 크리스털Crystal이 가장 높은 곳에, 카페테리아가 열차 출발/도착 메인 홀에 있기 때문이다. 이곳 카페테리아에서 동신항운 컵라면 교환권 이용이 가능하다.

크리스털 레스토랑 Restaurant Crystal
스위스 전통 음식뿐만 아니라 다양한 국적을 가진 방문객의 기호를 맞춰줄 수 있을 만한 훌륭한 단품 메뉴를 선보인다. 110석 규모로 2층에 위치, 가격대는 CHF 29~42(매일 영업).

알레취 셀프서비스 레스토랑
Aletsch Self-Service Restaurant
빠르고 비교적 저렴하게 식사를 하고픈 여행객을 위해 마련된 250석 규모의 셀프서비스 레스토랑. 1층에 위치하며, 가격대는 CHF 12~, 연중무휴.

✚ 클라이네 샤이덱 Kleine Scheidegg

클라이네 샤이덱은 아이거, 묀히, 융프라우 등 세 개의 웅장한 봉우리 바로 아래 해발 2,061m에 위치한다. 이 곳을 찾는 여행객들은 꽤 가까운 곳에서 아이거 북벽의 장관을 볼 수 있다. 산악열차를 이용하여 융프라우요 흐로 오르기까지 마지막 환승역이며 이곳에는 19세기에 건축된 유구한 역사를 지닌 호텔이 있고, 역에는 꽤 맛깔난 음식으로 유명한 레스토랑이 있어 아이거 북벽의 장관을 오랫동안 즐기기에 더할 나위 없이 좋다. 다 양한 하이킹의 기점이기도 하다.

클라이네 샤이덱으로 이동하기

- 인터라켄 오스트 → 라우터브룬넨(20분 소요/BOB 열차) → 클라이
  네 샤이덱(45분 소요/WAB 열차)
- 그린델발트 → 클라이네 샤이덱(약 35분 소요/WAB 열차)

※ 차량으로 이동 불가하여, 차량 소지자는 라우터브룬넨이나 그린델발트에서
  주차한 후 열차로 환승하여 이동해야 한다.

★ 클라이네 샤이덱 역
운영 연중무휴 06:30~19:00(하절기)
　　 티켓카운터 06:30~19:00
　　 수하물 07:00~17:30
전화 +41 (0)33 828 7611
※ 유동인구가 많아 화장실이
  규모가 크고 편리함
※ 열차 30분 간격 운행

Tip | **여행 전 꼭 봐야 할 영화** _ 아이맥스 영화 <디 알프스The Alpes>(2007년 개봉작)

1966년 미국 출신 산악인, 존 엘비스 할린 2세John Elvis Harlin II(1935~1966)는 악명 높은 아이거 북벽을 오르다 그만 사망하고 만다. 스위스 레장Leysin에서 자라던 그의 아들 존 할린 3세는 그 사건 후 미국으로 이주하여 산악저널리스트로 성장하고 아버지가 이루지 못한 아이거 북벽 등정을 하기 위해 다시 스위스로 돌아오게 된다. 클라이네 샤이덱에 베이스캠프를 둔 채 두 명의 스위스 부부 산악 가이드와 함께 힘든 등정을 시도, 마침내 꿈을 이룬다. 등정 과정과 함께 빙하특급 열차 등 스위스 곳곳 아름다운 경관을 보여주는 아이맥스 영화로, 스위스 여행 전 꼭 감상해보자. 스위스 여행이 주는 감동이 몇 배는 더 커진다. 할린 2세의 기념석이 키르힐리 주변 팔보덴 호수에 놓여 있다.

© Johnharlinmedia.com

아이거노어반트
Restaurant Eigernordwand

클라이네 샤이덱 기차역 초입, 멘리헨 방향 길에 자리
한 레스토랑으로 아이거 북벽을 한눈에 바라보며 식
사할 수 있는 곳이다. 날씨가 좋다면 가급적 테라스나
창가에 앉는 것을 추천한다. 갖가지 현지식을 맛볼 수
있다.

주소 Eigernordwand, 3823 Kleine Scheidegg
운영 매일 08:30~17:30
전화 +41 (0)33 855 3322
홈피 www.huettenzauber.ch

산악 레스토랑 클라이네 샤이덱
Bergrestaurant Kleine Scheidegg

클라이네 샤이덱 역에 자리한 레스토랑으로 야외석에
서 아이거, 묀히, 융프라우를 바라보며 식사를 할 수
있다는 장점이 있다. 전통적인 스위스 음식, 이탈리아
식, 간단한 샌드위치 및 음료, 디저트까지 취향과 예산
에 따라 다양하게 맛볼 수 있다. 융프라우요흐를 오르
기 전 또는 하산하는 중간에 점심을 먹어야 하거나 멘
리헨이나 벵엔까지 하이킹을 하기 전, 간단하게 요기
할 때 들르기 좋은 곳이다. 로지도 있어 투숙 가능.

주소 3823 Kleine Scheidegg(클라이네 샤이덱 역에 위치)
운영 월~금 08:00~12:00, 13:00~17:30, 토 08:00~12:00,
     13:00~17:00, 일·공휴일 09:00~12:00, 13:00~16:00
전화 +41 (0)33 828 7828
홈피 www.bergrestaurant-kleine-scheidegg.ch

4성급
호텔 벨뷰 데 잘프 Hotel Bellevue des Alpes

2011년에 역사적인 스위스 호텔Swiss Historic Hotel로 선정된 19세기 대표적
인 벨 에포크양식의 고풍스러운 호텔. 1800년대 후반 영국 귀족들이 스
위스 알프스 여행을 많이 한 까닭에 호텔의 인테리어 스타일이 매우 고급
스러운 것이 특징이다. 총 100여 개의 침대가 있으며, 저녁에는 4코스 디
너를 제공한다.

주소 Kleine Scheidegg, 3801
     (클라이네 샤이덱 역에서
     도보 2분 거리)
운영 6월 중순~9월 중순까지
     (매년 변경)
요금 더블 CHF 440~640(2인 기준),
     싱글 CHF 290~340(1인 기준)
     ※ 조식, 4코스 디너 포함
전화 +41 (0)33 855 1212
홈피 www.scheidegg-hotels.ch

클라이네 샤이덱 기점이 되는 하이킹 루트

루트 1 융프라우 아이거 워크 Jungfrau Eiger Walk

Eigergletscher(2,320m) → Kleine Scheidegg(2,061m)

등산 경험이 별로 없는 초보자들도 무리 없이 경험 가능. 코스를 따라 곳곳에 볼거리와 체험, 아이거 북벽 등정 히스토리 및 수많은 산악인들의 이야기가 있어 흥미롭다. 알파인 역사는 1924년 아이거 산등성이에 지어진 미텔레기 산장^{Mitteleggihütte}에서 알아볼 수 있으며, 팔보덴 호수 주변에 놓인 큰 돌에는 아이거 등반 중에 목숨을 잃은 수많은 등반가의 이름이 새겨져 있어 자못 경건해진다. 키르힐리^{Kirchili}에서는 수치료의 일환인 크나이프^{Kneipp}를 경험할 수 있다.

난이도 하
계절 5월 초~10월 초
소요시간 1시간~1시간 50분
준비물 편안한 운동화, 경등산화
※ 사전에 날씨 체크 필수

Food 아이거글레처 Eigergletscher

아이거글레처는 이름에서 알 수 있듯 1900년대 초반까지는 바로 이곳까지 빙하가 있었으나, 지구 온난화 현상 때문에 빙하를 가깝게 볼 수는 없게 되었다. 아이거글레처 산장에서는 맛있는 식사도 가능하다. 그린델발트 터미널 역에서 30분 만에 아이거글레처까지 이동 가능하여 하이킹 시작지점, 휴식 장소로 많은 여행객들이 이용하게 되었다.

아이거글레처 레스토랑에서 꼭 맛봐야 할 케이크와 커피. 케이크는 애플케이크 추천!

과거의 모습

현재의 모습

루트2 아이거 트레일 Eiger Trail

Eigergletscher(2,320m) → Kleine Scheidegg(2,061m) → Alpiglen(1,615m)

높은 고도가 아님에도 불구하고 많은 산악인을 죽음으로 데려간 악명 높은 아이거 북벽 산자락을 따라 내려가는 하이킹 코스. 아이거 북벽 그늘을 따라 내려갈 때는 여름에도 시원하다. 종착지인 알피글렌에는 산장도 있으니 열차 시간을 확인하고 잠시 쉬었다가 열차로 그룬트 Grund 역으로 이동하면 된다.

난이도 중
계절 5월 초~10월 초
소요시간 3시간
준비물 경등산화, 물, 간식

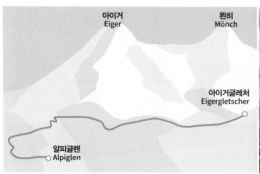

루트3 클라이네 샤이덱-벵엔 트레일 Kleine Scheidegg-Wengen Trail

Kleine Scheidegg(2,061m) → Wengernalp(1,873m) → Wengen(1,274m)

아이들을 데리고도 문제없는 하산 하이킹. 세 봉우리를 등지고 라우터브룬넨 계곡을 향해 하이킹을 하다가 벵엔 근처 산악 농가의 소박한 매력을 발견하며 벵엔까지 이동하게 되는 유쾌한 하이킹 루트다.

난이도 중　**계절** 5월 초~10월 초　**소요시간** 2시간
준비물 경등산화, 물, 간식 ※ 사전에 날씨 체크 필수

Tip | 하이킹 사인 Hiking Sign

하이킹 사인에는 방향과 목적지 이름과 함께 사인이 위치한 곳에서부터 소요되는 시간을 알기 쉽게 적어 놓았다. 하이킹 지도와 함께 사인을 참고로 하여 목적지를 향해 걷는다면 길을 잃지 않고 걸어갈 수 있다.

하이킹 트레일 Hiking Trail
모든 연령대가 함께할 수 있는 비교적 쉬운 트레일. 하지만, 갑작스러운 기후 변화에 대응할 수 있는 옷가지, 간단한 먹을거리, 음료수는 필수.

산악 트레일 Mountain Trail
화이트-레드-화이트 순서대로 되어 있는 산악 트레일 사인. 이 트레일을 걷기 위해서는 미끄러움을 방지하는 밑창이 있는 등산화와 날씨에 적합한 등산복 등을 갖추어야 한다. 장비만 갖추고 있다면 그리 어렵지 않은 코스.

암벽 트레일 Rock Trail
암벽타기 경험이 있는 등반인만 체험 가능. 암벽 장비를 잘 갖추어야 하고 초보자라면 산악 가이드와 반드시 동반해야 한다.

✚ 그린델발트 Grindelwald

그린델발트(1,034m)는 아이거 북벽이 그대로 바라다보이는 왠지 아름답다고 하기엔 살짝 미안할 정도로 산악 풍경을 그림같이 에두르고 있는 마을이다. 융프라우요흐로 올라가는 시작점일 뿐만 아니라, 봄부터 가을까지 산기슭 목초지에 야생화가 만발하여 하이킹을 즐기는 여행객들로 붐비고 겨울철엔 겨울스포츠 마니아들이 즐겨 찾는 곳이다. 또한, 그린델발트 거리에는 산악인들의 지갑을 열게 만드는 아웃도어 상점들이 즐비하여 쇼핑을 하기에도 좋다.

※ 융프라우 지역 숙박의 성지
주요 산악 여행지 기점 피르스트, 핑슈텍, 융프라우요흐

그린델발트로 이동하기
- 인터라켄 오스트 역에서 열차로 약 35분 소요(30분 간격으로 운행)
- 그린델발트 또는 그린델발트 그룬트까지 차량으로 이동 가능하며 공용주차장도 있다.

★ 그린델발트 인포메이션 센터
주소 Dorfstrasse 110,
      3818 Grindelwald
위치 그린델발트 역에서
      중심가 쪽으로 도보 3분
운영 월~금 08:00~18:00,
      토·일 09:00~18:00
전화 +41 (0)33 854 1212
홈피 www.grindelwald.ch

★ 그린델발트 역
운영 티켓카운터 06:10~19:30
      수하물 06:10~19:00
전화 +41 (0)33 828 7540

그린델발트

피르스트 First

피르스트에 처음 갔을 때 영혼 한 조각이라도 남겨두고 싶다는 생각이 들었을 정도로 기억 깊숙이 자리 잡은 곳이다. 자욱한 안개가 마을을 덮고 있는 어중간한 날씨라면 해발 2,000m 이상 고지대로 올라가는 것이 현명하다. 그린델발트에서 피르스트까지 6인승 곤돌라를 타고(25분 소요) 보어트Bort 1,570m를 지나 피르스트 2,166m에 올라가면 4,000m 이상의 일곱 봉우리와 빙하, 바위의 장관이 숨 막힐 듯 다가온다. 현재 이곳은 단체 여행객들이 많이 찾는 여행지가 되어 예전만큼 호젓한 분위기는 없어진 것이 아쉽지만, 스카이 워크를 걸으며 감상하는 주변 경관은 엄지 척이다. 여행 시간 최소 3시간 소요.

피르스트 곤돌라(Firstbahn)
주소　Dorfstrasse 187, 3818 Grindelwald
위치　그린델발트 역에서 마을을 향해 도보 2분,
　　　피르스트 곤돌라 역에서 곤돌라 탑승※ 차량으로 왔다면
　　　그린델발트 역 바로 앞 공용주차장에 주차 가능
운영　2023.12.16~2024.10.27
　　　※ 보수기간 : 2024.10.28~2024.11.29
요금　융프라우 VIP 패스 유효
　　　(적용 구간 그린델발트-피르스트 왕복 CHF 68~72)
　　　※ 스위스 패스 소지자 50% 할인
　　　※ 동신항운 할인쿠폰 소지자 CHF 52(왕복)
　　　※ 동신항운 VIP 패스 소지자에 한해 여름 시즌
　　　액티비티 40% 할인, 겨울 시즌 2종 액티비티 무료
전화　+41 (0)33 828 7711　　홈피 www.jungfrau.ch

※ 그린델발트(곤돌라) → 보어트Bort → 슈렉펠트Schreckfeld → 피르스트(환승하지 않아도 된다)

▶▶ 하이킹 Hiking

First(2,166m) ↔ Bachalpsee(2,265m)

피르스트에서 완만하게 굽이돌아 호수, 바흐알프제로 향하는 길은 마치 신선이 되어 구름 위를 걷는 듯한 기분이 든다. 저 아래 하얀 구름과 안개가 세상을 다스릴 때 이곳을 걷는 하이커들은 밝은 햇살 아래 모든  걸 잊고 자연에 몰입하게 된다. 운동화를 신고도 할 수 있을 만큼 쉬운 하이킹. 호수 반대편으로 돌아가 알프스의 험한 산들이 호수면에 투영되는 장면은 정말 압권이다. 왕복 3km, 2시간~2시간 20분 소요된다.

바호알프제 호수
Bachalpsee
피르스트
First
슈렉펠트
Schrurecufeld
보어트
Bort
그린델발트
Grindelwald

━━ 피르스트 곤돌라
┅┅ 피르스트 플라이어
━━ 바호알프 호스 하이킹
┅┅ 마운틴 카트
┅┅ 트로티바이크

▶▶ 피르스트 플라이어 First Flyer

First(2,168m) → Schreckfeld(1,965m)

길이 약 800m, 높이 50m에 매달려 시속 84km 속도로 내달려보자. 다만 아쉬운 점이 있다면 어른들만 할 수 있다는 것. 최소 몸무게 35kg 이상 최고 125kg까지로 1분 정도 소요된다. 성수기 대기시간 최소 1시간 소요.

운영 2023.12.16~2024.10.27
요금 CHF 31(동신항운 VIP 패스 소지자 여름 시즌 30% 할인, 겨울 시즌 무료)

© Jungfraubahnen

▶▶ 피르스트 클리프 워크 First Cliff Walk

피르스트 정상 역에서 암벽 바로 옆에 다리를 고정시킨 절벽 길로 아이거 북벽을 감상할 수 있다. 이 트레일은 모든 연령대가 함께 즐길 수 있고, 관광객이 적은 이른 시간에 간다면 인생 샷을 건질 수도 있다.

운영 2023.12.26~2024.10.27
요금 무료

© Jungfraubahnen 2019

▶▶ 트로티바이크 Trottibike

Bort(1,600m) → Grindelwald(1,034m)

피르스트에서 슈렉펠트를 지나 보어트 역에서 내려 트로티바이크를 대여해 그린델발트까지 달려보자. 경사로를 달리는 짜릿함을 느낄 수 있다. 안전 장비를 꼭 하고 브레이크 조절만 잘 한다면 문제없다.

운영 2024.5.1~2024.10.27
요금 CHF 21(동신항운 VIP 패스 소지자 여름 시즌 30% 할인)

© Jungfrau Railways

 그린델발트–산악 여행지   GPS 46.623295, 8.046911
핑슈텍 Pfingstegg

핑슈텍(1,391m)까지는 그린델발트에서 케이블카를 타고 이동하면 된다. 이곳은 '못난이'라는 의미를 지닌 슈렉호른Schreckhorn(4,078m)이 바로 머리 위에 있는 곳으로 하이킹과 바람같이 레일을 가르는 터보건으로 유명하다.

주소 Rybigässli 25, 3818 Grindelwald
위치 그린델발트 역에서 교회 방면으로 도보 15분 또는 역에서 122번 버스 탑승하여 Pfingsteggbahn에서 하차
운영 2024.5.8~10.20
요금 **케이블카(편도/왕복)** 성인 CHF 20/32, 어린이(만 6~15세) CHF 10/16
   ※ 스위스 패스 소지자 50% 할인(성인에 한함)
   터보건 1회 성인 CHF 8, 어린이 CHF 6
전화 +41 (0)33 853 2626   홈피 www.pfingstegg.ch

도르프 거리 Doftstrasse

그린델발트 중심가인 도르프 거리에는 각종 아웃도어 용품과 기념품 상점이 즐비하다. 인터라켄에는 시계 브랜드, 각종 기념품 가게가 많은 반면 이곳은 아웃도어 아이템이 대세. 간절기에는 할인도 많이 한다. 겨울철이면 관련 장비를 구입하거나 대여하는 사람들로 붐빈다.

Tip | 아이거 우유 치즈 Eiger Milch Käse

융프라우 지대에서 친환경 공법으로 생산되는 치즈. 생산된 지 일주일이 지나지 않은 신선한 우유와 지역 전문가들의 숙련된 경험과 장인 정신, 지역 주민들 사이에서 전해오는 특별한 레시피를 통해 생산하는 까닭에 다른 지역과 차별되는 맛을 자랑한다. 도르프 거리 마을 장터 또는 그린델발트 상점 등에서 쇼핑이 가능하다.

© Eigermilch

3성급

더비 스위스 퀄리티 호텔
Derby Swiss Quality Hotel

그린델발트 역에 바로 인접한 호텔로 여행객들에게 좋은 평가를 받고 있는 곳이다. 밝은 객실의 인테리어가 기분까지 업시킨다.

주소 Dorfstrasse 75, Grindelwald
전화 +41 (0)33 854 5461
홈피 www.derby-grindelwald.ch

게스트하우스

다운타운 로지 Downtown Lodge

마을 중심가에 자리하고 있는 다섯 채로 이루어진 게스트 하우스로 1인실부터 다인실까지 다양하게 구성되어 있다. 가격에 조식, 베드린넨 포함이라 편리.

주소 Dorfstrasse 152, 3818 Grindelwald
전화 +41 (0)33 828 7730
홈피 www.downtownlodge.ch

4성급

선스타 호텔 그린델발트
Sunstar Hotel Grindelwald

웰니스, 세미나 전문 호텔. 객실 218개로 중심가에 위치하고 아이거 북벽의 위용을 그대로 느끼기 좋아 인기가 높다. 시설은 다소 올드하다.

주소 Dorfstrasse 168, 3818 Grindelwald
전화 +41 (0)33 854 7777
홈피 www.grindelwald.sunstar.ch

게스트하우스

베르크게스트하우스 피르스트
Berggasthaus First

피르스트 정상 곤돌라 역 바로 옆 현대적인 산악 게스트이자 레스토랑. 바흐알프제와 알프스 산들이 빚어낸 독특한 자연에서 특별한 밤을 보낼 수 있다. 이곳 외에도 보어트 역의 베르크하우스도 추천!

주소 32, 3818 Grindelwald
운영 여름·겨울 시즌 **휴무** 중간 시즌 10월 말~12월 초순
　　　※ 피르스트 곤돌라 운행 기간과 동일
전화 +41 (0)33 828 7788
홈피 berggasthausfirst.ch

✛ 빌더스빌 Wilderswil

툰과 브리엔츠 호수 사이 뵈델리Bödeli 남쪽에 위치한 뢰취넨 계곡 입구 작은 마을로 알프스 산악 지방의 전형적인 목조주택들과 전통 있는 맛집이 자리하고 있어 알프스 고유의 향취를 느껴볼 수 있는 곳이다. 번화한 곳이 싫다면 교통이 제법 편한 이곳에서 묵는 것도 좋다. 바로 이곳에서 비밀의 화원이라 불리는 '쉬니게 플라테'로 향하는 열차가 출발한다.

※ 빌더스빌의 주요 포인트 ① 쉬니게 플라테 출발지 ② 인터라켄에 비해 저렴한 숙박 요금

빌더스빌로 이동하기
인터라켄 오스트에서 열차로 불과 4분 거리. 차량으로도 이동 가능

★ 인포메이션 센터
주소 Kirchgasse 43,
       3812 Wilderswil
위치 빌더스빌 역에서 미그로 지나
       키르히가세Kirchgasse
       진입하여 2분 거리
운영 월~토 08:00~11:30
       휴무 일요일
전화 +41 (0)33 822 8455
홈피 www.interlaken.ch

빌더스빌-산악 여행지   GPS 46.652438, 7.911282

쉬니게 플라테 Schynige Platte

빌더스빌에서 열차를 타고 갈 수 있는 산악 여행지. 해발고도 1,967m로 아이거, 묀히, 융프라우 세 자매 봉을 향해 정중앙에 위치하여 파노라마 전경이 매우 인상적이며 보태닉 알파인 가든에서는 600종이 넘는 야생화를 볼 수 있어 특히 실버 계층에게 인기 높은 곳이다. 1899년에 건축된 쉬니게 플라테 산악 호텔에서 투숙을 하거나 식사를 즐길 수도 있다. 여행 시간은 3~5시간 소요.

운영 2024.6.15~10.20
요금 성인 왕복 CHF 71.6
       (동신항운 VIP 패스 소지자 무료,
       할인쿠폰 소지자 요금 CHF 52)
       ※ 스위스 패스 소지자 정상가
       50% 할인
홈피 www.jungfrau.ch
       알파인 가든
       www.alpengarten.ch

▶▶ 하이킹 Hiking

Schynige Platte(1,967m) → Faulhorn(2,681m) → First(2,168m)
편평한 길과 약간의 경사로가 적절하게 섞여 있어 지루할 틈이 없다. 파울호른 정상에서 내려다보는 환상적인 경치를 감상할 수 있다.

난이도 중   계절 5~10월
소요시간 6시간   준비물 경등산화, 물, 간식

➕ 벵엔 Wengen

해발 1,275m 높이의 벵엔은 공용 차량과 전기차 외엔 개인 차량이 진입할 수 없는 청정 마을이다. 융프라우요흐로 여행하기 편하고 천혜의 자연환경 덕에 인터라켄보다 가성비와 퀄리티 좋은 호텔들이 많아 여행객들에게 인기 높은 지역이다. 마을 주변으로 산악 농가들이 있어 치즈를 저렴한 가격에 구입할 수 있으며, 여행객들에게 필요한 액티비티 인프라가 잘 갖추어져 있어 편리하다.

※ 벵엔의 주요 포인트 ① 친환경 마을 ② 멘리헨 케이블카

벵엔으로 이동하기
벵엔은 열차로 라우터브룬넨에서 클라이네 샤이덱으로 향하는 도중 정차하는 곳이며, 차량으로 이동할 경우에는 라우터브룬넨 공용주차장에 주차한 후 열차로 이동하면 된다.

★ 인포메이션 센터
주소 3823 Wengen
위치 마을 중심에 위치
운영 09:00~18:00
전화 +41 (0)33 856 8585
홈피 www.wengen.ch

★ 벵엔 기차역
운영 05:30~19:40
　　　융프라우요흐행 첫차 07:24
　　　막차 13:54(여름 시즌 14:54)
전화 +41 (0)33 828 7050

벵엔-산악 여행지　　　　　　　　　　　　　　　　GPS 46.613175, 7.940979

멘리헨 Männlichen

해발 2,343m 높이의 산악 여행지로 벵엔이나 그린델발트 터미널에서 케이블카를 이용해 이동 가능하다. 멘리헨은 하이킹하기에 최적의 여행지로 멘리헨에서 클라이네 샤이덱까지 일명 '파노라마 하이킹' 구간은 어린아이들과도 함께 체험할 수 있어 좋다. 융프라우요흐 여행 시 벵엔에서 멘리헨 케이블카에 탑승한 후 하이킹을 즐기다 클라이네 샤이덱에서 열차로 환승하여 정상으로 이동해도 좋다. 멘리헨 정상에는 레스토랑과 산악 호텔이 있어 편리하다.

운영 매년 5월 하순~10월 하순
요금 **벵엔-멘리헨 케이블카 편도**
　　　성인 CHF 29,
　　　어린이(만 15세까지) CHF 14.5
　　　왕복 성인 CHF 58,
　　　어린이(만 15세까지) CHF 26
　　　※ 동신항운 VIP 패스 소지자 무료
　　　※ 로열 가이드로 업그레이드 시
　　　　추가금액 CHF 5
　　　※ 스위스 패스 소지자 50% 할인
홈피 www.maennlichen.ch

▶▶ 하이킹 Hiking

Männlichen(2,343km) → Kleine Scheidegg(2,061m)

난이도 하　　　　　　계절 5~10월
소요시간 1시간 50분　　준비물 운동화 또는 경등산화, 물, 간식

✚ 라우터브룬넨 Lauterbrunnen

라우터브룬넨(해발 797m)은 빙하에 깎인 300~500m 높이의 암벽에 둘러싸인 마을로 여름이면 72개의 폭포를 볼 수 있다고 한다. 괴테가 영감을 받았다고 전해진 슈타움바흐 폭포Staubbachfälle는 높이만도 약 297m로 라우터브룬넨의 비주얼을 담당한다. 이곳에서 클라이네 샤이 덱으로 올라가는 열차에 탑승할 때는 꼭 오른쪽에 앉도록 하자. 멋있는 폭포 전경을 사진으로 담기 편리하다. 라우터브룬넨은 융프라우요흐에 올라가는 도로 중 차량이 운행할 수 있는 마지막 마을로 규모가 큰 주 차장이 마련되어 있어 이곳에서 주차를 한 후 열차로 환승하여 벵엔으로 가거나, 융프라우요흐로 이동하면 된다.

★ 라우터브룬넨 관광청
주소 Stutzli 460,
　　 3822 Lauterbrunnen
위치 역에서 나와 길 건너편 우측
운영 화~토 09:00~12:00,
　　 13:30~17:00
　　 휴무 월·일요일
전화 +41 (0)33 856 8568
홈피 www.lauterbrunnen.
　　 swiss

※ 라우터브룬넨의 주요 포인트 ① 슈타움바흐 폭포, 트림멜바흐 폭포 ② 쉴트 호른, 뮈렌 여행의 시작지점 ③ 융프라우요흐 여행을 위한 환승지, 차량 주 차지역 ④ 호스텔, 액티비티의 성지

라우터브룬넨으로 이동하기
인터라켄 오스트에서 열차로 20분 소요

★★☆

트륌멜바흐 폭포 Trümmelbachfälle

주변 알프스 빙하가 녹은 물이 지표면을 뚫고 바위를 계속 뚫고 들어가 생성된 구혈 폭포이다. 거의 수직으로 초당 2만 ℓ 의 물을 쏟아내는데 본격적으로 빙하가 녹는 늦은 봄부터 초가을까지 수량이 풍부하여 볼만하다. 폭포까지는 다소 언덕길과 계단을 통해 올라가야 하는데, 리프트도 있으니 너무 걱정은 하지 않아도 된다. 트륌멜바흐에서 라우터브룬넨까지 버스도 운행되나 쉴트호른을 관광하고 내려온 사람들이 슈테헬베르크에서 버스를 타는 까닭에 버스가 정차하지 않고 그냥 지나가 버리기도 한다. 그때는 라우터브룬넨까지 하이킹을 해도 좋다.

주소 3824 Stechelberg, Lauterbrunnen
위치 라우터브룬넨에서 Stechelberg행 141번 버스 탑승. Trümmelbachfälle에서 하차 (5개 정거장, 7분 소요)
운영 4월 초~11월 초 09:00~17:00 (7·8월 08:30~18:00)
요금 성인 CHF 14, 어린이(만 6~15세) CHF 6
홈피 www.truemmelbachfaelle.ch

---

more & more **라우터브룬넨이 기점이 되는 하이킹 루트**

계곡에서 걷는 건 또 다른 즐거움이다. 슈타웁바흐 폭포 소리와 함께 유쾌하게 걸어보자.

❶ 라우터브룬넨-뮈렌 하이킹
Lauterbrunnen(797m) → Mürren(1,638m)
새 둥지같이 낭떠러지 절벽 한쪽에 귀엽고 아담하게 자리 잡은 마을. 뮈렌까지 걷는 업힐 코스로, 약간의 경사도가 있으나 라우터브룬넨 계곡을 잘 감상할 수 있는 루트다.

난이도 중 계절 5월 초~10월 초
소요시간 2시간 50분 준비물 경등산화, 물, 간식

❷ 라우터브룬넨-벵엔 하이킹
Lauterbrunnen(797m) → Wengen(1,275m)
편도 2.8km. 클래식 하이킹 루트로 짙푸른 녹음을 지나는 경사가 많은 오르막길이다. 클라이네 샤이덱으로 향하는 열차를 하이킹 중간 만나볼 수 있다.

난이도 중 계절 5월 초~10월 초
소요시간 1시간 50분 준비물 경등산화, 물, 간식

❸ 라우터브룬넨-트륌멜바흐 폭포 하이킹
Lauterbrunnen(797m) → Trümmelbachfälle(297m)
슈타웁바흐 폭포와 인근 농가 사이를 가로질러 전원과 계곡, 물소리가 합창하는 유쾌한 산책길로 산책을 하다 농가에서 치즈나 버터도 구입할 수 있다. 쉴트호른, 트륌멜바흐를 여행하고 라우터브룬넨까지 걸어와도 된다.

난이도 하 계절 연중 가능
소요시간 1시간 준비물 운동화, 물

라우터브룬넨–뮈렌 산악열차 구간

라우터브룬넨에서 케이블카와 열차를 다시 갈아타고 해발고도 1,638m에 있는 산악 마을, 뮈렌으로 가보자. 사실 뮈렌은 작은 산악 마을에 불과하나 라우터브룬넨 계곡 그 자체의 아름다움을 보려면 이곳으로 여행을 해봐야 한다. 뮈렌까지 이동하는 방법은 크게 두 가지가 있는데, 그 하나가 바로 융프라우 철도 노선 중 하나인 라우터브룬넨–뮈렌 케이블카, 철도를 이용하는 방법이다.

라우터브룬넨Lauterbrunnen → [케이블카 8분] → **그뤼치알프**Grütschalp → [열차] → **빈터엑**Winteregg → [열차 또는 하이킹] → **뮈렌**Mürren

라우터브룬넨에서 그뤼치알프까지 100인승 케이블카에 탑승하여 이동한 후 열차로 환승해 빈터엑을 경유하여 뮈렌까지 이동하게 되는데, 빈터엑에서 하차해 뮈렌까지 하이킹을 하는 사람들도 많다(약 1시간 20분 소요). 빈터엑에는 산장이 있어 좋은 경관을 누리며 식사나 음료를 즐길 수도 있다.
참고로 라우터브룬넨에서 뮈렌까지 가는 방법은 두 가지이므로 라우터브룬넨–뮈렌 산악열차 구간이 보수 기간에 들어간다고 해서 걱정하지 말자. 쉴트호른 구간 케이블카를 타고 뮈렌까지 이동하는 방법도 있다. 그 방법에 대해서는 뮈렌(p.283)을 참고하도록 하자.

뮈렌
Mürren(1,638m)

빈터엑
Winteregg

그뤼치알프
Grütschalp

라우터브룬넨
Lauterbrunnen(797m)

라우터브룬넨–뮈렌 BLM 케이블카
주소 3822 Lauterbrunnen
위치 라우터브룬넨 기차역과 지하로 연계되어 있음
운영 연중 운행하나 보수 기간 제외
　　 ※ 보수 기간 2024.5.6~5.31, 10.21~11.8
요금 **라우터브룬넨-그뤼치알프-뮈렌**
　　 성인 편도 CHF 23.6, 어린이 CHF 10
　　 ※ 스위스 패스 소지자 무료

✚ 뮈렌 Mürren

국내 패키지 상품에서 뮈렌을 뮈렌 산이라고 해서 마치 산처럼 포장해서 판매하는 경우도 봤지만, 뮈렌은 엄밀히 말해서 산악 마을이다. 일반 차량 진입이 불가능한 청정 무공해 마을로 클라이네 샤이덱에서 벵엔 알프를 거쳐 벵엔으로 하이킹을 하다 저 멀리 보이는 뮈렌이 마치 새 둥지같이 아슬아슬해 보이기도 한다. 마을에 도착하면 생각보다 매우 아늑해 이틀 정도 아무 생각 없이 머물다 가고 싶은 생각이 든다. 저녁에는 매우 로맨틱하여 계곡 아래 라우터브룬넨 불빛이 그저 아름답기만 하다. 허니무너에게 강추하고 싶은 숙박지이다.

※ 뮈렌의 주요 포인트 ① 무공해 청정 마을 ② 허니무너 추천 숙박지

뮈렌으로 이동하기

- 라우터브룬넨 기차역 앞 버스정류장에서 슈테헬베르크Stechelberg행 141번 버스 탑승하여 쉴트호른 케이블카 역이 있는 슈테헬베르크로 이동(약 20분 소요)한다. 이후 쉴트호른 케이블카에 탑승하여 김멜발트Gimmelwald로 이동한 다음, 다른 케이블카로 환승하여 뮈렌에 도착한다.

※ 스위스 패스 소지자 무료

- 위의 이동 방법 외의 라우터브룬넨–뮈렌 산악열차를 이용할 수도 있다. 자세한 것은 p.282 참고.

★ 인포메이션 센터
주소 3825 Mürren
위치 알핀 스포츠 센터 내
운영 08:30~12:00, 13:00~17:15
       (시즌에 따라 변동 있음)
전화 +41 (0)33 856 8686

뮈렌–산악 여행지   GPS 46.563870, 7.889033
알멘트후벨 Allmendhubel

뮈렌을 내려다보고 있는 해발고도 1,907m의 알멘트후벨은 뮈렌에서 푸니쿨라를 타고 쉽게 이동 가능하다. 아담하고 어여쁜 마을, 뮈렌에 딱 걸맞도록 그림과 같은 곳이다. 특히 어린아이들과 동반한 가족, 주말을 여유롭게 즐기고자 하는 사람들에게 딱 제격이다. 알멘트후벨 파노라마 레스토랑의 선 테라스에서 스위스 음식을 즐길 수 있으며, 어린이 놀이터인 플라워 파크는 아이들에게 인기가 높다. 또한 150여 종의 각기 다른 야생화를 보며 걸을 수 있는 '플라워 트레일'이 있어 가볍게 산책하기도 좋다.

주소 Valley Station Funicular
       3825 Mürren
운영 보수기간 제외 매일 운영
       ※ 보수기간: 2024.4.9~6.7,
       10.21~12.6
요금 **Stechelberg ↔
       Allmendhubel**
       성인 CHF 36.4,
       어린이(만 6~15세) CHF 18.2
       Mürren ↔ Allmendhubel
       성인 CHF 14,
       어린이 (만 6~15세) CHF 7
       ※ 스위스 패스 소지자 50% 할인

© Schilthornbahn AG

007 제임스 본드가 선택한 산, 쉴트호른

어르신들에게조차 추억이 되었을, 007 제임스 본드 시리즈 영화 〈여왕 폐하 대작전On Her Majesty's Secret Service〉(1969)의 주 무대가 되었던 곳으로, 원래 영화 촬영 세트장으로 지어졌다가 시설을 보강하여 현재의 유명 산악 여행지가 되었다. 쉴트호른 전망대 내부에는 제임스 본드와 관련된 박물관인 '본드 월드Bond World'와 영화를 상영하는 '본드 시네마Bond Cinema'가 있어 날씨가 좋지 않아 주변 경관을 볼 수 없다 하더라도 즐길 거리가 있다.

쉴트호른은 특히 겨울에 최고의 겨울스포츠 명소이다. 스노보드, 스키를 즐기려는 사람들이 즐겨 찾는 곳으로 여름보다 겨울에 케이블카가 붐빈다. 쉴트호른은 크게 세 가지 만족을 주는 곳이다. 첫째 주변 경관(View), 둘째 스릴(Thrill), 셋째 편안한 휴식(Chill)이다. 주변 경관은 쉴트호른 정상에서, 스릴은 쉴트호른 바로 전 역인 비르크Birg에서, 편안한 휴식은 알멘트후벨에서. 오감을 동원해 쉴트호른을 즐겨보자.

✚ 쉴트호른으로 이동하기

❶ 뮈렌 → 쉴트호른

뮈렌Mürren 케이블카 역(케이블카 탑승) → 비르크Birg(경유) → 쉴트호른Schilthorn

※ 뮈렌까지 이동하는 방법은 p.282, 283 참고

❷ 슈테헬베르크 → 쉴트호른

슈테헬베르크Stechelberg(케이블카 탑승) → 김멜발트Gimmelwalt → 뮈렌(환승) → 비르크

※ 슈테헬베르크 07:25~15:25(30분 간격으로 출발)
※ 쉴트호른 첫 출발 08:33, 매시 3분, 33분 하산 케이블카 운행(오후 4시대까지, 그 이후 16:55, 17:55)
※ 시즌에 따라 탄력적으로 운행

★ 쉴트호른 케이블카

운영 연중 운행(보수 기간 제외)
※ **보수기간** 케이블 전 구간
2024.4.22~4.26,
동계기간 11월 중순~12월 초
※ 보수 기간 중
슈테헬베르크-뮈렌 구간
케이블카 운행하지 않으므로
뮈렌으로 이동을 원할 경우
라우터브룬넨-뮈렌
산악철도Lauterbrunnen BLM를
이용해야 한다.

요금 슈테헬베르크 ↔ 쉴트호른
성인 왕복 CHF 108
(스위스 패스 소지자 CHF 54),
아동 왕복 CHF 54
뮈렌 ↔ 쉴트호른
성인 왕복 CHF 85.60
(스위스 패스 소지자
CHF 42.80),
아동 왕복 CHF 42.80
※ 스위스 패스 소지자
뮈렌까지 무료

전화 +41 (0)33 826 0007
홈피 www.schilthorn.ch

© Schilthornbahn AG

✚ 쉴트호른 정상

Sightseeing 스카이라인 뷰 플랫폼
Skyline View Platform

스카이라인 뷰 플랫폼과 360도 회전 레스토랑 피츠 글로리아에서는 아이거, 묀히, 융프라우와 더불어 주변을 둘러싸고 있는 수많은 알프스 봉우리들을 감상할 수 있다. 특히 플랫폼에서 인생샷을 건지기 좋다.

Activity 007 명예의 거리 007 Walk of Fame

영화 〈여왕 폐하 대작전〉에 참여했던 영화인들의 소개와 그들의 핸드 프린트를 멋진 경치와 함께 볼 수 있다.

Activity 본드 월드 & 007 영화관
Bond World & 007 Cinema

007 제임스 본드 영화와 관련된 흥미로운 체험을 할 수 있는 곳. 여성이라면 잠시나마 본드 걸이 된 듯 가상 체험도 가능하다. 스릴 넘치는 헬리콥터 장면도 시뮬레이션해볼 수도 있으며 영화 소품과 대본들도 갖춰져 있다. 영화관에서는 영화의 주요 장면과 알프스 경관을 파노라마로 감상할 수 있다.

Food 피츠 글로리아
Piz Gloria(360도 회전 레스토랑)

해발 2,970m 세계 최초 360도 회전 레스토랑. 무려 400여 개의 좌석이 있다. 회전을 한다고 해서 어지러울까 걱정하지 말자. 주변 경관을 감상하기 딱 좋은 정도이다. 오후 2시까지 하는 제임스 본드 브런치는 샐러드 뷔페와 샴페인까지 즐길 수 있으니 점심으로 이용해보자.

운영 케이블카 운행 기간과 동일
요금 제임스 본드 브런치 성인 CHF 37, 어린이 CHF 22,
　　　 007 버거(프렌치 프라이 포함) CHF 28,
　　　 제임스 본드 스파게티 CHF 27
전화 +41 (0)33 856 2156
　　　 ※ 온라인 사전 예약 가능

✚ 비르크 역

쉴트호른 정상에 도착하기 전 바로 전 역인 비르크^{Birg}는 해발 2,677m로 웅장한 알프스 전경에 본격적으로 몰입하기 전, 스릴 넘치는 체험을 할 수 있는 곳이다. 이곳에 반드시 내려 체험해보도록 하자.

Activity 스릴 워크 & 스카이라인 워크
Thrill Walk & Skyline Walk

스카이라인 워크는 비르크 역 테라스를 연장하여 강철과 유리로 건설된 플랫폼으로 뮈렌보다 약 1,000m 높은 곳에서 전경을 감상할 수 있도록 해준다. 스릴 워크는 피르스트와 비슷한데 아찔한 절벽에 200m 길이의 튼튼한 철대로 길을 만들어 절벽 주위를 돌며 경치를 감상할 수 있다. 굉장히 짜릿한 경험이 될 것이다!

Food 비스트로 비르크 Bistro Birg

개인적으로는 피츠 글로리아보다 오히려 이곳에서 식사를 즐기라고 권하고 싶다. 훨씬 더 개방적인 분위기이며 야외에도 자리가 있어 날씨가 좋은 날에는 맑은 공기를 그대로 느끼며 식사를 즐길 수 있기 때문이다.

> **Writer's Say** 쉴트호른 정상과 비르크에는 아쉽지만 투숙할 수 있는 호텔은 없다. 하지만 아쉬워할 필요는 없다. 뮈렌과 김멜발트에 좋은 숙소가 있기 때문인데, 두 곳을 소개해본다.

Stay 호텔 알펜루 Hotel Alpenruh　　뮈렌

쉴트호른 케이블카 뮈렌 역 바로 앞에 위치한 3성 호텔로 쉴트호른 자매 호텔이다. 절벽 가장 가까이에 있어 호텔 레스토랑에서 보는 경치가 굉장히 아름다우며, 호텔 내부도 스위스 산악 호텔 인테리어의 전형을 보여주어 만족스럽다. 수년 전부터 허니무너들에게 많이 알려진 곳인데 커플이 여행 중이라면 꼭 권하고 싶다.

주소　Eggli 954B, 3825 Mürren
요금　더블(산악 경치) 2인 1실
　　　CHF 180, CHF 210, CHF 250(시즌에 따라 다름)
전화　+41 (0)33 856 8800
홈피　www.alpenruh-muerren.ch

Stay 마운틴 호스텔 Mountain Hostel　　김멜발트

무려 1563년 두 가족의 집으로 건축되었던 매우 오래된 산악 가옥으로 지하에는 마구간이 있었다고 한다. 1939년 호스텔로 개조되어 지금까지 이 지역 여행객들의 편안한 휴식처가 되어오고 있다. 김멜발트 케이블카 역 앞에 위치하여 편리하며 액티비티 여행자들의 베이스캠프다. 다만 도미토리 형식의 다인실은 공용 욕실을 써야 하는데, 호스텔만의 정서를 좋아하는 사람들이라면 무리 없다.

주소　Nidrimatten,
　　　Chilchstatt, 3826
　　　Lauterbrunnen
요금　1인 CHF 45
　　　(조식 포함),
　　　개인실 CHF 120(2인)
전화　+41 (0)33 855 1704
홈피　www.mountainhostel.com

인터라켄의 산악 여행지, 하더쿨름

인터라켄의 산이라 불리는 하더쿨름Harderkulm (1,322m)은 아이거, 묀히, 융프라우뿐만 아니라 툰과 브리엔츠 호수까지 전경을 바라볼 수 있는 전망대와 레스토랑이 있는 곳. 봄부터 가을 녘까지는 하더쿨름 둘레를 1시간 30분에서 2시간 정도 하이킹을 하는 것도 좋다. 몇 해 전 새롭게 설치된 플랫폼에 서서 경치를 감상하는 것도 잊을 수 없는 감동이지만, 고소 공포증이 있는 사람들에게는 살짝 무서울 수 있다. 푸니쿨라를 타고 인터라켄–하더쿨름까지 편도 이동에는 약 10분 소요된다.

하더쿨름 푸니쿨라 출발역(Interlaken Harderbahn)

위치 인터라켄 동역에서 도보 약 6분. 회에베그Höheweg를 따라 걷다 Lindner Grand Hotel Beau Rivage 못 미쳐 보리바주 다리Beaurivagebrücke를 건너면 출발역이 바로 보인다.

운영 2024.3.29~2024.12.1 **휴무** 동계 시즌

요금 **인터라켄 동역–하더쿨름** 왕복 CHF 38~44
　　※ 할인쿠폰 요금 CHF 28
　　※ 스위스 패스 소지자 CHF 17

전화 +41 (0)33 828 7311

홈피 www.jungfrau.ch

© Jungfrau.ch

하더 런치 티켓 Harder Lunch Ticket

하더쿨름 정상에 있는 하더쿨름 베르그 레스토랑 점심 식사 및 푸니쿨라 왕복 요금이 포함되어 있는 점심 티켓(성인 CHF 47, 스위스 패스 소지자 CHF 37)을 이용하면 산악 여행과 식사를 함께 합리적인 가격으로 이용할 수 있다는 장점이 있다.

하더쿨름 루프(Loop) 트레일 하이킹

- 출발/도착지점 하더쿨름 역/하더쿨름 전망대
- 루트 하더 릿지를 따라 반니발트Wanniwald를 지나 반니히누벨Wannichnubel까지 찍고 돌아오는 코스
- 소요시간 총 1시간 50분
- 고도차 157m　　　■ 난이도 하
- 준비물 등산화, 물, 간식 필요

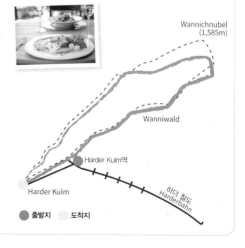

브리엔츠 호수 지역 Brienzersee

브리엔츠 호수는 알프스 북쪽, 툰 호수와 함께 인터라켄을 사이에 두고 있는 호수로 길이만도 무려 14km
에 달한다. 호수 자체에 영양분이 없어 물고기가 별로 자라지 않는 까닭에 어업은 발달하지 않았지만 호수
주변으로 일찍이 마을이 발달하여 아름다운 관광지가 되었다. 가장 유명한 마을로 브리엔츠, 이젤트발트가
있으며, 폭포와 역사적인 호텔로 유명한 기스바흐가 있다. 최대한 유람선을 이용해서 여행해보자.

※ 브리엔츠 호수 유람선 정보 www.bls.ch(툰 호수 유람선도 같은 회사에서 운영)

✚ 브리엔츠 Brienz

브리엔츠 호숫가에 자리한 로맨틱한 마을로 유럽에서 가장 아름다운 거
리로 불렸을 만큼, 아름다운 거리인 브룬가세Brunngasse가 특히 유명하
다. 이 거리 대부분의 가옥은 정성 들여 조각한 나무로 꾸며져 있을 만큼,
목각이 전통을 이어오고 있다. 목각과 바이올린 제작을 배울 수 있는 학
교도 있다. 자세한 정보는 홈페이지 참고(www.brienz-tourismus.ch).

브리엔츠로 이동하기
인터라켄 오스트 열차로 20분 소요, 유람선 1시간 13분 소요

※ 유람선 운영 4월 초~10월 하순

★★☆
GPS 46.735168, 8.023291

기스바흐 폭포와 그랜드 호텔 기스바흐 Giessbachfälle & Grand Hotel Giessbach

브리엔츠 마을 반대편 남쪽 호숫가에 자리한 폭
포로 일곱 계단을 거쳐 떨어진다. 유람선을 타고
간다면 브리엔츠 바로 한 정거장 전 선착장인 기
스바스 호수Giessbachsee에서 내려 푸니쿨라를 타
고 올라가면 된다. 브리엔츠에서는 버스로도 이
동 가능하다. 기스바흐 폭포가 전면에 보이는 곳
에 바로 유서 깊은 그랜드 호텔 기스바흐가 있다.

주소 Giessbach, 3855 Brienz
홈피 www.giessbach.ch

★★★

발렌베르그 야외 박물관 Ballenberg Swiss Open-Air Museum

© Brienz Tourismus

스위스의 민속촌으로 알프스 지역의 전통 생활 양식과 전통 가옥, 옛날 직업(농사, 숯 제작, 자수 등) 등을 체험할 수 있는 곳이다. 동물 농장도 있어 어린이들이 특히 좋아한다.

주소 Museumsstrasse 100,
3858 Hofstetten bei Brienz
운영 매년 4월 중순~10월 말
요금 성인 CHF 32, 어린이 CHF 16
※ 스위스 패스 소지자 무료
홈피 www.ballenberg.ch

브리엔츠 로트호른 Brienz Rothorn

증기기관차가 끄는 빨간색 열차를 타고 브리엔츠에서 해발 2,350m 로트호른까지 올라갈 수 있다. 중부 스위스의 아름다운 전망과 더불어 다양한 하이킹을 할 수 있고 정상에는 산악 호텔, 로트호른-쿨룸이 있다.

© BRB

주소 Hauptstrasse 149, 3855 Brienz
운영 매년 6월 초~10월 하순(2024.6.8~10.20)
요금 **브리엔츠-로트호른 왕복** 성인 CHF 96,
만 6~15세 CHF 10
※ 스위스 패스 소지자 50% 할인
홈피 www.brienz-rothorn-bahn.ch

✚ 이젤트발트 Iseltwald

작지만 중세 시대부터 내려오는 고성이 있을 만큼 오랜 전통이 있는 마을이다. 유명 드라마 촬영지이자 카약, 패들 등 호수에서 즐길 수 있는 액티비티로 유명한 여름 관광지이기도 하다. 호숫가 주변으로 호텔, 호스텔, 레스토랑 시설이 잘 갖추어져 있어 유람선으로 이동하는 관광객들이 꽤 많다. 캐주얼한 숙박도 괜찮다면 이젤트발트의 레이크 롯지 Lake Lodge를 권하고 싶다. 이 지역의 자세한 정보는 www.iseltwald.ch 를 참고하자. 유명 관광지가 된 이후 촬영지(선착장) 입장료(CHF 5)가 부과되고 있다.

이젤트발트로 이동하기
인터라켄 오스트에서 버스 103번 탑승 20분 소요, 유람선은 약 38분 소요

툰 호수 지역 Thunersee

알프스 지역의 호수로 브리엔츠 호수와 인터라켄을 사이에 두고 있다. 호수 길이 17.5km로 브리엔츠 호수보다는 살짝 큰 편이다. 툰 호수 대표 타운으로는 툰Thun과 슈피츠Spiez, 오버호펜 고성으로 유명한 오버호펜Oberhofen이 있으며, 유명 관광지로는 성 베아투스 동굴이 있다. 특히 툰과 슈피츠는 교통의 요지여서 한 번쯤은 지나치게 되니 지나치지만 말고 잠시 시간을 내어 둘러보자. 툰 호수 유람선은 인터라켄 서역과 연계되어 있다. 툰 호수 유람선은 겨울에 운행하지 않는 브리엔츠 호수 유람선과 달리 사계절 운행하며, 편수가 줄어들기는 하지만, 동계에도 정기편이 운행된다.

※ 툰 호수 유람선 정보 www.bls.ch

✚ 툰 Thun

툰은 각종 산업의 중심지이자 스위스 주요 군사 지역인 까닭에 현지인들의 거주 비율이 높은 편이다. 툰은 중세시대 도시 베른을 건설했던 체링엔 가문의 영향을 받은 까닭에 타운 곳곳 베른과 비슷한 요소가 많아 구시가지는 베른과 무척 닮아 있으며, 루체른과도 살짝 닮아 정겹다. 툰 호수에서 흘러나온 아레 강이 남쪽 베른으로 흘러 여름에는 툰에서 보트를 타고 베른까지 물놀이를 하는 경우도 있다. 툰 고성과 구시가지는 살짝 서늘한 바람 부는 노을 진 저녁에 가는 것이 진짜 매력넘친다.

★ 툰 & 툰 호수 관광청
Thun-Lake Thun Tourism

주소 Seestrasse 2, 3600 Thun
운영 월~금 09:00~12:30,
　　 13:30~18:00
　　 토 10:00~15:00
　　 휴무 일요일, 일부 공휴일
전화 +41 (0)33 225 9000
홈피 www.thunersee.ch

툰으로 이동하기
인터라켄 베스트에서 열차로 약 27분 소요, 유람선은 약 2시간 10분 소요

✚ 오버호펜 Oberhofen

오버호펜은 오버호펜 고성으로 유명한 곳이다. 오버호펜 고성은 무려 13세기부터 내려오는 성으로 현재는 박물관과 레스토랑으로 일반인에게 개방되어 있다. 이 고성은 일명 살아있는 박물관으로 불리며 기사들의 갑옷, 터키 스타일의 흡연실, 그리고 주방에 이르기까지 16~19세기의 베르너 오버란트 지역 거주민들의 문화를 생생하게 보여준다. 15세기 후반 벽화가 남아 있는 고성의 작은 예배당에서는 여전히 결혼식이 열린다. 공원에서 산책을 하거나 레스토랑에서 툰 호수를 바라보며 즐기는 한때는 정말 값질 것이다.

오버호펜으로 이동하기
인터라켄 베스트에서 버스 21번 탑승 약 45분 소요, 유람선은 약 1시간 45분 소요

오버호펜 고성 Schloss Oberhofen
주소 Stiftung Schloss Oberhofen 3653 Oberhofen
운영 **레스토랑** 수~일 11:00~23:00
　　　박물관 5월 초~10월 말 화~일 11:00~17:00
　　　공원 4월 초~12월 중순 09:00~20:00(시즌 변동 있음)
요금 **박물관 입장료** 성인 CHF 14, 어린이(만 6~16세) CHF 6
　　　※ 스위스 패스 소지자 무료
전화 +41 (0)33 243 1235　　　홈피 www.schlossoberhofen.ch

✚ 슈피츠 Speiz

스위스 현지인들이 데이트를 한다면 꼭 들를 것 같은 로맨틱한 장소. 온화한 기후와 양지바른 지역 특성 때문에 이 지역 고소득자들이 거주한다. 무려 1천 년 전에 건축된 슈피츠 고성 주변으로 와이너리가 있고 호숫가에는 레저용 보트가 정박해 있다. 슈피츠는 교통이 좋아 여행의 시작지점으로 삼기 좋고 슈피츠 주변으로 산책로가 잘 마련되어 있어 가벼운 하이킹을 즐기거나 미식 여행 포인트로도 손색이 없다. 고성 소유 와이너리에서 생산된 와인은 고성 카페에서 즐길 수 있으며 고성 박물관과 교회도 들러볼 수 있다.

슈피츠로 이동하기
인터라켄 베스트에서 열차로 약 15분 소요, 유람선은 약 1시간 20분 소요

슈피츠 고성 Schloss Spiez
주소 Schlossstrasse 16, 3700 Spiez
운영 **5~10월** 월 14:00~17:00, 화~일 10:00~17:00
요금 박물관 성인 CHF 12, 어린이(만 6~16세) CHF 5
　　　※ 스위스 패스 소지자 무료
전화 +41 (0)33 654 1506
홈피 www.schloss-spiez.ch

✚ 렝크 임 지멘탈 Lenk im Simmental ◀ Writer's Pick!

산들의 고향이라 불리는 베르너 오버란트 지역의 가장 끝자락에 위치하며, 해발 고도 1,068m인 렝크 임 지멘탈(이하 렝크)은 웅장한 빌트슈트루벨 산(3,244m), 그로스슈트루벨 산(3,243m) 등 알프스 산들이 내려다보고 있는 짐멘 계곡Simmental에 터전을 잡고 있는 타운으로 행정구역상 베른 주에 속해 있다.

비교적 완만한 구릉지대로 둘러싸여 있어 농업, 낙농업이 가능하여 목가적인 풍경을 만들어내고 있으며, 알프스 산이 절묘한 조화를 이룬 전형적인 산악 마을의 이미지도 간직하고 있는 것이 특징이다. 또한 유황 온천이 샘솟아 옛날부터 전국 각지에서 사람들이 온천과 하이킹을 즐기러 찾았다고 한다.

여름철에는 하이킹, 겨울에는 스노보드, 스키, 스노슈잉 등의 액티비티를 즐기기 위해 스위스 행정수도인 베른, 툰Thun, 레만 호 지역에서 스위스 현지인들이 많이 찾으며, 럭셔리 휴양지이자 테마 열차인 골든패스 라인 구간인 츠바이짐멘Zweisimmen과는 10분 거리이며, 다음 일정이 레만 호수 지역이라면 정말 편리하다.

© Lenk-Simmental Tourismus

렝크로 이동하기

▪ 툰에서 열차로 약 1시간 20분 소요　　▪ 인터라켄 오스트에서 열차로 약 1시간 35분 소요

※ 모두 츠바이짐멘에서 1회 경유한다.

★ 렝크-지멘탈 관광청
Lenk Simmental Tourismus

주소　Rawilstrasse 3,
　　　3775 Lenk im Simmental
운영　월~금 08:00~12:00,
　　　13:30~17:30
　　　토·일 09:00~12:00,
　　　14:00~17:00
　　　(비수기 일요일 휴무)
전화　+41 (0)33 736 3535
홈피　www.lenk-simmental.ch

★★☆

짐멘 폭포 Simmenfälle

주소 Oberriedstrasse, 3775 Lenk
위치 렝크 역에서 도보 1시간 또는 Lenk, Tennisplatz에서 283번 버스 탑승하여
     렝크, 짐멘 폭포Simmenfälle 정류장에서 하차, 약 18분 거리

짐멘 강의 원천인 폭포로 빌트슈트루벨과 로어바흐슈타인 산 사이에 있는 빙하가 녹아 여름이면 초당 2,800 ℓ 의 물을 시원하게 쏟아낸다. 200m 높이의 폭포는 툰 호수까지 흘러 들어가며 바바라 다리Barbarabrücke에서 바라보는 폭포와 얼굴에 산산이 부서지는 작은 물 입자가 싱그럽기만 하다. 폭포 인근에 레스토랑과 호텔이 있어 점심을 들거나 음료를 즐길 수도 있다.

베텔베르크 곤돌라 & 알파인 트레일 하이킹
Betelberg Gondola & Alpine Trail Hiking

렝크Lenk(1,068m) → 슈토스Stoss(1,634m) → [곤돌라 환승하지 않음] → 라이털리Leiterli(1,943m)

렝크에서 곤돌라를 타고 라이털리로 이동(약 13분 소요)하여 확 트인 산악 초원지대와 주변 산악 지형을 감상하며 '알파인 트레일'을 따라 하이킹을 해보자. 알파인 트레일을 따라 걷다 보면 기괴하고 마치 분화구 같은 형태를 지닌 그리든Gryden을 지나 고산지대의 뛰어난 경관을 자랑하는 보호 지역인 하슬러베르크Haslerberg까지 이르게 된다. 비교적 편평하고 관리가 잘된 알파인 트레일에서는 스위스 알프스 지역의 끝자락에 위치한 계곡의 아름다운 전경을 그대로 만끽할 수 있다. 하이킹 패스에는 각 스테이션별로 알프스 지역의 문화, 지형 등을 설명해놓은 안내문이 이 지역 유명 조각가의 작품과 함께 전시되어 조각들을 보는 재미까지 쏠쏠하다.

※ 하이킹의 시작지점과 종료지점은 같다.
시작지점: 라이털리 곤돌라 역/라이털리 산악 레스토랑
종료지점: 라이털리 곤돌라 역/라이털리 산악 레스토랑

주소 Badstrasse 1, 3775 Lenk
위치 호텔 렝커호프 구르메 리조트 바로 인근에 위치
운영 하계(6월 초~10월 하순)
요금 **아델보덴-렝크 데이 멀티티켓**
     성인 CHF 30, 아동 CHF 15
     ※ 스위스 패스 소지자 할인 가능
     ※ 렝크 1박 이상 숙박 시 게스트 카드 증정(호텔에 따라 무료 또는 할인 가능)
전화 +41 (0)33 736 3030
홈피 www.lenk-bergbahnen.ch

스페타콜로 & 오 드 비 Spettacolo & Oh de Vie

이 지역에서 생산되는 최고의 음식 재료들을 바탕으로 섬세한 정성으로 준비되는 파인 다이닝을 렝커호프에서 즐길 수 있다. 특히 스페타콜로 레스토랑은 프렌치 레스토랑 가이드, 고미요로부터 2021년에 17점을 획득하기도 했다. 스페타콜로는 단연코 렝커호프의 대표 레스토랑이라 할 수 있다. 렝커호프 투숙객이라면 저녁 식사 전(18시 30분), 자유롭게 지하에 있는 와인 저장고에서 무료 와인 시음이 가능하다. 전문 소믈리에가 와인에 대한 자문도 해준다.

주소 Badstrasse 20, 3775 Lenk
위치 렝커호프 구르메
　　　 리조트 내에 위치
전화 +41 (0)33 736 3636
홈피 www.lenkerhof.ch

© Lenkerhof

© Lenkerhof

5성급

렝커호프 구르메 리조트 Lenkerhof Gourmet Resort

자체 유황 온천을 가지고 있는 까닭에 무려 350여 년 전 스파 호텔로 시작되었으며, 오늘날 렝커호프의 **7 소스 뷰티 & 스파 웰니스 시설**은 약 2,000㎡에 이를 정도로 스위스에서 가장 넓은 웰니스 시설 중 하나로 손꼽히게 되었다. 렝커호프는 스위스 관광청으로부터 최고 등급의 품질 인증 마크를 받은 호텔이기도 하다. 하룻밤쯤은 최고의 호텔에 투숙해보는 것도 괜찮을 듯하다.

주소 Badstrasse 20, 3775 Lenk
요금 더블 릴렉스 CHF 406~,
　　　 수페리어 더블 CHF 438~
　　　 ※ 주중(일~목)에는 가격이 좀 더
　　　 　 저렴하며, 주말에는 상향 조정된다.
전화 +41 (0)33 736 3636
홈피 www.lenkerhof.ch

> **Tip** | 렝커호프 스파,
> 　　　 | 7 Sources 즐기기
>
> 렝커호프 스파는 천연 유황 온천으로 투숙을 하지 않더라도 스파 시설만 이용할 수도 있다. 유황성분이 액세서리 색깔을 변하게 하므로 꼭 빼고 온천욕을 즐겨야 한다.
> **운영** 매일
> **요금** CHF 50~58
> 　　　 ※ 호텔 투숙객들은 일 년 내내
> 　　　 　 제한 없이 이용 가능

© Lenkerhof

슈톡호른 Stockhorn

슈톡호른은 스위스 마니아 여행객들에게 알음알음 알려진 곳으로 툰과 슈피츠에서 멀지 않은 에를렌바흐Erlenbach에서 케이블카와 곤돌라를 타고 올라갈 수 있는 2,190m 높이의 산이다. 렝크로 가기 전 또 하나의 산악 여행지를 들러보고자 한다면 강력히 추천하고 싶다. 정상까지 약 20분 소요. 겨울에는 호수 주변으로 이글루 마을이 들어선다. 이곳에서 저녁에 퐁뒤를 즐길 수 있다.

슈톡호른으로 이동하기
에를렌바흐 임 지멘탈 Erlenbach i.s → [케이블카] → **크린디**Chrindi → [환승 후 곤돌라] → **슈톡호른**

※ 에를렌바흐 임 지멘탈까지 툰에서 열차로 약 25분 소요

Stockhornbahn AG

주소 Kleindorf 338,
3762 Erlenbach i. S
위치 슈피츠에서 열차 탑승,
에를렌바흐에서 하차
(약 30분 소요)
운영 4월 말~11월 중순,
점검 이후 동계 운영
요금 **성인** 왕복 CHF 60,
편도 CHF 38
※ 스위스 패스 소지자,
어린이 성인가에서 50% 할인
전화 +41 (0)33 681 2181
홈피 www.stockhorn.ch

슈톡호른에서 즐길 만한 액티비티

❶ 산에서 즐기는 낚시
산 중턱에 있는 호수, 오버슈톡엔 호수Oberstockensee와 힌트슈톡엔 호수Hinterstockensee에서는 독특하게 낚시 체험을 할 수 있다. 본인의 낚시 장비를 가져가거나 현지에서 대여도 가능하다. 낚시를 원하는 사람들은 티켓 오피스에서 당일 낚시권을 구입하면 된다. 보통 송어가 많이 잡히는 편이다.

요금 **콤비 티켓** 케이블카 티켓 포함 CHF 66
[Erlenbach-Chrindi(호수가 있는 케이블카 역)]
※ 최대 6마리까지 잡을 수 있음
※ 스위스 패스 소지자 CHF 45
낚시 허가증 CHF 24
낚싯대 대여료 CHF 25(크린디 역에서 대여 가능),
루어는 별도 구매

❷ 번지점프
이곳이 유명해진 이유 중 하나는 케이블카에서 호수를 바라보며 번지 점핑을 할 수 있어서인데, 약 134m 높이에서 뛰어내리는 놀라운 경험을 할 수 있다.

운영 5월 중순~10월 말
요금 CHF 299(인터라켄에서도 픽업 가능함) 예약 필수
전화 +41 (0)33 826 7719 홈피 outdoor.ch

❸ 하이킹
하이킹 루트 역시 잘 정비되어 있어 꼭 하이킹을 권하고 싶다. 다만 슈톡호른에서 중턱까지 하산할 때에는 다소 바위가 많으니 조심해야 한다.

■ 슈톡호른 정상 → 힌터슈톡엔 호수(약 1시간 30분 소요)
■ 힌터슈톡엔 호수 → 에를렌바흐(약 1시간 45분 소요)

✚ 칸더슈텍 Kandersteg

지난 수년간 소셜미디어를 통해 알음알음 알려진 곳으로 웅장한 블림리스알프Blümlisalp 단층 지대의 경관이 매우 인상적인 곳이다. 주민이 1,000명 정도로 소박하고 매우 평화로운 여행지이며 산정상에 있는 외슈넨 호수Öschinensee와 송어가 노니는 블라우 호수Blausee가 주요 하이라이트이다. 칸더슈텍에서 온천으로 유명한 로이커바드까지 하이킹 코스가 유명하며 칸더슈텍은 4성, 3성급 호텔뿐만 아니라 아파트먼트도 있어 투숙하기에도 좋다. 다음 여정이 만약 브리그, 체르마트 등 발레 주라면 교통 요지인 칸더슈텍에서 하루 머물렀다가 여정을 이어나가도 좋다.

칸더슈텍으로 이동하기

- 슈피츠Speiz에서 열차로 약 30분 소요
- 브리그Brig에서 열차로 약 40분 소요

★ 인포메이션 센터

주소 Äussere Dorfstrasse 26, 3718 Kandersteg
위치 Bahnhofgässli를 따라 마을 중심가로 약 4분 거리
운영 월~금 08:00~12:00, 14:00~18:00
토 08:30~11:00, 15:00~18:00
휴무 일요일
전화 +41 (0)33 675 8080
홈피 kandersteg.ch

★★☆

GPS 46.532498, 7.664758

📷 블라우 호수 Blausee

신비하리만큼 매력적인 블라우 호수는 이름 그대로 푸른 색감 그대로이다. 호수 바닥에는 세월을 이기지 못한 오래된 나무들이 자연스레 바닥에 깔려 있고 그 속을 자유자재로 송어들이 헤엄쳐 지나간다. 블라우 호수 바로 앞에 호텔, 레스토랑이 있어 송어 양식장에서 자란 송어로 요리한 음식들을 맛볼 수 있다.

주소 3717 Blausee, Kandersteg
위치 칸더슈텍 기차역에서 230번 버스 탑승, Blausee BE에서 하차 약 10분 소요
요금 **주중** 성인 CHF 9, 어린이 CHF 5
주말 및 공휴일 성인 CHF 10, 어린이 CHF 6
※ 오후 4시 이후 입장 시 할인

외슈넨 호수 Öschinensee

칸더슈텍에서 곤돌라를 타고 올라가 약 30분을 걸어
가면 만날 수 있는 인공 호수로 해발 1,578m에 자리
하고 있다. 1~3월까지 송어를 잡기 위한 얼음 낚시터
로 유명하며 봄부터 가을까지는 하이킹을 즐기러 온
가족들에게 인기만점 여행지이다. 2007년부터 융프
라우-알레취-비취호른 유네스코 세계자연유산에 속
하게 되었다. 정상에 산악 호텔 Berghotel과 레스토
랑들이 있어 이용하기 편리하다. 호수에서 요트를 탈
수 있고 사진 촬영 스폿으로 유명하다.

주소 Oeschistrasse 50, Kandersteg
위치 칸더슈텍 기차역에서 외슈넨 케이블카 역까지
　　　도보로 15분 또는 버스 241·242번 탑승하여
　　　이동 가능하다. 케이블카 역에서 케이블카 탑승하여
　　　정상으로 이동한 후 도보 약 30분 또는 전기버스 이용
운영 하계 5월 중순~10월 하순
　　　동계 12월 중순~3월 하순(매년 변동)
요금 **왕복** 성인 CHF 30, 어린이(만 6~15세) CHF 15
　　　※ 스위스 패스 소지자 50% 할인
전화 +41 (0)33 675 1118
홈피 www.oeschinensee.ch

케이블카 정상 키오스크에서 베르그 호텔까지 운행
☼ 셔틀 택시(편도 CHF 10, 12세까지 CHF 8)

베르그 호텔 호숫가 식당 Berghotel Restaurant by the lake

외슈넨 호수가 한눈에 내려다보이는 근사한 자연경관
에 자리한 호텔 레스토랑으로 5대째 가업을 이어오고
있다. 유기농 농장에서 직접 재매한 질 좋은 재료로
요리한 음식을 맛볼 수 있고, 특히 다양한 채식요리가
있는 것이 특징.

주소 Oeschinensee 10, 3718 Kandersteg
운영 5월 중순~10월 하순,
　　　12월 중순~3월 중순
전화 +41 (0)33 675 1119
홈피 www.berghotel-
　　　oeschinensee.ch

© Berghotel Oeschinensee

평범한 산악열차는 가라! 겔머반 Gelmerbahn

아르Aar 강 상류 계곡인 하슬리탈Haslital의 종착역 한덱Handegg과 겔머 호수Gelmersee의 가장 높은 역을 이어주는 푸니쿨라로 루체른 지역의 슈토스Stoos가 새로운 푸니쿨라를 개장하기 전까지는 세계에서 가장 가파른 곳을 운행하는 푸니쿨라였다고 한다. 1926년 겔머 저수지를 수력 발전을 위해 건설하고 난 후 2001년까지 일반인에게 개방하지 않다가 개방을 한 후 관광지가 되었다.

소셜미디어 채널을 통해 공개된 겔머반 체험은 마치 놀이공원의 롤러코스터처럼 빠른 속도인 듯 보이는 동영상이 많이 올라오는데 대부분이 타임랩스 기능을 이용해 화면을 빨리 돌린 것으로, 실제로는 초당 2m 속도 정도로 그다지 빠르지 않다. 정상까지 10분 정도 소요되며, 여름 성수기에는 홈페이지를 통해 티켓을 구매, 예약하지 않으면 원하는 시간대에 탑승하기 힘들다. 홈페이지에서 티켓 구입 및 시간 예약을 사전에 반드시 하도록 하자. 정상에 오르면 겔머 호수와 주변 경관이 기다리며, 한덱까지 1시간 50분 동안 하이킹으로 하산할 수도 있다.

주소　Grimselstrasse, 3864 Guttannen, Haslital
위치　인터라켄 동역에서 출발한다면 열차로 마이링엔Meiringen을 경유하여
　　　이너키르헨 그림젤토르Innerkirchen Grimseltor까지 이동 후
　　　171번 포스트버스로 환승하여 Handegg, Gelmerbahn에서 하차.
　　　겔머반 출발역까지는 도보 5분 소요
운영　2024.6.1~10.20
요금　왕복 성인 CHF 36, 어린이(만 6~15세) CHF 18
전화　+41 (0)33 982 2626　　홈피　www.grimselwelt.ch/en/

근처 볼거리

- **한덱 출렁다리**Handegg Suspension Bridge 버스 정류장인 Handegg, Gelmerbahn에 위치한 한덱 호텔Handeck Hotel과 겔머반 역을 이어준다.
- **아레슐르흐트**Aareschlucht 겔머반으로 향하는 도중 발견할 수 있는 아레 계곡에 위치한 동굴. www.aareschlucht.ch

JURA ET TROIS LACS

쥬라와 세 개의 호수 지역 뇌샤텔과 주변 지역

뇌샤텔 지역의 건물들은 중세시대의 느낌을
간직하고 있어서인지 왠지 신비롭다.
그 신비로움은 3개의 호수에서
반사되는 빛 때문인지도 모르겠다. 어떤 이들은 이곳은
볼거리가 없다고들 한다. 하지만 알면 보인다.
작은 도시들은 저마다의 매력으로 넘치고
걷고 달리는 것을 좋아하는 여행자들에게
숲과 꽃이 많은 주라 산맥은 스포츠 천국이 될 것이다.
시계 마니아들에게는 시계산업의 역사와 현재를 볼 수 있는
의미 있는 교육현장 혹은 쇼핑천국이 될지 모른다.

06 NEUCHÂTEL
호수가 아름다운 금빛 도시 뇌샤텔

뇌샤텔은 때론 금빛, 때론 에메랄드빛이 난다. 쥬라 산맥에서 가져온 금색 돌이 도시의 건물과 중세풍의 구시가지를 만들어 내고, 스위스에서 가장 큰 뇌샤텔 호수의 푸른색은 금색 빛깔과 어우러져 에메랄드빛을 낸다. 빛깔부터 우아한 뇌샤텔은 젊음의 싱그러움도 있다. 대학이 있는 뇌샤텔은 주요 볼거리와 함께 젊은이들을 위한 오래된 책방이나 상점들도 많아 구경하는 재미도 있다.

또, 쥬라 산맥과 근처 호숫가로 자전거 여행을 떠나기에도 좋고, 초콜릿 브랜드 수샤드Suchard의 탄생지인 옆 마을 세리에르Serriéres와 시계산업의 메카 라쇼드퐁La Chaux de-Fonds 등 주변 도시를 탐방해볼 수도 있다. 현지인들에게 더 인기가 높다는 뇌샤텔 호반에서의 유람선도 놓치기 아쉽다. 그들의 리얼 라이프를 경험하며 여유로운 여행의 묘미를 느끼고자 한다면 뇌샤텔은 완벽한 선택이 될 것이다.

© VINCENT BOURRUT
© Jura & Trois-Lacs Jura & Drei-Seen-Land

⏱ 추천 여행 일정

1 | Only 뇌샤텔
구시가지 및 박물관 + 자전거 도시 여행 or 호반 산책 + 호반 레스토랑 저녁

2 | 뇌샤텔과 주변 지역
뇌샤텔 + 유람선 타고 빌/비엔느, 무어텐 투어 or 라쇼드퐁, 르 로끌 시계박물관 or 쥬라 산맥 하이킹

ℹ 인포메이션 센터

주소 Pl. du Port 2, 2001 Neuchâtel
운영 월~금 09:00~12:00, 13:30~17:30 토 09:00~12:00
　　　휴무 일요일
전화 +41 (0)32 889 6890 　　　홈피 www.neuchateltourism.ch

여행정보
- 도시명 뇌샤텔
- 주 뇌샤텔
- 인구 약 32,800명
- 주요 언어 프랑스어
- 고도 430m
- 키워드 뇌샤텔 호수,
  와인, 시계, 수샤드

Jay Advice 초콜릿을 사랑한다면 낯설지 않은 수샤드 브랜드의 초콜릿. 뇌샤텔 바로 옆 마을인 세리에르에서 수샤드의 역사를 알 수 있는 투어를 경험해보자.

Janice Advice 뇌샤텔에서는 호수에서 난 민물고기 요리와 로컬 와인, 치즈를 꼭 맛보자. 뇌샤텔 호수를 바라보며 플레이팅이 훌륭한 지역 요리를 천천히 음미하다 보면 여행의 참맛을 느끼게 될 것이다.

✛ 뇌샤텔 들어가기 & 나오기

1. 항공·열차로 이동하기

뇌샤텔로 들어가거나 다른 도시로 이동하는 것은 어렵지 않다. 한국에서 입국하게 되는 제네바 공항에서는 직통 열차로 1시간 15분 정도, 취리히 공항에서는 2시간 15분 정도가 소요된다. 유럽 소도시에서는 입국 시 베른이 뇌샤텔과 가장 가깝다(하지만 베른으로 취항하는 노선이 워낙 적고 공항과 기차역이 바로 연결되지 않아서 조금 불편할 수 있다). 바젤에서 뇌샤텔을 가기 위해서는 올텐Olten에서 한 번 갈아타게 된다.

★ 주요 도시 → 뇌샤텔 열차 이동시간
- 취리히 약 1시간 15분
- 인터라켄 동역 약 2시간
- 바젤 약 1시간 30분
- 베른 약 50분
- 제네바 약 2시간 15분
- 루가노 약 4시간 20분

2. 차량으로 이동하기

고속도로로 로잔Lausanne에서 이베르동Yverdon을 거치거나 빌/비엔느나 베른에서 국도를 이용해 뇌샤텔로 들어갈 수 있다.

★ 주요 도시 → 뇌샤텔 차량 이동시간
- 취리히 약 50분
- 바젤 약 1시간 35분
- 제네바 약 1시간 25분
- 인터라켄 동역 약 1시간 20분
- 베른 약 45분
- 루가노 약 3시간 40분

3. 호수로 이동하기

바다 같은 뇌샤텔 호수를 가로지르는 보트 트립을 통해서도 주변 도시 간 이동이 용이하다(4~10월 운행).
- 루트 1 Neuchâtel → Portalban → Cudrefin → Neuchâtel(약 1시간 10분)
- 루트 2 Neuchâtel → Estavayer-le-Lac(약 1시간)
- 루트 3 Estavayer-le-Lac → Yverdon-les-Bains(약 1시간 35분)

★ LNM 선박여행사
주소 Lacs de Neuchâtel et Morat Port de Neuchâtel, 2001 Neuchâtel
전화 +41 (0) 32 729 9600 홈피 www.lnm.ch

Tip │ 시계를 사랑한다면 스위스 와치 밸리 (Watch Valley) 투어

뇌샤텔과 스위스 시계산업이 시작된 제네바. 세계적인 브랜드 오메가Omega 본사 및 박물관이 있는 빌/비엔느, 시계 제조 공장들이 가득한 산업도시 라쇼드퐁, 독일과 프랑스의 경계로 중세시대 서유럽 시계산업의 중심지였던 바젤 등 총 5개 지역을 아우르는 쥬라 산맥을 스위스 와치 밸리라고 한다. 뇌샤텔은 와치 밸리의 중간지점으로 여행을 계획하기 좋다.

✚ 뇌샤텔 시내에서 이동하기

스위스의 여느 도시처럼 걸어서 충분히 다닐 수 있으나 기차역을 기준으로 뇌샤텔 호수 옆 도심이 언덕 아래 위치해 있고 구시가지 역시 약간의 비탈길로 이루어졌기 때문에 중간중간에 푸니쿨라나 버스를 이용하는 것도 현명한 방법이다.

1. 푸니쿨라로 이동하기
뇌샤텔 기차역에서 푸니쿨라를 타면 호수 근처(역 이름: Neuchâtel-Université)까지 3분 만에 도착할 수 있다. 편도 기준으로 요금은 CHF 2.30이며 이른 새벽부터 자정까지 5분에 한 번꼴로 운영된다(티켓 구매 후 12시간 유효).

2. 전차·버스로 이동하기
뇌샤텔은 전차 및 버스 노선이 잘 구축되어 있다. 도심 광장인 Place Pury를 중심으로 노선이 집중되어 있다. 기차역에서 광장까지 106, 107, 109번 버스를 5분 정도 타고 가면 된다.

3. 자전거로 이동하기
뇌샤텔 도심은 자전거로 이동하기도 편리하고 인프라도 잘 갖추어져 있다. 여행자 카드로도 무료 자전거 이용이 가능하며, 뇌샤텔 호수 근처 선착장 역Station du Port에 위치(Esplanade Léopold-Robert 1)한 뇌샤텔 훌레Neuchâtel Roule에서 무료로 자전거 대여를 할 수 있다. 4시간 기준이고 매일 9시부터 19시까지 운영한다. 앱(Donkey Republic)을 다운받아 셀프 이용도 가능하다.

Tip | 뇌샤텔 여행자 카드

하루 이상 뇌샤텔 호텔에서 숙박하면 무료로 발급해주는 여행자 카드를 이용해 여행하면, 대중교통과 선박, 28개 박물관, 자전거 렌털이 모두 무료니 적극 활용하자.

★★☆

뇌샤텔 교회 Collégiale de Neuchâtel

후기 로마네스크와 고딕양식이 혼재된 12세기 건물로 금빛 외관과 초록색 지붕 색깔의 조합이 아름답다. 칼뱅과 함께 종교개혁의 선구자 역할을 했던 기욤 파렐Guillaume Farel의 동상이 교회 앞에 세워져 있으며, 아기자기한 내부 정원이 인상적이다.

주소 La Collégiale, Rue de la Collégiale 3, 2000 Neuchâtel
위치 중앙역에서 Av. de la Gare을 따라 도보로 15분 소요, écluse역
요금 무료
전화 +41 (0)32 725 6820
홈피 www.collegiale.ch

★★★

뇌샤텔 성 Château de Neuchâtel

멀리서 바라보면 뇌샤텔 성이 뇌샤텔 교회를 둘러싸고 있는 듯한 느낌이 든다. 뇌샤텔 성은 현재 주청사로 사용되고 있으나, 4월부터 9월까지 단체 투어(45분, 영어 · 프랑스어 · 독일어)가 가능하다. 뇌샤텔 교회와 함께 언덕에 있어서 걷기가 아주 조금 힘든 위치일 수 있으므로 대중교통을 적극 이용하도록 하자.

주소 Rue du Château 1, 2000 Neuchâtel
위치 중앙역에서 Av. de la Gare을 따라 도보로 15분 소요, écluse역
운영 연중무휴
가이드 투어 4~9월 화~금 12:00, 14:00, 15:00, 16:00, 17:00 (해당 시간에 가이드를 성 입구에서 만남)
요금 CHF 5(16세 이상)
전화 +41 (0)32 889 4003

📷 ★★☆
감옥탑 Tour des Prisons

뇌샤텔의 아름다운 전경을 바라볼 수 있는 탑으로 1,000년도 더 된, 뇌샤텔에서 가장 오래된 건축물이다. 내부에 오르려면 제법 경사가 가파른 계단을 올라가야 하지만 탑 꼭대기에 오르면 그 보람을 느낄 만하다. 2015년 화재 발생 이후 관리를 위해 현재는 특정 시간에 가이드 투어로만 방문할 수 있다.

주소 Rue J.-de-Hochberg 3, 2000 Neuchâtel
위치 중앙역에서 Av. de la Gare을 따라 도보로 15분 소요. écluse역
운영 **4~5월** 토·일 17:00~18:00
　　 6~9월 화~일 17:00~18:00
요금 CHF 5(16세 이상)
전화 +41 (0)32 717 7500

🏛 ★★★
뇌샤텔 미술 & 역사박물관 Musée d'art et d'histoire

뇌샤텔 호반 바로 앞에 위치해서인지 박물관으로서의 자부심과 여유가 더 느껴지는 곳. 특히 내부 전시를 보면 더욱 그 자신감이 느껴지는데 아르누보 스타일 중앙 계단을 지나면 뇌샤텔 지역의 중세시대부터의 역사와 지역 문화, 그리고 이 지역을 중심으로 활동했던 과거 예술가부터 현대의 작품까지 다채로운 전시가 펼쳐진다. 아티스트이자 뮤지션, 작가, 시계 제작자였던 자크 드로Jacquet Droz가 1764년과 1774년에 제작한 자동인형 3점 등 각종 유명 컬렉션이 전시되어 있다.

주소 Esplanade Léopold Robert1, 2000 Neuchâtel
위치 뇌샤텔 호수 선착장 바로 옆
　　 (중앙역에서 푸니쿨라를 타고 내려와 구시가지 쪽으로 조금 걷다보면 위치)
운영 화~일 11:00~18:00 휴무 월요일, 일부 공휴일
요금 성인 CHF 12, 학생 및 각종 할인대상자 CHF 4, 어린이(16세 이하), 스위스 패스 소지자, 수요일 무료
전화 +41 (0)32 717 7920　　　홈피 www.mahn.ch

라테니움 Laténium ★★☆

라텐 유적지에서 발굴된 물품을 중심으로 빙하기부터 중세에 이르기까지 약 5만 년에 걸친 유적 약 3,000점을 전시한다. 2003년 유럽 뮤지엄 협회에서 수상한 라테니움은 호반과 잘 어우러진 박물관이다. 특히 외부에는 산책하기 좋은 호반 공원과 함께 뇌샤텔 호반의 고상식 가옥을 지어 생활하던 켈트의 집단 부락을 재현하고 있다.

주소 2068 Hauterive
위치 중앙역에서 푸니쿨라를 타고 Université de Neuchâtel까지 이동 후,
버스 1번을 타고 Musée d'archeologie에서 하차, 뇌샤텔 Laténium역
선착장에서 무료 보트 탑승(4월~10월 중순까지 운행)
운영 화~일 10:00~17:00 **휴무** 월요일
요금 성인 CHF 12, 학생 CHF 4, 16세 미만 및 스위스 패스 소지자,
매월 첫 번째 일요일 무료
전화 +41 (0)32 889 6917
홈피 www.latenium.ch(웹에서만 접속 가능)

뒤렌마트 센터 ★★☆
Centre Dürrenmatt Neuchâtel

티치노의 유명한 건축가 마리오 보타가 만든 건물로 화제를 모았다. 이곳은 스위스의 저명한 작가 프리드리히 뒤렌마트Friedrich Dürrenmatt를 기리기 위한 센터로 그의 그림과 문학작품을 전시하고 있다. 이 외에도 각종 전시 및 공연, 세미나 등이 활발하게 열리는 예술 공간이다. 언덕에 있어 꽤 걸어야 한다.

주소 Centre Dürrenmatt Neuchâtel 74, Chemin du
Pertuis-du-Sault, 2000 Neuchâtel
위치 중앙역이나 시내 중심에서 버스 9, 9b번 탑승
Ermitage역 하차 후,
Chemin du Pertuis-su Sault를 따라 도보로 이동
운영 수~일 11:00~17:00 휴무 월·화요일
요금 성인 CHF 8, 어린이, 학생 및 각종 할인대상자 CHF 5
※ 스위스 트래블 패스 소지자 무료
전화 +41 (0)58 466 7060 홈피 www.cdn.ch

뇌샤텔 판타스틱 영화제 NIFFF

2000년부터 시작해 매년 7월 초에 열리는 NIFFF (Neuchâtel International Fantastic Film Festival) 영화제는 판타스틱 영화 축제의 장이다. 스위스의 단편 영화뿐 아니라 아시아와 유럽 각국의 단편 영화를 폭넓게 소개하고 있으며, 박찬욱, 류승완 등 유명 감독을 비롯해 최근까지 국내 신진 영화감독들과 국내 영화들이 초대되어 오고 있다.

운영 매년 7월 초
요금 **시네마 멀티패스** 4편 CHF 58, 10편 CHF 130
VIP 서포트 패스 CHF 250
홈피 www.nifff.ch

이베르동레방 스파 Thermal Center at Yverdon-les-Bains

뉴샤텔 호수에서의 스파 체험은 로마시대부터. 이
베르동레방은 29도의 유황온천 유원지에 지어졌고 그
랜드 호텔 내에서 현대적인 스파와 수영장 시설을 경
험할 수 있다. 뉴샤텔에서 기차나 유람선을 타고 이동
하자.

© www.bainsyverdon.ch

주소 Avenue des Bains 22, 1400 Yverdon-les-Bains
위치 그랜드 호텔 내 위치
운영 월~토·공휴일 09:00~20:00, 일요일 09:00~18:30
요금 성인 CHF 25, 어린이(4~15세) CHF 17
전화 +41 (0)24 423 0232
홈피 bainsyverdon.ch/en/

쇼콜라티에 발더 Chocolaterie Walder

발더는 1919년부터 초콜릿을 만들어 왔다. 매장은 작지만 매장 내 300
여 개의 수제 초콜릿을 판매하며 자부심이 높은 곳이다. 지역 사람들에
게 늘 사랑받는 곳으로 'Pavé du Château' 초콜릿이 가장 인기가 많
다. 쇼콜라티에 우디 수사드Chocolaterie Wodey Surchard와 콘피서리 슈
미드Confiserie Schmid와 함께 뇌샤텔 3대 유명 초콜릿 숍으로 꼽힌다.

뇌샤텔 구시가지로 향하다 보면
여행자들을 상대하는 숍보다는
지역민들을 위한 치즈 숍,
베이커리, 로컬푸드 숍, 서점,
액세서리 소품 숍을
더 많이 발견할 수 있어
여행자에게 소소한 즐거움을 준다.

주소 Angle Rue Seyon-Hôpital, 2000 Neuchâtel
위치 Rue de l'Hôpital과 Rue du Château 교차점에 위치
운영 월 13:30~18:30, 화~금 08:00~18:30, 토 08:00~17:00 휴무 일요일
전화 +41 (0)32 725 2049
홈피 www.walder-confiserie.ch

Tip | 뇌샤텔 거리 시장

구시가지 시장 광장에서 4월부터
10월까지 매주 화, 목, 토요일 아
침마다 뇌샤텔 호반에서 나온 생
선과 신선한 과일, 채소, 치즈, 공
예품 등을 판매한다.

라 메종 뒤 프로마주 La Maison du Fromage

프랑스어 문화권답게 뇌샤텔에서는 로컬 치즈 숍들이
자주 눈에 띈다. 그중 시장 광장 쪽에 위치한 라 메종
뒤 프로마주는 로컬 치즈를 중심으로 판매하고 있다.
90년 이상 대를 이어 치즈를 판매하는 곳으로 그만큼
퀄리티가 높다는 평을 얻고 있으며, 주말에는 로컬들
이 줄을 서서 들어갈 정도로 인기가 높다.

주소 Rue du Trésor 2bis, 2000 Neuchâtel
위치 시장 광장 북쪽
운영 화~금 08:00~12:15, 14:00~18:30 토 07:00~18:30
　　　휴무 월·일요일
전화 +41 (0)32 725 2636　　**홈피** sterchi-fromages.ch

 ## 레스토랑 뒤 뻬이루
Restaurant du Peyrou

역사적으로 유명하고 우아한 18세기 건물에 자리한
호텔 레스토랑으로 잘 가꾸어진 아름다운 정원이 함
께 있다. 입구를 지나 레스토랑으로 들어갈 때면 마
치 고성을 걷는 기분이 든다. 훌륭한 인테리어만큼이
나 음식의 맛과 직원들의 서비스 역시 흠잡을 데가 없
는데, 가격은 다소 비싼 편. 뇌샤텔에서 특별한 식사를
하고 싶을 때 방문해보자.

주소 Avenue du Peyrou 1, 2000 Neuchâtel
위치 중앙역 북쪽 출구로 나와 Rue de la Serre로
　　　좌회전하다 보면 위치.
　　　역사 갤러리Gallerries de l'histoire도 같은 곳에 위치
운영 화~토 점심 및 저녁 **휴무** 일·월요일
요금 메인 메뉴 CHF 50 이상
전화 +41 (0)32 725 1183　　**홈피** www.dupeyrou.ch

 ## 카페 로비에 Café L'AUBIER

로비에 호텔 1층에 자리한 오가닉 카페로 구시가지 중
심에 위치한다. 전체적으로 편안한 분위기이며 외부
건물과 내부의 붉은 벽이 인상적이다. 커피뿐 아니라
주변 지역에서 공수해온 유기농 재료로 만든 샐러드
및 간단한 베이커리류를 판매하고 있다. 맛있는 라테
가 특히 고객들에게 평이 좋은 편.

주소 Rue du Château 1, 2000 Neuchâtel
위치 베네헤Benneret 분수 바로 뒤,
　　　성으로 오르는 길의 시작점에 위치
운영 월 12:00~19:00, 화~금 07:30~19:00,
　　　토 08:00~18:00 **휴무** 일요일
요금 카페류 CHF 3.4 전후,
　　　가벼운 샐러드·베이커리류 CHF 10 초반
전화 +41 (0)32 710 1858
홈피 www.aubier.ch

© Hôtel du Peyrou

쇼콜라티에 슈미드 Confiserie Schmid

뇌샤텔 중심에 있는 디저트 전문점. 각종 초콜릿, 케이크, 파이, 샌드위치 등의 음식들로 눈이 절로 즐겁다. 특히 밀푀유가 맛있다고 정평이 나 있는데, 그 명성에 맞게 달달하고 황홀한 맛을 느낄 수 있다. 현지인들로 발 디딜 틈이 없으며 테이크아웃 서비스도 가능하다. 식사를 즐길 수 있는 공간은 내외부 따로 있으므로 원하는 곳을 골라서 앉도록 하자.

주소 Rue de la Treille 9, 2000 Neuchâtel
위치 버스정류장 Place Pury 근처
운영 월~금 07:00~18:30, 토 07:30~18:00 **휴무** 일요일
메뉴 밀푀유 CHF 4.4, 커피 CHF 4.1
전화 +41 (0)32 725 1444 　　　홈피 www.confiserie-schmid.ch

브라세리 브이 Brasserie V - Cercle de la Voile

뇌샤텔 호반에 위치한 퓨전 레스토랑으로 뇌샤텔 호수에서 당일 잡은 생선 요리부터 큼직한 버거와 감자튀김 타르타르, 스테이크 등을 스위스 와인과 함께 즐길 수 있는 곳이다. 테이크아웃 및 배달도 가능하다(Justeat 앱 이용).

주소 Rte des Falaises 14, 2000 Neuchâtel
위치 Cercle de la Voile 유람선 선착장 앞
운영 화~목 10:00~22:30, 금·토 10:00~23:00
　　　휴무 월·일요일
요금 버거류 CHF 26~, 타르타르 CHF 36~, 생선 요리 CHF 39~
전화 +41 (0)32 724 6133
홈피 brasseriev.ch

쇼파즈 꼼프리 Chauffage Compris

이름을 한국어로 풀이하면 '난로가 있는'이라는 뜻을 가진 곳으로 이름과 달리 난로는 없지만 늘 사람들로 북적여 온기가 가득하다. 오래된 느낌의 짙은 오크목과 세련된 인테리어가 아름다운 조화를 이루는 젊은 감각의 레스토랑 겸 카페 겸 타파스 바이다.

주소 Rue des Moulins 37, 2000 Neuchâtel
위치 Centre d'Art Neuchâtel(CAN)
운영 화~수 11:00~14:00, 17:00~24:00
　　　목~토 11:00~02:00 **휴무** 월·일요일
요금 매일 바뀌는 가벼운 코스 요리 CHF 23, 메인 CHF 30 전후
전화 + 41 (0)32 721 4396　홈피 chauffagecompris.ch

3성급

호텔 알프 에 락 Hotel Alpes et Lac

기차역 부근에 위치해 접근성이 용이하고, 비즈니스 여행자들을 위한 세미나룸도 따로 갖추고 있다. 소음도 없어서 조용히 머무르길 원하는 여행자에게도 무리 없으며, 무엇보다 알프스와 뇌샤텔 호수의 아름다운 경관을 멀리 내려다볼 수 있다는 것이 최고의 장점. 이 외에도 직원들의 친절한 서비스, 안락한 침구류, 풍성한 메뉴를 갖춘 조식 서비스가 고객들의 호평을 받고 있다.

주소 Place de la Gare 2, 2002 Neuchâtel
위치 중앙역 바로 앞 위치
요금 더블 CHF 189~222
전화 +41 (0)32 723 1919
홈피 www.alpesetlac.ch

3성급

호텔 데 아트 Hotel des Arts

58개 방이 있는 중견호텔로 깨끗하고 모던해서 많은 여행자들이 편하게 머물다가는 곳이다. 구글 평가도 좋은 편이다.

주소 Rue J.-L.-Pourtalès 3, 2000 Neuchâtel
위치 뉴샤텔 호숫가, 뉴샤텔 대학 바로 옆 위치
요금 더블 CHF 160~200   **전화** +41 (0)32 727 61 61
홈피 https://hoteldesarts.ch

5성급

호텔 팔라피트 Hôtel Palafitte

호수에 떠 있는 듯한 모던한 수상가옥 느낌의 럭셔리 호텔로 객실마다 개인 테라스가 제공된다. 테라스에서 호수를 바라보면 지중해 어느 바닷가에 있는 듯한 느낌마저 들 것이다. 여름이면 객실에서 호수로 바로 다이빙을 할 수 있다.

주소 Rte des Gouttes-d'Or 2, 2000 Neuchâtel
위치 라테니움의 공원 맞은편 끝에 위치. 대중교통보다는 자동차나 호텔 픽업서비스를 이용하는 편이 훨씬 편리하다.
요금 11~2월 더블 CHF 415~525
　　　 3~10월 더블 CHF 540~715
전화 +41 (0)32 723 0202   **홈피** www.palafitte.ch

5성급

호텔 보리바주 Hôtel Beau-Rivage

뇌샤텔 호숫가에 위치한 호텔 보리바주는 객실에서 호수와 알프스 전경이 아름답게 펼쳐진다. 보리바주 브랜드 명성에 걸맞은 럭셔리한 서비스를 제공한다.

주소 Esplanade du Mont-Blanc 1, 2001 Neuchâtel
위치 중앙역에서 버스 7번 탑승 Place Pury 하차 후 맞은편 호텔 쪽으로 도보 5분
요금 더블 CHF 410~520
전화 +41 (0)32 723 1515
홈피 www.beau-rivage-hotel.ch

뇌샤텔, 너는 어떤 색이니?

하나의 색이 돋보이려면, 주변에 어떤 색이 있는지 또한 중요한 법.
뇌샤텔을 여행한다면 뇌샤텔 호수 유람선 투어 외에도 주변으로의 하이킹 여행을 떠나보자.
개성 넘치는 시계 도시 라쇼드퐁과 르 로끌의 매력까지 함께 경험해보아야 한다.

❶ 유람선 투어

유람선으로 뇌샤텔 호수를 경유하여 에스따바이에르락Estavayer-le-Lac
이나 이베르동레방Yverdon-les-Bains뿐 아니라 주변 호수 도시 빌/비엔느
와 무어텐Murten까지 투어를 하며 이동할 수 있다.

주소 Port de Neuchâtel, CP 3128, 2001 Neuchâtel
위치 푸니쿨라 하차점(Jardin Anglais)을 등지고 뇌샤텔 호수 쪽 우측 선착장
운영 4월~10월 중순 **휴무** 10월 중순~3월
요금 **뇌샤텔-빌/비엔느** 성인 편도 CHF 41, 16세 미만 및 강아지 등 CHF 20.5
　　　※ 온라인 예매 시 할인
전화 +41 (0)32 729 9600　　　　**홈피** www.navig.ch

❷ 샤몽Chaumont, 시간의 길 하이킹

뇌샤텔 기차역에서 10분 정도 버스를 타고 이동한 뒤, 샤몽 행 푸니쿨
라를 5~10분 정도를 타면 산 정상으로 오를 수 있다. 날씨가 좋은 날

이면 뇌샤텔 호수와 도시가 한눈에 보인
다. 정상에서 다시 뇌샤텔까지 시간의 길
Le Sentier du Temps을 따라 4.5km 정도 걸
을 수 있다. 내려오는 길 끝자락에는 뒤
렌마트 센터가 위치한다.

❸ 시계박물관 투어

눈앞에서 시계산업을 보고 싶다면
라쇼드퐁과 르 로끌을 방문해보자.
처음 **라쇼드퐁**을 간다면 '에이, 이
게 뭐야. 순 건물뿐이야'라고 생각
할는지 모르겠지만 이곳은 시계산
업의 메카이자 마을 전체가 유네스
코 세계문화유산이다. **르 로끌**은 스
위스 시계산업이 실제 시작된 곳
이다. 라쇼드퐁의 국제시계박물관
Musée International d'Horlogerie과 르 로
끌의 시계박물관Musée de l'Horlogerie
du Locle은 방문해볼 가치가 있다.

위치 라쇼드퐁은 뇌샤텔과 열차로
약 30분 거리, 르 로끌은
라쇼드퐁과 약 10분 거리

> **Tip** | **라쇼드퐁,
> 르 로끌 이동**
>
> 뇌샤텔 여행자 카드를 이용하
> 면 라쇼드퐁, 르 로끌까지의 이
> 동도 무료로 가능하다.

뇌샤텔 주변 지역

생 우르잔●
빌/비엔느●   ●솔로투른
뇌샤텔 ●

스위스 북서부 뇌샤텔로 여행을 떠난다면 그 위쪽의 주변 지역인 세 곳을 꼭 소개하고 싶다. 중세시대로 순식간에 시간을 거슬러간 듯한 마을 **생 우르잔**St. Ursanne, 바로크풍의 구시가지가 평화롭게 느껴지는 **솔로투른**Solothurn, 독일어와 프랑스어를 공용으로 사용해서인지 다채로움이 느껴지는 **빌/비엔느**Biel/Bienne이다. 반드시들려야 하는 유명 여행지는 아니지만 뇌샤텔이나 바젤, 베른과 가까운 소도시로잠시 반나절 일탈을 하기에 좋은 곳이다.

✚ 생 우르잔 St. Ursanne

쥬라 주에 위치한 생 우르잔의 돌다리를 건너는 순간 타임머신을 타고 중세시대로 들어가는 듯한 느낌을 받게 될 것이다. 이런 운치와 묘미 때문에 스위스의 작은 도시들이 최근 더욱 각광을 받는 게 아닐까 싶다. 생 우르잔은 날씨 좋은 날 반나절 정도 돌아다니며 인스타그램에 올릴 사진을 담기 좋은 마을이다. 마을의 갤러리와 사진전시관도 생각보다 수준이 높아 한번 둘러봐도 좋다.

생 우르잔으로 이동하기
- 뇌샤텔에서 들레몽Delémont을 거쳐 열차로 약 1시간 15분
- 바젤에서 열차로 약 1시간 5분
- 베른에서 빌/비엔느를 거쳐 열차로 약 1시간 30분

★ 인포메이션 센터
주소 Rue du Quartier 18,
       2882 Saint-Ursanne
위치 두Doubs 강가의 관광
       포인트인 옛 중세시대 아치
       돌다리를 건너기 전 위치
운영 월~금 09:00~12:00,
       14:00~18:00
       토·일 및 공휴일
       10:00~12:30, 13:30~17:30
       휴무 1~3월, 11월
전화 +41 (0)32 432 4190
홈피 www.juratourisme.ch

© Jura & Trois-Lacs Jura & Drei-Seen-Land

★★★

GPS 47.364795, 7.153476

📷 생 우르잔 대성당 St. Ursanne Collégiale

12세기에 지어진 생 우르잔 대성당은 로마네스크양식의 고딕 성당으로 마을의 중심이 되는 곳이다. 돌다리를 건너면 바로 보인다. 내부에는 14세기에 지어진 성당 베네딕트 수도원도 위치해 있는데, 특히 예쁜 정원은 꼭 둘러보아야 할 포인트. 생 우르잔 대성당 앞 5월의 분수Fontaine du Mai도 놓치지 말자.

주소 Rue du 23-Juin,
       2882 St. Ursanne
위치 돌다리 지나 위치
전화 +41 (0)32 461 3722

✚ 빌/비엔느 Biel/Bienne

빌/비엔느는 이름에서 보이듯 독일어와 프랑스어를 공용으로 사용하는 도시로, 지리적으로도 스위스의 독일어권과 프랑스어권 사이에 위치한다. 이곳은 세계적인 시계 브랜드 오메가와 스와치 그룹의 본사가 있는 것으로 잘 알려져 있다. 기차역에서 나오면 보이는 이 지역의 첫 인상은 다소 상업적이지만, 구시가지는 중세의 분위기를 그대로 간직한 듯해 매력이 넘친다. 푸니쿨라를 타고 오를 수 있는 마그링엔/마콜랑Magglingen/Macolin은 전 세계 스포츠 선수들이 찾는 곳으로 스포츠 전문 호텔을 비롯한 인프라가 충분히 갖춰져 있다. 생 피에르 섬도 한번 가볼 만하다.

★ 인포메이션 센터
주소 Bahnhofplatz 12,
      2501 Biel/Bienne
위치 빌/비엔느 기차역
      바로 앞 위치
운영 월~금 08:30~18:00
      토 09:00~12:15,
      13:00~16:00
      휴무 일요일
전화 +41 (0)32 329 8484
홈피 www.biel-seeland.ch

빌/비엔느로 이동하기
- 뇌샤텔에서 열차로 약 15분
- 바젤에서 직통 열차로 약 1시간 5분
- 베른에서 열차로 약 25~35분
- 루체른에서 올텐을 거쳐 열차로 약 1시간 20~40분

© Jura & Trois-Lacs Jura & Drei-Seen-Land

> **Tip | 생 피에르 섬**
>
> 빌/비엔느 호수에 떠 있는 아름다운 섬으로 소박한 포도밭들이 아름답게 펼쳐진다. 18세기 장 자크 루소Jean-Jacques Rousseau가 머물렀던 섬으로 유명하며 자연 보호 구역인 만큼 생태가 잘 보존되어 있어 스위스 및 유럽의 많은 여행자들이 찾는다. 자동차는 들어갈 수 없는 곳으로 BSG 보트나 개인 보트 택시인 나베트Navette(전화 예약 +41 (0)79 760 8260)를 이용하거나 에어라흐Erlach부터 도보와 자전거를 이용해 들어갈 수 있다.

★★★   GPS 47.141987, 7.245690

📷 구시가지 Altstadt

© Jura & Trois-Lacs Jura & Drei-Seen-Land

베른이나 프리부르의 구시가지 모습과 닮아 있다. 15세기에 세워진 교회, 기사의 분수를 비롯하여 구시가지 곳곳의 분수들과 여유가 느껴지는 카페, 레스토랑, 중세 분위기를 느낄 수 있는 오래된 건물들이 인상적이다. 매주 화, 목, 토요일 아침에는 뷔르그 광장Burgplatz에서 야채 시장이 열린다.

위치 중앙역에서 신시가지를 따라 1km 정도 걸으면 구시가지 왼편으로 들어갈 수 있다.
홈피 www.altstadt-biel.ch

★★☆   GPS 47.138672, 7.239623

빠스꿰아흐트 센터
Kunsthaus Pasquart

출입구부터 일단 반갑다. 'Push' 대신 '미시오'라는 한글이 있는데, 예전 한국 관련 전시회 이후부터 부착되었다고 한다. 빌/비엔느에 최초로 지어진 19세기 병원 3개 동으로 이루어진 건물 등을 조합한 건축물로 건축상을 수상한 바 있다. 현대미술 전시관, 필름 센터, 포토 포럼, 아트 센터 등 총 6관으로 나뉘어 있다.

주소   Seevorstradt 71-73 Faubourg du Lac,
      2502 Biel/Bienne
위치   중앙역 광장에서 버스 11번을 타고 약 7분(도보 약 15분)
운영   수~금 12:00~18:00, 토·일 11:00~18:00
      휴무 월·화요일
요금   성인 CHF 11, 학생 CHF 9 ※ 스위스 패스 소지자,
      16세 이하, 매주 목요일 18:00부터 무료
전화   +41 (0)32 322 5586   홈피 www.pasquart.ch

★☆☆   GPS 47.14408, 7.26085

시간의 도시 박물관
Cité du Temps

스와치 & 오메가 캠퍼스가 2019년 세계 최대 목조 건물로 완공되었다. 프리츠커상을 받은 일본 건축가 시게루 반이 설계했는데, 총 3개의 건축물로 스와치 사무 공간, 오메가 시계를 생산하는 오메가 팩토리 외에 오메가 박물관과 스와치 플래닛으로 구성된 '시간의 도시 박물관'이다. 여행자들은 '시간의 도시 박물관'을 관람할 수 있다. 건축물의 의미 그 자체부터 스와치와 오메가 브랜드의 모든 것을 알아가며 시간 가는 줄 모르고 즐기게 될 것이다.

주소   Nicolas G. Hayek Strasse 2, 2502 Biel/Bienne
위치   빌/비엔느 기차역에서 버스 2, 3, 4, 72번을 타고
      Omega역에서 하차
운영   화~금 11:00~18:00, 토·일 10:00~17:00
      휴무 월요일
요금   무료
전화   +41 (0)32 343 8900
홈피   www.citedutemps.com

© Cité du Temps

---

more & more   **라 뇌브빌 포도밭 하이킹** La Neuveville Vine Path

뉴샤텔 주도 포도밭 생산이 꽤 되며, 와인 퀄리티도 좋다. 빌/비엔느에서 시작해 빌/비엔느 호숫길을 따라 라 뇌브빌까지 이어지는 포도밭 사잇길을 걷는 하이킹 코스는 가을에 특히 아름답다. 가는 중간 트반Twann에서는 와인 테이스팅 센터VINITERRA(월 휴무, 화~금 오후 5시부터, 토~일 14:00부터 오픈), 리게르츠Ligerz 와인박물관도 중간에 들러보자. 총 15km이며 4시간 정도 소요되는데, 갈 수 있는 만큼만 갔다가 돌아와도 좋다.

©Tourismus Biel Seeland | Stefan Weber

✚ 솔로투른 Solothurn

아름다운 바로크풍이 느껴지는 솔로투른은 11이라는 숫자와 재미난 인연이 있다. 스위스 연방에 11번째로 가입했고, 지역 내 교회나 탑, 돌계단, 종 등의 개수가 모두 11개로 이루어져 있기 때문. 한편 솔로투른은 인근 지역이 종교개혁의 영향을 받은 것과 달리 꿋꿋이 가톨릭을 종교로 유지해왔다는 점이 눈에 띈다. 그런데 아이러니하게도 소문난 압생트 바(가톨릭에서 악마의 술이라고 금지했던!)가 이곳에 위치한다. 빌/비엔느나 베른에서 반나절 정도면 둘러볼 수 있다.

★ 인포메이션 센터
주소 Haupgasse 69, 4500 Solothurn
운영 월~금 09:00~17:30,
토 09:00~15:00 휴무 일요일
전화 +41 (0)32 626 4646
홈피 www.solothurn-city.ch

솔로투른으로 이동하기
- 뇌샤텔에서 열차로 약 50~55분
- 바젤에서 올텐을 거쳐 열차로 약 50~55분
- 베른에서 올텐 혹은 빌/비엔느를 거쳐 열차로 약 45~50분
- 취리히에서 열차로 약 50~55분

> Tip | 솔로투른
> 자전거 여행과 숙박
>
> 스위스 중서부 지역을 자전거로 여행한다면 솔로투른을 거쳐보자. 쥬라 산맥의 솔로투른은 자전거 하이커들을 위한 아름다운 코스를 선사한다.
> 하룻밤 머문다면 솔로투른 유스호스텔에 머무르자. 강가에 위치한 현대적인 느낌의 호스텔이다.
>
> **자전거 여행정보**
> 홈피 www.schweizmobil.ch
> **유스호스텔**
> 홈피 www.youthhostel.ch/ solothurn

© Jura & Trois-Lacs Jura & Drei-Seen-Land

 ★★★

GPS 47.208257, 7.539080

성 우르수스 대성당 St. Ursus Cathedral

솔로투른 메인 거리에 위치한 대성당은 18세기에 지어진 66m 높이의 건축물이다. 이곳에선 10세기부터 20세기에 이르기까지 오랜 세월 동안 수집한 귀중한 보물 등을 보관하고 있다. 잠시 쉬는 시간이 필요할 때 이곳 계단에 앉아서 솔로투른 거리 모습을 바라보면 무척 아름답다.

주소 Propsteigasse 10, 4500 Solothurn
위치 중앙역에서 나와 좌측으로 난 Hauptbahnhofstrasse를 따라 걷다가 작은 다리를 건너 Kronengasse를 따라 걷고 Hauptgasse 삼거리 직전 우측(도보로 7분 소요)
운영 08:00~18:30
요금 무료
전화 +41 (0)32 626 4646
홈피 www.solothurn-city.ch

★★☆

GPS 47.207584, 7.537008

시계탑 Zeitglockenturm

12세기의 시계탑으로 솔로투른
에서 가장 오래된 건축물이다.
수요일 오전마다 시장이 서는
Markplatz에 위치하며, 금문자로
새겨진 천체 시계 부분은 16세기
에 제작되었다.

주소 Hauptgasse 46,
    4500 Solothurn
위치 구시가지 Markplatz에 위치

★★☆

GPS 47.210392, 7.537493

솔로투른 현대미술관 Kunstmuseum Solothurn

19~20세기 스위스 예술을 중심으로 한 파인 아트 컬렉션이 주를 이룬다.
스위스 화가, 페르디난트 호들러Ferdinand Hodler의 윌리엄 텔을 소재로 한
작품과 독일 태생의 화가, 한스 홀바인Hans Holbein 2세의 1522년 작품 〈솔
로투른의 성모The Madonna of Solothurn〉가 특히 유명하다.

주소 Werkhofstrasse 30, 4500
    Solothurn
위치 중앙역에서 우측 큰 다리인
    Rötistrasse를 따라 걷다가
    나오는 Werkhofstrasse 좌측에
    위치
운영 화~금 11:00~17:00,
    토·일 10:00~17:00 휴무 월요일
요금 입장료 대신 기부금
전화 +41 (0)32 626 9380
홈피 www.kunstmuseum-so.ch

디 그뤼네 페 Die Grüne Fee

압생트는 허브를 섞어 만든, 도수 70도가 넘나드는 독한 증류주를 가리킨
다. 이 술을 파는 압생트 바는 솔로투른 등의 뇌샤텔 주 지역과 인근 프랑
스 지역에서 만날 수 있다. 그중 디 그뤼네 페는 스위스의 첫 합법적인 압
생트 바로 솔로투른 가이드 투어를 신청하면 꼭 들르게 되는 곳이다. 방
문한다면 사장님의 압생트에 대한 열정을 느낄 수 있다.

주소 Kronengasse 11, 4502
    Solothurn
위치 중앙역에서 다리를 건너 마을
    초입에 바로 위치
운영 목~금 17:00~24:00,
    토 11:00~24:00 휴무 일~수요일
전화 +41 (0)32 534 5990
홈피 www.diegruenefee.ch

Tip | 압생트

압생트는 18세기 뇌샤텔 주 발 드
트하베흐Val-de-Travers의 산골 마
을에서 탄생한 술이다. 이후 예술
가, 귀족에 큰 영향을 미쳐 가톨릭
에서 엄격히 금했고, 20세기 초부
터 한때 유럽에서 금지되었다. 현
재는 '환각술'이라는 오명을 벗고
판매되고 있다.

VALAIS 발레 주 체르마트와 주변 지역

만년설의 알프스 산, 청정 산악 마을,
빨간 제라늄이 예쁜 밤색 전통 가옥 샬레들.
나는 발레 지역을 속속들이 다녀와야
진짜 스위스 여행을 한 것 같다.
알프스의 험준한 산악지형 속에서
아름답고 개성 넘치는 문화를 만들어낸
발레 주의 매력은 스위스 도심 지역에서
느낄 수 있는 것과는 좀 다르다.
그리고 소싸움이 벌어지는 작은 시골 마을에서
만나는 수준 높은 미술 컬렉션, 전통을 지키되
럭셔리한 현대적인 모습의 산속 마을들은
발레 주의 또 다른 반전 매력이다.

07 ZERMATT

마테호른과 청정 산악 마을 **체르마트**

죽기 전에 스위스 지역 중 오직 단 한 곳만 여행할 수 있다면, 나는 여름이면 체르마트를, 가을에도 체르마트를, 겨울이라도 또 체르마트를 선택할 것 같다. 여름, 가을이면 예쁜 알프스 꽃들과 짙은 녹음으로, 겨울이면 눈을 무기로 매력을 발산하는 체르마트와 신비함을 가득 품은 알프스의 명봉 마테호른 산만으로도 그 이유는 충분히 설명되겠지만, 사실 꼭 그것만은 아니다. 청정자연을 지키기 위해 차량 진입을 철저히 금지시키고, 전통 목조 가옥 그대로를 보존해 나가는 체르마트 사람들의 자연과 사람에 대한 진정성 때문이다. 그 진정성은 체르마트 여행자들의 시선과 두 발이 머무는 곳 어디에서나 느낄 수 있고 공감할 수 있다. 이는 동화 속 마을의 한 장면 같은 체르마트의 독특한 매력을 자아내기도 한다. 이와 함께 마테호른 산을 정복하기 위해 수많은 도전과 희생을 해온 산악인들의 정신과 그 산을 즐길 줄 아는 여행자들의 행복이 있어 체르마트의 오늘은 더욱 아름답다.

🕐 추천 여행 일정

1 | Only 체르마트
체르마트 + 산악열차나 케이블카를 타고 전망대 + 내려오는 길 하이킹

2 | 체르마트와 주변 지역
❶ 체르마트 하이킹 + 로이커바드 스파
❷ 체르마트 + 레만 호수 지역(몽트뢰, 라보)
❸ 체르마트 + 베트머알프(혹은 리더알프 하이킹)
❹ 체르마트 하이킹 + 시옹(혹은 시에르 와인 투어)

ℹ️ 인포메이션 센터

주소 Bahnhofplatz 5, 3920 Zermatt
위치 체르마트 기차역에서 나오자마자 역을 뒤로하고 우측에 위치(이 외 테쉬Täsch와 란다Randa에도 인포메이션 센터 위치함)
운영 08:00~18:00
　　　※ 공휴일과 시즌에 따라 변동 있음
전화 +41 (0)27 966 8100
홈피 www.zermatt.ch

Janice Advice 새벽과 아침, 그리고 해질 녘, 하늘과 빛, 날씨의 변화에 따른 마테호른의 카멜레온 같은 매력을 느껴보자. 그리고 나의 위치 변화에 따른 차이를 느끼면서 마을, 전망대, 호수에 비친 마테호른 산의 각기 다른 매력에 빠져보자.

Jay Advice 부모님과 함께하는 여행이라면 괴테도 즐겼다던 로이커바드 스파를 즐기고 돌아와 하이킹을 해보자. 그 후 마테호른 자락의 자그마한 산장에서 치즈를 녹인 음식과 화이트와인을 홀짝 거리며, 평소 표현하지 못했던 치즈 맛과 같은 고소하고 끈적한 마음을 전해보면 어떨까?

✚ 체르마트 들어가기 & 나오기

1. 항공·열차로 이동하기

국제공항이 있는 취리히나 제네바 혹은 스위스 각지에서 열차로 체르마트로 이동하기 위해서는 브리그Brig와 비스프Visp에서 마테호른 고타드 반Matterhorn Gottard Bahn 열차를 갈아타야 한다. 베른 주 프루티겐Frutigen에서 발레 주 라론Raron까지는 뢰취베르그Lötschberg 지하 터널이 있어 베른에서 2시간이면 체르마트에 닿는다.

★ 주요 도시 → 체르마트 열차 이동시간(포스트버스 포함)

- 취리히 약 3시간 10분
- 루체른 약 3시간 20분
- 인터라켄 동역 약 2시간 20분
- 제네바 약 3시간 55분
- 쿠어 약 5시간 5분
- 루가노 약 5시간 30분~6시간

2. 차량으로 이동하기

체르마트는 휘발유 차량의 운행이 금지된 카프리Car-free 리조트로 먼저 5km 정도 떨어진 테쉬Täsch에 주차한 뒤 셔틀열차를 타고 체르마트까지 이동해야 한다(12분 소요). 셔틀열차는 오전 5시 55분부터 오후 9시 55분까지 20분 간격으로 운행되며, 일~목요일에는 새벽 1시까지, 금~토요일에는 새벽 5시까지 매시간 출발하는 열차가 있어 편리하다.

★ 주요 도시 → 테쉬 차량 이동시간

- 취리히 약 3시간 35분
- 루체른 약 3시간 5분
- 인터라켄 동역 약 2시간 15분
- 제네바 약 2시간 50분
- 쿠어 약 4시간 20분
- 루가노 약 3시간 20분

★ 테쉬 터미널 Matterhorn Terminal Täsch

테쉬 주차시설로 실내에는 2,100대, 실외에는 900여 대가 주차 가능하다.

주소 3929 Täsch
운영 24시간, 연중무휴
요금 2시간 CHF 4.5, 4시간 CHF 8, 8시간 CHF 14, 1일 CHF 16
전화 +41 (0)27 967 1214
홈피 www.matterhornterminal.ch

Tip | 빙하특급 열차
Glacier Express

그라우뷘덴 주의 생 모리츠 또는 다보스에서 빙하특급 열차를 타고 출발한다면 체르마트까지 291개의 구름다리, 91개 터널을 지난다. 스위스 협곡의 환상적인 경관을 몸소 체험할 수 있는 열차이나 무려 약 7시간 30분이 걸려 세계에서 가장 느린 '특급'이라 불린다.

★ 셔틀열차 요금(테쉬-체르마트)
성인 왕복 CHF 17.2
어린이(6~16세) 및
스위스 하프페어카드 소지자
50% 할인
6세 미만 및 스위스 패스 소지자
무료

Tip | 테쉬에 주차했으나 짐이 많다면?

만약 테쉬 주차장에서 기차역으로 이동 시 짐이 있다면 주차장과 기차역에 마련된 카트를 이용하자. 5프랑을 넣으면 마트처럼 카트가 분리되면서 이용할 수 있다. 요금은 반납 후 환불 가능하다. 혹은 체르마트 숙소까지 택시 이동도 용이하다.

독일
바젤
Rothrist
취리히
Konstanz
St. Margrethen
오스트리아
Luzern
베른
Altdorf
Furka
Lausanne
Vevey
Grimsel
St-Gotthard
Lötschberg
Monthey
Visp
Nufenen
St-Gingolph
Brig
Genève
Sion
Sierre
St-Gotthard
Martigny
체르마트
Simplon
프랑스
La Forclaz
Cd-St-Bernard
이탈리아

✚ 체르마트 시내에서 이동하기

청정 지역 리조트 마을 체르마트 시내에서는 오직 전기자동차만 상업
적 용도에 한해 허용된다. 체르마트를 찾는 관광객과 거주민들은 자전
거를 이용하거나 주로 도보로 이동한다. 3성급 이상의 대부분 호텔에
서는 호텔 서비스카가 운영되므로 여행자들은 기차역에 도착 전, 호텔
에 전화해 서비스를 요청하기를 권한다.

체르마트 기차역 앞

1. 전기 택시로 이동하기
- Taxi Bolero Zermatt   전화 +41 (0)27 967 6060
- Taxi Christophe GmbH   전화 +41 (0)27 967 2323
- Schaller   전화 +41 (0)27 967 1212

2. 전기 버스로 이동하기
고르너그라트, 수네가-로트호른, 마테호른 글레이셔 파라다이스 등산
열차 및 케이블카 티켓 소지자, 스위스 트래블 패스 소지자는 베르그바
넨 노선Bergbahnen(녹색) 및 빈켈마텐 노선Winkelmatten(빨간색)을 무료로
이용할 수 있다.

★ 베르그바넨 노선 ─────
마테호른 글레이셔 파라다이스나
수네가로 이동 시 이용 추천

★ 빈켈마텐 노선 ─────
수네가 및 빈켈마텐 이동 시
이용 추천

체르마트

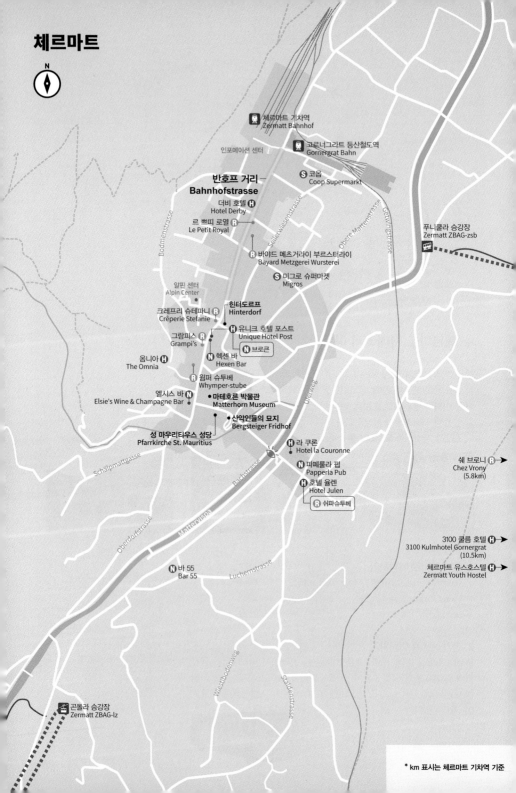

N

🚉 체르마트 기차역
Zermatt Bahnhof

🚠 고르너그라트 등산철도역
Gornergrat Bahn

Ⓢ 코옵
Coop Supermarkt

반호프 거리
Bahnhofstrasse

Ⓗ 더비 호텔
Hotel Derby

Ⓡ 르 쁘띠 로열
Le Petit Royal

Ⓡ 바야드 메츠거라이 부르스터라이
Bayard Metzgerei Wursterei

Ⓢ 미그로 슈퍼마켓
Migros

푸니쿨라 승강장
Zermatt ZBAG-zsb

알핀 센터
Alpin Center

힌터도르프
Hinterdorf

Ⓡ 크레프리 슈테파니
Crêperie Stefanie

Ⓗ 유니크 호텔 포스트
Unique Hotel Post

Ⓡ 그람피스
Grampi's

Ⓝ 브로큰

Ⓝ 헥센 바
Hexen Bar

Ⓗ 옴니아
The Omnia

Ⓡ 윔퍼 슈투베
Whymper-stube

Ⓝ 엘시스 바
Elsie's Wine & Champagne Bar

● 마테호른 박물관
Matterhorn Museum

쉐 브로니
Chez Vrony
(5.8km)

● 산악인들의 묘지
Bergsteiger Fridhof

성 마우리티우스 성당
Pfarrkirche St. Mauritius

Ⓗ 라 쿠론
Hotel la Couronne

Ⓝ 파페를라 펍
Papperla Pub

Ⓗ 호텔 율렌
Hotel Julen

Ⓡ 쉬파슈투베

3100 쿨름 호텔 Ⓗ
3100 Kulmhotel Gornergrat
(10.5km)

체르마트 유스호스텔 Ⓗ
Zermatt Youth Hostel

Ⓝ 바 55
Bar 55

🚠 곤돌라 승강장
Zermatt ZBAG-lz

인포메이션 센터

오베레 마테른슈트라세
Obere Matternstrasse

게트빙슈트라세
Getwingstrasse

보트멘슈트라세
Bodmenstrasse

자일러비젠슈트라세
Seiler Wiesenstrasse

우퍼베그
Uferweg

샬프마트가세
Schalpmattgasse

오버도르프슈트라세
Oberdorfstrasse

마테르비스파
Mattervispa

바흐슈트라세
Bachstrasse

루헤른슈트라세
Luchernstrasse

비스보덴베그
Wiestbodenweg

슈탈덴슈트라세
Staldenstrasse

* km 표시는 체르마트 기차역 기준

★★★
반호프 거리 Bahnhofstrasse

반호프 거리를 중심으로 체르마트의 주요 레스토랑, 카페, 쇼핑 숍들이 모두 모여 있다고 해도 과언이 아니다. 그래서 여행자들은 다른 곳보다 특히 반호프 거리에서 많은 시간을 보내게 된다(그만큼 체르마트가 작다는 뜻이기도!).

체르마트 시내에서는
관광 마차 이용도 가능하다.

★★☆
성 마우리티우스 성당 Pfarrkirche St. Mauritius

'마우리티우스'는 라틴어로 수호성인의 이름을 상징한다. 예배당 근처에는 마테호른 산을 오르다 세상을 떠난 산악인들의 묘지Bergsteiger Fridhof가 함께 있다. 성 페터St. Peter 교회 및 영국인 교회, 성 마우리티우스 성당의 공동묘지이다. 동시에 체르마트의 핫한 레스토랑과 클럽 등도 성당 근처에 밀집되어 있다.

주소 Kirchplatz, 3920 Zermatt
위치 기차역에서
　　　 Bahnhofst.를 따라 도보 10분
전화 +41 (0)27 967 2314
홈피 pfarrei.zermatt.net/kirche

Tip | 마테호른 뷰포인트

성당 바로 앞 다리 위에서 마테호른을 바라보자. 체르마트에서 마테호른을 가장 예쁘게 볼 수 있는 전망지점이다.

★☆☆
📷 힌터도르프 Hinterdorf

체르마트의 옛 모습을 간직하고 있는 골목으로 발레 주의 전통적인 가옥 형식을 볼 수 있다. 쥐가 오르면 떨어지라고 땅과 건물 사이에 돌을 끼워 놓은 것이 재미있다. 현재 이곳의 일부는 내부를 개조하여 스튜디오나 작은 바로 이용되기도 한다.

주소 Hinterdorf, 3920 Zermatt
위치 체르마트 기차역에서
성 마우리티우스 성당 쪽
Bahnhofst. 방면으로
걷다가 체르마트 알핀 센터가
나오면 맞은편 좌측 골목 쪽에 위치

★★☆
🏛 마테호른 박물관 Matterhorn Museum

© Zermatt Tourism

마테호른 박물관은 성 마우리티우스 성당 근처에 위치해 있다. 박물관은 유리로 된 돔 형태로 이루어져 있으며 지하로 들어가게 된다. 체르마트를 알파인 역사에 등재시킨 마테호른 최초의 등정가들의 기록과 마테호른 지역의 지질 및 식물 정보를 전시해놓고 있다.

주소 Kirchplatz, 3920 Zermatt
위치 기차역에서 Bahnhofst.를 따라 10분 정도 걸으면 바로 보인다.
운영 **1~6·10월** 15:00~18:00 **7~9월** 14:00~18:00
　　 11월 중순~12월 중순 금~일 15:00~18:00
　　 12월 중순~12월 말 15:00~18:00 휴무 11월 초~중순
요금 성인 CHF 12, 학생 및 시니어(64세 이상) CHF 10, 10~16세 CHF 7,
　　 부모와 동반한 9세 이하 어린이 무료 ※ 스위스 패스 소지자 무료
전화 +41 (0)27 967 4100　　　홈피 www.zermatt.ch/museum

---

more & more 마테호른을 사랑한 두 남자

마테호른을 처음 정복한
에드워드 윔퍼
Edward Wymper
영국의 삽화가 출신이었던 에드워드 윔퍼(1840~1911)는 1865년 마테호른 등반에 성공했다. 그러나 첫 등반의 기쁨은 잠시 하산 중 자일이 끊어져 4명의 동료를 잃게 된다. 이는 마테호른이 전 세계에 알려지는 계기가 되었다.

마테호른을 가장 많이 오른
울리히 인더비넨
Ulrich Inderbinen
힌터도르프 작은 분수가 있는 곳에 울리히 인더비넨(1900~2004)의 기념비를 만날 수 있다. 체르마트 출신인 그는 마테호른을 370번이나 등반한 기록을 가진 유명 산악 가이드였다.

체르마트 언플러그드
Zermatt-unplugged

2007년 처음 열린 이후, 매년 체르마트의 봄을 확실히 깨워주는 힙한 축제이다. 축제 기간 동안 체르마트의 시내, 주요 산 전망대에서 유명 뮤지션들의 모여 약 80개의 콘서트를 진행한다.

운영 매년 4월 초 화~토   홈피 zermatt-unplugged.ch

© Zermatt Unplugged

스위스 민속 축제
Swiss Folklore Festival

체르마트의 여름을 맞는 가장 큰 민속 축제로 퍼레이드 기간에 맞춰 방문해보자. 1969년 첫 시작 이래 매년 개최되었다가 코로나로 2년을 쉬고 다시 시작되었다. 전통 의상을 입고 요들, 스위스 민속음악, 깃발 흔들기, 알프호른, 카우벨 등을 즐기는 스위스 현지인들과 함께 흥겨움을 느껴볼 수 있다.

운영 매년 8월 중순 토·일   홈피 www.zermatt.ch

© Zermatt Tourism

체르마트 뮤직
페스티벌 & 아카데미
Zermatt Music Festival & Academy

2005년부터 시작된 국제적인 음악 축제로 베를린 필하모닉 단원들을 초청해 클래식 음악제를 개최한다. 9월 초부터 거의 한 달간 리펠알프 예배당을 비롯해 체르마트의 주요 전망대와 시내 곳곳에서 축제 행사가 열린다.

운영 매년 9월 초~중순
홈피 www.zermattfestival.com

© Zermatt Festival

목동 축제 Shepherd Festival

우리나라에 황소가 있다면 스위스 발레 지역에는 검은 코를 가진 예쁜 털북숭이 블랙노즈 양Blacknose Sheep이 있다. 발레 지역 전통 양들을 모두 모아 매년 9월 초에 뷰티 콘테스트를 개최한다. 이때 최고의 목동도 선발한다. 체르마트 지역 슈바이그마텐Schweigmatten과 푸리Furi에서 진행된다.

운영 매년 9월 초   홈피 www.zermatt.ch

© Publi Truk

Tip | 체르마트에서 쇼핑하기

❶ 슈퍼마켓 Coop과 친해지자
체르마트에서는 하이킹이나 스키, 스노보드처럼 에너지가 크게 소모되는 체험을 많이 하게 되어 금방 허기가 진다. 코옵Coop에서 요거트, 과일 등의 비상식량을 준비하자. 아파트형 숙소에 머무는 경우 요리가 가능하므로 여행 시 방문 1순위 매장이다.
주소 Haus Viktoria, 3920 Zermatt
위치 체르마트 기차역 근처
운영 08:00~20:00
전화 +41 (0)27 966 2830

❷ 선물용 나이프에 이름을 새기자
부모님이나 배우자를 위한 스위스 선물로 빅토리녹스의 휴대용 나이프를 선택해보자. 특히 남성들이 선물 받으면 매우 좋아한다. 약간의 금액을 더 지불하면 기념품 가게에서 이름을 새겨준다. 미리 선물할 사람의 영문명이나 이니셜을 확인하자.

❸ 시즌오프 상품을 노려라
체르마트는 스포츠의 메카답게 최신 트렌드의 스포츠웨어나 스포츠 용품 전문 숍이 많다. 열심히 관심 있는 아이템을 구경해두고, 직접 쇼핑할 땐 시즌오프 상품 위주로 구입하자.

🍴 그람피스 Grampi's

그람피스는 피자와 파스타를 판매하는 이탈리안 레스토랑이다. 피자 맛이 훌륭해 젊은 여행자뿐 아니라 지역 주민들로 늘 북적이는 곳이다. 스위스 음식에 질렸다면, 그리고 늦게까지 하는 레스토랑을 찾는다면 이곳이 딱이다. 아이와 가면 체르마트의 블랙노즈 양에 색칠할 수 있는 색칠 세트도 선물로 준다. 그람피스 이름은 'Guideless Climber'라는 뜻으로 산악 가이드 주인의 영향으로 지어진 이름인데, 레스토랑 분위기와 관련은 그다지 없다.

주소 Bahnhofstrasse 70, 3920 Zermatt
위치 기차역에서 성당 방면 반호프 거리를 따라 5분 정도 걷다 우측 대로변 위치 (호텔 헬베티카 내)
운영 매일 18:00~02:00 (뜨거운 음식은 01:00까지)
요금 피자 대부분 CHF 25 미만
전화 +41 (0)27 967 7775
홈피 www.grampis.ch

🍴 윔퍼 슈투베 Whymper-stube

체르마트에서 가장 맛있고 품질 좋은 치즈 퐁뒤와 전통 치즈 음식 라클렛을 먹을 수 있는 레스토랑으로 정평이 나 있다. 윔퍼 슈투베는 항상 현지인들과 여행자들로 가득 차 예약이 필수.

주소 Bahnhofstrasse 80, Postfach 19, 3920 Zermatt
위치 그람피스에서 성당 못 가서 반호프 거리 대로변 우측 위치 (몬테로사 호텔 내)
운영 여름 11:00~23:00, 겨울 15:00~23:00
요금 퐁뒤 CHF 25 전후, 메인 CHF 22~43
전화 +41 (0)27 967 2296
홈피 www.whymper-stube.ch

쉬파슈투베
Restaurant Schäferstube

호텔 율렌Hotel Julen에 위치한 스위스 전통 느낌 물씬 풍기는 양고기 레스토랑. 세상에서 가장 맛있는 양고기와 정말 맛있는 라클렛, 퐁뒤를 맛볼 수 있는 곳이다. 귀여운 양을 먹는다는 게 조금 슬프지만, 그 생각을 곧 싹 잊게 해줄 만한 맛이다. 크지 않은 곳인데 인기가 많아 예약 필수. 저녁 식사만 운영하는 분위기 최고 맛집이다.

주소 Bahnhofstrasse 22, 3920 Zermatt
위치 기차역에서 3분 거리　　운영 18:00~22:00
요금 메인 CHF 35~50, 파스타 CHF 21 전후
전화 +41 (0)27 966 7600　　홈피 www.julen.ch

Tip | 체르마트의 저렴한 먹거리

예산에 여유가 있다면 앞에 소개한 유명한 레스토랑에서 꼭 식사를 해보길 권한다. 그러나 예산이 부족한 여행자라면 물가가 높은 체르마트에서 길거리 푸드나 베이커리, 맥도날드(비싸지만)를 이용해보는 것도 좋다. 아래는 가볍게 끼니를 해결하기 좋은 곳으로, 모두 반호프 거리, 혹은 거기서 크게 벗어나지 않는 곳에 위치한다.

❶ Le Petit Royal
　CHF 5.5 샌드위치와 감자튀김, 스프류
❷ Bayard Metzgerei Wursterei
　CHF 7 소시지와 빵
❸ Crêperie Stefanie
　CHF 5~10 크레이프

쉐 브로니 Chez Vrony

100년이 넘은 농가 레스토랑 쉐 브로니는 직접 만든 소시지와 치즈, 직접 재배한 유기농 야채 및 탄소발자국을 줄인 지역 생산 유제품 등을 이용해 건강하고 맛있는 발레 주의 시골 요리를 선보인다. 고미요Gault Millau 13점을 받았다. 우리나라로 치면 깐깐하고 솜씨 좋은 레스토랑.

주소 Findeln, 3920 Zermatt
위치 **여름** 수네가에서 핀델른Findeln 마을까지 걸어서 20분
　　　겨울 6번 스키 슬로프에서 이동 가능
운영 6월 중순~10월 중순 11:30~17:00, 11월 말~4월 말 11:30~16:00
요금 CHF 21~83
전화 +41 (0)27 967 2552　　홈피 www.chezvrony.ch

브로큰 Broken Bar Disco

유니크 호텔 포스트Unique Hotel Post 내에 위치한 브로큰은 근처 지역 젊은이와 모든 여행자가 모이는 곳이라고 해도 과언이 아닌 유명 클럽이다. 마치 동굴 같은 느낌의 모던한 인테리어가 인상적. 디스코 뮤직이나 라이브 뮤직 등에 맞춰 춤을 추면서, 스키와 스노보드 체험 후 남은 에너지를 이곳에서 발산해보자. 더 이상 스위스의 저녁이 지루하다는 말은 하지 않게 될 것이다.

주소 Bahnhofstrasse 41, 3920 Zermatt
위치 그람피스 바로 맞은편 유니크 호텔 포스트 내에 위치.
　　　1층에는 Brown Cow Pub이 있다.
운영 23:00~03:30(여름 및 겨울 성수기 수~일, 보통 월·화 휴무)
전화 +41 (0)27 967 1931　　홈피 www.hotelpost.ch

Tip | 아프레 스키 Apré-Ski

우리나라에 등산 후 막걸리 문화가 있다면, 스위스에는 스키 후 파티 문화 아프레 스키가 있다. '아프레'는 'After', '이후'라는 뜻이다. 아프레 스키는 주로 피르스트 중간중간의 스위스 전통 가옥인 샬레 스타일의 산장 레스토랑이나 펍에서 이루어지는데, 스키, 스노보드 후 맥주와 와인을 마시며 피로를 푸는 것이다. 젊은이들의 문화이다 보니 가볍게 한잔이 자연스럽게 파티 분위기로 흐른다. 체르마트와 주변 사스페Saas Fee 지역의 아프레 스키가 유명하다.

© Asliceontheway

☪ 엘시스 바
Elsie's Wine & Champagne Bar

1870년에 지어진 건물에 위치한 엘시스 바는 이른 시간부터 사람들로 북적인다. 이곳의 대표 메뉴는 샴페인과 신선한 굴. 초장 없이 우아하게 먹는 굴에 도전해보자.

주소 Kircheplatz 16, 3920 Zermatt
위치 성 마우리티우스 성당 광장 쪽
운영 월~금 16:00~24:00, 토·일 16:00~02:00
전화 +41 (0)27 967 2431
홈피 www.elsiebar.ch

© Elsie's Bar

☪ 헥센 바 Hexen Bar

헥센은 독일어로 '마법, 마술'이라는 뜻. 이름처럼 핼러윈 콘셉트로 꾸민 바 내부에는 마녀 인형이 총출동한다. 위스키가 주 메뉴이나 맥주나 다른 음료도 판다. 그람피스에서 함께 운영하고 있다.

주소 Bahnhofst. 43, 3920 Zermatt
위치 반호프 거리 좌측,
　　　 그람피스 맞은편
운영 월~금 16:00~24:00,
　　　 토·일 16:00~02:00
전화 +41 (0)27 967 5533
홈피 www.hexenbarzermatt.ch

© Hexen Bar

☪ 바 55 Bar 55

편안한 분위기의 바를 찾는다면 이곳을 추천한다. 호텔 파이어플라이Firefly 내에 위치. 여행 중 부담스럽지 않게 맥주 한잔을 할 수 있는 곳이다.

주소 Schluhmattst. 55, Zermatt
위치 성 마우리티우스 성당에서
　　　 묘지를 지나 작은 개천을 건너
　　　 바로 우측 Schluhmattstrasse를
　　　 따라 3분 정도 걷다 보면 위치
운영 07:00~01:00
전화 +41 (0)27 967 7676
홈피 www.bar55-zermatt.ch

© Bar 55

☪ 파페룰라 펍
Papperla Pub

스키를 탄 후 노곤함을 달랠 수 있는 곳. 호텔 아스토리아Astoria 내에 위치한 곳으로 아프레 스키 장소로 잘 알려진 곳 중 하나이다. 매일 밤 10시에 라이브 뮤직이 시작된다.

주소 Steinmattst. 36, 3920
　　　 Zermatt
위치 성 마우리티우스 성당에서
　　　 묘지를 지나 작은 하천 쪽으로
　　　 걷다가 Steinmattst.에서
　　　 우측 모퉁이 지나 위치
운영 15:00~24:00(금·토 ~02:00)
전화 +41 (0)27 967 4040
홈피 www.julen.ch

© Papperla Pub

옴니아 The Omnia

시내보다 조금 높은 바위 위에 자연과 어우러진 고급 샬레 스타일 호텔이다. 45m 높이에 위치해 동화 같은 체르마트의 모습을 감상할 수 있다. 자연과 최대한 조화를 이룬 외부와 정교한 인테리어, 섬세한 서비스가 눈길을 끈다. 유럽 내 매체에서도 디자인 호텔이자 겨울 샬레 호텔로 많은 호평을 받고 있다. 재밌는 건 방마다 번호가 없다는 것!

주소 Auf dem Fels, 3920 Zermatt
위치 성 마우리티우스 성당 광장 앞 몬테로사 호텔 뒤편에 위치. 호텔 픽업서비스를 이용한 후 짧은 터널을 통과해 엘리베이터로 오른다. 공항에서 헬리콥터 픽업서비스도 이용할 수 있다.
운영 휴무 4월 중순~6월 중순
요금 여름 CHF 390~2,000(3박 이상 시 할인)
　　　 겨울 CHF 550~3,900
전화 +41 (0)27 966 7171　**홈피** www.the-omnia.com

Tip | 체르마트의 호텔 가격

체르마트는 숙박비가 비싼 것으로 유명한데, 일부 B&B 시설까지도 3·4성급 호텔로 구분되기 때문이 아닌가 싶다. 하지만 잘 찾아보면 여행자의 예산, 시즌, 일수에 따라 다양한 가격을 제시하는 적합한 호텔을 발견할 수 있으니 걱정은 금물! 그중 샬레 스타일의 CHF 100 전후의 3성급 호텔이 괜찮은 편. 호텔 규모와 상관없이 많은 호텔 방에서 마테호른을 감상할 수 있으니 예약 시 확인하자. 여름과 겨울 시즌 전에는 대부분 문을 닫으니 유의하자.

더비 호텔 Hotel Derby

스위스 출장 중 가장 많이 묵었던 호텔. 위치와 가격이 좋아서였다. 방마다 컨디션이 다르지만 대체적으로 1~2박 머물기에 손색이 없고 마테호른뷰도 가능하다. 레스토랑도 하프보드로 이용할 만하다.

주소 Bahnhofstrasse 22, 3920 Zermatt
위치 반호프 거리 메인에 위치.
　　　 기차역에서 나와 걸어서 5분 소요
요금 CHF 276~500
전화 +41 (0)27 966 3999
홈피 www.derbyzermatt.ch

라 쿠론 Hotel La couronne

체르마트에서 마테호른을 가장 잘 담을 수 있는 다리 바로 앞에 위치한 라 쿠론. 여기서는 꼭 마테호른뷰 객실의 숙박을 권한다. 식사할 때 빼고는 계속 방에서 마테호른만 바라봐도 좋은 마력의 호텔이다. 테라스에서 와인 한잔을 마시며 해와 달, 그리고 구름이 만들어주는 마테호른의 신비로운 풍광을 보며 침대에 몸을 누여보자.

주소 Kirchstrasse 17, 3920 Zermatt
위치 성 마우리티우스 성당 앞 다리 바로 앞
운영 5월 말~4월 중순 **휴무** 4월 말~5월 말
요금 싱글 CHF 106~, 마테호른뷰 주니어 스위트 CHF 432
전화 +41 (0)27 966 2300
홈피 www.hotel-couronne.ch

이글루 도르프 Iglu-dorf

눈으로 만든 이글루 호텔. 대형 풍선으로 전체 모양을 잡고 2,700시간을 들여 눈 벽돌 하나하나를 쌓아 만든다. 체르마트에 큰 짐을 놓고 백팩으로 하루 정도 머무르는 것을 권장한다. 추위에 강하다면 하룻밤의 기억이 평생의 추억이 될 것이다. 개인적으로 신혼부부들에게 추천한다. 춥기 때문에 꼭 붙어 있어야 하고, 샤워시설이 없어서 서로의 민낯을 제대로 볼 수 있는 기회(?)도 된다. 야외 자쿠지가 있어 마테호른 산의 정기와 달빛을 받으며 프로세코 샴페인 한 잔을 마시고 노곤노곤하게 몸을 담글 수 있다.

주소 Rotenboden, Gornergrat Skigebiet, 3920 Zermatt
위치 고르너그라트 산악열차를 타고 로텐보덴에서 하차해 보통 16:30쯤 가이드를 만나서 함께 15분 정도 도보로 이동
운영 12월 25일 이후~4월 중순 (지역 날씨 상황에 따라 변동 있음)
휴무 4월 중순~12월 25일
요금 CHF 518~978
※ 웰컴주, 저녁 및 아침 식사, 모닝티, 액티비티 등 포함
전화 +41 (0)41 612 2728
홈피 www.iglu-dorf.com

Janice의 이글루 도르프에서 하루

몇 해 전 방송 촬영팀과 이곳에서 하루를 머물렀다. 스위스 내 이글루 도르프는 체르마트 말고도 다보스, 티틀리스, 그슈타드에 있다. 정말도 방, 화장실, 모두 것이 눈이다. 하지만 성능 좋은 침낭이 있어 냉기는 훌러도 침낭 안은 따뜻하다. 그래도 옷을 따뜻하게 입고 가야 잠을 청할 수 있을 것이다.

3100 쿨름 호텔
3100 Kulmhotel Gornergrat

체르마트 시내 4성급 시설과 가격은 비슷하지만 훨씬 신선한 공기와 아름다운 풍광을 선사한다. 대자연에 푹 젖어 들고자 하는 이들과 고르너그라트를 중심으로 하이킹 및 스노 스포츠 체험을 하는 이들에게 추천. 높은 고도에 약한 여행자들은 머무는 동안 머리가 아플 수 있으니 체르마트 숙박을 권한다.

주소 Gornergrat 3100m, 3920 Zermatt
위치 고르너그라트 전망대 위치
운영 고르너그라트 열차 운영 기준
요금 CHF 415~765(홈페이지 예약 권장)
전화 +41 (0)27 966 6400
홈피 www.gornergrat-kulm.ch

체르마트 유스호스텔
Zermatt Youth Hostel

호텔 요금이 비싼 체르마트에서 유스호스텔은 좋은 대안이 될 수 있다. 위치도 기차역과 멀지 않고 깔끔하고 모던한 느낌의 호스텔이다. 유스호스텔증이 있으면 렌털 협력업체 Sport Julen Zermatt에서 스키, 스노보드 용품을 할인된 가격으로 대여할 수 있다.

© brendelsavage

주소 Staldenweg 5, 3920 Zermatt
위치 기차역에서 성 마우리티우스 성당 옆 묘지 앞에서 다리를 건너 Steinmatt-st.를 따라 걷다가 Staldenweg 골목으로 도보 15분. B11과 No.0 버스로는 Luchern 역에서 하차 후 2분
운영 연중무휴 　**요금** CHF 43~61/명(도미토리 기준)
전화 +41 (0)27 967 2320
홈피 www.youthhostel.ch/zermatt

마테호른 지역 산악열차와 케이블카

체르마트 지역에서 해발 4,478m의 마테호른 정상까지 가는 길은 두 발 외에는 방법이 없다.
또한 마테호른은 산에 대한 전문지식과 등반기술 없이 쉽사리 오를 수 있는 곳이 아니다.
그렇다고 실망할 필요는 없다. 일반 여행자들이 마테호른을 즐길 수 있는 다양한 방법이
존재하기 때문이다. 그중 가장 대표적이고 편리한 방법은 산악열차와 케이블카를 이용해
전망대에 오르는 것. 주변의 빙하와 험준하지만 황홀하기까지 한 아름다운 절경들을
감상하며 마테호른을 여러 각도에서 경험할 수 있다. 여기서는 주요 세 가지 루트를 소개한다.

**마테호른의
주요 전망대 및 하이킹 코스**

주요 하이킹 코스
② + ③ 꽃의 길
㉖ + ㉗ 마테호른 글레이셔 트레일
㉙ 마테호른 트레일
⑪ 5개의 호수 길

마테호른의 모습을 가장 잘 감상할 수 있는
고르너그라트 전망대 Gornergrat

무려 1898년부터 운행되고 있는 고르너그라트 열차는 스위스 최초의 톱니바퀴식 전동열차이다. 체르마트에서 33분이면 해발 3,089m의 고르너그라트 전망대에 오를 수 있다. 마테호른의 동쪽 벽을 실감나게 바라볼 수 있으며, 해발 4,634m인 스위스 최고봉 몬테로사 Monte Rosa 를 비롯하여 29개의 알프스 4,000m급 명봉과 고르너 빙하가 파노라마 그림처럼 눈앞에 펼쳐진다. 전망대에는 3100 쿨름 호텔과 파노라마 전망 감상이 가능한 VIS-À-VIS, 셀프서비스 레스토랑, 기념품 숍 등이 위치해 있다. 체르마트의 명물, 검은 코 양을 만날 수 있는 프로그램도 운영한다.

> **Tip | 고르너그라트 행 기차역 및 가격 정보**
>
> **주소** Bahnhof Zermatt 1, 3920 Zermatt
> **위치** 체르마트 기차역을 등지고 왼편으로 조금만 걸어가면 산악열차 매표소가 있다.
> **운영** 거의 연중 운행하나 시즌 및 날씨별로 운행 시간이 다름
> **요금 성인(편도/왕복)**
> 1~4월 CHF 46/CHF 92
> 5월 CHF 57/CHF 114
> 6~8월 CHF 66/CHF 132
> 9~10월 CHF 57/CHF 114
> ※ 스위스 패스 및 각종 할인카드 50% 할인 적용
> ※ 티켓 구매 시 신라면 쿠폰 제공
> **전화** +41 (0)84 864 2442
> **홈피** 고르너그라트 산악열차 www.gornergratbahn.ch

1. 고르너그라트 열차 노선
체르마트 → 핀델바흐 → 리펠알프 → 리펠베르그 → 로텐보덴 → 고르너그라트

2. 고르너그라트 하이라이트
로텐보덴 Rotenboden 에서 리펠베르그 Riffelberg 까지의 이지 하이킹
로텐보덴에서 하차해. 500m 정도만 걸어 내려가면 인스타그램에서 많이 회자되는 리펠 호수 Rifeelsee 가 나온다. 마테호른이 투영된 리펠 호수의 모습은 정말 그림 같다.

리펠하우스 1853 Riffelhaus 1853
리펠베르그 역에 위치한 리펠하우스 1853은 겉에서는 단순한 빌딩 같지만, 그 내부는 상상 이상이다. 고르너그라트 열차가 있기 전부터 산악인들을 위해 존재해 온 호텔로, 겨울 시즌에는 호텔에서 스키를 바로 타고 나갔다가 바로 타고 들어올 수 있는 스키 인–아웃 in-out 의 여정이 가능하다. 스키 후에는 야외 스파를 즐길 수 있다. 하이킹 후, 열차를 기다리며 커피 한잔하기에도 제격이다.

© riffelhaus

마테호른을 가장 가까이에서 느낄 수 있는
마테호른 글레이셔 파라다이스 Matterhorn Glacier Paradise

해발 3,818m 높이에 위치한 유럽에서 가장 높은 케이블카 역이다. 전문 산악인들만 등정이 가능한 해발 4,164m의 브라이트호른Breithorn을 오르기 위한 출발지점이 되기도 한다. 체르마트에서 고속 케이블카와 대형 곤돌라를 갈아타고 약 20분이면 정상까지 도달한다. 전망대에서는 14개의 빙하와 38개의 4,000m급 알프스의 명봉을 감상할 수 있으며 얼음 궁전Glacier Palace, 뷔페식 레스토랑, 작은 규모의 산장이 있다. 2023년부터 이탈리아 테스타 그리지아Testa Grigia까지 왕복 가능한 케이블카가 생겨서 이탈리아 체르비노 리조트까지 이동이 가능해졌다.

1. 마테호른 글레이셔 파라다이스 케이블카 노선
보통 체르마트–푸리–트로케너 슈테그를 거쳐 전망대에 이른다. '검은 호수'로 유명한 슈바르츠제 파라다이스를 거쳐 가려면 푸리에서 갈아탈 필요가 없다. 푸리에서는 리펠베르그까지도 이동이 가능하다. 여름과 겨울 노선이 조금씩 다르고 시기나 날씨에 따라 운행이 결정되어 사전에 확인하고 이동하는 것을 권한다.

푸리에서 트로케너 슈테그로 가는 경우
체르마트 → 푸리(곤돌라 환승) → 트로케너 슈테그 → 마테호른 글레이셔 파라다이스

푸리에서 슈바르츠제 파라다이스로 가는 경우
체르마트 → 푸리 → 슈바르츠제 파라다이스 → 푸르크 → 트로케너 슈테그 → 마테호른 글레이셔 파라다이스

2. 마테호른 글레이셔 파라다이스 하이라이트
슈바르츠제 파라다이스Schwarzsee Paradise
'검은 호수'와 작은 교회의 목가적인 풍경으로 잘 알려진 슈바르츠제 파라다이스는 마테호른 북동쪽 바로 아래에 위치한 회른리 산장 Hörnlihütte으로 오르는 하이킹 혹은 체르마트를 향해 아찔하게 내려가는 하이킹의 시작점이 되기도 한다.

마테호른 글레이셔 라이드Matterhorn Glacier Ride
트로케너 슈테그에서 출발하는 '크리스털 라이드'라는 이름의 케이블카를 타면 바닥 유리가 수초 만에 투명해져 아찔한 풍광을 감상할 수 있다.

특별한 여름 스키
마테호른 글레이셔 파라다이스를 중심으로 약 21km의 구간에서 여름 스키가 가능하다. 트로케너 슈테그에서 체어 리프트를 탈 수 있다.

Tip | 마테호른 글레이셔 파라다이스 케이블카 역 및 가격 정보

주소 Schluhmattst. 123, 3920 Zermatt
위치 성 마우리티우스 성당 앞에서 Kirchst.를 따라 작은 개천을 건너자마자 우측에 Schluhmattst.를 따라 5분 걷다 보면 위치
요금 성인(편도/왕복)
11~4월 CHF 62/95,
5·6·9·10월 CHF 71/109,
7·8월 CHF 78/120
※ 체르마트-체르비노 요금은 마테호른 글레이셔 파라다이스의 각 2배수
※ 스위스 패스 소지자 및 어린이 50% 할인
전화 +41 (0)27 966 0101
홈피 www.matterhornparadise.ch

© Zermatt Bergbahnen AG

마테호른을 가장 예쁘게 담을 수 있는
로트호른과 수네가 파라다이스 Rothorn & Sunnegga Paradise

가장 아름다운 보석은 주변의 빛과 분위기에 따라 더욱 빛이 난다. 로트호른은 마테호른의 그런 매력을 보여준다. 주변의 명봉과 함께 마테호른의 가장 아름다운 모습을 사진으로 담을 수 있는 곳이 바로 로트호른이다(특히 일출!). 로트호른 레스토랑에서부터 18개의 조각상을 감상하며 Peak Collection의 짧은 하이킹을 즐길 수 있다. 2018년에는 지형 변화로 인해 로트호른 역까지의 교통수단이 여름과 겨울에 잠시 중지된 적도 있지만 재오픈을 했다. 로트호른까지 가는 시간 혹은 방법이 없더라도 걱정은 금물. 체르마트에서 4분이면 닿는 수네가 파라다이스는 볕이 좋고 숲과 나무가 많다. 특히 여름이면 거울같이 맑은 라이 호수Laisee와 아이들의 천국 볼리파크Wollipark에서 한나절 이상도 시간을 보낼 수 있다.

Tip | 로트호른/수네가 파라다이스행 푸니쿨라 역 정보

주소 Vispast. 32, 3920 Zermatt
위치 고르너그라트행 기차역에서 Getwingst.를 따라 작은 개천을 건너자마자 Vipast.를 따라 좌측으로 조금 올라간 곳에 지하 푸니쿨라 역에 위치
요금 **체르마트-수네가 성인(편도/왕복)**
11~4월 CHF 16/23, 5·6·9·10월 CHF 18/26, 7·8월 CHF 20/29
체르마트-로트호른 성인(편도/왕복)
11~4월 CHF 42/64, 5·6·9·10월 CHF 48/74, 7·8월 CHF 53/81
※ 9세 미만 무료
※ 스위스 패스 소지자 및 어린이 50% 할인 적용
전화 +41 (0)27 966 0101
홈피 www.matterhornparadise.ch

1. 로트호른/수네가 파라다이스 푸니쿨라/곤돌라 노선
체르마트 → 수네가 파라다이스(곤돌라 환승) → 블라우헤르트(곤돌라 환승) → 로트호른 파라다이스

2. 로트호른과 수네가 파라다이스 하이라이트
여름은 블라우헤르트Blauherd로
블라우헤르트는 영국 BBC에서 선정한 '죽기 전에 가봐야 할 50개의 길' 중 한 곳인 5개 호수 하이킹의 시작점이 되는 곳이기도 하다.

겨울엔 체르보 리조트에서 신나는 아프레 스키
로트호른과 수네가행 푸니쿨라를 탑승하기 전, 매표소를 지나 긴 통로를 지나면 Riedwegg라는 사인이 나온다. 엘리베이터를 타고 올라가면 보이는 체르보 리조트Cervo Boutique Resort는 겨울 아프레 스키 펍으로도 유명한 곳이다. 신나는 음악과 위스키 한잔을 즐겨보자.

© Celine Julen

하이킹 VS 스노 스포츠

한정된 기간 내에 체험해보고 싶은 것이 너무 많아 고민이라면 단순하게 생각하자.
걷는 데 자신 있다면 하이킹을, 스키나 스노보드에 자신 있다면 스노 스포츠에 도전하자.
겨울에도 안전한 하이킹이나 설상화를 신고 하는 스노슈Snowshoe 하이킹이 가능한 구간이 있고,
여름에도 만년설 덕분에 스키를 탈 수 있으니까 말이다. 단지 체르마트와 마테호른 지역의
아름다운 풍광을 어떻게 즐기느냐의 차이일 뿐이다.

✚ 하이킹

체르마트와 더불어 바로 옆 테쉬Täsch와 란다Randa 지역까지 이르러 여름에는 약 400km, 겨울에는 약
65km의 구간에서 하이킹이 가능하다. 걷다 보면 울창한 나무 숲, 돌만 있는 돌산, 발 아래는 빙하와 머리
위에는 알프스 명봉, 마테호른이 그대로 비치는 호수 등 정말 다채로운 모습을 만날 수 있게 된다. 다음은
추천 하이킹 코스 Best 5(체르마트 지역 기준)이다. p.338 지도를 함께 참고하자.

Hiking ❶ 마테호른 트레일 Matterhorn Trail

슈바르츠 호수에서 체르마트까지 코스로 마테호른
에 대한 10개의 이야기가 펼쳐지는 길이다. 마테
호른 글레이셔 파라다이스에 케이블카로 오른 후,
내려오는 길에 경험해보자. 체르마트 관광청 29번
Matterhorn Trail이다.

© eunique1

총길이 8.5km   **소요시간** 약 5시간 45분
고도차이 960m   **방문최적기** 6~10월
쉴 수 있는 곳 슈바르츠 호수, 슈타펠, 츠무트의 레스토랑

Hiking ➋ 꽃의 길 Flower Walk

꽃의 길은 블라우헤르트에서 우측 아래 마을 투프 테른을 거쳐 수네가까지 이르는 길로 알프스 장미, 에델바이스, 알프스 야생화를 감상하며 걸을 수 있는 길이다. 특히 여름과 초가을에 더욱 아름답다. 체르마트 관광청에서 하이킹 코스로 지정한 2번 알프스 장미의 길Alpenrosenweg과 3번 꽃의 길 Blumenweg이다.

총길이 4.3km   소요시간 약 2시간 55분
고도차이 363m   방문최적기 6~9월
쉴 수 있는 곳 투프테른과 수네가 파라다이스의 레스토랑

Hiking ➌ 5개의 호수 길 5 Lakes Walk

블라우헤르트에서 좌측으로 슈텔리 호수Stellisee 를 지나 그린드예 호수Grindjisee, 그륀 호수Grünsee, 무스이예 호수Moosjisee, 라이 호수를 보고 핀델른 마을에서 수네가 파라다이스까지 이동하는 코스이다. 체르마트 관광청의 11번 5개의 호수 길 5-Seenweg이다.

총길이 7.6km   소요시간 약 4시간 45분
고도차이 453m   방문최적기 6~9월
쉴 수 있는 곳 베르크하우스 그륀제, 수네가 파라다이스 레스토랑

Hiking ➍ 마테호른 글레이셔 트레일
Matterhorn Glacier Trail

마테호른 글레이셔 트레일은 트로케너 슈테그에서 시작해 푸르크 빙하Furgg Glacier를 따라 명봉들을 뒤로하고 슈바르츠 호수까지 걷는 빙하 체험 코스이다. 23개의 뷰포인트를 지나며, 체르마트 관광청의 26번 Matterhorn Glacier Trail과 27번 훼른리 길 Hörnliweg이다.

총길이 6.1km   소요시간 약 4시간 15분
고도차이 363m   방문최적기 6~9월
쉴 수 있는 곳 트로케너 슈테그와 슈바르츠제 파라다이스 레스토랑

Hiking ➎ 란다 찰스 쿠오넨 현수교
Randa Charles Kuonen Suspension Bridge

체르마트 근교 란다에는 세계에서 가장 긴 보행자 다리인 찰스 쿠오넨 서스펜션 다리가 있다. '최고'를 향한 도전정신이 있는 하이커에게 추천할 만한 코스. 란다 기차역에서 시작해 경사진 길을 올라 다리에 닿을 수 있다. 다리까지 건넜다가 되돌아와도 되고, 유로파 오두막Europa Hut을 지나 란다 기차역으로 올 수도 있다. 경사진 곳이 있기 때문에 날씨가 좋지 않거나 눈이 많이 왔을 때는 도전을 잠시 미루자.

총길이 8.7km   소요시간 약 4시간
고도차이 860m   방문최적기 6~10월
주요포인트 지점 란다 기차역 → 하우즈필(Hauspil) → 찰스 쿠오넨 현수교 → 유로파 오두막 → 란다 기차역까지 내리막길

✚ 스노 스포츠

마테호른을 중심으로 스위스와 이탈리아 너머까지 겨울에는 총 360km, 여름에는 총 21km에 달하는 피르스트에서 스키와 스노보드를 즐길 수 있다. 마테호른 글레이셔 파라다이스 쪽 피르스트가 이탈리아 체르비니아Cervinia, 발뚜르넹Valtournen까지 이어지며 여름에도 스키와 스노보드를 탈 수 있다. 스키나 스노보드를 타기 전 자신이 갈 피르스트의 수준과 길이, 케이블카나 리프트 탑승 위치, 리프트 기상 및 운행 시간 정보 등을 웹사이트 및 관광안내소를 통해 정확하게 파악하는 것이 좋다.

© Matterhorn Glacier Paradise

1. 난이도별 피르스트
스위스 지역만을 기준으로 삼으면 초급은 주로 블라우헤르트 우측에서 수네가 쪽이나 고르너그라트에서 리펠베르그까지 피르스트가 집중되어 있다. 완전 **초급**의 경우 슬로 슬로프를 이용하자. 로트호른의 5, 6, 7번 피르스트, 고르너그라트 38번, 마테호른 글레이셔 파라다이스 56번 피르스트를 이용하면 된다. **중급**은 좀 더 넓게 분포되어 있는데 고르너그라트에서 수네가나 리펠알프, 리펠알프에서는 푸리, 로트호른에서는 블라우헤르트 쪽으로 향하는 피르스트들이 있다. 초급과 중급이 주로 인공 눈을 이용하는 데 반해, **상급**은 각 봉우리에서 급격한 경사가 이루어지는 곳들을 중심으로 자연 그대로를 활강하게 된다. 한국에서 상급 실력자라도 자연 그대로를 활강하는 것은 위험할 수 있으니 사전에 정확한 정보를 가지고 리프트에 오르자.

2. 장비 렌털
체르마트에는 다양한 스키, 스노보드 장비 렌털 숍이 있다. 숍마다 브랜드별로 조금씩 가격이 다르지만 대략 하루에 스키는 약 CHF 38~50, 스키와 스노보드 부츠는 약 CHF 15~19, 스노보드는 약 CHF 55 전후 정도의 렌털 비용이 발생한다. 옷 렌털은 숍마다 별도로 문의해야 한다.

Tip │ 장비 렌털 숍

Bayard Sport + Fashion
주소 Bahnhofst. 35, 3920
　　　 Zermatt
전화 +41 (0)27 966 4960
홈피 www.bayardzermatt.ch

**Intersport Glacier
Ski & Hike**
주소 Intersport,
　　　 Bahnhofst. 19, 3920
　　　 Zermatt
전화 +41 (0)27 968 1300
홈피 www.glacier-intersport.ch

Julen-Sport
주소 Hofmattst. 4,
　　　 3920 Zermatt
전화 +41 (0)27 967 4340
홈피 www.julensport.ch

✚ 체르마트에서의 특별한 체험

스노 스포츠나 하이킹을 이미 경험해 색다른 경험을 원한다면 고르너 협곡으로 가보자. 협곡 사이를 걷다 보면 자연의 신비를 체험할 수 있을 것이다. 또 마테호른 산을 배경으로 몸을 날리는 패러글라이딩 체험도 잊을 수 없는 짜릿한 기억을 선사할 것이다.

Activity ❶ 고르너 협곡 체험 Gornerschlucht

푸리(해발 1,865m)와 체르마트(해발 1,620m) 사이. 고르너 협곡은 작은 마을 블라텐Blatten과 바로 가까이에 위치해 자연의 경이로움을 접할 수 있다. 고르너 협곡의 가장 낮은 부분은 특별한 장비가 없어도 건너갈 수 있다. 10월 중순경에 간다면 오후 3시쯤 방문하면 빛과 협곡의 하모니가 최고인 순간을 맞이할 수 있다.

주소 Moosstrasse, 3920 Zermatt
위치 도보 40분 또는 체르마트 역 앞 고르너그라트
　　　열차 GGB 탑승하여 Findelbach
　　　(1개 정거장, 6분 소요)에서 하차 후
　　　도보 약 10분 거리
운영 5월 말~10월 중순 09:15~17:45
요금 성인 CHF 5, 어린이 CHF 2.5, 6세 이하 무료
홈피 www.blatten-zermatt.ch

Activity ❷ 패러글라이딩 Paragliding

마테호른을 바라보며 하늘을 날면 어떨까? 상상만으로도 짜릿하다. 전문 장비나 경험이 없어도 파일럿과 함께 안전하게 탈 수 있는 2인용 패러글라이딩을 시도해보자. 가격은 거리에 따라 다르지만 CHF 150~250 선이다. 전화나 이메일로 예약하자.

Paragliding Zermatt Air Taxi
주소 Bachstrasse 8, 3920 Zermatt
전화 +41 (0)27 967 6744
메일 info@paragliding-zermatt.ch
홈피 airtaxi-zermatt.ch

Flyzermatt
주소 Bahnhofplatz 6/Victoria-Center, 3920 Zermatt
전화 +41 (0)79 643 6808(Whatsapp으로 예약도 가능)
메일 info@flyzermatt.com
홈피 www.flyzermatt.com

Tip | 체르마트 알핀 센터 Zermatt Alpin Center

체르마트에서 하이킹, 스키, 스노보드 등의 스포츠 액티비티를 계획했다면 꼭 들러야 할 곳이다. 체르마트 지역의 스키스쿨이나 산악 가이드 등을 연계해주며 겨울시즌에는 이곳에서 스키리프트권을 구매할 수 있다.
주소 Bahnhofst. 58, 3920 Zermatt
위치 기차역에서 반호프 거리를 따라 걷다 보면 우측에 위치(도보 5분 미만)
운영 16:00~19:00
　　　(전화 문의 월~금 09:00~12:00, 15:00~19:00 토·일 16:00~19:00)
전화 +41 (0)27 966 2460

BY TANJA AND DAVE

RESTAURANT
ALPHITTA

체르마트 **주변 지역**

발레 지역은 크게 서쪽의 낮은 지형Lower Valais인 프랑스어권과 동쪽의 높은 지형 Upper Valais인 독일어권으로 나누어볼 수 있다. 이곳의 대략의 경계는 론 강이 흐르 는 **시에르/지더스**Sierre/Sidders이다. 스위스식 독일어보다 역사가 오래된 발레식 독 일어를 유일하게 들을 수 있는 곳이기도 하다. 이 외에도 책에 소개한 **알레취 아레 나 지역**Aletsch Arena, **로이커바드**Leukerbad, **마티니**Martigny, **시옹**Sion 등 다양한 지역 들도 만나보자.

알레취 아레나 지역 Aletsch Arena

'알레취 아레나'는 2001년 유네스코 세계자연유산으로 지정된 넓고 광대한 알레취 빙하Aletschgletscher 지역을 가리킨다. 알레취 빙하는 길이 23km, 평균 폭 1,800m로 지구 온난화 현상으로 최근 2년 동안 150m가 줄었고, 이 상태가 지속된다면 2080년에는 완전히 소멸될 것으로 예측된다고 한다. '알레취 아레나'는 **피에셔알프, 베트머알프, 리더알프(p.350)**를 통합하여 일컫는 구획 단위로 체르마트, 브리그와 매우 가까워 반나절 여행지 또는 풀데이 여행지로 각광을 받고 있다. 지구 온난화의 경각심과 자연의 아름다움을 한꺼번에 느껴볼 수 있는 스위스 발레 주 최고의 여행지이다.

✛ 베트머알프 Bettmeralp (해발 1,970m)

알레취 아레나 지역에 속한 마을로 휘발유 차량 운행이 금지된 카프리Car-Free 리조트이다. 베텐Betten에서 케이블카로 이동할 수 있다. 연중 300일 정도의 일조량을 자랑하며 바이스호른Weisshorn, 돔Dom, 마테호른Matterhorn 등 4,000m급 봉우리들이 자아내는 풍경이 매우 인상적이다. 마을 초입, 리더알프 미테Riederalp Mitte까지는 도보 35분 거리다.

베트머알프로 이동하기

1. 열차와 케이블카로 이동하기
브리그Brig에서 피에쉬Fiesh 행 열차 탑승. 베텐 탈Betten Tal 역에서 하차. 베텐 케이블카 역Betten BAB으로 도보 이동 후, 케이블카 탑승하여 베트머알프로 이동

2. 차량과 케이블카로 이동하기
베텐 케이블카 역 주차장에 유료 주차 후 케이블카로 이동

주소 Verwaltungsgebäude, 3992 Bettmeralp
전화 +41 (0)27 928 4141

★ 인포메이션 센터
주소 Postfach 16,
　　　3992 Bettmeralp
운영 **비수기(봄·가을 시즌)**
　　　월~금 09:00~12:00,
　　　13:30~17:00
　　　성수기(여름·겨울 시즌)
　　　월~금 08:30~12:00,
　　　13:30~17:30
　　　토 08:30~12:30,
　　　13:00~16:00
전화 +41 (0)27 928 5858
홈피 www.aletscharena.com

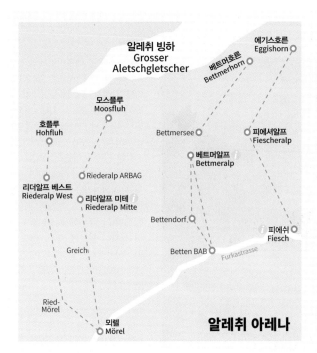

알레취 빙하
Grosser
Aletschgletscher

에기스호른
Eggishorn

베트머호른
Bettmerhorn

모스플루
Moosfluh

Bettmersee

피에셔알프
Fischeralp

호플루
Hohfluh

베트머알프
Bettmeralp

리더알프 베스트
Riederalp West

Riederalp ARBAG

리더알프 미테
Riederalp Mitte

Bettendorf.

피에쉬
Fiesch

Greich

Betten BAB   Furkastrasse

Ried-
Mörel

뫼렐
Mörel

알레취 아레나

★ 케이블카 요금
❶ 베텐 탈–베트머호른
　편도 CHF 31,6, 왕복 CHF 49
❷ 베트머알프–베트머호른
　편도 CHF 21,4, 왕복 CHF 32
❸ 베텐 탈–베트머알프
　편도 CHF 10,20
　왕복 CHF 20,40
※ 스위스 트래블 패스 소지자 및 어
　린이(만 6~15세), 반려견 50%
　할인

© Aletsch Arena

★★☆   GPS 46.388423, 8.060299

순백의 마리아 교회당 Kapelle Maria Zum Schnee

17~18세기에 건축된 '순백의 마리아 교회당'이란 뜻을 가진 자그마한 가
톨릭교회로 동과 서를 잇는 바위 언덕에 세우진 베트머알프의 랜드마크
이다. 양파 모양의 지붕은 발레 주, 브리그에서 큰 부를 누렸던 카스파 요
독 폰 슈톡할퍼(1609~1691) 대공의 문화적, 건축적 영향을 받은 것으로
보인다. 추운 겨울 지붕에 소복하게 내려앉은 눈과 함께 산악 마을의 호
젓한 아름다움을 빚어낸다.

주소 3992 Bettmeralp

© Gabriel Han

© Gabriel Han

베트머호른 Bettmerhorn

© Gabriel Han

베트머호른은 베트머알프의 전망 지점(해발 2,647m)으로 알레취 빙하를 감상하기에 좋은 곳이다. 알레취 빙하는 알프스 최대, 최장의 빙하로, 무려 270억 톤 얼음으로 이루어져 있으며 이곳에서 보는 전망은 단번에 여행객을 매료시키기에 충분하다. 주변에 널린 돌을 찾아 걱정거리나 소원을 담아 탑을 쌓아보는 것도 괜찮은 경험이 될 것이다. 주변에 레스토랑도 있어 식사나 음료를 즐기기에도 그만. 멋진 경치만 보고 내려오기 아쉽다면 이곳에서 하이킹을 시작할 수 있다.

위치　베트머알프에서 케이블카 탑승, 약 10분 소요
운영　1월~1월 말 09:00~16:00
　　　1월 말~3월 중순 09:00~16:30
　　　3월 중순~4월 초 08:30~16:00

▶▶ 베트머호른 에너지 스폿 Bettmerhorn Energy Spot

흔히 '산에 가서 좋은 기운을 받고 온다'라는 말을 하는데, 알레취 아레나 지역에도 좋은 기운이 서려 있는 여러 스폿이 있다. 그중 **베트머호른** Bettmerhorn과 **에기스호른** Eggishhorn은 네이처 에너지 전문가, 필리페 엘스터 박사에 의해 에너지 스폿으로 인정받았다. 이곳에서 멋진 경관도 감상하고 좋은 자연의 기를 받아 스트레스를 날려보자.

❶ 베트머호른 하모니 에너지
　(Harmonie, 조화)
❷ 에기스호른 클라르하이트 에너지
　(Klarheit, 밝음), 게누스 에너지
　(Genuss, 즐거움)

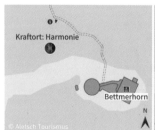

알레취 빙하 트레일 Aletsch Glacier Path

국내에서 등산 경험이 있는 건강한 청소년 이상이라면 누구나 시도해볼 수 있는 하이킹 루트. 케이블카, 곤돌라 이동 시간을 제외하고 걷는 시간만 3시간 30분 정도 소요되는 코스이다(총 5.5시간 소요). 베트머알프에서 곤돌라를 타고 베트머호른 곤돌라 역까지 이동하면 본격적인 알레취 파노라마 하이킹 루트가 시작된다. 빙하를 바라보며 걷다가 메르옐렌 호수Märjelensee 주변에서는 이국적인 발레 주 산악 경관과 터널을 체험하게 된다. 베트머호른, 에기스호른까지 두 개의 전망지점을 지나는 놀라움이 가득한 루트이다(여름 시즌 가능. 6월 초~10월 초까지).

하이킹 루트

베트머알프 → [곤돌라] → **베트머호른 곤돌라 역**(2,642m, 식사 가능) → [하이킹] → **로티 춤메**Roti Chumme(2,362m) → [하이킹] → **에기스호른**(2,926m) → [하이킹] → **메르옐렌 호수** → [하이킹] → **글레처슈투베**Gletscherstube(산악 레스토랑, 식사 가능) → [하이킹] → **텔리그라트**Tälligrat → [하이킹] → **피에셔알프**Fiescheralp(2,212m) → [케이블카] → **피에쉬**Fiesch **도착**

Tip | 알레취
빙하 트레일의 묘미

1 산악 레스토랑 '글레처슈투베'의 별미, 애플파이Apfelkuchen를 꼭 맛보자. 장작 오븐에서 구워 더 맛있다.
2 피에셔알프까지 하이킹을 마쳤다면, 베트머알프(약 1시간) 또는 리더알프(약 1시간 40분)까지 하이킹을 이어가 당일 숙박을 하고 다음 날 전망지점 중 하나인 모스플루Moosfluh에서 빌라 카셀Villa Cassel까지 숲길을 하이킹하는 것도 좋다.

---

more & more **가이드와 함께하는 빙하 하이킹 투어**

6월부터 10월 중순까지 전문 가이드와 함께 리더알프, 베트머알프, 피에쉬-에기스호른에서 출발하는 알레취 빙하 하이킹 투어를 경험해볼 수 있다. 당일 코스부터 2일 코스까지 날짜, 요일, 시즌마다 다양하게 마련되어 있다. 6인부터 가능한 융프라우요흐에서 시작해서 콘코르디아 산장Konkordiahütte에서 하룻밤을 묵고 피에쉬에서 끝나는 하이킹을 적극 추천한다.

추천 하이킹 루트: 2-Day Glacier Trip
Jungfraujoch - Konkordiahütte – Fiesch

운영 6월 중순~10월 초(빙하 상태에 따라 매년 시기가 조금씩 다름) 목·토 11:00 시작, 연령 13세 이상부터 참여
전화 +41 (0)27 971 1776
메일 info@bergsteigerzentrum.ch
홈피 www.bergsteigerzentrum.ch

✚ 리더알프 Riederalp (해발 1,925m)

알레취 아레나 지역에 속한 친환경 산악 리조트로 베트머알프와 이웃하고 있는 마을이다. 리더알프에서 곤돌라를 타고 전망지점이 있는 모스플루Moosfluh까지 오르면 알레취 빙하 하단부를 가까운 곳에서 감상할 수 있다. 마을 중간에는 9홀 골프장도 마련되어 있어 이색적인 골프를 경험할 수도 있다. 알레취 프로 나투라 센터인 빌라 카셀Villa Cassel과 출렁다리, 자연 보호 구역인 알레취 숲이 유명하다. 호텔 시설도 훌륭해서 이 지역을 찾는 여행자들의 편안한 쉼터가 되고 있다. 최고의 가족 여행지로 스위스 관광청으로부터 인증을 받았다.

리더알프로 이동하기

리더알프까지는 뫼렐Mörel에서 곤돌라 또는 케이블카를 타고 이동할 수 있다. 마을 리더알프까지는 뫼렐에서 리더알프 서역Riederalp West 또는 리더알프 중간역Riederalp Mitte 이렇게 두 개의 노선으로 운행된다. 리더알프 서역에서 리더알프 중간역까지는 도보 8분 거리로 호텔 위치에 따라, 최종 여행 목적지에 따라 선택해서 이용하면 되고, 만약 두 개의 노선 중 한 노선이 보수 기간이라면 그 어떤 것을 타도 무방하다.

1. 열차와 곤돌라 또는 케이블카로 이동하기

브리그Brig나 비스프Visp에서 경유하여 열차로 곤돌라, 케이블카 역이 있는 뫼렐까지 이동. 이곳에서 리더알프까지는 곤돌라, 리더알프 중간역까지는 케이블카를 타고 이동한다.

- 취리히에서 약 3시간
- 체르마트에서 약 2시간

※ 호플루Hohfluh가 최종 목적지라면 리더알프 서역이, 알레취 빙하 전망지점이 있는 모스플루가 최종 목적지라면 리더알프 중간역이 편리하다.

2. 차량으로 이동하기

리더알프는 카프리 리조트이다. 만약 차량 여행자라면 뫼렐에 주차를 해놓고, 곤돌라나 케이블카를 타야 한다. 뫼렐까지는 남서 지역에서 오는 여행객이라면 심플론 패스Simplon Pass를 넘으면 되고, 바젤, 베른 등 북부에서는 칸더슈텍Kandersteg에서 타고 온 차량을 셔틀열차에 싣고, 뢰취베르크Lötschberg 터널을 지나 브리그를 경유하여 뫼렐에 도착하게 된다. 취리히 또는 루체른에서 온다면 푸르카Furka 터널을 지나게 된다. 주차는 뫼렐에서 유료로 가능하다.

★ 인포메이션 센터
주소 Bahnhofstrasse 4,
　　　3987 Riederalp
운영 **비수기** 월~금 09:00~12:00,
　　　13:00~17:00
　　　성수기 월~금 08:30~12:00,
　　　13:30~17:30
　　　토 08:30~12:30,
　　　13:00~16:00
전화 +41 (0)27 928 5858
홈피 www.aletscharena.ch

★ 곤돌라/케이블카 요금
　　　뫼렐-리더알프
　　　성인 편도 CHF 10.2,
　　　왕복 CHF 20.4
※ 만 6~15세 어린이 및 스위스 트래블 패스 소지자 성인 요금의 50% 할인

★ 주차장 정보
주소 Furkastrasse 12, 3983
　　　Mörel-Filet
전화 +41 (0)27 927 2969
홈피 www.parking-aletsch.ch

★★★

모스플루 Moosfluh

요즘은 발레 지역을 찾는 여행자들에게 인기 높은 핫
스폿이다. 2,333m로 알레취 빙하를 큰 노력 없이도
전망할 수 있는 것이 장점. 리더알프 중간역Riederalp
Mitte 인근(도보 7분 거리)에 있는 곤돌라를 타고 10분
후면 도착한다. 야외 바가 있어 여름철에 음료를 즐기
며 빙하를 만끽할 수 있다.

위치 리더알프에서 곤돌라 탑승, 10분 소요
운영 **하계** 6월 초~10월 말 08:30~16:30
동계 12월 초~4월 중순
(www.aletscharena.ch/timetable에서 수시 확인)
요금 **뫼렐-모스플루(성인)** 편도 CHF 31.2, 왕복 CHF 49
리더알프-모스플루(성인) 편도 CHF 21.4, 왕복 CHF 32
※ 어린이(만 6~15세), 스위스 트래블 패스 소지자,
반려견 성인 요금의 50% 할인

모스플루-리더알프 하이킹 Moosfluh-Riederalp Hiking

알레취 빙하의 웅장한 경관을 마치 하늘을 나는 새처럼 한눈에 바라보며
하이킹하는 루트다. 모스플루에서 시작해 알레취 숲과 빌라 카셀을 지나
리더알프 마을에서 끝나게 된다. 이 코스는 남서쪽으로 향해 있는 완만한
내리막길, 또는 약간의 오르막길로 구성되어 알레취 빙하뿐만 아니라 미
샤벨Mischabel 산군, 마테호른 및 4,000m급 고봉들을 함께 바라볼 수 있
다. 약 1시간 40분이 소요되며, 어린아이도 가능한 쉬운 코스이다.

하이킹 루트
리더알프 → [곤돌라] → **모스플
루** → [하이킹] → **호플루** → [하
이킹] → **리더푸르카**Riederfurka**/빌
라 카셀**Villa Cassel → [하이킹] →
리더알프

알레취 숲 & 빌라 카셀 Aletsch Forest & Villa Cassel

알프스 내 거대 빙하 바로 옆에 자리한 알레취 숲은 1933년 이래 프로 나투라Pro Natura에 의해 보호되고 있는 독특한 자연 보호구. 온난화 현상으로 이곳에 우산 모양의 소나무가 있는데 스위스에서 가장 오래된 소나무Ston Pine Tree들로 410ha 면적에 군락한다. 영국인 은행가 에른스트 카셀Ernest Cassel에 의해 건립된 자연 보호 센터 빌라 카셀은 알레취 하이킹의 시작이 되는 곳이다. 센터 내에는 알레취 숲과 350여 종의 알파인 식물들을 관찰할 수 있는 알프스 가든이 있다. 여름철이면 이곳을 찾는 여행자들이 많다. 인스타에서 스위스 사진을 좀 찾아본 이들이라면 뾰족한 첨탑 지붕이 인상적인 빌라 카셀의 사계절 사진을 많이 접해봤을 것이다. 빌라 카셀 내 티살롱에서 차 한 잔을 하거나, 게스트하우스에서 숙박도 가능하다.

주소 Pro Natura Zentrum Aletsch, Riederfurka, 3987 Riederalp

위치 리더알프에서 리더푸르카까지 도보로 30분 소요 (이정표가 잘 되어 있음)

운영 **전시 및 알파인가든/티살롱** 6월 중순~10월 중순 10:30~17:30 **게스트하우스** 6월 중순~10월 중순 (홈페이지 및 이메일 예약 가능)

전화 +41 (0)27 928 6220

홈피 www.pronatura-aletsch.ch

골프호텔 리더호프 Golfhotel Riederhof

4성 호텔로 리더알프 중간역에서 도보로 약 5분 거리에 위치한다. 스파 서비스가 잘 갖추어져 있고, 산악에 위치한 호텔이지만 레스토랑과 와인 메뉴가 잘 갖추어져 있다. 다만 매년 10월 중순부터 12월 중순까지는 휴장에 들어간다.

주소 Aletschpromenade 25, 3987 Riederalp
요금 더블 CHF 190~ **전화** +41 (0)27 928 6464
홈피 www.golfhotel-riederhof.ch

> **Tip | 알레취 아레나에서 숙소를 찾는다면?**
>
> 알레취 아레나에서는 리더알프가 답이 될 수 있다. 이 지역은 현재까지 그룹보다 개별여행객들이 주로 머물고 있어 보다 안락한 분위기에서 머물 수 있는 것이 장점. 다만, 리더알프는 럭셔리한 호텔이 많으니 만약 저렴한 호텔을 찾는다면 피에셔알프나 베트머알프가 더 낫다.

 샬레 발레시아
Chalet Valaisia

현지인들에게 인기가 많은 샬레로 예약 필수! 부엌에는 스위스 전통 음식 라클렛, 퐁뒤를 해먹을 수 있는 집기도 갖추고 있어 겨울 숙소로는 최고다. 리더알프 서역에서 3분 거리에 위치. 중간역에서도 걸어서 10분이면 갈 수 있다.

주소 Sigrischtuschir, 3987 Riederalp
요금 CHF 140~200
전화 +41 (0)76 374 7438
홈피 chalet-valaisia.ch

 B&B 추어슈미텐
Bed & Breakfast Zurschmitten

호텔보다 심플하고 저렴한 숙소를 찾는다면 이곳을 추천하고 싶다. 리더알프 중간역 바로 앞에 있어 찾기도 쉽고 스튜디오를 제외한 객실에서는 주방 시설도 이용할 수 있다. 만약 4인 가족 이상 여행한다면 호텔보다 더 편리하다.

주소 Aletsch Promenade 70, 3987 Riederalp
요금 스튜디오 타입 1인 CHF 100~, 2인 CHF 180~
투룸 객실(4인까지 이용 가능) CHF 200~230
전화 +41 (0)79 240 5370
홈피 www.azurschmitten.ch

✚ 로이커바드 Leukerbad

발레 주 산골 깊숙한 로이커바드에 여러 곳의 원천이 있다는 걸 아는 사람이 몇이나 될까. 이곳 원천에서는 매일 130여 가지의 미네랄이 포함된, 51도 고온의 온천수가 390만ℓ 넘게 솟아오르고 있다. 일찍이 로마시대부터 온천이 발달한 마을답게 괴테, 모파상 등 저명인사가 즐겨 찾았으며, 오늘날에도 뛰어난 자연환경 속에서 온천으로 건강을 되찾기 위한 사람들의 발걸음이 끊이질 않는다.

또한 로이커바드는 마테호른과 수많은 알프스 산맥이 이어지는 산악지역. 프랑스와 이탈리아로 가기 위해선 이곳 겜미 패스Gemmi Pass를 넘어야 했기 때문에 교통의 요지로도 번성했다. 마을 주변 론Rhone 강변과 산비탈을 따라 끝없이 펼쳐진 포도밭에서는 훌륭한 와인, 피폴트루Pfyfoltru(발레 주 방언으로 '나비'를 뜻함)가 생산되어 미식가들에게도 인기가 높다. 스파와 온천을 이용한 치료뿐 아니라 하이킹 등도 할 수 있어 재충전을 위한 최고의 여행지이다.

★ 인포메이션 센터
주소 Rathaus, 3954 Leukerbad
운영 월~토 08:30~12:00,
     13:30~17:30
     일 08:30~12:00
전화 +41 (0)27 472 7171
홈피 www.leukerbad.ch

로이커바드로 이동하기

1. 열차와 버스로 이동하기

열차를 이용해 로이크Leuk에 도착한 후, 로이크 역 바로 앞에서 출발하는 LLB 버스로 로이커바드까지 이동한다.

※ 버스 시간표 확인 www.llbreisen.ch

- 로이크에서 약 30분
- 제네바에서 약 3시간 5분
- 취리히에서 약 3시간 5분
- 체르마트에서 약 2시간 30분

2. 차량으로 이동하기

- 바젤에서 209km, 약 3시간 20분
- 제네바에서 196km, 약 2시간 15분
- 취리히에서 231km, 약 3시간 20분

겜미 정상 레스토랑에서는 맛있는 발레 주 전통 음식을 다양하게 접할 수 있다.

겜미 & 다우벤 호수 하이킹 Gemmi & Daubensee Hiking

겜미 케이블카를 타고 정상으로 올라가 완만한 내리막길을 따라 다우벤 호수까지. 그리고 과거 250년 전부터 이용되어 온 슈바렌바흐 Schwarenbach와 목가적인 아르펜젤리Arvenseel를 지나 순뷔엘Sunnbüel 산악역까지 하이킹하는 코스. 아이와도 함께할 수 있는 코스로 약 2시간 소요된다. 다우벤 호수까지 운행하는 케이블카도 있다.

주소 Gemmipass, Leukerbad LLG
위치 로이커바드 버스터미널에서 내려 도보 12분 거리
운영 **케이블카** 6월 초~6월 말·9월 중순~10월 초 08:30~17:00,
6월 말~9월 중순 08:00~18:00, 10월 초~11월 초,
12월 말~4월 중순 09:00~17:00
요금 **로이커바드-겜미패스** 성인 편도 CHF 28, 왕복 CHF 38
※ 로이커바드 호텔 투숙 카드 소지 시(LBC+) 각 성인 편도 CHF 25, 왕복 CHF 34
※ 어린이(2008~2018년생) 편도 CHF 14, 왕복 CHF 19
※ 겨울 시즌 부모 동반 어린이 무료
※ 스위스 패스 소지자 편도 CHF 14, 왕복 CHF 19
※ 자전거 CHF 10, 반려견 편도 CHF 3 왕복 CHF 6
전화 +41 (0)27 470 1839   홈피 www.gemmi.ch

© Leukerbad Tourismus

© Leukerbad Tourismus

로이커바드 테름 Leukerbad Therme

28~43도의 약 10개의 욕탕을 갖춘 유럽 최대 규모의 알프스 온천 욕장. 미네랄이 풍부한 온천수를 즐기며 훌륭한 산악 경관을 누릴 수 있다. 폭포수, 마사지 제트, 월풀 및 자연암으로 만들어진 동굴에서 휴식을 취해도 좋다. 스위스 최초 엑스튜브 슬라이드도 있다.

주소 Rathausstrasse 32, 3954 Leukerbad
위치 로이커바드 버스터미널에서 내려 도보 6분 거리
운영 **온천 욕장** 08:00~20:00 **사우나 & 증기탕** 10:00~19:00
요금 **3시간 티켓** 성인 CHF 30, 어린이 CHF 18(6세 미만 무료)
일일 티켓 성인 CHF 37, 어린이 CHF 22
※ LBC+ 소지 시 15% 할인(6세까지 무료)
전화 +41 (0)27 472 2020
홈피 leukerbad.ch

발리서 알펜테름
Walliser Alpentherme

린드너Lindner 호텔에서 운영하는 온천 스파와 웰니스 프로그램을 갖춘 곳. 코로나 기간 동안 시설을 리뉴얼해서 더욱 고급스러워졌다. 전라로 온천수를 즐기는 로만 아이리시 배스Roman Irish Bath는 신혼부부에게 특히 인기. 눈 쌓인 겜미 산을 바라보며 야외 온천을 즐겨보자.

주소 Dorfplatz 1, 3954 Leukerbad
위치 로이커바드 버스터미널에서 내려 도보 8분 거리
운영 09:00~20:00 ※ 로만 아이리시 배스 10:00~19:00
(마지막 입장 17:00)
요금 **3시간 티켓** 성인 CHF 33, 어린이(8~16세) CHF 26.5
※ LBC+ 소지 시 성인 및 어린이 15% 할인 적용
전화 +41 (0)27 472 1805 홈피 www.alpentherme.ch

© Leukerbad Tourismus

✚ 마티니 Martigny

발레 주 가장 서쪽에 위치한 마티니는 발레 주의 새로운 모습을 발견
할 수 있는 곳이다. 기차역의 첫인상은 그저 평범하다. 하지만 한참을
걷다 마을 끝에 나타나는 지아나다 재단의 수준 높은 예술작품들을 마
주한다면 어떤 여행자라도 금방 마티니의 세련된 이미지에 흠뻑 빠지
게 될 것이다. 마티니는 옛 로마의 흔적도 마을 곳곳에 남아 있는데, 특
히 재단 근처에 위치한 원형경기장은 로마시대 그대로 잘 보존되고 있
다. 10월 초에 마티니를 찾는다면 원형경기장에서 펼쳐지는 소싸움에
두 눈이 휘둥그레질 수도 있다.

★ 인포메이션 센터
주소 Ave de la Gare 6,
      1920 Martigny
위치 기차역에서 대로변을 따라
      5분 정도 도보로 이동
운영 월~금 09:00~18:30,
      토 09:00~17:00,
      일·공휴일 09:00~14:00
전화 +41 (0)27 720 4949
홈피 www.martigny.com

마티니로 이동하기

- 로잔에서 레만 호수를 거쳐 열차로 약 50분
- 브리그에서 시옹, 시에르를 거쳐 열차로 약 50분
- 취리히에서 베른, 로잔, 비스프를 거쳐 열차로 약 2시간 45분~3시
  간 10분

> **Tip** 몽블랑 특급과
> 세인트 버나드
> 특급 열차의 기착점
>
> 마티니는 프랑스 샤모니Chamonix
> 로 향하는 몽블랑 특급과 스위스
> 태생의 구조견인 세인트 버나드
> 의 이름을 딴 세인트 버나드 고
> 개를 지나는 세인트 버나드 특급
> 열차의 출발지점이다. 기차와 버
> 스 혹은 스키리프트로 가는 세인
> 트 버나드 특급 열차는 매일 운행
> 하며, 두 특급 열차에 대한 더 자
> 세한 정보는 www.tmrsa.ch에
> 서 확인하자.

★★★　GPS 46.105063, 7.069231

바티아즈 성 Château de la Bâtiaz

마티니의 상징인 바티아즈 성은 프랑스와 이탈리아를
잇는 교통의 요지이자 요새였다. 지금은 결혼식 포함
각종 행사가 열린다. 마티니의 전경이 한눈에 보인다.

주소　Chemin du Château, 1920 Martigny
위치　기차역에서 Av de la Gare로 걷다가
　　　Rue Marc-Marand 쪽 우측으로 도보 17분.
　　　203, 311번 버스 17분
운영　7·8월 화~일 11:00~20:00
전화　+41 (0)79 908 6538　　홈피 www.batiaz.ch

Tip | 마티니 투어 버스

바티아즈 성과 지아나다 재단 등 마티니 주요 스폿을 들
르는 버스가 5~9월 하루 4차례 10~17시에 운행한다.
요금 성인 CHF 8, 학생 CHF 6, 어린이 CHF 4

 ★★★　GPS 46.094517, 7.070960

피에르 지아나다 재단
Foundation Pierre Gianadda

마티니 지역에서 발견된 로마시대 유물의 영구전시
뿐 아니라 전 세계의 수준 높은 예술작품들을 기획 전
시한다. 미술에 대해 잘 모르더라도 뉴스나 책에서 한
번쯤 본 유명 작품들을 곧 알아볼 수 있을 것이다. 박
물관 내부 구조가 아름다우며, 콘서트도 자주 열린다.
외부 정원에는 시저부터 로댕, 니키 드 생팔의 유명
작품들이, 지하 전시실에는 스위스 및 유럽의 자동차
역사를 볼 수 있는 자동차 박물관이 있다.

주소　Rue du Forum 59, 1920 Martigny
위치　기차역에서 Av de la Gare을 따라
　　　인포메이션 센터가 있는 Palace Centrale까지 이동.
　　　다시 Av du Grand St. Bernard를 따라 걷다
　　　Rue de Pré-Borvey에서 좌측. 도보로 약 20분,
　　　기차역에서 재단까지 오는 버스도 있음(30분 간격)
운영　6~11월 09:00~19:00　11~6월 10:00~18:00
요금　성인 CHF 20, 어린이 및 학생 CHF 12
　　　※ 스위스 패스 소지 시 무료
전화　+41 (0)27 722 3978　　홈피 www.gianadda.ch

 ★★☆　GPS 46.095238, 7.074136

세인트 버나드 박물관
Barryland-Musée et Chiens du St. Bernard

옛 군수창고였던 박물관은 세인트 버나드견의 이야기를 전하고 있
다. 특히 세인트 버나드 고개에서 시작된 세인트 버나드의 유래와 구
조 활동기가 흥미롭다. 야외에서는 실제 세인트 버나드를 볼 수 있다.

주소　Rue du levant 34, Case
　　　Postale 245, 1920 Martigny
위치　피에르 지아나다 재단 맞은편,
　　　로마 원형경기장 바로 옆
운영　여름 10:00~18:00,
　　　겨울(11월부터) 09:00~17:00
　　　휴무 12월 24·25일
요금　성인 CHF 12,
　　　어린이 및 학생(8~25세) CHF 7
전화　+41 (0)27 720 5353
홈피　barryland.ch

 # 소싸움 Cow Fights Foire
du Valais in Martigny

매년 10월 초 로마 원형경기장Roman
Amphitheatre에서 열리는 마티니 소싸움
은 지역민들의 축제이자 발레 주 힘센
여왕 소들의 마지막 만남의 장이다. 소
싸움은 3월부터 5월, 8·9월 중 일요
일에 지역을 옮기며 진행된다.

✚ 시옹 Sion

시옹은 발레 주의 주도로 스위스에서 가장 오랜 7,000년의 역사를 자랑한다. 시옹을 여행하려면 일단 체력이 있어야 한다. 시옹엔 네 곳의 성이 있는데, 그중 상징적인 두 성을 오르려면 조금 가파른 언덕길과 계단길을 걸어야 하기 때문이다. 다행히 그 길에 만나는 예쁜 돌담길, 언덕에 가득한 포도밭, 옛 느낌 가득한 구시가지, 성에서 내려와 기차역으로 향하는 길에 있는 레스토랑에서의 여유로운 커피 한잔은 그 모든 수고를 감당할 수 있게 해준다.

시옹으로 이동하기

1. 항공으로 이동하기
성수기 영국 런던London이나 프랑스 코르시카Corsica 섬과 시옹 간 항공편 운행(시옹 공항은 시옹 기차역에서 서쪽으로 2km에 위치)

2. 열차로 이동하기
- 마티니에서 약 15~25분
- 시에르에서 약 10분
- 로잔에서 약 1시간 20분

★ 시옹 인포메이션 센터
주소 Palace de la Planta,
      Espace des remparts 19,
      1950 Sion
위치 기차역에서 Ave de la
      Gare을 따라 Palace de la
      Planta까지 도보 10분
운영 월~금 09:00~18:00,
      토 09:00~12:30
      휴무 일요일
전화 +41 (0)27 327 7727
홈피 siontourisme.ch

> **Tip │ 시옹 근교 탐험**
>
> 1 사이옹Saillon 시옹에서 20분 거리의 사이옹에는 달라이 라마가 소유한, 세상에서 가장 작은 포도밭이 있다. 스위스에서 가장 아름다운 마을로 상을 받기도 한 고요한 곳.
> 2 생-레오나르드 지하 호수St-Léonard underground lake 1943년에 발견되어, 1950년부터 사람들에게 공개된 지하 호수. 길이 300m, 깊이 20m로 유럽에서 가장 큰 규모를 자랑한다. 20~30분의 보트 투어가 가능하다.

★★★ 발레르 성 Château de Valère
GPS 46.233801, 7.364667

발레르 성은 볼거리가 풍성하다. 성을 오르면서 보는 발레 주의 포도밭 전경도 아름답지만 성 내부에 있는 500살 이상이나 된 파이프오르간은 놓치지 말고 꼭 봐야 한다. 여름에는 토요일 오후에 콘서트가 열리니 그때 방문하는 여행자는 그 아름다운 연주를 감상해 보자. 또한, 성 내부에는 발레 주립 역사박물관도 있다. 발레 주의 역사를 다양한 전시품을 통해 다각도로 보여준다. 지루하지 않고 재미있다.

주소 Rue des Châteaux 14, 1950 Sion
위치 Musee d'Art에서 시작되는 Rue des Châteaux를 따라가다 보면 갈림길 우측 성으로 오르는 총총계단을 만난다. 내려올 때는 계단 길 왼편으로 난 언덕길을 이용해 내려오면 색다르다.
운영 성·박물관 6~9월 10:00~18:00, 10~5월 화~일 10:00~17:00
요금 성 무료입장(가이드 투어일 경우 유료) 박물관 성인 CHF 8, 어린이 및 학생 CHF 4
전화 +41 (0)27 606 4715
홈피 siontourisme.ch

Tip | 시옹의 주요 성(城)

시옹에는 총 네 곳의 역사적인 성이 있다. 11세기부터 시작되어 13세기까지 지어진 발레르Valère, 13세기에 지어진 나머지 투르비옹Tourbillon, 몽토흐즈Montorge, 시옹 예술 박물관에 있는 마조레/비동나트Majorie/Vidomnat 성이 그것이다.

★★★ 투르비옹 성 Château de Tourvillon
GPS 46.236442, 7.366981

투르비옹 성은 예전에 시옹의 주교가 살았던 성으로 18세기 화재 뒤, 폐허가 되었다. 지금은 아름다운 돌벽 사이에 올라 시옹의 아름다운 전경을 조망할 수 있는 곳이다.

주소 Château de Tourbillon, 1950 Sion
위치 Musee d'Art에서 시작되는 Rue des Châteaux를 따라가다 보면 갈림길 좌측으로 오르는 길이 있다.
운영 3월 중순~4월 말·10~11월 중순 11:00~17:00, 5~9월 10:00~18:00
전화 +41 (0)27 327 7727   홈피 tourbillon.ch

---

more & more 시옹, 특별하게 즐기는 법

❶ 시옹의 화이트와인
시옹의 전경만 바라보아도 이곳이 와인으로 유명한 곳이라는 것을 한눈에 알 수 있을 것이다. 발레 주에는 약 50여 종의 다양한 포도 품종이 생산되는데, 특히 쁘띠 알빈Petite Arvine, 아미뉴Amigne, 펭당Fendant 등의 포도 품종으로 만든 화이트와인이 유명하다. 쉽게 예약이 되는 와이너리 투어를 통하거나 Rue des Château, Rue du Rhône, Palace du Midi 거리에서 아기자기한 향토 음식점과 따뜻한 볕을 쬘 수 있는 테라스 카페에서 발레의 화이트와인을 여유 있게 음미해보자.

❷ 구시가지 금요 시장
스위스 서부 지역 중에서 제법 규모가 큰 금요 시장이다. 꽃이나 농산물 외에도 생활용품, 전통 수공예품 등 다채로운 물건 구경에 마음이 들뜬다. 4~10월에는 오전 8시부터 오후 2시까지 11~3월에는 오전 9시부터 오후 2시까지 진행된다.

주소 Rues du Grand-Pont, de Lausanne et du Rhône

✚ 시에르/지더스 Sierre/Sidders

프랑스어로는 시에르, 독일어로는 지더스인 이곳은 두 언어를 모두 사용하는 곳이다. 따라서 모든 명칭에 프랑스어, 독일어가 병기된다. 지형과 기후의 영향으로 일조량이 풍부한 시에르와 근처 지역들은 언덕 위 아름다운 포도밭이 많아 포도밭 사이 길에서 하이킹을 시도해보는 것도 즐거운 경험이 될 것이다. 오메가 유러피언 마스터스로 유명한 럭셔리 리조트 마을 크랑-몬타나로 오가기 위한 기착점이기도 하다.

시에르/지더스로 이동하기
- 브리그에서 열차로 약 30분 ■ 시옹에서 열차로 약 10분
- 취리히에서 베른을 거쳐 열차로 약 2시간 25분

★ 인포메이션 센터
주소 Palace de la Gare 10,
      Casa postale 706,
      3960 Sierre
위치 시에르 기차역에 위치
운영 월~금 08:30~18:00,
      토 09:00~17:00
      휴무 일요일
전화 +41 (0)27 455 8535
홈피 www.sierretourisme.ch

Tip | 발레 주의 와인

발레 주는 스위스 최대의 와인 생산지로도 잘 알려져 있다. 그중 시에르는 레드와인 품종의 피노 누아Pinot Noir가 주요 품종이다.

★★★

발레 와인과 포도 박물관 Musée du Vin

시에르 지역의 와인의 역사를 사진과 전시물로 알 수 있는 곳이다. 이 지역 유명 레스토랑인 샤토 드 빌라Château de Villa 바로 옆 건물에 위치해 있다. 와인 박물관은 두 전시관으로 나누어져 있는데 하나는 시에르에 위치한 이 박물관이고, 다른 하나는 6km의 와인 하이킹 코스를 지나 도착할 수 있는 잘게쉬Salgesch의 또 다른 박물관이다.

주소 Rue Ste-Catherine 6, 3690 Sierre
위치 기차역을 등지고 Avenue de la Gare에서 바로 Av. Général-Guisan를 따라 걷다 우측 Avenue du Marché에서 우측으로 직진해 언덕길을 오르면 Rue de Vila가 나오고 Château de Villa를 따른다.
운영 3~11월 수~금 14:00~18:00, 토·일 11:00~18:00 (잘게쉬 와인 박물관과 동일) 휴무 12~2월, 3~11월 월·화요일
요금 성인 CHF 6
※ 잘게쉬 와인 박물관 함께 입장 가능
※ 스위스 패스 소지자 무료 입장
전화 +41 (0)27 456 3525
홈피 www.museeduvin-valais.ch

Tip | 시에르 박물관에서 잘게쉬 와인 박물관까지 하이킹

역시 관광대국 스위스의 섬세함이 느껴지는 코스이다. 시에르 박물관에서 출발해 80개의 와인 관련 사인물을 보며 2시간 30분 정도 걷다 보면, 어느새 잘게쉬 와인 박물관(**주소** Museumsplatz, 3970 Salgesch)에 도착하게 된다. 잘게쉬는 30개의 와이너리가 있으며, 그랑크루Grand Creu 라벨의 조건을 충족시킨 발레 주 첫 마을이다. 잘게쉬에서 시에르로 돌아올 때는 열차를 이용하자(소요 시간은 약 5분).

© Bonvivant.ask Fetch On Fire

★★☆

라이너 마리아 릴케 박물관 Fondation Rilke

체코 프라하에서 태어난 독일 시인 라이너 마리아 릴케(1875~1926). 그는 평생 유럽 전역을 다닌 경험을 통해 다양한 창작 활동을 벌였고, 말년을 이곳 시에르에서 보내며 백혈병 투병을 하다 세상을 떠났다. 릴케 박물관에는 그가 쓰던 벽난로, 물건, 사진, 작품 등이 전시되어 있다. 프랑스어와 독일어의 설명이 아쉽지만, 릴케의 흔적과 의미는 전해진다.

주소 Rue du Bourg 30, Case Postale 385, 3960 Sierre
위치 기차역을 등지고 Avenue de la Gare에서 바로 Rue du Bourg를 따라 우측으로 도보 이동 10분(주의: 중간에 나오는 릴케 박물관 주차장 사인은 따라가지 말자. 그 사인이 나오는 바로 뒷 건물이 릴케 박물관이다)
운영 화~일 14:00~18:00 휴무 월요일
요금 성인 CHF 6, 학생 CHF 4, 16세 이하 및 스위스 패스 소지자, 매달 첫째 주 일요일 무료
전화 +41 (0)27 456 2646   홈피 www.fondationrilke.ch

✚ 크랑-몬타나 Crans-Montana

크랑–몬타나는 원래 한 마을이 아니라 1.5km밖에 떨어지지 않은 크랑과 몬타나 마을을 합쳐서 부르는 지명이다. 시에르에서 푸니쿨라를 타고 오른 해발 1,500m의 서쪽 몬타나는 현대적인 체르마트 이미지다. 샬레풍 건물이 다수지만, 보다 현대적이고 비교적 큰 규모의 리조트 건물이 많다.

동쪽 크랑도 몬타나와 쌍둥이처럼 닮았다. 골프와 하이킹, 스키 등 액티비티의 천국인 크랑–몬타나는 180여 개의 쇼핑 브랜드들이 들어선 쇼핑 천국이기도 하다. 크랑–몬타나의 크고 작은 아름다운 호수 주변으로는 여유가 넘쳐 흐른다.

크랑-몬타나로 이동하기
- 시에르에서 푸니쿨라로 몬타나 역 약 10분
  (매일 06:22~22:22 왕복 운행, 편도 CHF 6.5, 스위스 트래블 패스 가능)
- 시에르에서 버스로 약 30분

※ 크랑과 몬타나는 도보로 약 20분, SMC 버스로는 약 7분 소요된다.

시에르~크랑-몬타나 푸니쿨라
1911년에 개통된 푸니쿨라로 100년이 넘도록 시에르와 크랑–몬타나를 잇는 역할을 해왔다. 2022년 3월부터 9개월간의 재정비를 마치고, 새로운 푸니쿨라로 더 편리하게 크랑–몬타나까지 이동이 가능하다.

홈피 www.cie-smc.ch

★ 크랑 인포메이션 센터
주소 Rue du prado 29, 3963 Crans-Montana
위치 크랑 Crans s. S., Scandia 버스정류장에서 모퉁이 돌아 걸어서 3분 (Alex Sports 상점 옆)
운영 월~토 09:00~17:30 일 09:00~12:00, 14:00~17:30
전화 +41 (0)27 485 0404

★ 몬타나 인포메이션 센터
주소 Rte des Arolles 4, 3963 Crans-Montana
위치 시에르에서 푸니쿨라를 타고 올라 몬타나 역에서 도보로 3분 거리에 위치
운영 월~금 09:00~17:30 토·일 09:00~12:00, 14:00~17:30
전화 +41 (0)27 485 0404
홈피 www.crans-montana.ch

Tip | 젊음의 도시, 크랑–몬타나

럭셔리 호텔과 숍, 유명 골프장의 이미지 때문인지 크랑–몬타나는 왠지 장년층이 더 많이 찾을 것 같으나 꼭 그렇지만은 않다. 160km에 달하는 피르스트와 파이프 존, 스노파크, 플랑 모르트Plaine Morte 빙하를 따라 조성된 크로스컨트리 스키 길이 젊은이들을 자극한다. 게다가 매년 4월 카프리스 축제(www.caprices.ch)가 크랑을 중심으로 열려 젊은이들로 발 디딜 틈이 없다.

© Caprices

크랑 쉬르 시에르 Crans-sur-sierre

1906년 오픈한 이래 1992년부터 매년 '오메가 유러피언 마스터스'가 열리는 명문 골프장이다. 크랑 쉬르 시에르 골프 코스는 세계에서 가장 높은 골프 코스이자 체르마트와 몽블랑 등의 알프스 명산에 둘러싸인 '세계에서 가장 아름다운 55개 코스' 중 하나다.

주소　Rue du Prado 20, 3963 Crans-Montana
코스　**세브리아노 발레스테로스 코스**Severiano Ballesteros Course(18홀)
　　　잭 니클라우스 퍼블릭 코스 Jack Nicklaus Public Course(9홀)
요금　세브리아노 발레스테로스 코스 CHF 50~166
　　　잭 니클라우스 퍼블릭 코스 CHF 40~63
전화　+41 (0)27 485 9797
홈피　www.golfcrans.ch

호텔 뒤 락 Hôtel Du Lac

그흐농 연못Etang Grenon 바로 앞에 위치한 호텔로 전망이 좋다. 위치 대비 가격이 훌륭한 것이 최대 장점. 직원도 친절하고, 객실도 깔끔하게 정돈되어 있다.

주소　Hôtel du Lac, 3963 Crans-Montana 1
위치　몬타나 역에서 크랑 방면, 그흐농 연못 길로 도보로 10~15분
운영　12월~10월 말 휴무 11월(매년 날짜가 상이하니 홈페이지 확인)
요금　CHF 68~105(더블룸 기준, 시즌에 따라 차이)　전화　+41 (0)27 481 3414
홈피　www.boutique-hotel-du-lac.ch

| Tip | 크랑–몬타나에서의 호텔 선택 |

크랑–몬타나에는 1,200여 개의 호텔 및 게스트하우스, 2,000개 이상의 장기투숙용 아파트, 샬레 등 정말 많은 숙박시설이 자리하고 있다.
www.crans-montana.ch에서 종류별 모든 호텔 검색이 가능하기 때문에 여행자는 자신의 예산과 기간에 맞추어 예약하자. 여기서는 독특하거나 가격 대비 괜찮은 호텔 두 곳만을 추천한다.

아르 드 비브르 호텔 Art de Vivre Hôtel

웰니스를 지향하는 작은 부티크 느낌의 고급 호텔. 실내 수영장과 야외 자쿠지 마사지 시설 등 웰니스 인프라를 갖추고 있다. 가장 마음에 드는 건 객실 바닥이 나무라는 점. 고급 호텔이라도 카펫이 오래되어 발을 디디고 싶지 않은 경우가 많은데 바닥부터 집처럼 편안한 느낌을 준다.

주소　Fleurs des Champs 17, 3963 Crans-Montana
운영　12월 초~10월 말 휴무 11월
요금　CHF 250~350　　　전화　+41 (0)27 481 3312
홈피　www.art-vivre.ch

크랑-몬타나 하이킹, 아름답거나 VS 아찔하거나

❶ 아름답거나: 크랑-몬타나 100주년 기념 트레일

100년 전 만들어진 길로 크랑 쉬르 시에르 골프장 부근부터 아미노나까지 이어지는 평이하고 아름다운 트레일이다. 여행자가 현재 있는 지점부터 부분 하이킹 혹은 거꾸로 오는 루트도 가능하다. 크랑–몬타나까지는 주로 마을길을 따라 걷다가, 아미노나까지는 전나무와 목초지대의 언덕 위 길과 동굴 등을 지난다.

주요포인트지점 Les Mélèzes → Crans-Montana → Les Barzettes → Aminona

총길이 약 7.5km
소요시간 2시간 20분
(편도는 아미노나에서 크랑-몬타나까지 버스를 이용해 돌아오자)
고도차이 100m
방문최적기 4~9월
참고사이트 www.valais.ch

❷ 아찔하거나: 고대 수로 길을 따라 걷는 Bisse du Ro

코스 자체는 중급이나 좁은 길과 수직으로 떨어지는 아찔한 길이 있어 하이킹 신발을 갖춘 모험심 있는 여행자에게 권한다. 경사진 곳을 걷는 동안 고대 수로인 '비스Bisse'를 계속 마주치게 되는데, 발레 주 사람들의 숭고한 도전정신이 느껴지기도 한다. 이후에는 눈물이 찔끔 날 것 같은 골짜기와 목조 다리도 건너게 된다. 이러한 아찔함 뒤에는 눈부시게 아름다운 파노라마뷰가 펼쳐진다.

주요포인트지점 Crans-Montana → Er de Chermignon → Lac Tseuzier → Pra de Taillour → Crans-Montana

총길이 약 15.8km
소요시간 약 7시간
고도차이 +937m, -644m
방문최적기 6~10월
참고사이트
www.switzerland-hiking.ch

✚ 브리그 Brig

브리그는 열차 교통의 요지이자 길목이다. 체르마트로 향하는 마테호른 고타드 열차가 시작되는 지점이며, 주변 알레취 빙하 체험 마을의 포스트버스 기착점으로 발레 지역의 많은 여행자가 이곳을 지난다. 동시에 이탈리아와도 가까워 도모도솔라Domodossola를 거쳐 이탈리아 밀라노로 향하는 거점이 되기도 한다. 차량으로 심플론 고개Simplon Pass를 넘어 도모도솔라까지 이를 수 있다. 보통 여행 동선상 하루만 머물고 떠나는 경우가 많은데, 근처 로스발트Rosswald에서 스키와 스노보드를 즐기며 느긋하게 있어도 좋다.

★ 인포메이션 센터
주소 Bahnhofstr.2, Brig
위치 기차역과 맞은편
      우체국 쪽 위치
운영 월~금 08:30~12:00,
      13:30~17:00
      휴무 토·일요일
전화 +41 (0)27 921 6030
홈피 www.brig-simplon.ch

브리그로 이동하기
- 체르마트에서 비스프를 거쳐 열차로 약 1시간 30분
- 밀라노에서 열차로 약 1시간 50분
- 취리히에서 베른을 거쳐 열차로 약 2시간 10분

GPS 46.315301, 7.990649

📷 ★★★ 스톡칼퍼 성 Stockalperschloss

브리그의 상징으로 마을을 천천히 둘러보다가 나오는 바로크양식의 성이다. 성 모양이 양파를 닮아서 흔히 '양파 성'이라고도 불린다. 발레 지역의 유명 상인인 스톡칼퍼(1609~1691)가 지은 성으로 지금은 발레 역사학회의 기록보관소, 박물관, 도서관 등 다방면으로 활용되고 있다.

주소 Alte Simplonstrasse 28, Brig
위치 기차역에서 Bahnhofst.를 따라 Stadtplatz까지 이른 후,
      Alte Simplonst.를 따라 이동
운영 가이드 투어 5~10월 화~일 09:30, 10:30, 13:30, 14:30, 15:30, 16:30
      (5·10월 16:30 투어 없음) 1~4월 화 13:30
요금 가이드 투어 성인 CHF 10, 학생 CHF 5, 어린이 및 스위스 패스 소지자 무료
전화 +41 (0)27 921 6030   홈피 www.stockalperstiftung.ch

✖️ 쿠론느
Restaurant Couronne

테라스에 앉아 구시가지 광장을 오가는 사람들을 살피는 재미가 있는 레스토랑. 뢰스티Rösti 등 스위스 현지식을 가볍게 즐길 수 있다. 여기에 발레 주 와인, 펭당Fendant을 곁들이는 것도 추천.

주소 Bahnhofstrasse 14, 3900 Brig
위치 구시가지 광장 시작점에 위치
요금 잔 음료 CHF 3~4 사이,
      단품 요리 CHF 30 전후
전화 +41 (0)27 924 2464

GENEVA AND GENEVA LAKE REGION

제네바와 레만 호수 주변 지역

제네바 꼬르나방 역,
독일어권에서 프랑스어권으로 넘어온 나는
시공간을 초월한 여행자마냥 그냥 멍한 느낌이었다.
사인보드조차 읽을 수 없었고 두리번거리기만을
반복할 뿐 어떤 행동도 취하지 못했다.
그때 다가온 중년 여성 한 분. 능숙한 영어였다.
그제서야 내 입은 열리기 시작했고,
호텔을 찾느라 도움을 구했다.
활짝 웃으며 가는 방법을 알려준 그분도 알고 보니
제네바의 한 다국적기업에서 일하는 외국인.
제네바는 나에게 이방인이 낯선 이방인에게 손을 건네는
인도주의적이고 개방적인 도시로 다가왔다.

08 GENEVA

국제회의가 열리는 곳 **제네바**

Janice Advice 패션 감각이 뛰어난 사람들이 많은 제네바를 여행할 때는 점퍼와 배낭을 잠시 캐리어에 넣어 놓는 것은 어떨까? 대신 저지 소재의 원피스에 플랫을 신고, 손가방을 들어보자. 그리고 시내 중심가의 노천카페에서 탄산수와 진한 에스프레소를 주문하고 제네바 시내를 걷는 현지인들을 바라보자.

Jay Advice 제네바가 처음이라면 제네바의 주요 관광지를 도는 미니 열차를 이용하여 제네바를 한 바퀴 돌아보면 도보 여행하는 데 참고가 된다.

여행정보
- 도시명 제네바(Geneva, 영어), 쥬네브(Genève, 프랑스어), 겡프(Genf, 독일어)
- 주 제네바
- 인구 약 200,548명
- 주요 언어 프랑스어
- 고도 373m
- 키워드 국제기구, 중세도시, 레만 호수, 시계, 종교개혁

스위스에서 두 번째로 큰 도시, 제네바는 '국제도시'라는 이미지로 강하게 다가온다. 현지에서 쥬네브Genève라 불리는 제네바는 미디어에서 접했듯이 각종 국제회의, 박람회 등 굵직굵직한 행사를 도맡아 하는 것처럼 보이기도 한다. 사실상 연간 700건 이상의 국제회의가 열리고 있어 그만큼 도시 곳곳이 깔끔하게 정돈되어 있고 다양한 인종, 다국적 사람들로 북적이는 메트로폴리탄Metropolitan다운 면모도 볼 수 있다. 프랑스 종교개혁운동가 장 칼뱅(1509~1564)이 주로 활동했던 무대가 제네바였기에, 제네바는 개신교의 성지로 불리기도 한다. 16세기 후반 종교 박해를 피해 프랑스에서 제네바로 망명한 시계 기술자들이 프랑스어권인 제네바와 인근 지역에 자리 잡은 까닭에 세계적인 시계 브랜드의 메카가 되었다.

🔘 추천 여행 일정

1 | Only 제네바
구시가지 도보 여행 + 카루즈Carouge + 크루즈 + 시내 근교 전원 여행

2 | 제네바와 주변 지역
제네바 + 레만 호수 지역(로잔, 몽트뢰, 브베 등)
제네바 + 프랑스 여행(몽 살레브, 샤모니~몽블랑)

ℹ️ 인포메이션 센터

주소 Quai du Mont-Blanc 2, 1201 Genève
위치 꼬르나방 역에서 제네바 호수 방면으로 걸어서 8분 소요
운영 월·수·금·토 09:15~17:45, 목 10:00~17:45, 일 10:00~16:00
전화 +41 (0)22 909 7000   홈피 www.geneve.com

❓ 분실물 서비스 센터

제네바 지역 여행 중 물건을 분실했다면 분실물 서비스 센터에 방문하여 신고하는 것도 한 가지 방법이다. 실제로 이곳을 통해 물건을 되찾은 경우가 많다고 한다.

※공항에서 분실했다면 공항 분실물 센터에 연락하면 된다.

주소 Rue des Glacis-de-Rive 5, Genève
위치 꼬르나방 역에서 61번 버스 (Annemasse-Gare행)를 타고 하차한 후 27m 떨어진 거리
운영 월~금 08:00~12:00, 13:30~16:00
    휴무 토·일요일, 공휴일
전화 +41 (0)22 427 9000
홈피 www.ge.ch/en/ lost-property

✚ 제네바 들어가기 & 나오기

프랑스에 거주하면서 제네바로 출퇴근을 하는 사람이 많을 정도로 제네바는 프랑스와 가까운 국제도시이다. 제네바 국제공항에서는 주당 112개 취항지로 운행되고 있어, 제네바 국제공항을 통해 스위스로 바로 입국하거나 또는 프랑스로도 입국할 수 있는 것이 특징이다. 스위스 중심도시 취리히 및 프랑스 파리 등지에서는 열차를 이용하여 3시간이면 이동 가능하다.

1. 차량으로 이동하기

제네바로 향하는 모든 도로는 유럽을 가로지르는 고속도로망의 십자로 선상에 있다. N1 고속도로를 이용하여 레만 호를 끼고 제네바를 둘러보고 시내 중심지로 곧바로 이동할 수도 있다. 프랑스와 국경을 접하고 있는 바르도네Bardonnex에서 프랑스의 리옹Lyon과 파리 또는 샤모니Chamonix, 이탈리아로 향하는 A40 고속도로에 합류하여 여행을 이어나가기 편리하다.

2. 항공으로 이동하기

유럽의 주요 도시에서 제네바까지 이동할 때 가장 편리한 방법은 아마도 항공편일 것이다. 제네바 국제공항은 취리히 국제공항 다음으로 취항하는 노선이 많다. 공항과 연결된 제네바 공항 역에서 제네바 시내의 꼬르나방 역까지는 열차로 6분밖에 걸리지 않는다. 러시아워에는 12분 간격으로 열차가 운행된다. 항공 운항 정보 및 기타 자세한 정보는 제네바 공항 홈페이지(www.gva.ch) 참조.

★ 제네바 국제공항
주소 Route de l'Aéroport 21, 1215 Le Grand-Saconnex
전화 일반 정보 +41 (0)22 717 7105
　　　운항 정보 +41 (0)90 057 1500

> **Tip | 공항에서 시내까지 무료 이동**
>
> 제네바 공항에서 시내까지는 80분 무료 대중교통 티켓을 발권받을 수 있다. 만약 야간에 이동한다면 유니레소Unireso에서 야간 대중교통 녹탐버스Noctambus 서비스를 이용하자. 공항 입국장에 위치한 수하물 픽업지에서 공항 도착층으로 나가는 게이트 옆 티켓 발매기를 이용해 티켓 발권이 가능하다.

공항 도착층으로 나가는 게이트 옆 티켓발매기에서 제네바 공항에서 제공하는 대중교통 무료 티켓을 받을 수 있다.

© www.geneve.com

3. 열차로 이동하기

제네바 중앙역, 꼬르나방을 통해 스위스 내 주요 도시뿐만 아니라, 초고속 열차 TGV를 이용하여 파리까지 약 3시간이면 편리하게 이동할 수 있다(**TGV 관련 정보** www.tgv-lyria.com/en). 제네바에서 그저 멀게만 느껴지는 취리히도 사실 3시간밖에는 소요되지 않는다. 스위스는 그만큼 작은 나라이며, 사실 어떤 공항으로 도착하든지 이동 시간 때문에 스트레스받을 일이 별로 없다.

★ **주요 지역**
→ **꼬르나방 역 열차 이동시간**
- 제네바 공항 약 10분
  (직행 노선 있음)
- 취리히 공항 약 3시간
  (직행 노선 있음)
- 로잔 약 50분 소요
  (직행 노선 있음)

※ 베른까지는 약 2시간, 루체른까지도 2시간 50분 내에 이동 가능

제네바 꼬르나방 역 Gare Cornavin (제네바 중앙역)

제네바 중앙역은 흔히 꼬르나방 역으로 불린다. 이곳은 시내 중심가에 있어 도보나 트램으로 시내 주요 중심가까지 5분이면 이동 가능한 것이 장점. 역 주변에서 시내 및 시내 외곽으로 향하는 버스 노선이 다양해 언제나 많은 사람으로 붐빈다. 제네바 교통 허브로 아래와 같은 버스, 트램 노선으로 연계 가능하다. 꼬르나방 역에는 다양한 브랜드와 아이템들을 갖춘 쇼핑몰이 있어 1년 365일 쇼핑을 할 수 있다(상점마다 개점 및 폐점 시간 상이).

주소 Place de Cornavin 7, 1201 Genève
전화 +41 (0)90 030 0300 (유료)

★**주요 버스, 트램 노선**
Gare Cornavin 1, 3, 5, 8, 9, 14, 15, 18, 25, 27, 61, F, V, Z
TGV

Tip	제네바의 두 가지 얼굴

국제도시답게 영어 사용이 전혀 거리낌 없는 도시. 길을 헤매거나 대중교통 이용이 불편할 때 친절하게 설명해주는 사람도 많다. 하지만 외국 불법 이민자들이 이 지역에 많은 것도 사실. 특히 역 주변에서는 소지품 관리 및 주의가 필요하다.

꼬르나방 역

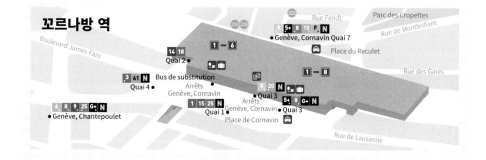

✚ 제네바 시내에서 이동하기

1. 버스·트램 이용하기

제네바는 작은 도시지만 조밀한 교통망을 형성하고 있는 것이 특징. 트램, 버스, 수상택시, 열차로 편리하게 여행할 수 있고, 구간 티켓은 각 정차역에서 구입 가능하다. 일일이 구매하기 힘들다면 기차역의 발권 사무실 또는 공식 지정 판매처에서 선불카드를 발급받아 사용하면 된다.

※ 스위스 트래블 패스 유효. 노선 및 시간표는 www.tpg.ch 참조.

Tip | 대중교통 무료로 이용하기

스위스 패스 없이 제네바를 여행하거나 출장으로 하루 또는 며칠 머물게 되는 여행자에게 권하고 싶은 최적의 두 가지 방법을 제안한다.

❶ 제네바 교통카드
Geneva Transport Card
제네바 내의 호텔, 유스호스텔 또는 캠프사이트에서 머무는 여행객이라면 머무는 동안 대중교통을 무료로 이용 가능한 제네바 교통카드를 체크인 시 받을 수 있다(제네바 시에서 운행하는 유니레소UNIRESO 트램, 버스, 열차, 수상택시를 무제한 이용 가능).

❷ 제네바 패스 Geneva Pass

제네바 내 버스 및 트램, 열차 2등석 무료 탑승 등 대중교통 이용뿐 아니라 주요 박물관과 갤러리 입장, 올드 타운 가이드 투어, 유람선 크루즈 등 각종 무료 서비스와 할인 혜택이 가득하다. 짧은 일정이라도 알찬 여행을 보내려는 여행자에게 추천한다.

요금 24시간 CHF 30, 48시간 CHF 40, 72시간 CHF 50
홈피 www.geneva.com(온라인 예약 및 결제 후, 확정 메일을 출력해서 사용 혹은 제네바 여행자 안내 센터 방문)

---

2. 수상택시 무에테 제네보아즈 이용하기

제네바에는 레만 호수의 양편을 연결하여 차량이 지날 수 있는 다리가 몽블랑Mont-Blanc뿐이다. 출퇴근 시간에는 우회해서 운전하거나 자전거 또는 수상택시 무에테 제네보아즈Mouettes Genevoises를 탄다. 제토와 더불어 무에테는 제네바의 명물로 가격이 저렴하여 경험해볼 만하다. 노선은 네 가지(M1, M2, M3, M4)가 있다.

요금 편도 성인 CHF 2, 어린이 CHF 1.8
(60분 유효티켓 성인 CHF 3, 어린이 CHF 2)
전화 +41 (0)22 732 2944   홈피 www.mouettesgenevoises.ch

★ 구간 안내
M1 Pâquis ↔ Molard
M2 Pâquis ↔ Eaux-Vives
(M1, M2 10분 간격 운행)
M3 Pâquis
↔ Genève-Plage/Port Noir
M4 Genève Plage/Port Noir
↔ de Chateaubriand
(M3, M4 30분 간격 운행)

3. 택시 이용하기

급하게 이동해야 한다면 택시가 편리하다. 공항에서 시내 중심지까지는 CHF 35~45 정도. 기본요금은 CHF 6.30이며, 1km당 CHF 3.2 정도가 부과된다. 국경일 및 일요일, 제네바 외곽은 추가 요금이 붙는다.

★ 주요 택시 회사
▪ **Taxi-phone SA Geneva**
전화 +41 (0)22 331 4133
홈피 www.taxi-phone.ch
▪ **AA Genève Central Taxi**
전화 +41 (0)22 707 0425
홈피 www.geneve-taxi.ch

more & more 제네바 인사이더의 여행법

❶ 구시가지 미니 열차 투어 Tramway Tours de Genève `제네바 패스 무료`

인내심 강한 어린이라도 2시간 도보 여행은 무리일 터. 긴 시간 걷기 싫다면 구시가지 주요 사이트를 좀 더 편하게 즐길 수 있는 미니 열차를 권하고 싶다. 작은 트램 종류인 50인승 미니 열차는 뀌 데 베르크 Quai des Bergues에서 출발해 오페라 하우스와 라트 박물관 등을 거쳐 다시 출발지로 돌아온다. 시간은 35분 소요되며 성 피에르 대성당(p.381)에서도 하차가 가능하다.

출발·도착 Quai des Bergues
운영 **3~12월** 첫 운행 10:45, 마지막 운행 16:55 ※ 45분 간격
요금 성인 CHF 11.9, 어린이 CHF 7.9 ※ 제네바 패스 무료
홈피 www.geneva-sightseeing-tour.ch

❷ 제네바 호반 따라 즐기는 미니 열차

작은 미니 열차를 타고 제네바 호수를 따라 예쁜 정원과 제토 분수 등을 관람해보자. 단, 날씨에 따라 운행에 변동이 있으니 사전에 스케줄이 가능한지 확인하자.

출발·도착 영국인 정원 English Garden
운영 **4~10월** 첫 운행 10:15, 마지막 운행 18:30 ※ 45분 간격
※ 월별·주말 상세 운영 시간이 다르므로 사전에 홈페이지 확인
요금 왕복 기준 성인 CHF 8, 어린이 CHF 5
홈피 www.petit-train.ch

❸ 종선 Port Jonction

종선은 두 강이 만나 서로 합쳐지지 않고 각기 다른 빛깔을 내는 것이 신비한 곳. 로컬들의 인기 스폿으로 각 두 강은 레만 호수 쪽에서 흐르는 론Rhone 강과 샤모니 쪽 빙하가 흘러 황토 빛이기도 하고 때론 우윳빛이기도 한 아르브Arve 강이다. 각 강의 온도나 유속, 깊이가 달라서 서로 만나도 합쳐지지 않아서 신기하다. 최고의 사진 앵글을 담으려면 Viaduc de la Jonction 다리를 찾아가자. 다리는 Cafe De La Tour를 기준으로 좀 걸으면 나온다.

주소 Chem. William-Lescaze 29, 1203 Genève
위치 2, 4, 11, 14, 19, D 트램을 타면 Junction까지 갈 수 있다. 여기서 성 조지 Saint Georges 다리를 건너자마자 바로 우측에 Route des Peniches라는 오솔길이 나온다. Cimetiére 사인이 보일 텐데, 거기서 강을 따라 약 10분 정도 걷다 보면 빨간색과 흰색의 건물인 Cafe de la Tour가 나온다. 거기서 보이는 큰 다리가 Jonction이다(길을 헤매는 사람이 많으니, 지도를 보고 잘 찾아가자).

❹ 에르망스 비치
Hermance Beach

스위스 여름은 생각보다 시원하지 않다. 제네바를 여름철에 방문하게 된다면, 제네바 시민들의 히든 플레이스, 에르망스 비치를 추천하고 싶다. 제네바 주 북쪽에 위치한 이곳은 매력적인 중세 마을의 중심지가 있고, 조약돌 해변과 아름다운 초원으로 둘러싸여 있어 반나절 정도 즐거운 한때를 보내기 좋다.

주소 Plage d'Hermance, 1248 Hermance(제네바 꼬르나방 역에서 약 40분 소요)
운영 5월 중순~9월 중순 09:00~19:00
요금 성인 CHF 3

뒤크레 제과점
Pâtisserie Ducret
(1.7km)

볼리유 공원
Parc Beaulieu

• 아리아나 박물관(3.1km)
• 국제 적십자 적신월 박물관(3.2km)
• 팔레 데 나시옹(3.4km)

성 삼위일체 교회▲
Église de la Sainte Trinité
(800m)

코옵
Coop Supermarché

호텔 키플링 마노텔
Hôtel Kipling Manotel

Rue du Grand-Pré

Parc Beaulieu

Rue du Fort-Barreau

Rue de Montbrillant

Rue de Berne

Rue de la Servette

제네바 꼬르나방 역
Geneva Cornavin CFF Train Station

Gare Cornavin CFF

호텔 크리스털
Hôtel Cristal

바실리카 성모 성당 •
Basilique of Notre-Dame de Genève

Rue de Chantepoulet

Rue Voltaire

호텔 브리스톨
Hôtel Bristol

Rue du Mont-Blanc

Rue des Terreaux-du-Temple

마노르 백화점
Manor Genève

한식당 밥
Bap

부티크 파바르제
Boutique Favarger

론 강
Le Rhône

루소 섬
Île Rousseau

공원
Parc Saint-Jean

Quai du Seujet

Pont de la Couloubrenière

Rue du Rhône

글로부스 백화점
Globus Genève Grand Magasin

백화점
Bongénie Grieder

종선
Port Jonction

Boulevard de Saint-Georges

레 자무르 레스토랑
레 자무르 호텔
Hôtel Les Armures

무기고
Ancien Arsenal

라트 박물관
Musée Rath

시청사 •
Hôtel-de-Ville

뇌브 광장 •
Place Neuve

카페 & 레스토랑 파퐁
Cafe & Restaurant Papon

종교개혁비 •
Le Mur des Réformateurs

공원
Treille Promenade

Avenue du Mail

Boulevard Georges-Favon

현대미술관
MAMCO(Musée d'Art Moderne et Contemporain)

파텍 필립 박물관
Patek Philippe Museum

제네바 대학교
Université de Genève

제네바

N

레만 호수
Lac Léman

Rue des Pâquis

Quai Wilson

ⓢ 미그로 슈퍼마켓
Migros

ⓢ 코옵
Coop Supermarché

ⓗ 호텔 에델바이스
Hôtel Edelweiss

ⓡ 레스토랑 에델바이스

Quai du Mont-Blanc

인포메이션 센터

• 제토
Jet d'Eau

도멩 드 크레브 꿰르 ⓗ
Domaine de Crève Coeur
(8.9km)

공원 •
Parc de la Grange

Pont du Mont-Blanc

Quai Gustave-Ador

Rue des Eaux-Vives

코옵 ⓢ
Coop Supermarché

Rue de Montchoisy

• 꽃시계 – 영국인 정원
Jardin Anglais

ⓢ 미그로 슈퍼마켓
Migros

ⓢ 쇼콜라티에 스테틀러
Chocolateire Stettler

Avenue Pictet-de-Rochemont

Route de Frontenex

• 마들렌느 교회
Temple de la Madeleine

Boulevard Helvétique

• 종교개혁 박물관
Musée International de la Réforme(MIR)

• 성 피에르 대성당
Cathédrale St. Pierre

미그로 슈퍼마켓
Migros

ⓢ 코옵
Coop Supermarché

ⓢ

Rue de la Terrassière

• 부르 뒤 푸르 광장
Place du Bourg-de-Four

• 공원
Parc de l'Observatoire

• 예술사 박물관
MAH Musée d'Art et d'Histoire

자연사 박물관 •
Muséum d'Histoire Naturelle

* km 표시는 제네바 기차역 기준

✚ 제네바 둘러보기

제네바 도보 여행 제네바 선착장과 구시가지를 둘러보는 일정으로 도보로 2~3시간 소요된다. 제네바 빠뀌 Genève-Pâquis에서 수상택시 무에테를 타고 제네바 오–비브Genève Eaux-Vives로 이동하여 시원하게 쏘아대는 제토를 보는 것으로 일정을 시작해보자.

★ 이런 순서대로 걸어보면 좋아요
❶ 제토 → ❷ 꽃시계-영국인 정원 → ❸ 루소 섬 → ❹ 뇌브 광장 → ❺ 종교개혁비(*레스토랑 '파퐁'에서 음료 또는 식사) →
❻ 시청사 & 무기고 → ❼ 부르 뒤 푸르 광장

 ★★★

GPS 46.207386, 6.155879

제토 Jet d'Eau

구스타브–아도르Gustave-Ador 부두에 있는 이 도시의 유명한 트레이드마크로 제토는 '분수'라는 뜻이다. 제네바 호수를 상징하는 제토 분수는 1886년에 처음 만들어졌고, 세계에서 가장 긴 분수 중 하나로 약 140m 높이의 물줄기를 호수면 위로 쏘아 올린다. 무에테 제네보아즈 수상택시에 올라 부두에서 다른 부두로 유람하며 분수를 바라볼 수 있다.

주소 Quai Gustave-Ador, 1207 Genève(시내 중심가, 호숫가)
위치 버스 2, 6번 Vollande에서 하차 또는 수상택시 M2 Eaux-Vives에서 하차
운영 여름 09:00~23:00, 겨울 10:00~16:00, 3·4월 일루미네이션 기간 10:00~22:30(매년 운영시간이 조금씩 다름)
휴무 10월 말~11월 중순, 강풍이나 영하 2도 이하 시

 ★★★

GPS 46.204093, 6.151902

꽃시계-영국인 정원 Jardin Anglais

영국인 정원은 1854년 레만 호수 근처 몽블랑 다리 건너편 제방에 조성되었다. 구시가지와 가까운 까닭에 제네바 시민뿐 아니라 관광객들에게도 인기가 많다. 1815년 제네바가 스위스 연방에 가입한 것을 기념하는 국가 기념비와 손에 칼과 방패를 둔 두 여자의 동상도 있다. 이 외에도 널리 알려진 알록달록 꽃시계가 있어 찾기 쉽다.

주소 Rues-Basses Longemalle, 1204 Genève
위치 꼬르나방 역에서 도보 10분 거리

★☆☆　　　　　　　　　　　　　　　　　　GPS 46.205990, 6.147579

루소 섬 Île Rousseau

루소 섬은 16세기 말 제네바의 요새 역할을 하다가 1628년에는 조선소로도 사용된 곳이다. 그러다가 1832년, 이 작은 섬으로 가는 베르그 다리가 건설되면서 철학자 장 자크 루소가 사색과 몽상을 위해 즐겨 찾았다 하여, 루소 섬으로 이름 붙여졌다. 루소의 조각상도 만날 수 있다.

주소　Île Rousseau, 1204 Genève
위치　버스 6, 8, 9번
　　　Mont-Blanc에서 하차

★★★　　　　　　GPS 46.201109, 6.143319

뇌브 광장 Place Neuve

제네바의 문화적 중추인 이 광장에는 적십자의 공동 설립자인 뒤푸르Dufour 장군의 동상이 서 있다. 광장에는 **대극장**Le Grand Théâtre과 **음악원**Le Conservatoire de la Musique이 위치하고 있는데 대극장은 1874년, 음악원은 1858년에 설립되었다. 그리 넓진 않지만 오래전부터 제네바 시민들이 휴식을 즐기기 위해 찾는다.

주소　Place de Neuve, 1204 Genève
위치　버스 3, 5번 Place de Neuve에서 하차,
　　　트램 12, 15번 Cirque에서 하차, 도보 5분

★★☆　　　　　　GPS 46.200288, 6.145951

종교개혁비 Le Mur des Réformateurs

종교개혁기념비는 바스티옹 산책로에 있는 구시가지 성벽 아래, 16세기부터 내려오는 성벽을 따라 1917년 세워졌다. 이 기념비는 91m 거대한 높이로 존 녹스, 장 칼뱅, 테오도르 드 베즈, 기욤 파렐 등 제네바에서 활동한 주요 종교개혁가들의 모습이 조각되어 있다. 이 외에도 영국 청교도단 크롬웰, 루터, 츠빙글리의 조각도 포함돼 있다. 역사적인 장소로 한 번쯤 둘러볼 만하다.

주소　Les Bastions, 1204 Genève
위치　버스 3, 5번 Place de Neuve에서 하차

✚ 제네바 구시가지

구시가지의 좁다란 길을 따라 걷다 보면 성 피에르 대성당, 시청사, 무기고 그리고 종교개혁과 관련된 역사적 유적들과 카페 레스토랑, 파퐁 같이 유서 깊은 레스토랑과 카페들을 만날 수 있다. 인적 없는 이른 오전, 저녁에 구시가지에 있다 보면 타임머신을 타고 중세로 돌아간 듯한 착각이 든다. 만약 시간이 된다면 제네바 구시가지 가이드 투어를 신청하여 함께 해보자.

★ 구시가지 가이드 투어
제네바 관광청이 운영하는 가이드 투어로 2시간이 소요된다. 미리 홈페이지에서 예약 가능 여부를 확인하자.

출발 제네바 인포메이션 센터
      (호수 쪽 계단 아래)
운영 토 14:00
      (영어, 프랑스어로 진행)
요금 성인 CHF 25,
      청소년(12~17세) CHF 15,
      어린이 무료,
      제네바 패스 할인
전화 +41 (0)22 090 7000
메일 info@geneva.com
홈피 www.geneve.com/en/
      attractions/guided-tour-
      the-old-town-and-its-
      treasures

© www.geneve.com

★☆☆   GPS 46.200852, 6.147028

🄾 시청사 & 무기고
Hôtel-de-Ville & Ancien Arsenal

대성당과 인접한 이 건물은 계단 대신 조약돌을 깔아 만든 경사로가 특징이다. 1864년 초기 적십자사가 바로 이곳에서 시작되었으며, 건물 외 또 다른 볼거리로 1455년 건축된 탑과 무기고가 있다. 건물 앞의 무기고는 회랑 형식의 구조물로, 안쪽에 1683년 주조된 대포가 전시되고 있다.

주소 Rue de l'Hôtel-de-Ville 2, 1204 Genève
위치 꼬르나방 역 근처 Bel-Air에서 12번 트램
      Place de Neuve에서 하차 후 도보 4분.
      Coutance에서 3, 5번 버스 Palais Eynard에서
      하차 후 도보 5분

★☆☆   GPS 46.200170, 6.149102

🄾 부르 뒤 푸르 광장
Place du Bourg-de-Four

성 피에르 대성당에서 멀리 떨어져 있지 않은 이 광장에는 1707년 건축된 법원Palais de Justice이 있다. 주변에 분수대, 수많은 앤티크 상점 및 아트 갤러리가 있으며, 광장 한쪽의 작은 공간에는 가녀린 소녀의 동상, 클레멍틴Clémentine이 있다. 이 소녀상 주변에는 유아 및 여성 그리고 사회 약자를 보호하고자 하는 글귀들이 걸려 있다.

주소 Place du Bourg-de-Four, 1204 Genève
위치 제네바 꼬르나방 역에서 버스 3, 5번 Palais Eynard에서
      하차 후 도보 2분

🏛 종교개혁 박물관 Musée International de la Réforme(MIR)

★★☆

제네바를 여행하다 보면 생각보다 많은 한국인 단체들을 만날 수 있는데 종교개혁과 관련된 주요 유적지를 탐방하기 위한 종교단체일 경우가 의외로 많다. 개신교인들은 종교개혁을 꽃피운 이곳에 한 번쯤 여행하고 싶어 하며 가톨릭교인들도 순례길상에 있는 제네바를 의미 있는 성지로 여긴다. 2004년에 개관한 종교개혁 박물관은 16세기부터 내려오는 종교개혁 관련 자료를 통해 개신교와 가톨릭교와의 과거 갈등 문제 및 칼뱅에 대해 자세히 알아볼 수 있다. 약 1년 반의 보수 공사를 마치고 2023년 4월 말 재개관했다.

주소 Rue du Cloître 4, 1204 Genève
위치 구시가지 내 성 피에르 대성당 부속건물. 꼬르나방 역에서 8번 버스 탑승(Veyrier 방면) Rive에서 하차. 버스 10번(Rive 방면) Molard에서 하차 후 2, 7, 12번 탑승 Cathedral에서 하차
운영 화~일 10:00~17:00
휴무 월요일, 성탄절 및 1월 중 일부
요금 성인 CHF 13,
학생(17~25세) CHF 8,
어린이(7~16세) CHF 6,
한국어 오디오 가이드 무료,
제네바 패스 소지자 무료
전화 +41 (0)22 310 2431
홈피 www.musee-reforme.ch

© www.geneve.com

---

more & more **제네바의 주요 성지 순례 성당 및 교회**

❶ 성 피에르 대성당 Cathédrale St. Pierre
구시가지에서 가장 높은 곳에 위치한 대성당으로 타워에서 숨이 탁 트이는 파노라마 전경을 즐길 수 있다. 이곳의 지하 납골당에는 알프스 북쪽 지역 최대의 유물이 보관되어 있다. 12세기에 건축, 16세기에 대대적으로 개조했다.

주소 Cour Saint-Pierre, 1204 Genève
홈피 www.saintpierre-geneve.ch

❷ 마들렌느 교회 Temple de la Madeleine
쇼핑 거리 중간에 있는 수수한 구조의 교회로 장 칼뱅, 기욤 파렐, 미헬 세르베 등의 종교개혁가들이 소명을 다했던 곳. 15세기에 건축되었다가 17세기 화재 이후 재건되었다. 아름다운 스테인드 글라스가 유명하다.

주소 Rue de Toutes-Ames 20, 1204 Genève
홈피 www.ref-genf.ch

❸ 바실리카 성모 성당
Basilique Notre-Dame de Genève
성 제임스St. James의 길부터 산티아고 드 콤포스텔라Santiago de Compostela까지 이어지는 성지 순례 루트상에 있는 중요한 성당 중 한 곳. 로마 가톨릭 소속으로 19세기에 사암을 이용해 건축했다.

주소 Rue Argand 3, 1201 Genève
홈피 www.cath-ge.ch/notre-dame

© Genève Tourism & conventions

© www.geneve.com

★☆☆

국제 적십자 적신월 박물관
Musée International de la Croix-Rouge et du Croissant-Rouge

1988년 국제적십자위원회 본부 내에 창립된 박물관으로 적십자 창시자이며 제네바에서 탄생한 앙리 뒤낭 Jean Henri Dunant 및 기구 설립에 참여한 인물들에 대한 기록과 역사를 각종 영상과 사진을 통해 소개하고 있다. 생명 존중 사상과 평화의 중요성을 일깨워 준다.

주소 Avenue de la Paix 17, 1202 Genève(국제 구역 내)
위치 꼬르나방 역에서 버스 8번 Appia에서 하차.
공항에서 버스 28번, Jardin Botanique에서 하차
운영 4~10월 10:00~18:00, 11~3월 10:00~17:00
휴무 월요일, 12월 24·25·31일, 1월 1일
요금 **상설전시** 성인 CHF 15, 12~22세 CHF 10,
만 11세까지 무료
※ 제네바 패스 소지자 무료
전화 +41 (0)22 748 9511
홈피 www.redcrossmuseum.ch

종교적 평등 실부.
기독교의 십자가와
이슬람교의 십벌 초승달
함께 택했다.

★★☆

아리아나 박물관 Musée Ariana

소위 '불의 예술'이라 불리는 도자기와 유리작품을 마치 궁전과도 같은 우아한 전시공간에서 만나볼 수 있다. 유럽 및 중동 등에서 들여온 2만 5,000여 점의 12세기 예술품을 소장한 유럽 최고 박물관 중 하나다.

주소 Avenue de la Paix 10, 1202 Genève(국제 구역 내)
위치 버스 5, 8, 11, 18. 22번, 트램 15번 Appia에서 하차
운영 화~일 10:00~18:00 **휴무** 월요일
요금 전시에 따라 요금이 다르며, 18세 이하 및 매월 첫째 주
일요일, 스위스 패스 및 제네바 패스 소지자 무료
전화 +41 (0)22 418 5450
홈피 www.ville-ge.ch/ariana

★★☆

파텍 필립 박물관 Patek Philippe Museum

2001년에 개관한 파텍 필립 박물관은 파텍 필립 시계와 역사를 살필 수 있는 곳이다. 뿐만 아니라 5세기에 걸친 유럽과 스위스 시계의 전통과 역사, 제작에 관련된 모든 자료가 망라되어 있어 단숨에 관람객의 눈과 마음을 사로잡을 것이다. 특히 16~18세기에 제작된 시계 500여 점은 가격을 매길 수 없을 만큼 그 희소가치가 높은 것으로 알려져 있다. 스위스 시계에 관심이 많다면 절대 놓쳐서는 안 될 곳.

주소 Rue des Vieux-Grenadiers 7, 1205 Genève
위치 트램 12, 15번 Plainpalais 하차, 1번 Ecole de Médecine 하차
운영 화~금 14:00~18:00, 토일 10:00~18:00
휴무 월요일
요금 성인 CHF 10, 노인·장애인·학생 등 CHF 7, 18세 미만 무료
※ 제네바 패스 및 스위스 뮤지엄 패스 소지자 무료
전화 +41 (0)22 707 3010
홈피 www.patekmuseum.com

★★☆ 현대미술관 MAMCO(Musée d'Art Moderne et Contemporain)

제네바 중심에 위치한 현대미술관. 맘코Mamco는 이름처럼 현대미술에 중점을 둔 곳이다. 스위스에서 가장 최근에 생긴 미술관으로, 오래된 공장 건물 사이에 자리한 것부터 독특한 면모를 선보인다. 1960년대 초기부터 현대에 이르기까지 광범위한 예술품이 전시되고 있으며, 이곳의 작품들은 공공기관 및 개인 소장가로부터 기증받았다. 제네바 패스 소지자 무료 입장.

주소 Rue des Vieux-Grenadiers
10, 1205 Genève
(시내 중심가, Bains 구역)
위치 트램 12, 15번 Rond-point de
Plainpalais, 버스 1번
École de Médecine
운영 화~금 12:00~18:00(매달
첫째 주 수요일 12:00~21:00),
토·일 11:00~18:00 휴무 월요일
요금 성인 CHF 15, 기타 할인가
CHF 10, 18세 이하 학생 무료
매달 첫째 주 일요일 무료
전화 +41 (0)22 320 6122
홈피 www.mamco.ch

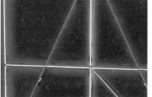

Tip | 과학에 흥미 있는 여행자라면 여기!

댄 브라운의 소설 『다빈치 코드』에 등장해 대중에게 알려진 유럽원자핵공동연구소CERN가 제네바 외곽에 위치한다. 높이 27m, 지름 40m 크기의 연구소의 상징, 과학과 혁신의 구(球)가 철판 위에 우뚝 솟아 있는데, 구의 크기는 정확히 로마의 성 바실리카 성당의 돔 지붕과 일치한다. 방문객들은 이곳에서 입자의 세계와 빅뱅에 대해 심도 깊은 탐방을 할 수 있다.

★★★ 예술사 박물관 MAH Musée d'Art et d'Histoire

제네바 예술사 박물관은 스위스에서 가장 큰 박물관 중 하나로 고고학, 순수 예술작품, 응용 미술작품을 포함. 약 65만 점의 오브제가 소장되어 있다. 아크나톤 시대부터 피카소, 로저 푼트까지 시대를 광범위하게 어우르는 특별전시가 매년 12번 정도 열린다. 구시가지 중심가에 위치한다.

주소 Rue Charles-Galland 2,
1206 Genève
위치 구시가지에 위치, 성 피에르
대성당에서 도보 5분 거리
운영 화·수·금·일 11:00~18:00,
목 12:00~21:00
휴무 월요일
요금 상설전시 무료(특별전시 CHF 5)
※ 제네바 패스 소지자 무료
전화 +41 (0)22 418 2600
홈피 institutions.ville-geneve.ch/
fr/mah/

제네바 주변으로의 여행 - 소박한 마을과 자연

국제도시 제네바 중심가를 조금만 벗어나도 제네바 구시가지와 시내와는 확연히 다른 분위기의 와이너리와 전원 지역이 그림같이 펼쳐진다. 지도를 보면 알겠지만, 제네바는 프랑스와 바로 인접해 있어 프랑스에 있는 몽 살레브나 알프스 미봉 중 하나인 에귀 디 미디Aiguille du Midi의 베이스 타운인 샤모니까지는 전용 차량으로 이동한다면 불과 1시간 남짓 거리이다.

❶ 소박한 시장 마을, 카루즈 Carouge

국제도시 제네바와 벗한 지중해풍의 작은 마을 카루즈는 과거 사르디니아 왕국에 속해 있던 오래된 시장 마을이다. 거리마다 부티크, 식료품점, 공예품점 등이 즐비하며 생동감이 넘쳐 흐른다.

주소 Rue Ancienne, 1227 Carouge
위치 트램 12번, 마르셰Marché 하차
홈피 www.carouge.ch

❷ 와이너리 투어

스위스 와이너리는 이웃 프랑스와는 달리 가족이 운영하는 소규모가 대부분이지만 유럽 최고의 와인을 생산하는 것으로 정평이 나 있다. 복잡한 시내와 바로 인접한 제네바를 둘러싸고 있는 비옥한 구릉지에서 포도밭이 늘어선 시골 풍경과 농부들과 와이너리를 운영하는 가족들이 거주하고 있는 돌로 지어진 시골집들을 볼 수 있다. 제네바에 거주하는 주민들과 인근 프랑스 사람들도 제네바 시내 주변에 점점이 산재해 있는 와이너리를 즐겨 찾는다. 5월 중에 오픈셀러 행사도 열리며, 9월 추수철에도 와인 축제가 열린다.

※ **와이너리로 유명한 마을** Satigny, Jussy, Rissin

■ **추천 와이너리**

Domaine de Trois Etoiles
주소 Route de Peissy 41, Satigny
전화 +41 (0)22 753 1108
홈피 www.geneveterroir.ch

Chateaux du Crest
주소 Route du Château-du-Crest 40, 1254 Jussy, Geneva
전화 +41 (0)22 759 0611

❸ 샤모니 몽블랑 Chamonix Mont-Blanc

프랑스 산악 여행지의 베이스 타운처럼 여겨지는
샤모니는 기괴하고 웅장한 바위산으로 유명한 에
귀 디 미디와 브레방 전망대Le Brévent를 찾는 사람
들로 붐빈다. 서유럽에서 가장 높은 몽블랑이 내려
다보는 샤모니는 그저 동화 속에서 튀어나온 듯 아
기자기하고 예쁘기만 하다. 전용 차량으로 이동한
다면 제네바에서 약 1시간 소요되며, 열차로는 경
로가 좀 더 복잡하여 3시간 10분 정도, 유럽 저가
버스인 플릭스버스Flixbus를 이용한다면 1시간 20
분 정도 소요된다.

주소	Chamonix, France
위치	**열차** 스위스 마티니Margtiny에서 거의 1시간 간격으로 운행(Vallorcine에서 1회 환승) **버스** 제네바에서 플릭스버스 08:30, 14:40, 18:10 출발(사전예약 필수 www.flixbus.com)
전화	**샤모니 관광청** +33 (0)45 053 0024
홈피	**샤모니 관광청** www.chamonix.com

❹ 제네바-이브와: 크루즈 여행

제네바 호수 유람선을 타고 생수 브랜드로 유명한
에비앙까지 여행할 수도 있지만, 스위스 사람들은
이브와Yvoire를 추천한다. 프랑스에서 가장 아름다운
중세 마을로 손꼽히는 '이브와'는 수선화로 뒤덮인
들판과 성곽, 성문, 오래된 가옥 등을 접할 수 있는
곳이다. 봄부터 가을까지 제네바에서 이브와까지(니
옹에서도 가능), 겨울에는 니옹에서 이브와까지 운
행된다. 유람선을 짧게 타고 싶다면 니옹에서 이브
와까지만 이용해도 된다.

주소	**몽블랑 부두(Genève Mont-Blanc)** Quai du Mont-Blanc, 1201 Genève **영국인 정원 부두(Genève Jardin-Anglais)** 1207 Genève
요금	**편도 1등석** 성인 CHF 42, 어린이 CHF 21 **2등석** CHF 30, 어린이 CHF 15(6세 미만 무료) ※ 탑승 시간 약 1시간 30분, 스위스 패스 소지자 무료
전화	**CGN 유람선 회사** +41 (0)90 092 9929
홈피	**CGN 유람선 회사** www.cgn.ch

출발 (제네바 시내 부두)	**봄** 4월 중순~ 6월 중순 **가을** 9월 초~ 10월 중순 이후	**여름** 6월 중순~ 9월 초
Genève Mont-Blanc (CGN)	매일 10:45, 14:45	매일 10:45, 14:45, 18:45
Genève Jardin-Anglais (Lac)	없음	매일 12:35, 15:50, 19:00

국제연합 제네바 사무소, **팔레 데 나시옹 견학** UNOG-Palais des Nations

제네바의 상징 '팔레 데 나시옹'은 국제연합의 유럽본부(UNOG, 본부는 뉴욕 소재)이다. 세계 정치의 중심인 이곳에는 연간 2만 5,000명 이상의 대표부가 방문하며, 이곳 회의실에는 수많은 작품이 전시되어 있다. 특히 '전 세계인을 위한 인권과 연맹의 방' 천장에는 미카엘 바르셀로Miquel Barceló의 천장화가 있어 이를 감상할 수 있다. 본부 앞 광장에 있는 '부러진 의자'는 지뢰에 의해 목숨을 잃은 희생자들을 기리기 위한 조형물이다.

주소 Palais des Nations, 1211 Genève (국제 지구에 위치)
위치 8번 버스 Appia에서 하차 후 도보 1분. 15번 트램 Nations에서 하차 후 도보 9분
운영 내부 공사로 소수의 개별 예약만 운영. 최소 3개월 전 예약 권장
요금 성인 CHF 16, 대학생·장년층·장애인 CHF 13, 학생(6~18세) CHF 10
전화 +41 (0)22 917 4896
홈피 www.unog.ch

본부 앞 광장에 있는 '부러진 의자'

에스깔라드 Escalade

1602년 12월 11일에서 12일로 넘어가는 한밤중 사보이 군사들이 제네바를 침략했을 때 제네바 시민들은 불굴의 용기로 대항하였다고 한다. 특히 성벽을 오르는 사보이 군사들의 머리 위에 뜨거운 수프를 냄비째 부어 적의 공격을 막은 일화, 메르 르와욤Mère Royaume이 전해져 내려오는데 이를 기념하기 위해 각종 마지팬으로 만든 채소 모형이 가득 들어 있는 냄비 모양의 초콜릿 마미트Marmite를 먹는다.

제네바 페스티벌 Fêtes de Genève

매년 8월 10일경 열리는 불꽃놀이 축제로 국내에도 보도될 만큼 유명하다. 50여 분간 황홀한 불꽃놀이가 이어지며, 편하게 앉아서 감상할 수 있는 좌석(CHF 50부터)은 제네바 관광청 또는 지정된 티켓예매 사이트 및 판매처에서 구입 가능하다. 각종 공연도 진행되니 기간 내 제네바를 방문한다면 놓치지 말자.

홈피 www.fetesdegeneve.ch

제네바에서 쇼핑하기 Genève Shopping

국제도시답게 제네바에는 각종 디자이너 브랜드, 유명 시계 브랜드, 백화점 글로부스가 론 거리Rue du Rhône와 바스 거리Rues Basses에 밀집되어 시간 가는 줄 모르고 구경할 수 있다. 이 외에도 제네바에 기반을 둔 **뒤크레 제과점**이나 **부티크 파바르제, 쇼콜라티에 스테틀러** 등에서 수제 초콜릿을 구입할 수 있다. 특히 쇼콜라티에 스테틀러의 초콜릿 '빠베 드 쥬네브Pavés de Genève'는 '제네바 도로포장용 돌'이란 이름도 재밌지만, 맛도 훌륭하다. 선물용으로도 좋고, 집에 가져갈 기념품으로도 이상적이다.

Tip | 제네바 시계 브랜드

바쉐론 콘스탄틴Vacheron Constantin, 롤렉스Rolex, 피아제Piaget, 파텍 필립Patek Philippe, 오데마 피게Audermats Pigues, 프랑크 뮬러Franck Muller… 시계 애호가라면 이름만 들어도 가슴이 콩닥콩닥 뛰는 이 브랜드들의 탄생지는 모두 제네바이다.

■ 초콜릿 상점 리스트

부티크 파바르제 Boutique Favarger
주소 Quai des Bergues 19, 1201 Genève
전화 +41 (0)22 738 1826
홈피 www.favarger.com

쇼콜라티에 스테틀러 Chocolateire Stettler
주소 Stettler & Castrischer,
Rue du Rhône 69, 1207 Genève
전화 +41 (0)22 735 5763
홈피 stettler-castrischer.com

뒤크레 제과점Pâtisserie Ducret
주소 Rue Hoffman 6, 1202 Genève
전화 +41 (0)22 734 1111
홈피 www.ducret-patisserie.ch

Tip | 제네바의 먹거리

칼비누스 Calvinus
일명 칼뱅 맥주라 불리는 진한 맛의 맥주이다. 필터로 거르지 않은 유기농 맥주 칼비누스는 신선하고 뒤끝이 부드러운 것이 특징. 이 맥주는 광천수, 유기농으로 재배한 보리, 홉과 이스트로 만들어진다. 맥주병이 특이해 수집하는 사람이 있을 정도. 바와 슈퍼마켓에서 구입 가능하다.

르 글래뇌르 Le Glâneur
제네바의 빵인 르 글래뇌르는 이 지역에서 생산된 밀가루와 전통적인 발효법을 이용해 만든다. 바삭바삭하고 맛있게 구워져 제네바에서 꼭 맛봐야 할 빵이다. 베이커리에서 구입 가능하다. 스위스의 진정한 빵 맛을 느껴보자.

자우저 Sauser
자우저는 발효되지 않은 포도 주스를 말한다. 특히 폴로네즈 케이크Gâteau Polonaise와 잘 어울린다. 제네바의 카페에서 마실 수 있는데 가을철에만 나오는 계절 별미. 알코올이 있으니 과음하지 않도록 하자.

파페 보두아 Papet Vaudois
파페 보두아는 보Vaud 주의 음식이자 제네바 호수 지역의 음식으로 널리 알려져 있다. 서양 부추인 리크와 양배추, 돼지고기를 잘게 다져 돼지창자에 넣은 소시지 음식이다. 야채와 육류가 조화를 이뤄 부담스럽지 않고, 부드럽고 풍부한 맛이 특징이다. 제네바에서 놓쳐서는 안 될 음식이다.

한식당 밥 Bap

코리안 어반 레스토랑이라는 콘셉트로 간단한 일품 메뉴부터 샤부샤부까지 한국 음식을 비교적 저렴한 가격에 만날 수 있는 곳. '밥'이라는 이름이 무척 정겹다. 단체여행객들로 붐비는 한식당이 아닌 개별 손님을 위주로 받고 있어 소란스럽지 않아 좋다. 다만, 반찬을 기대하지는 말자. 테이크아웃도 가능하다(제네바 시내에는 한식당 가야Gaya, 서울Seoul, K-Pub도 있다).

주소   Rue de Coutance 25, 1201 Genève
위치   꼬르나방 역에서 도보 5분 거리, 마노르 제네바 근처
운영   월~금 11:30~14:30, 18:00~22:00, 토 18:00~22:00
　　　 휴무 일·공휴일
메뉴   ferme le dimanche et les jours fériés
　　　 (비빔밥, 샤부샤부, 불고기 등 각종 일품 메뉴)
요금   CHF 20~40(메뉴에 따라 다름)
전화   +41 (0)22 731 1133   홈피   www.b-a-p.ch

레스토랑 에델바이스
Restaurant Edelweiss

스위스 음식 하면 흔히 떠올리는 퐁뒤를 맛볼 수 있는 곳이다. 음식도 음식이지만, 스위스 살레 특유의 분위기와 식사 중간에 선보이는 스위스 전통공연을 캐주얼하게 즐길 수 있다는 것이 최대 장점이다. 현지인들보다는 외국인 관광객이 주로 찾으며, 호텔 에델바이스 내에 위치한다.

주소   Place de la Navigation 2, 1201 Genève
위치   1번 버스 Navigation에서 하차 후 도보 1분,
　　　 꼬르나방 역에서 도보 8분
운영   월~토 저녁 식사 시간 **휴무** 일요일
메뉴   퐁뒤 음식(퐁뒤 시누아, 퐁뒤 부르기뇽, 라클렛 등)
요금   세 가지 코스요리 CHF 45
전화   +41 (0)22 541 5151
홈피   www.hoteledelweissgeneva.com

카페 레스토랑 파퐁
Cafe & Restaurant Papon

제네바의 카페 중 가장 오래된 곳 중 하나. 유령, 도깨비란 뜻의 파퐁은 오래된 저장고를 개조한 아치형의 독특한 내부 구조가 특징. 날씨 좋은 날엔 야외 테라스에서 여유를 즐겨보자. 바로 건너편엔 한때 가장 긴 벤치로 유명했던 트레이으가 있다.

주소   Rue Henri Fazy 1, 1204 Genève
위치   제네바 대학과 성 피에르 대성당 사이
운영   월~금 08:30~23:30, 토 10:00~23:30 **휴무** 일요일
메뉴   카페 메뉴부터 버거, 스테이크, 생선, 샐러드 등
　　　 메뉴 다양
요금   커피 CHF 3.9~,
　　　 점심특선 CHF 33,
　　　 버거 CHF 30,
　　　 베지테리언 디시 CHF 25
전화   +41 (0)22 311 5428
홈피   www.cafe-papon.com

레 자무르 레스토랑
Les Armures Restaurant

현지 로컬 퐁뒤 맛집으로 유명하다. 클린턴 대통령과 케이트 왕세자비도 묵었던 레 자무르 호텔 내 레스토랑. 맛도 훌륭하고 가격도 합리적이다(스위스 물가 대비). 평일 점심때도 로컬들로 가득 차 있어 예약을 권장한다.

주소   Rue Otto Barban, 1204 Geneva
위치   구시가지 중앙(레 자무르 호텔 내 레스토랑)
운영   12:00~22:00(금·토는 22:30까지)
메뉴   치즈 퐁뒤 및 치즈 요리, 수프, 스타터, 생선류, 스테이크류
요금   퐁뒤 CHF 28~, 샐러드류 CHF 20 미만,
　　　 비프 타르타르 CHF 39~
전화   +41 (0)22 818 7171
홈피   www.lesarmures.ch/en/restaurant

4성급

호텔 브리스톨 Hôtel Bristol

클래식한 객실과 정원, 그리고 제네바 도시를 바라보고 있는 전경이 매력적인 곳. 스위스 관광청에서 고품격 호텔로 인증받은 월드호텔 디럭스 회원 호텔이다.

주소 Rue du Mont-Blanc 10, 1201 Genève
요금 트윈 CHF 315~　　**전화** +41 (0)22 716 5700
홈피 www.bristol.ch

3성급

호텔 크리스털 Hôtel Cristal

꼬르나방 역에서 가깝고 주요 관광지와도 인접해 있다. 혁신적인 디자인과 최첨단 소재를 이용한 인테리어가 특징. 꼬르나방 호텔의 사우나와 피트니스 센터를 무료로 이용할 수 있다.

주소 Rue Pradier 4, 1201 Genève
요금 트윈 CHF 118~　　**전화** +41 (0)22 716 1221
홈피 www.fassbindhotels.com

도멩 드 크레브 꾀르
Domaine de Crève Coeur

제네바 시내에서 차량으로 불과 10분 정도면 전원지대로 진입하게 된다. 늦봄이면 들판에 빨간 양귀비가 일렁이며, 낭만을 지닌 인상적인 포도원도 만날 수 있다. 이렇게 특색 있는 곳에서 1박을 지내는 것이야말로 제네바를 제대로 즐기는 방법.

주소 Rte de Choulex 190, 1244 Choulex(Genève)
요금 스탠더드 CHF 75(1인 1박 기준, 조식 포함),
　　　 도미토리, 스튜디오 타입도 있음
전화 +41 (0)22 750 1766　　**홈피** www.creve-coeur.ch

3성급

호텔 키플링 마노텔
Hôtel Kipling Manotel

마치 배를 타고 인도양을 건너 스리랑카에 온 듯한 느낌을 주는 호텔(유럽보다 오히려 이국적인 동양에 가까운 분위기)이다. 화려한 색감과 향취가 여행객의 마음을 사로잡으며, 기차역도 가깝고, 비교적 객실도 청결한 편이다. 어느 것 하나 모난 것 없는 무난한 3성급 호텔.

주소 Rue de la Navigation 27, 1201 Genève
요금 스탠더드 CHF 160~　　**전화** +41 (0)22 544 4040
홈피 www.manotel.com

© Hôtel Bristol

레만 호수 **주변 지역**

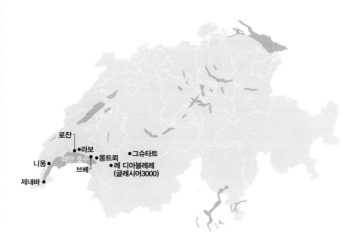

일상이 무미건조하다면 스위스 레만 호수 주변 도시들로 향하자. 호수가 주는 여유로움과 낭만은 여행자들에게 잠시 힐링의 시간을 건네준다. 레만 호수 주변으로 제네바 외에도 올림픽의 수도 **로잔** Lausanne, 프레디 머큐리의 추억을 품은 **몽트뢰** Montreux, 찰리 채플린이 사랑한 **브베** Vevey, 유네스코 세계자연유산으로 지정된 **라보** Lavaux 포도밭 지역, 레만 호수 근교에서 가장 높은 산 **글레시어 3000** Glacier 3000 등이 위치해 있다.

올림픽의 수도 **로잔**

LAUSANNE

레만 호숫가에 위치한 로잔은 보Vaud 주의 주도. IOC 국제올림픽 위원회가 있는 까닭에 '올림픽의 수도'라는 애칭을 가지고 있으며 꼭 한 번 들러볼 만한 올림픽 박물관도 있다. 그렇다고 로잔이 '스포츠 도시'의 이미지만 있는 것은 아니다. 구시가지 시계탑에는 아직도 파수꾼이 소리를 질러 시간을 알려주는 전통이 있고, 스위스에서 유일하게 지하철이 다니는 모던한 도시이기도 하다. 옛 공장지대에 지어진 플롱 지구는 스위스 남부에서 가장 핫한 클럽과 밤 문화를 지니고 있으며, 레만 호숫가의 우시 지구는 우아한 호반 산책을 가능하게 해준다.

로잔은 언덕이 많다. 환경은 문물을 발달시킨다. 전 세계에서 가장 가파른 지하철도 그래서 생겨났다. 로잔 기차역을 중심으로 위쪽에 로잔 대성당이 있다. 대성당으로 향하는 길에 주요 쇼핑 스폿이 위치하며, 기차역 아래쪽으로는 호반 우시 지구와 올림픽 박물관, 호텔 등이 있다.

👍 추천 여행 일정

1 | Only 로잔
구시가지 투어 + 올림픽 박물관과 우시 지구 호반 산책 + 플롱 나이트라이프

2 | 로잔과 주변 지역
로잔 + 몽트뢰 시옹 성 + 라보 지역 와이너리 투어 (유람선 이동 추천)

3 | 로잔과 프랑스 지역
로잔 + 에비앙

ℹ️ 인포메이션 센터

일반
운영 월~금 08:00~12:00, 13:00~17:00
　　　토·일 09:00~17:00
전화 +41 (0)21 613 7373
홈피 www.lausanne-tourism.ch

기차역
주소 Pl. de la Gare 9, 1003 Lausanne
운영 09:00~18:00

로잔 대성당
주소 Pl. de la Cathédrale, 1014 Lausanne
운영 **4~9월** 월~토 09:30~12:30, 13:30~18:30
　　　일 13:00~17:30
　　　10~3월 09:30~12:30, 13:30~17:00
　　　일 14:00~17:00

여행정보

- 도시명 로잔
- 주 보
- 인구 약 136,000명
  (로잔 근교 포함 342,000명)
- 주요 언어 프랑스어
- 고도 호수변 지역 372m, 도심 지역
  495m, 도심 북쪽 지역 852m
- 키워드 올림픽 박물관, 플롱, 대성당, 우시

ARMES

FORNEY ARMURIE

Jay Advice 로잔에 왔다면 플롱 (Flon)의 밤 문화는 꼭 경험해보자. 플롱은 옛 공장지대를 그대로 되살려 만든 나이트라이프 지역으로 핫한 클럽과 영화관, 브랜드 숍. 아이디어 넘치는 거리를 통해 젊음의 에너지를 느낄 수 있다.

Janice Advice 로잔 연방공과대학원 박사 출신 가수 루시드폴을 개인적으로 좋아한다. 루시드폴이 로잔에서 공부하며 미국에서 의사로 활동했던 마종기 시인과 주고받은 편지를 바탕으로 만든 책『아주 사적인, 긴 만남』을 추천한다. 아름다운 로잔의 감성이 루시드폴의 생각과 그가 만들고 부르는 아름다운 노래에 반영되었다고 나는 믿는다.

✚ 로잔 시내에서 이동하기

1. 중앙역에서 노트르담 대성당 도보로 이동하기
로잔의 신시가지와 구시가지를 모두 도보로 여행할 수 있다. 로잔 중앙역 건너편 맥도날드 왼편 북쪽으로 난 언덕길에서부터 여행을 시작해보자. 거리를 걷다 보면 현지인들의 주요 만남의 장소인 성 프랑수아 교회를 시작으로 주요 쇼핑 거리를 지나 팔뤼 광장을 통해 마르셰 계단과 대성당까지 이르게 된다.

★ 이런 순서대로 걸어보면 좋아요
❶ 로잔 기차역 → ❷ 맞은편 언덕길 → ❸ 성 프랑수아 교회 → ❹ 주요 쇼핑 거리 → ❺ 팔뤼 광장
→ ❻ 마르셰 계단과 노트르담 성당

2. 언덕길이 걷기 힘들다면 메트로 이용하기
로잔은 언덕길이 많아 메트로를 이용하면 시간과 힘을 절약할 수 있다. 로잔의 메트로는 세계에서 가장 가파르다. 역에 서 있으면 실제 몸이 기울어짐을 느낄 정도. 우시 지구–로잔 중앙역–구시가지를 잇는 M2, 로잔 중앙역과 비디Vidy 등의 서쪽 교외를 잇는 M1 노선이 있다.

Tip | 로잔 교통카드

로잔에서 1박 이상 머문다면 호텔 제공의 로잔 교통카드를 이용하자. 메트로를 포함한 버스, 기차 등이 무료다.

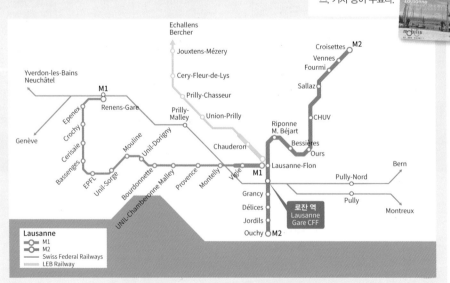

📷 로잔 대성당 Cathédrale de Lausanne

12~13세기에 걸쳐 지어진 로잔 대성당은 스위스에서 가장 아름다운 고딕양식의 건물이라고 해도 과언이 아니다. 그 중 대리석으로 지은 성당 남쪽은 유럽에서도 독보적인 아름다움으로 유명하다. 성당 내부의 1235년에 제작된 아름다운 스테인드 글라스 '장미의 창'과 2003년에 제작된 파이프오르간 역시 놓칠 수 없는 볼거리. 여기에 232개의 계단을 오르면 만나는 종탑은 로잔의 경관을 감상하기에 최적의 장소로, 밤 10시부터 새벽 2시까지 지금도 파수꾼이 때마다 소리쳐 시간을 알리는 전통이 600년 이상 이어져 오고 있다.

주소 Place de la Cathédrale, 1005 Lausanne
위치 메트로 M2 Bessières역에서 도보 3분, M2 Riponne–M. Béjart역에서 도보 6분, 버스 6, 7, 22, 60, 66번 Bessières 하차, 16번 Pont Bessières 하차 (중앙역에서 팔뤼 광장~마르셰 계단을 거치는 도보 이동은 17분)
운영 4~9월 09:00~19:00, 10~3월 09:00~17:30
전화 +41 (0)21 316 7161
홈피 www.cathedrale-lausanne.ch

📷 마르셰 계단 Escaliers du Marché

팔뤼 광장에서 성당이 있는 언덕으로 오르는 길 중간에 있는 지붕식 계단. 13세기경에는 팔뤼 광장과 클레 광장 두 곳의 장터를 잇는 길이었다. 계단 옆으로 나와 성당을 뒤로하면 예쁜 사진을 찍을 수 있다. 계단은 총 160개.

주소 Escaliers du Marché, 1003 Lausanne
위치 M2 Riponne-Béjart역에서 내려 팔뤼 광장을 지나 도보로 3분
전화 +41 (0)21 315 5622

★★☆

성 프랑수아 교회 & 광장 Place & Eglise St. François

13세기경에 지어진 교회로 로잔 대성당과 함께 로잔에서 유일하게 남아 있는 고딕양식 건물이다. 도심의 가장 한가운데 위치하며 주변에 우체국, 백화점 등의 주요 건물들과 쇼핑의 중심 부르Bourg 거리가 포진해 있어 로 잔 현지인의 만남의 장소로 많이 이용되는 곳이다.

주소 CP 2490, 1002 Lausanne
위치 로잔 기차역에서 Rue de Petit
      Chéne를 따라 언덕길을 따라
      도보로 8분,
      버스 1, 2, 4, 6, 7, 8, 9, 12, 13,
      16, 17, 66번 St. François 하차
전화 +41 (0)21 320 1261

★★☆

팔뤼 광장 Place de la Palud

팔뤼 광장은 로잔의 중심부에 위치해 9세기부터 상인들이 시장으로 이용하 던 장소였다. 지금은 역사박물관에 있는 정의의 분수(1557년)의 카피 분수 가 관광객들을 맞이하고 있다. 17세기에 세워진 주시청사 건물이 함께 있다.

주소 Place de la Palud, 1003
      Lausanne
위치 M2 Riponne-Béjart역에서
      내려 도보로 2분
      (중앙역에서 도보로 12분 소요)
전화 +41 (0)21 613 7373

★★★

우시 Ouchy

레만 호반에 자리 잡은 우시 지구는 산책로가 특히 아름답다. 호반을 따 라 레만 호수 전망을 감상할 수 있는 호텔들과 레스토랑이 줄지어 있다. 특히 우시 성은 12세기에 지어진 성으로 현재는 호텔 및 레스토랑으로 운 영되고 있다.

위치 M2 Ouchy 하차

옛 공업 지구의 대변신, 플롱

플롱Flon은 강을 따라 발전한 로잔의 옛 공업 지구이다. 레만 호수를 통해 우시 지구에서 들어온 물건들을 1877년에 생긴 스위스 첫 푸니쿨라를 통해 싣고 와서 쌓아두는 창고가 많았다. 현재는 창고를 그대로 살려 문화와 예술 활동의 중심지로 각광을 받고 있으며, 핫한 레스토랑과 클럽이 있어 젊은이들의 개성 넘치는 스폿으로 자리매김했다.

주소 1003 Lausanne
위치 로잔 중앙역에서 도보로 5분 소요, M2 Lasaunne Flon역 이용
전화 +41 (0)21 341 1212
홈피 www.flon.ch

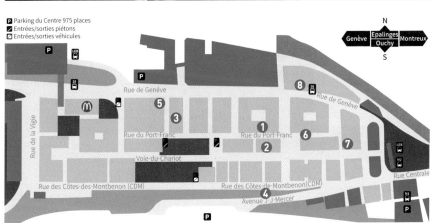

갤러리·클럽·쇼핑

❶ **El Diablo** 개성 만점 나만의 부츠를 찾고 싶다면 꼭 방문해보자.
www.el-diablo.ch

❷ **Galerie Alice Pauli** 그림, 조각 등 다양한 현대미술 작품을 전시하는 갤러리.
www.galeriealicepauli.ch

❸ **MAD** 1985년에 오픈한 이래로 해마다 명성을 더해가는 클럽. 전 세계 클럽 100위에 랭크되어 있음.
www.mad.ch

❹ **Ateapic** 스위스 중고 제품에 관심 있다면 방문. 특별한 시간여행을 즐겨보자.
www.demarche.ch

레스토랑·바

❺ **King Size Pub** 잉글랜드 스타일의 안락한 펍. 여름철 야외에서 음료를 즐기며, 저녁엔 피아노도 연주한다. 플롱의 멀티플렉스 극장 1층에 위치.
www.kingsizepub.ch

❻ **The Green Van Company** 푸드트럭에서 시작한 브랜드. 캐주얼한 분위기에서 햄버거로 든든히 배를 채우기 좋은 곳.
www.thegreenvan.ch

❼ **Punk Bar** 카바레, 콘서트홀, 극장, 라운지로 때에 따라 변신한다.
www.punkbar.ch

❽ **Culture Café Fnac** 작지만 아늑한 분위기의 카페로 아침, 저녁 가벼운 식사가 가능하다.
www.flon.ch

로잔 올림픽 박물관 Musée Olympique

'올림픽의 수도' 로잔을 방문했다면, 로잔 올림픽 박물관은 당연히 필수다. 레만 호숫가 우시 지구에 위치한 로잔 올림픽 박물관은 세계에서 가장 많은 올림픽 관련 자료들과 정보가 전시 및 보관되어 있다. 첫 올림픽인 아테네 대회부터 현대의 올림픽 등 모든 대회에 대한 거의 모든 것을 볼 수 있고 체험할 수 있다. 특히 1988년 서울 올림픽, 2018년 평창 올림픽 관련 자료뿐 아니라 김재덕 선수의 화살, 오상욱 선수의 펜싱복 등 한국 선수들의 흔적을 발견하는 재미가 쏠쏠하다. 올림픽 박물관 내 레스토랑인 톰카페Tom Cafe는 로컬들도 즐겨 찾는 엄청난 맛집이다. 테라스에서는 레만호수 뷰를 즐기며 식사할 수 있어서 날씨가 좋은 날은 특히 더 좋다.

주소 Musée Olympique 1, quai d'Ouchy, 1006 Lausanne
위치 M2 Ouchy 하차 후 호반을 따라 도보로 10분. 버스 2번 Ouchy 하차. 8, 25번 Musée Olympique 하차
운영 화~일 09:00~18:00
　 휴무 월요일, 12월 24·25·31일, 1월 1일
요금 성인 CHF 20, 학생 및 시니어 CHF 14, 성인 동반 어린이(15세 이하) 무료
　 ※ 스위스 패스 소지자 무료
전화 +41 (0)21 621 6511
홈피 olympics.com/museum

> **Tip │ 로잔 유람선 선착장– 올림픽 박물관**
>
> 레만 호수 유람선을 타고 로잔에서 하차한다면, 올림픽 박물관을 들르는 여정과 같이 잡으면 편하다. 선착장에서 호반을 따라 걸어서 10분 거리에 위치하기 때문이다.

more & more 로잔 올림픽 박물관 백배 즐기기

박물관 입구 계단부터 김연아 선수의 흔적을 찾아보자. 입장 후 코인라커에서도 서울이라고 적혀 있는 곳에 짐을 보관하면 왠지 모를 뿌듯함이 느껴진다. 입장 후 서울·평창 올림픽의 메달 모양이 역대 올림픽 메달들과 어떻게 다른지, 각국의 마스코트들은 어떤지, 금메달을 목에 건 우리나라 선수들이 입었던 유니폼이나 사용했던 물건들을 찾아보는 재미가 은근 즐겁다.

THE FLAME IS YOURS

OLYMPIC MUSEUM

Olympic Museum
Quai d'Ouchy 1
CH - 1006 Lausanne

@olympicmuseum
olympics.com/musee

🏛 로잔 플랫폼 10 예술 지구 Plateforme 10

로잔 역 열차 격납고 부지에 자리 잡은 플랫폼 10에 로
잔을 대표하는 박물관인 로잔 주립미술관 MCBA, 현
대 디자인 응용예술 박물관 뮈닥MUDAC, 엘리제 사진
미술관Musée de l'Élysée을 한데 모았다. MCBA를 시작
으로 2022년 6월 중순에는 뮈닥도 문을 열었다. 세 미
술관 외에도 톰스 파울리Toms Pauli, 펠릭스 발로통Félix
Vallotton 재단, 레스토랑, 서점, 기념품 숍 등도 함께 위
치해 로잔 예술과 문화의 새로운 핫 스폿으로 떠오르
고 있다.

주소	Place de la Gare 16, 1003 Lausanne
위치	로잔 역에서 걸어서 3분 소요
전화	+41 (0)21 318 4400
운영	10:00~18:00, 목 10:00~20:00
	휴무 MCBA 월요일, MUDAC, Elysee 화요일
요금	성인 CHF 25(MCBA 상설전시 무료), 26세 미만 무료
	※매월 첫째 주 토요일 무료
홈피	www.mcba.ch, www.mudac.ch, elysee.ch

▶▶ 로잔 주립미술관 MCBA(Musée Contonal des Beaux-Arts)

"Voir ici ce qu'on ne voit pas
ailleurs!" 다른 곳에서 볼 수 없는
작품들을 경험할 수 있게 하자는
것이 MCBA의 슬로건이다. 18세
기부터 현재까지 300여 점의 스
위스 보 주의 작품들을 연대기별
로 감상할 수 있으며, 항상 수준
높은 특별전시를 운영하므로 방문
전 웹사이트에서 전시 내용을 확
인하고 가자.

▶▶ 뮈닥 MUDAC(Musée du Design er D'arts Appliques Contemporains)

20년 동안 자리했던 13세기 저택
건물을 떠난 뮈닥은 현대 디자인
응용예술 박물관으로 전 세계 다
양한 예술가들과의 협업을 통해
그 명성을 높여가고 있다. 다양한
공예작품, 그래픽아트 외에도 음악
가, 공연가와의 교류를 통한 흥미
로운 전시를 이어가는 등 현대예
술 전반에 대한 경험을 할 수 있는
곳이다.

▶▶ 엘리제 사진 미술관 Musée de l'Élysée

18세기에 지어진 아름다운 저택을
떠난 엘리제 사진 미술관은 플랫폼
10에 자리 잡으며 사진 미술관으
로서의 명성을 이어가고 있다. 19
세기부터 현대 사진 미술작품 약
120만 점을 전시하고 있다. 흑백
사진으로 유명한 사진작가 사빈 바
이스Sabine Weiss부터, 얀 그루버Jan
Groover, 한스 슈테이너Hans Steiner
의 상설전을 비롯하여 다양한 장르
의 사진 전시를 진행하고 있다.

© Plateforme10

© Plateforme10

© Plateforme10

아트 브뤼 미술관 Collection de L'art brut

'아트 브뤼'는 '가공하지 않은 순수예술' 혹은 '아웃사이
더 예술'을 칭한다. 이는 예술가 장 뒤뷔페가 정신병원
에서 한 환자의 직관적인 작품을 보고, 제도권 내 예술
에 대항하는 개념으로 창안한 것이다. 아트 브뤼라는
이름을 단 만큼 이 미술관엔 사회생활에 적응하지 못하
는 사람들이 빚어낸 여러 예술품을 볼 수 있다.

주소	11, av. des Bergières, 1004 Lausanne
위치	버스 2, 21번 Beaulieu 하차, 3번 Beaulieu-Jomini 하차
운영	화~일 11:00~18:00(7·8월은 매일 운영)
	휴무 월요일, 12월 25일, 1월 1일
요금	성인 CHF 12, 학생 CHF 6, 16세 미만 및
	스위스 패스 소지자, 매월 첫째 주 토요일 무료
전화	+41 (0)21 315 2570　　　홈피 www.artbrut.ch

에르미타주 재단 Foundation de l'Hermitage

© Mathieu François du Bertrand

19세기에 지어진 아름다운 언덕 위 저택에 지어진 에르미타주 재단은 19~20세기의 회화를 중심으로 하는 순수미술 관련 작품들이 전시되어 있다. 멀리 바라보이는 레만 호수와 로잔 대성당의 경관을 감상하고 건물 주변으로 펼쳐진 공원을 거닐며 잠시 여유를 느껴보자.

주소 Route du Signal 2, 1018 Lausanne
위치 버스 3, 8, 22, 60번 Motte 하차,
　　　16번 Hermitage 하차
운영 화~일 10:00~18:00(목 10:00~21:00)
　　　휴무 월요일
요금 성인 CHF 22,
　　　10~17세 어린이 및 학생 CHF 10,
　　　9세 이하 무료, 부모 동반 어린이 가족 3명 CHF 45
　　　※ 목요일 18시 이후 방문 시
　　　성인 CHF 11, 어린이 CHF 5
전화 +41 (0)21 320 5001
홈피 www.fondation-hermitage.ch

팔레 드 뤼민 Palais de Rumine

로잔 대학 및 주립도서관으로 사용되고 있는 팔레 드 뤼민. 이곳은 단 한 번의 방문만으로도 다양한 박물관을 함께 경험할 수 있다. 역사 및 고고학 박물관Musee D'archeologie et D'histoire, 지질학 박물관Musee de Geologie, 동물학 박물관Musee de Zoologie 총 3개의 박물관이 같이 있기 때문. 주립미술관은 기차역 근처 플랫폼 10으로 자리를 옮겼다.

주소 Place de la Riponne 6, 1005 Lausanne
위치 M2 Riponne M.Bejart, 버스 1, 2번 Rue Neuve,
　　　8번 Riponne M.Bejart, 16번 Pierre Viret 하차
운영 화~일 및 공휴일 10:00~17:00
　　　휴무 월요일, 12월 25일, 1월 1·2일
요금 상설전시 무료
전화 +41 (0)21 316 3310
홈피 www.musees.vd.ch/palais-de-rumine

© Urs Zeier

로잔은 크고 작은 축제들이 늘 열리는 곳이다. 음악축제부터 차로 5분 거리 라보 지역 포도 축제와 더불어 열리는 거리축제. 10분 거리의 몽트뢰의 세계적인 음악 페스티벌인 몽트뢰 재즈 페스티벌까지 로잔은 주변 레만 호수와 함께 즐겨야 제맛이다.

❶ 로잔 카니발
Carnaval de Lausanne

매년 4~5월경에 열리는 로잔 카니발 페스티벌은 경쾌하다. 개성 넘치는 퍼레이드부터 스위스 소시지와 주변 그뤼에르 치즈 등의 스위스 전통 음식까지. 운이 좋다면 로잔 카니발과 함께 인생의 행복을 즐길 수 있을 것이다.
www.carnavalausanne.ch

❷ 퀴이 재즈 축제
Cully Jazz Festival

매년 4월 초에 퀴이에서 9일 이상 열린다. 퀴이는 유네스코 유산에 지정된 라보의 포도밭 마을 중 한 곳으로, 음악도 즐기고 와인도 즐기는 일석이조의 축제. 재즈와 관련된 140개 이상의 콘서트와 20여 개의 이벤트가 열린다.
www.cullyjazz.ch

❸ 로잔 크리스마스 마켓
Christmas market Lausanne

몽트뢰 크리스마스 마켓에 산타가 있다면, 로잔 크리스마스 마켓에는 신상 대관람차와 힙한 로컬들이 있다. 매년 11월 중순부터 크리스마스 때까지 교회와 성당 등을 중심으로 곳곳에 뱅쇼와 겨울 거리 음식을 파는 노점상들이 문을 열며, 곳곳에서 젊은 친구들이 즐기고 있다.

블론델 초콜릿 Chocolates Blondel

현존하는 상점의 역사가 1850년부터라면 참 대단한 것이다. 그것도 초콜릿 가게라면 더욱더. 블론델은 에드리안 블론델이 스위스 로잔에 만든 스위스 최고의 초콜릿 브랜드이다. 초콜릿 팬이라면 120여 가지가 넘는 블론델의 초콜릿에 시간을 투자해보자.

주소 Rue de Bourg 5,
1003 Lausanne
위치 쇼핑의 거리
Rue Saint-Francois와
Rue de Bourg의
브랜드 상점들 사이에
조금 숨겨진 위치
운영 월~금 09:30~18:30,
토 09:30~18:00 **휴무** 일요일
전화 +41 (0)21 323 4474
홈피 www.chocolatsblondel.ch

 비비숍 Vivishop

비비숍은 아이들 책과 장난감 천국이다. 외관상 작은 숍인 것처럼 보여도 들어갈수록 마치 미로 같다. 대부분의 책이 프랑스어이지만, 텍스트가 적은 책부터 현지 아이들이 좋아하는 장난감 등이 연령별로 다양하게 있다. 7살 아들과 구경하면서 둘 다 나오기 싫어했던 곳.

주소 Rue Louis- Curtat 8, 1005 Lausanne
위치 대성당 바로 앞
운영 월 11:00~18:30, 화~금 08:45~18:30, 토 08:45~17:00
휴무 일요일
전화 +41 (0)21 312 3434　　**홈피** www.vivishop.ch

 샤바다 빈티지 Chabada Vintage

1950~80년대 풍의 세련된 스위스 빈티지 의상과 독특한 소품을 원하는 여성 여행자들이라면 꼭 방문해보자. 로잔 지역 관광청 추천 쇼핑 스폿이다.

주소 Rue Cheneau de Bourg 4
위치 M2 Bessiéres역 혹은 버스 St. 1003 Lausanne
François역 하차
운영 화~금 13:30~18:30, 토 12:00~17:00
휴무 월·일요일
전화 +41 (0)79 673 0094
홈피 www.chabadavintage.ch

© Giovintage

앙 포 디 퓨 Un Po' Di Più Trattoria

로잔에 사는 힙한 친구들이 최근 가장 힙한 이탈리안 레스토랑이라고 안
내해준 곳이다. 피자와 파스타 맛도 일품이거니와 분위기 갑인 MZ 레스
토랑이다. '당신의 인생이 레몬처럼 시고 쓸 때 시키라'는 제목의 디저트
가 있는데 정말 달아서 정신이 혼미해질 수 있다. 예약하고 가지 않으면
무조건 웨이팅이다.

주소 Rue du Tunnel 1,
1005 Lausanne, Switzerland
위치 Riponne M. Béjart 역 기준
도보 3분, 대성당 도보 7분 소요
운영 월~토 11:45~14:30
(토 15:00까지),
18:45~23:00(금·토 23:30까지)
휴무 일요일
요금 샐러드 CHF15 전후,
파스타 및 피자 CHF 25 전후,
디저트 CHF11
전화 +41 (0)21 320 0606
홈피 www.unpodipiu.ch

아 라 뽐므 드 팽 A La Pomme de Pin

레만 호수에 거주했던 찰리 채플린, 가브리엘 샤넬 등이 메인 메뉴인 곰보
버섯을 곁들인 전통 닭요리를 자주 찾았다고 전해진다. 현재도 카페 및 레
스토랑으로 운영되고 있으며 스위스 전통 음식과 시즌 메뉴를 선보인다.
와인을 함께 즐겨도 괜찮은 곳. 솔방울이라는 레스토랑 이름만큼이나. 내
부 곳곳에 귀여운 솔방울 문양들이 있다.

주소 Rue Cité Derrière 11-13,
1005 Lausanne
위치 로잔 대성당 뒤쪽 골목에 위치
운영 월~금 08:00~23:30,
토 18:00~24:00
휴무 일요일
요금 CHF 20~80(메뉴에 따라 다름)
전화 +41 (0)21 323 4656
홈피 www.lapommedepin.ch

© Andynash

카페 로망 Cafe Romand

1951년부터 지금까지 오래도록 사랑받은 레스토랑. 맛 좋은 지역 향토 요리와 편안하면서 개성 넘치는 분위기가 좋다. 치즈 퐁뒤가 유명하며, 성 프랑수아 교회 광장 근처에 위치한다. 9월부터 4월까지만 선보이는 돼지고기 소시지 메뉴 파페 보두아(CHF 24)가 이곳 향토 요리 중 가장 대표적인 메뉴다.

주소 Place St-François 2,
　　 1003 Lausanne
위치 성 프랑수아 교회 바로 근처 위치
운영 월~토 08:30~23:00
　　 (주방 11:30~15:00,
　　 18:30~22:30) **휴무** 일요일
요금 샐러드 및 파스타 CHF 20 전후,
　　 치즈 퐁뒤 CHF 24,
　　 육류 CHF 30 이상
전화 +41 (0)21 312 6375
홈피 www.cafe-romand.ch

 카페 뒤 그뤼틀리 Café du Grütli

스위스 치즈 퐁뒤와 라클렛을 맛보고 싶다면 방문하자. 1849년부터 문을 연 역사가 깊은 레스토랑으로 여행자들뿐 아니라 현지인도 많이 찾는다.

주소 Rue de la Mercerie 4, 1003 Lausanne
위치 구시가지 팔뤼 광장 근처 대성당 가는 마르셰 계단 쪽 위치
운영 월~토 11:30~14:00, 18:30~22:00
　　 휴무 일요일
요금 CHF 25~60(메뉴에 따라 다름)
전화 +41 (0)21 312 9493
홈피 www.cafedugruetli.ch

 우마이도 Umamido

일본 라면을 파는 곳인데, 홈메이드 김치도 있고 탄탄면, 튀김만두도 있다. 스위스 로잔에서 일하는 친구가 꼭 소개해야 한다고 강추한 곳. 현지인들의 점심 스폿으로 입소문이 났다고 한다. 맛본 결과, 이유가 있군! 로잔역 근처에 위치해 있어 접근성도 좋다.

주소 Bd de Grancy 46,
　　 1006 Lausanne, Switzerland
위치 로잔역 바로 맞은편
운영 매일 11:30~22:00
요금 CHF 20~30
전화 +41 (0)21 616 3106
홈피 www.umamido.ch

5성급

로잔 팔라스 & 스파
Lausanne Palace & Spa

최고급 호텔에서 여유롭게 서비스받고 싶다면 이곳만한 곳이 없다. 1915년에 문을 연 로잔 팔라스 & 스파는 오랜 역사만큼이나 수준 높은 고품격 서비스를 제공한다.

주소 Rue du Grand-Chêne 7, 1003 Lausanne
위치 성 프랑수아 광장 근처 위치
요금 더블 CHF 540~4,500 **전화** +41 (0)21 331 3131
홈피 www.lausanne-palace.com

4성급

호텔 르 샤토 우시
Hotel Le Château d'Ouchy

12세기에 지어진 우시 성을 호텔과 레스토랑으로 개조해 사용되고 있다. 외관과는 다르게 호텔 시설이 전체적으로 현대적이고, 깨끗하다. 레만 호수와 그 너머로 보이는 알프스 경관이 무척 아름답다.

주소 Place du Port, 1006 Lausanne
위치 M2 Ouchy역 **요금** 더블 CHF 290~800
전화 +41 (0)21 331 3232 **홈피** www.chateaudouchy.ch

4성급

알파 팔미에르 호텔
Hotel Alpha-Palmiers

알파 팔미에르는 6대에 걸쳐 스위스 전역에 호텔을 운영하는 파스빈드Fassbind 패밀리의 체인 호텔 중 하나다. 기차역에서 언덕을 올라 3분 남짓 거리라 비즈니스 트래블러가 주로 머무는 곳이기도 하다. 소규모 회의실이나 비서 서비스 등을 이용할 수 있다.

주소 Rue du Petit-Chene 34,
　　　 Lausanne, VD, 1003
위치 로잔 중앙역 건너
　　　 바로 보이는 언덕 초입
　　　 (도보로 3분)
요금 더블 CHF 121~209
전화 +41 (0)21 555 5999
홈피 www.fassbindhotels.com

5성급

보리바주 팔라스
Beau-Rivage Palace

우시 지구에 있는 보리바주 팔라스는 레만 호수의 한적한 아름다움을 품은 럭셔리 호텔로 1861년 문을 열었다. 빅토르 위고, 가브리엘 샤넬, 찰리 채플린 같은 유명 인사들이 수없이 거쳐 간 호텔로도 명성이 자자하다. 전통과 현대를 제대로 유지한 멋진 호텔이다.

주소 Chem. de Beau-Rivage 21,
　　　 1006 Lausanne
위치 M2 Ouchy역, 중앙역에서는
　　　 레만 호수 방면으로
　　　 도보로 10분 소요
요금 더블 CHF 440~1385
전화 +41 (0)21 613 3333
홈피 www.brp.ch

2성급

마르셰 호텔
Hôtel du Marché

위치나 가격을 생각하면 훌륭한 버짓 호텔이다. 구시가지에 위치하며 메트로역이 바로 근처다. 일반 싱글룸, 더블룸부터 공용욕실을 사용하는 룸까지 몇 가지 선택이 있다. 하루 종일 밖으로 다닐 젊은 여행자라면 하루 이틀 짧게 머무는 호텔로 추천한다.

주소 Rue Pré-du-Marché 42,
　　　 1004 Lausanne
위치 M2 Riponne역에서 350m
요금 룸 컨디션에 따라 CHF 100 전후
전화 +41 (0)21 647 9900
홈피 www.hoteldumarche-
　　　 lausanne.ch

✚ 브베 Vevey

브베는 찰리 채플린(1889~1977)이 특히 사랑한 것으로 전해지는 작은 호반 도시이다. 그래서 호반 근처에는 찰리 채플린 동상이 여행자들을 반긴다. 세계적인 초콜릿 회사 네슬레 본사도 이곳에 위치하며, 과거 유명 인사들의 집과 산책로를 발견할 수 있는 보물 같은 곳이다.

브베 열차로 이동하기

- 제네바에서 약 1시간 15분
- 로잔에서 약 15분
- 몽트뢰에서 약 10분

★ 인포메이션 센터
주소   Grande-Place 29, 1800 Vevey
위치   기차역에서 Rue de Lausanne를 걷다 보면 위치
운영   월~금 09:00~18:00 토·일 09:00~12:45, 13:30~17:00
전화   +41 (0)84 886 8484
홈피   www.montreuxriviera.com

🏛 알리망타리움 Alimentarium ★☆☆ GPS 46.458427, 6.846428

1814년 세워진 네슬레 본사는 브베와 긴 역사를 함께해 왔다. 알리망타리움은 네슬레 재단이 브베에서 운영하는 먹거리와 관련한 박물관이다. 로컬들을 위한 다양한 교육 아카데미, 프로그램을 운영하고 있다.

주소   Quai Perdonnet 25, Case Postale 13, 1800 Vevey
위치   브베 중앙역에서 Rue du Simplon을 따라 10분 정도 걷다 보면 호수가 근처에 위치
운영   **4~9월** 화~일 10:00~18:00 **10~3월** 화~일 10:00~17:00
     휴무 월요일, 12월 25일, 1월 1일 및 공휴일
요금   성인 CHF 13, 어린이(6~15세) CHF 4, 6세 이하 무료
     ※ 스위스 패스 소지자 무료
전화   +41 (0)21 924 4111   홈피 www.alimentarium.ch

🏛 찰리 채플린 월드 Chaplin's World ★★★ GPS 46.475525, 6.851410

찰리 채플린이 가족과 25년간 살던 곳에 지어진 박물관이다. 채플린의 전 생애와 스위스에서의 활동을 엿볼 수 있으며, 채플린 밀랍 인형, 영상 재현 공간 등을 통해 그를 깊이 있게 이해하게 해준다.

주소   Route de Fenil 2, CH-1804 Corsier sur Vevey
위치   브베 기차역에서 212번 버스 15분 탑승 후 Chaplin역에서 하차
운영   10:00~18:00(여름 19:00까지, 겨울 15:00까지, 정확한 날짜는 홈페이지 참조)
     휴무 1월 중순 약 2주간, 12월 25일, 1월 1일
요금   성인 CHF 29, 15세 이하 CHF 19, 6세 미만 무료
     ※ 리비에라 카드 소지 시 50% 할인
전화   +41 842 422 422   홈피 www.chaplinsworld.com

✚ 라보 Lavaux

라보는 포도밭을 중심으로 메인이 되는 **쉐브레**Chexbres와 **히바즈**Rivaz, 라보의 중간지점 **뀌이**Cully, 우아한 분위기의 **상 사포항**St. Saphorin 등 주요 마을 총 12곳을 포괄하는 지역이다. 2007년에 라보 지역은 유네스코 세계자연유산으로 등재되었고, 이후 더 많은 여행자가 찾고 있다. 매년 9월 중순부터 10월 초, 포도 수확기에 여러 도메인Domain의 와인을 맛볼 수 있는 페스티벌이 열리기도 한다. 스위스 와인은 생산량이 적고, 자국 소비량도 많아 외국에서 마시기 어렵다. 이왕이면 현지에서 꼭 마셔봐야 하며, 선물로도 제격이다. 이 지역의 주요 포도 품종은 화이트와인으로 가공되는 샤슬라Chasselas가 대표적.

이 외에도 뀌이에서는 매년 여름 재즈 페스티벌도 열리니 관심이 있다면 찾아가도 좋겠다. 특별한 하룻밤을 원하면 라보의 작은 마을들의 B&B에 머물러보는 것도 추천한다.

★ **쉐브레 인포메이션 센터**
주소 Rue du Bourg 22, 1071 Chexbres
위치 쉐브레 기차역에서 나와 1분 거리
운영 월·화·목·금 13:30~17:30, 수·토 10:00~14:00
휴무 일요일
전화 +41 (0)84 886 8484
홈피 www.montreuxriviera.com

라보 주요 마을 열차로 이동하기

로잔 → (5분) → 뤼트리 → (5분) → 뀌이 → (4분) → 히바즈 → (2분) → **상 사포항** → (5분) → 브베 → (9분) → 쉐브레 → (3분) → 뷔두

© swisswine

> **Tip** | 라보 와인
>
> 라보에는 세 개의 태양이 있다 한다. 하늘의 태양, 레만 호수에 반영된 태양 그리고 라보 포도밭 돌담에 비치는 태양. 이렇게 해서 일조량이 풍부해진 라보의 포도로 만든 화이트 와인은 정말 끝내준다. 라보에 왔다면 와인을 마시지 않고는 돌아갈 생각을 말자. 와인을 마시고 살 수 있는 꺄브Caveau 방문도 해보자.

© Montreux-Vevey Tourism

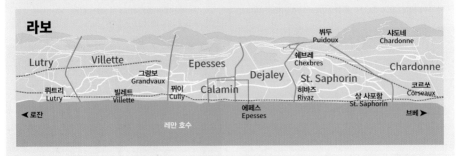

라보

뷔두 Puidoux · 샤도네 Chardonne · Lutry · Villette · 그랑보 Grandvaux · Epesses · 쉐브레 Chexbres · Dejaley · Chardonne · 뤼트리 Lutry · 빌레트 Villette · 뀌이 Cutly · Calamin · St. Saphorin · 히바즈 Rivaz · 상 사포항 St. Saphorin · 코르쏘 Corseaux · ◄ 로잔 · 에페스 Epesses · 레만 호수 · 브베 ►

포도밭 미니 열차 투어 Lavuax Mini-train Tour

4~10월 사이 라보 지역을 방문한다면 이때만 운행되는 라보 익스프레스 Lavaux Express나 라보 파노라믹Lavaux Panoramic 미니 열차를 타고 돌담길 사이사이를 지나보자. **라보 익스프레스**는 뤼트리와 뀌이를, **라보 파노라믹**은 상 사포항과 샤도네를 중심으로 운행한다. 비용은 노선과 시간에 따라 다르며 성인 기준 CHF 11~28. 인포메이션 센터나 홈페이지에서 예약이 가능하며 예약 없이도 탑승 가능하다.

라보 익스프레스
운영　4~10월 뤼트리 수·일,
　　　뀌이 토(6월 중순~9월 말
　　　뤼트리 금, 뀌이 화·목)
전화　+41 (0)84 884 8791

라보 파노라믹
운영　4월 중순~11월 중순
　　　화~일
전화　+41 (0)21 946 2350

 ## 라보 유람선 투어 Lavaux Cruise Tour

벨 에포크Belle Epoque 스타일의 증기유람선이 로잔에서 출발, 라보의 주요 마을들을 지나 브베-몽트뢰 시옹 성까지 향한다(편도 1시간 30분 소요). 레만 호수에서 라보 지역 포도밭을 전체적으로 보고 싶다면 타보자. 라보 지역 마을에서 하루 머물렀거나 하이킹을 마쳤다면, 혹은 다음 행선지가 몽트뢰 시옹 성이라면 유람선을 타고 이동할 것을 권한다.

영어로는 제네바 호수, 프랑스어로는 레만 호수는 스위스와 프랑스 국경 사이에 위치해 있고 스위스에서 가장 큰 호수이다. CGN 레만호수 유람선 회사는 라보 유람선 투어 외에도, 다양한 노선과 유람선을 운영하고 있다. 지도 상에 N1, N2, N3는 연중 운행하며, 이외의 노선들은 시즌별로 운행 여부와 시간이 조금씩 다르다. 노선에 따라 식사나 라보 와인 시음도 가능하다. 운행 스케줄은 사전에 꼭 확인하자.

주소　CGN SA, Avenue de Rhodanie 17, Case Postale 390, 1001 Lausanne
위치　각 지역의 호반으로 향하면 선착장을 쉽게 찾을 수 있다.
　　　라보의 주요 선착장 Lutry, Cully, Rivaz-St. Saphorin
운영　시즌 및 노선별 운영 시간 상이
　　　※ 로잔 출발 기준, 라보에서 승하차 가능/불가능 여부를 확인 후 탑승 필요
요금　노선별 요금 확인(스위스 패스 무료)
전화　+41 (0)84 881 1848
　　　(월~금 08:00~18:00, 토·일 08:00~12:00, 13:00~17:00)
홈피　www.cgn.ch

레만 호수 유람선 노선도

쉐브레-히바즈-상 사포항 하이킹 Chexbres-Rivaz-St. Saphorin Hiking

라보 지역의 포도밭 사이 돌담길에 하이킹 코스 몇 가지가 있다. 그중에서도 전망 좋은 쉐브레 기차역에서 출발해 히바즈를 지나 상 사포항까지의 코스를 진심으로 추천한다. 코스는 가벼운 걷기 수준이며, 아름다운 레만 호수와 포도밭에서의 낭만을 경험할 수 있다.

오베르주 드 라 걀 Auberge de la Gare

몇 해 전 퇴직하신 부모님이 친구분들과 스위스 여행을 가신다며 직접 자유여행을 계획하고 나에게 검토를 받으셨다. 그때 라보에서 가시겠다고 한 레스토랑 겸 호텔로, 여행자들이 방문하기에 위치도 좋고 먹다 보면 왜 미슐랭 레스토랑인지 직접 확인하게 될 것이다. 식사와 함께 라보 와인은 필수!

© Auberge de la Gare Homepage

주소 Rue de la Gare 1, Grandvaux, Bourg-en-Lavaux
위치 기차역에서 걸어서 2분 거리, 야외 테라스가 먼저 반겨줌
운영 화~토 08:30~23:00 **휴무** 월·일요일
메뉴 스위스, 프랑스 및 유러피언 메뉴
요금 CHF 25~65   전화 +41 (0)21 799 2686
홈피 www.aubergegrandvaux.ch/restaurant

르 덱 레스토랑 Le Deck

몽트뢰–브베 지역 관광청 관계자들이 짜주는 일정에 꼭 들어갈 정도로 유명한 레스토랑이다. 라보 지역을 조망할 수 있는 쉐브레의 Baron Tavernier 호텔 내 위치해 전망이 좋고, 지역 민물고기를 이용한 훌륭한 음식을 선보인다. 날씨 좋은 날은 그 가치가 더 빛난다.

주소 Rte de la Corniche 4, 1070 Puidoux-Chexbres
위치 쉐브레 기차역에서 Ch. de Tagnire 방면 남서쪽으로
      Route de Flonzaley를 따라 걷다가
      Ch. de la Croix에서 좌회전, 다시 Ch. du Mont에서
      좌회전하면 다시 Route de la Corniche를 따라
      좌회전하면 도보로 20분 소요
운영 12:00~21:00(조식 08:00~10:00,
      중식 12:00~14:00, 석식 19:00~21:00)
메뉴 레만 호수 생선 요리, 스테이크, 코스 요리 등
요금 메인 요리 CHF 31~64,
      6코스 요리 CHF 144
전화 +41 (0)21 926 6000
홈피 www.barontavernier.com

✦ 몽트뢰 Montreux

몽트뢰는 레만 호수 산책이 백미. 느긋하게 산책하다 보면 몽트뢰를 매우 사랑했던 그룹 퀸의 멤버 프레디 머큐리의 동상을 발견할 수 있다. 하늘 위로 한 팔을 쭉 뻗고 있는데, 이를 따라하며 사진 한 컷을 담아도 좋다.

몽트뢰의 파수꾼 역할을 하는 시옹 성도 빼놓을 수 없다. 시옹 성은 몽트뢰 중앙역에서 시내버스를 타고 이동하거나 로잔이나 주변 라보 지역에서 유람선을 타고 바로 도착하는 방법이 있다. 어떤 방법도 괜찮으나 후자가 좀 더 첫인상의 감동이 클 것이다. 이외에도 몽트뢰는 여름에 재즈 페스티벌이, 겨울에 남부 최대의 크리스마스 마켓이 열린다. 진짜 산타가 하늘을 난다!

몽트뢰로 이동하기
- 제네바에서 열차로 약 55분~1시간 15분
- 로잔에서 열차로 약 20분
- 취리히에서 열차로 약 2시간 40분

★ 인포메이션 센터
주소 Grand-Rue 45 Point d'information, d'accueil et d'assistance touristique, 1820 Montreux
위치 몽트뢰 기차역에서 나와 왼편으로 90m쯤 걷다가 보이는 계단으로 내려가면 왼편 레만 호숫가 근처
운영 월~금 09:00~18:00
　　　토 09:00~12:45, 13:30~17:00
　　　일 09:00~12:45, 13:30~17:00
전화 +41 (0)84 886 8484
홈피 www.montreuxriviera.com

★ 몽트뢰-브베 리비에라 카드
몽트뢰나 브베 숙박 시 호텔에서 리비에라 카드Riviera Card를 받자. 트램, 버스, 푸니쿨라 등 교통수단을 무료로 이용할 수 있고, 박물관 할인 혜택도 있다.

Tip | 레만 호수를 바라보며 커피를~

날씨 좋은 날은 그랑 뤼Grand Rue에 위치한 노란 차양이 인상적인 그랑 호텔 스위스 마제스틱Grand Hotel Suisse-Majestic의 Le 45 야외 테라스에서 커피 한잔을 마셔보자. 투숙객이 아니면 어떠랴. 레만 호수와 멀리 보이는 알프스의 풍광에 쏙 빠져 열차 시간을 잊게 될지도 모르니 조심하자.

© Suisse-Majestic Hotel

© MOB.ch

(more & more) **몽트뢰에서 출발하는 근교 산, 로쉐 드 네 Rochers-de-Naye**

몽트뢰를 내려다볼 수 있는 해발 2,042m 산이다. 정상까지는 톱니바퀴의 산악 열차를 타고 오르게 된다. 로컬들은 날씨 좋은 날 도시락을 준비해 라 홈베흐티아La Rambertia 알파인 가든에서 시간을 보내거나 가볍게 하이킹을 즐긴다. 로쉐 드 네는 우리나라 둘레길 같은 개념의 공식 하이킹 루트인 비아알피나Via Alpina 코스의 일부이기도 하다. 5월에는 수선화 언덕, 12월에는 산타 사무실에서 산타를 만날 수 있다.

주소 Les Rochers-de-Naye, 1824 Caux
위치 몽트뢰역에서 톱니바퀴 산악열차를 타고 산 정상까지 49분 소요
운영 1월 중순~4월 초 수~일, 나머지 매일 08:17~16:11까지 1시간 단위 출발
요금 왕복 2등석 CHF 70, 1등석 CHF 163
　　　※ 스위스 패스 50% 할인
　　　(Haut-de-Caux ↔ Rochers-de-Naye)
전화 +41 (0)21 989 8190
홈피 mob.ch

📷 시옹 성 Château de Chillon

언뜻 보면 레만 호수에 동동 떠 있는 착각이 드는 시옹 성은 바라보는 계절과 시간, 위치마다 모습이 늘 달라지는 카멜레온 같은 고성이다. 개인적으로는 아침 일찍이나 해 질 무렵의 시옹 성의 모습이 좋다. 바이런의 서사시「시옹 성의 죄수」로도 유명한 시옹 성은 박물관이나 고성 따위에는 관심이 없다고 주장하는 여행자들조차도 시옹 성의 외부 모습과 내부 곳곳을 경험하면 즐거운 시간을 보낼 수 있을 것이다. 개인적으로 평균 키보다 작은 침대와 뻥 뚫린 화장실이 인상적이다. 한국어로 된 안내서와 오디오 가이드가 있다.

주소 Avenue de Chillon 21, 1820 Veytaux
위치 몽트뢰, 브베 역에서 버스 201번 탑승 후 Chillon역 하차
운영 4~10월 09:00~18:00(마지막 입장 17:00), 11~3월 10:00~ 17:00(마지막 입장 16:00)
　　　휴무 12월 25일, 1월 1일
요금 성인 CHF 13.5, 어린이(6~15세) CHF 7, 학생 CHF 11.5, 가족(성인 2+15세 미만 어린이 2~5명) CHF 35, 오디오 가이드 CHF 6
　　　※ 리비에라 카드 소지 시 50%
　　　※ 스위스 패스 소지자 무료
전화 +41 (0)21 966 8910
홈피 www.chillon.ch

> **Tip | 바이런 카페 Cafe Byron**
>
> 관람 후 이곳에서 티타임을 추천한다. 테라스석 강추! 간단한 점심도 가능하다. 시옹성 와인도 파는데, 라보에 있는 시옹성 포도밭에서 직접 재배한 와인이다. 맛과 가성비가 괜찮아 선물로 괜찮다.

★★★　　　　　　　　　　　　　　　GPS 46.432303, 6.909290

📷 퀸 '프레디 머큐리' 동상

영국 록밴드 퀸의 리드 보컬, 프레디 머큐리(Freddie Mercury, 1946~1991)는 생전 "영혼의 평화를 얻기 원한다면 몽트뢰로 가라"고 할 정도로 몽트뢰를 사랑했다. 아픈 몸으로 생을 마감하기까지 이곳에서 음반 작업을 하며 지냈다. 그의 팬들이 그가 사랑한 몽트뢰에 그를 기리기 위해 만든 동상으로, 몽트뢰를 찾는 이라면 누구나 이곳에서 그의 포즈를 따라 인증샷을 남긴다. 프레디 사후에 발매된 마지막 앨범 〈Made in Haven〉의 커버는 그가 살던 집이 배경인데, Duck House라는 이름을 가진 곳으로 몇 년 전부터 에어비앤비를 통해 숙박 예약이 가능하다.

주소 Pl. du Marché, 1820 Montreux

© Maude Rion

> **Tip | 프레디 투어(영어 및 외국어)**
>
> 몽트뢰에서 여유가 좀 된다면, 프레디 투어에 참여해 그에 대해 좀 더 알아보자. 1시간 기본투어부터 2시간 반 투어. 프레디가 좋아했던 와이너리에 가서 저녁을 먹는 투어 등 다양한 프로그램이 있다. 자세한 정보 인스타그램 @ freddietoursmontreux

★★★
퀸 스튜디오 Queen - The Studio Experience

프레디 머큐리가 마지막 앨범을 녹음했던 '마운틴 스튜디오'는 몽트뢰 카지노 내부에 있다. 원래는 대중에게 오픈이 안 되어 외부 벽만 유명했는데, 몇 년 전부터 퀸 스튜디오라는 이름으로 대중에게 오픈했다. 프레디가 마지막으로 서 있었던 스튜디오 내부부터 퀸에 대한 다양한 히스토리를 담고 있어서 시간이 된다면 시옹 성으로 가기 전후 잠시 들려보자.

주소 Rue du Théâtre 9, 1820 Montreux
위치 몽트뢰 기차역에서 201번 타고 5분 소요(시옹성 가는 버스와 동일)
운영 매일 09:00~21:00
요금 무료
전화 +41 (0)21 962 8383
홈피 www.mercuryphoenixtrust.org

more & more 낭만 가득 몽트뢰 페스티벌

❶ 몽트뢰 재즈 페스티벌 MJF
음악을 사랑하는 여행자라면 이 시기에는 꼭 몽트뢰로 가자. 낭만적인 레만 호숫가를 따라 유명 음악인들의 공연이 펼쳐진다. 매년 7월 초부터 말까지 몽트뢰는 그야말로 축제의 도가니다.

❷ 몽트뢰 크리스마스 마켓 Christmas Market
레만 호수변을 따라 크리스마스 마켓이 이어져서 구경하기 좋다. 그리고 진짜 산타가 하늘을 난다. 정말이다. 직접 확인하길. 11월 중순부터 12월 크리스마스까지.

❸ 봄눈, 나르시스꽃 언덕 Spring Narcisses
그야말로 봄눈이 하늘에서 내리는 듯하다. 스위스 사람들도 나르시스 개화를 목놓아 기다린다. 심지어 실시간 개화정보 웹사이트(www.narcisses.com)도 있다. 몽트뢰에선 기차를 타고 레 프렐리아드Les Pleiades로, 브베에선 레자방Les Avants 언덕으로 향하자. 4월부터 시작해서 5월에 절정을 이룬다.

✚ 레 디아블레레 Les Diablerets

레 디아블레레는 디아블레레 산 북쪽에 위치한, 해발고도 1,200m의 작은 산악 마을이다. 로컬들의 거주지와 레저 여행자들을 위한 호텔, 레스토랑이 조용하게 어우러져 있다. 지명은 빙하 위 바윗돌에서 악마 Diable들이 게임을 즐겼다는 전설에서 비롯되었다. 악마들도 즐긴 이곳의 매력을 무엇일까? 여름엔 하이킹 천국, 겨울엔 스위스에서 가장 긴 슬로프의 눈썰매 천국으로 변신한다. 특히 레 디아블레레는 글레시어 3000과 가장 가까운 마을로, 이곳에서 숙박하는 여행자들이 많다. 개인적으로 아침 마을 산책이 참 좋았다.

★ 인포메이션 센터
주소 Le Collège 2,
      1865 Les Diablerets
운영 08:30~18:00
      (시즌에 따라 운영시간 상이)
전화 +41 (0)24 492 0010
홈피 www.villars-diablerets.ch

레 디아블레레로 이동하기
- 제네바에서 열차로 2시간 이상
- 에이글에서 열차로 약 40분
- 글레시어 3000과 버스로 5분 거리

르 뮈겟 티룸
Tea Room Le Muguet

조용한 레디아블레레 마을에서 나름 포토제닉한 곳이자, 로컬들이 사랑하는 베이커리 및 케이크 가게. 작지만 야외 테라스도 이쁘다.

주소 La Gare 15,
      1865 Les Diablerets
위치 기차역 기준 도보 5분
운영 매일 06:30~18:30
전화 +41 (0)24 492 2642
홈피 https://www.tea
      roomlemuguet.ch

4성급
빅토리아 유로텔 레 디아블레레 호텔
Eurotel Victoria Les Diablerets

레 디아블레레 대표 호텔. 기차역에서 도보 10분 거리이나 호텔에 도착 전 무료 픽업 서비스 요청이 가능하다. 하이킹, 스키를 즐긴 후 노곤해진 몸의 피로를 호텔 수영장과 사우나 시설에서 풀어보자. 겨울엔 호텔 바로 앞이 아이스 스케이팅장이 된다.

주소 Le Vernex 3,
      1865 Les Diablerets
위치 기차역 기준 도보 10분,
      글레시어3000 버스로 7분
요금 CHF 300 내외
전화 +41 (0)24 492 3721
홈피 https://www.eurotel-
      victoria.ch

---

more & more | **스위스에서 가장 긴, 눈 썰매 체험**

레 디아블레레에서는 스위스에서 가장 긴, 무려 7Km 길이나 이어지는 눈썰매 체험이 가능하다. 하지만 전혀 위험하지 않다. 어린 아이들부터 중장년층까지 모두 즐겁게 경험할 수 있는 안전한 겨울 액티비티다. 디아블레레 익스프레스를 타고 르 릴레레Le Meilleret 에 올라 출발할 수 있고 썰매는 대여가 가능하다.

주소 1865 Ormont-Dessus, Les Diablerets
위치 레 디아블레레 기차역 기준 도보 10분
운영 겨울시즌 한정, 매주 운영 여부와 시간 업데이트
      ※ 운영 시 월~일 08:30~16:30
요금 **케이블카** 편도 CHF 20, 원데이패스 CHF 34
      ※ 스위스 트래블패스 소지자 50% 할인
      눈썰매 대여 CHf 12~ 20
전화 +41 (0)77 523 4562(눈썰매 운영 확인 핫라인)
홈피 https://www.alpesvaudoises.ch/en/tour/sledging-run-
      in-les-diablerets

액티비티 천국, 글레시어 3000 산

'글레시어3000'은 보Vaud주에서 가장 사랑받는 알프스 산이고, 겨울에는 로컬들이 정말 많이 찾는 스키 리조트다. 3,000m 정상에 오르면 가장 먼저 들러봐야 하는 곳이 세계 최초로 두 개의 봉우리를 연결한 픽투픽Peak to Peak 다리인 티쏘 피크워크PeakWalk다. 다리를 건너면서 느끼는 아찔함과 함께 멀리 마테호른, 융프라우, 몽블랑 등 알프스에서 이름난 4,000m급 봉우리 24개가 모두 보이는 알프스 파노라마 전망이 정말 멋지다. 전망대는 세계적인 건축가 마리오 보타가 지은 전망대가 있다. 전망대 레스토랑은 실내 및 테라스 모두 이용이 가능하다.

여기서 끝이 아니다. 여름엔 전망대 아래 위치한 1km 길이의 '알파인 코스터'를 즐길 수 있는데, 이는 스위스에서 가장 높은 곳에 위치한 알파인 코스터로 꼭 경험해보아야 한다. 브레이크를 한 번도 안 잡으면 진짜 아찔하다.

티켓에 포함되어 있는 '아이스 익스프레스' 체어 리프트를 타면 빙하 위로 바로 갈 수 있어서 특별하다. 눈이 있을 땐 무료 눈썰매 체험이 가능한 펀파크에서 시간을 보낼 수 있고, 연중 빙하 위를 걷는 하이킹이 가능하다. 겨울에는 최상급 스키 코스 중 바위를 뚫어 만든 동굴을 지나는 코스가 스키어들에게 인기가 높다.

주소 Route du Pillon 253, 1865 Les Diablerets
위치 ❶ 레 디아블레레(10분)와 그슈타트(30분)에서 포스트버스로 꼴 드 뻬용 케이블카역으로 이동 ❷ 꼴 드 뻬용에서 케이블카를 타고 섹 루즈(글레시어 3000 정상)으로 이동(15분, 1번 갈아탐)
운영 매일 09:00~16:30(매 20분), 점검기간(9월 중순~ 10월 초)에는 꼴 드 뻬용이 아닌 로이쉬Reusch에서 체어 리프트를 타고 중간역인 까반Cabane으로 가서 정상 이동
요금 성인 왕복 CHF 80, 어린이·스위스 패스·하프페어카드 소지자 CHF 43(알파인 코스터 CHF 9)
전화 +41 (0)24 492 3377
홈피 www.glacier3000.ch

글레시어 3000 산 정상 지도

✚ 니옹 Nyon

레만 호수 인근의 작은 마을 니옹은 예상외로 볼거리가 가득하다. 우선 로마의 장군, 시저 북벌의 중요한 거점도시였기 때문에 도시 곳곳에서 로마 유적을 발견할 수 있다. 또, 레만 호수 박물관과 로마 박물관 등 겉보기엔 작은 박물관의 컬렉션도 기대 이상으로 수준이 높다. 매년 7월 말경 야외 음악 축제인 팔레오^{Paléo}도 열리는데, 전 세계에서 20만 명 이상의 관람객이 몰려들 정도로 대규모의 행사다.

★ 인포메이션 센터
주소 Avenue Viollier 8,
　　　1260 Nyon 1
위치 기차역에서 호반 쪽으로
　　　이동 후 도보 5분
운영 월~금 09:30~12:30,
　　　13:00~17:00
　　　(시즌에 따라 운영시간 상이)
휴무 토·일요일
전화 +41 (0)22 365 6600
홈피 www.nyon-tourisme.ch

Tip | 니옹의 와인 축제

포도 수확철인 9월 말이나 10월 초 니옹 등 레만 호수 지역 곳곳에서 와인 시음축제가 열린다. CHF 20 전후의 잔 값을 내고, 행사에 참여하는 여러 도메인의 와인을 마셔보자. 레만 호수 지역의 화이트와인은 샤슬라, 레드와인은 피노 누아 품종이다.

홈피 www.fetedelavigne.ch

니옹 성
Château de Nyon

★★★ GPS 46.382021, 6.240591

12세기 로마군의 요새로 건축된 니옹 성은 현재 역사 및 도자기 박물관Musee Historique et des Porcelaines으로 운영되고 있다. 흰색의 깨끗한 외관이 돋보이는 니옹 성은 야외테라스를 갖춰 그곳에서 구시가지와 레만 호수의 전경을 한눈에 감상할 수 있다. 성 지하의 꺄브 비네롱Caveau des Vignerons에서는 니옹에서 생산하는 여러 종류의 와인을 시음해보고 좋은 가격에 구매도 가능하다.

주소 Place du Château 5, 1260 Nyon
위치 니옹 중앙역에서 호수 방면으로 Avenue Viollier이나 Rue de la Gare을 따라 걷고, Château/Musée 표시를 따르면 도보로 5분 거리에 위치
운영 **11~3월** 화~일 14:00~17:00
4~10월 화~일 10:00~17:00 **휴무** 월요일
꺄브 비네롱 수~토 17:00~, 일 11:30~18:00
요금 성인 CHF 8, 학생 및 무직자 CHF 6,
어린이(16세 이하) 무료, 스위스 패스 소지자 무료
전화 +41 (0)22 316 4273 **꺄브 비네롱** +41 (0)22 361 9525
홈피 www.chateaudenyon.ch

니옹 로마 박물관
Musée Romain de Nyon

★☆☆ GPS 46.381213, 6.240005

니옹의 로마 유적지에서 발굴된 유물과 건축물의 파편, 당시 로마의 주둔지 모형 등을 전시하고 있다. 박물관 위치가 옛 바실리카 자리에 그대로 세워져 바실리카 건물의 일부도 감상할 수 있어서 그 가치가 크다. 스위스 프랑스어권 지역에서 갑자기 이탈리아로 넘어온 것 같은 착각이 잠시 드는 곳이다.

주소 Rue Maupertuis 9, 1260 Nyon
위치 니옹 성 근처에 위치
운영 **11~3월** 화~일 14:00~17:00
4~10월 화~일 10:00~17:00
휴무 월요일(공휴일 제외), 12월 크리스마스 연휴 기간
요금 성인 CHF 8, 학생 및 무직자 CHF 6,
어린이(16세 이하) 무료 ※ 스위스 패스 소지자 무료
전화 +41 (0)22 316 4280 홈피 www.mrn.ch

레만 호수 박물관과 아쿠아리움 Musée du Léman & Aquarium

★☆☆ GPS 46.380056, 6.240097

서유럽에서 가장 큰 호수 중 하나인 레만 호수의 생태계 및 자연유산에 관해 알찬 정보를 얻을 수 있는 박물관이다. 1954년 개관 이래 50만 명 이상이 방문한 로컬 인기 박물관으로, 아이부터 어른까지 레만 호수와 물과 관련된 다양한 이야기와 전시에 마음을 뺏겨 시간 가는 줄 모른다. 현재 레만 호수에 살고 있는 31종의 300여 마리 물고기가 전시된 수족관은 인기 만점이다.

주소 Quai Louis-Bonnard 8, 1260 Nyon
위치 니옹 중앙역에서 도보 15분, 니옹 성에서 도보 5분
운영 **11~3월** 화~일 14:00~17:00
4~10월 화~일 10:00~17:00
휴무 월요일
요금 성인 CHF 8, 학생 및 무직자 CHF 6, 어린이(16세 이하) 무료, 스위스 패스 소지자 무료
전화 +41 (0)22 316 4250
홈피 www.museeduleman.ch

골든패스 라인 따라 즐기는 소도시 투어

골든패스 라인은 인터라켄에서 몽트뢰까지 이어지는 가장 목가적인 스위스의 기차 여행길이다. 길 따라 이어지는 매력적인 소도시 두 곳을 추천한다.

❶ 샤또데 Château-d'OeX

샤또데가 가장 유명한 건 1월에 열리는 '국제열기구축제' 때문이다. 축제 기간 하늘이 온통 열기구로 물든다. 비용이 좀 있지만 연중 체험도 가능하다. 샤또데를 찾는 또 다른 이유는 스위스 종이 커팅 역사가 시작된 곳. 페이덩오 박물관Musée du Pays-d'Enhaut에서 모든 정보를 알 수 있다. 마지막 이유는 '진짜' 맛있는 퐁듀집 르 샬레Le Chalet가 있기 때문. 보통 와인 넣는 퐁듀가 많은데 맥주를 넣은 퐁듀가 특이하고, 전체적으로 모든 요리가 맛있다.

© 스위스관광청

© 스위스관광청

❷ 그슈타트 Gstaad

그슈타트는 작지만 진짜 핫한 곳이다. 특히 겨울에! 거리 모습은 체르마트인데, 목조 건물들을 자세히 보면 다 럭셔리 브랜드다. 루이비통, 프라다, 파텍필립 등 럭셔리 브랜드들이 그냥 아무렇지도 않게 거리에 포진되어 있다. 시간이 있다면 1시간 정도 아이쇼핑을 추천한다. 근처에 작은 공항이 있어 할리우드 스타들이 전용기를 타고 프라이빗한 휴가를 보낸다. 그래서 럭셔리 호텔들도 꽁꽁 숨어있다. 일반 여행자들에게 추천할 만한 괜찮은 호텔로는 후스호텔Huus Hotel이 있다. 겉모습과 다르게 수영장, 스파, 힙한 로비와 방 등 추천할 게 너무 많다.

후스호텔(Huus Hotel)

✚ 모르쥬 Morges

모르쥬는 꽃의 도시이다. 봄에는 다양한 색의 튤립이 가득한 튤립 축제를 즐길 수 있으며, 여름에는 아이리스와 에메로칼르, 가을에는 달리아 등이 앞다투어 피고 진다. 그야말로 늘 꽃향기에 취해 있는 곳이라고 할 수 있을 정도. 특히 렝데팡덩스 공원Parc de l'independance은 아름다운 꽃과 레만 호수를 함께 만끽할 수 있는 대표적인 곳이다. 이곳에서 여유를 즐기는 현지인들을 바라보며 잠시 여유를 느끼는 것은 어떨까.

모르쥬로 이동하기
- 제네바에서 열차로 약 35분
- 로잔에서 열차로 약 10분

★ 인포메이션 센터
주소 Rue du Château 2, Case postale 55, 1110 Morges
운영 월~금 09:00~17:30, 토·일 09:30~14:30 (시즌에 따라 운영시간 상이)
전화 +41 (0)21 801 3233
홈피 www.morges-tourisme.ch
※ 시청에도 인포메이션 센터가 있다(월~금 08:00~11:30, 14:00~16:00).

★★☆

GPS 46.506660, 6.496839

📷 모르쥬 성 Château de Morges

13세기의 고성으로 1286년 사보이공 루이가 로잔의 사교구에 대항하기 위해 건축했다. 13~16세기에 조금씩 증축하여 지금의 깔끔한 정방형으로 둘러싼 사보이 가문 특유의 건축 스타일이 완성되었다. 지금은 군사 박물관 등으로 이용되고 있다.

주소 Rue du Château 1, 1110 Morges 1
위치 모르쥬 중앙역에서 도보로 5분 소요, 렝데팡덩스 공원 바로 옆 위치
운영 9~6월 화~일 10:00~17:00
7·8월 화~일 10:00~18:00
휴무 월요일, 12월 중순~1월 초 (매년 다르니 홈페이지 참고)
요금 성인 CHF 10, 학생 및 그룹 CHF 8, 어린이 CHF 3, 6세 이하 및 스위스 패스 소지자 무료
전화 +41 (0)21 316 0990
홈피 www.chateau-morges.ch

Tip | 톨로세나 Tolochenaz

모르쥬 근처의 톨로세나는 오드리 헵번의 흔적을 찾아나서는 팬이라면 한 번쯤 들러봐도 의미가 있을 곳이다.
주소 Chemin Plantées, Tolochenaz, 1131

오드리 헵번의 무덤

눈과 야자수, 스위스와 이탈리아어. 서로 좀 낯설다.
티치노 지역의 이국적인 매력은 이런 낯선 조합의 산물이다.
티치노 북쪽으로 위치한 높고 험한 알프스의
골짜기들은 남쪽 티치노의 따뜻한 기후를 만들어준다.
그래서인지 티치노의 공기는 촉촉하고,
햇살은 여느 지역보다 따스하다. 늘 볕을 그리워하는
북유럽인들이 사랑하는 휴양지로 알려질 만하다.
이탈리아와 맞닿아 있는 마지오레(Maggiore) 호수와
루가노 호수의 유람선을 타고 흥미로운 이야기와
매력으로 가득한 작은 호숫가 마을들을 방문해보자.

티치노 주 루가노와 주변 지역 *TICINO*

스위스 속 작은 이탈리아
TICINO

티치노 주는 '스위스 속 작은 이탈리아'라고 불린다. 청결함, 편리한 인프라, 사회적 안정성은 스위스답게 유지하되 이곳에 거주하는 사람들의 성향은 쾌활하고 낙천적인 이탈리아인 그대로이다. 독일어권 지역과는 자연환경, 건축물 등도 확연히 차이가 나지만 삶을 대하는 태도야말로 정말 다르다. 하이킹을 할 때 독일어권 사람들은 마치 전투에라도 참여하는 듯 자못 비장하지만, 토종 티치노 사람들은 "산은 오르기보다 와인을 마시고 바라보며 즐기는 것"이라 생각한다.

티치노는 널리 알려진 루가노, 로카르노, 벨린초나 등 큰 도시 외에 티치노 주 북쪽 '발 베르자스카Valle Verzasca' 계곡 지역에 자리 잡고 있는 소노뇨Sonogno, 라베르테초Lavertezzo 등은 로카르노에서 출발하면 반나절 코스로 이색적인 여행지로 기억될 것이다.

▲ 취리히
Zürich
(194km)

우리
Uri

그라우뷘덴
Graubünden

발레
Valais

벨린초나
Bellinzona ●

로카르노 ●
Locarno ●

◀ 제네바
Genève
(374km)

루가노
Lugano ●

루가노 호수
Lago di Lugano

마지오레 호수
Lago Maggiore

● 멘드리지오
Mendrisio

오리오 알 세리에(베르가모) ▶
Orio al Serio(146km)

말펜사 ▶
Malpensa
(103km)

밀라노
Milano

리나테 ▶
Linate
(179km)

© Ticino Tourismo

살티 다리, Ponte dei Salti, Lavertezzo

티치노 주

주요 도시   루가노, 로카르노, 벨린초나

주요 호수   마지오레, 루가노

주요 산과 계곡   카르다다, 타마로, 산 조르지오, 산 살바토레,
발 베르자스카

주요 테마   편안한 휴식, 호수와 산들이 빚어낸 이탈리아 같은 전경,
계곡에 자리한 작은 마을들, 와인, 마리오 보타의 건축물, 유쾌한 사람들

※ 티치노는 이탈리아권에 속한다. 티치노에서 가장 큰 도시는 루가노이지만 주
　도는 벨린초나이다.

※ 간단한 이탈리아어 단어: Monte = 산, Valle = 계곡, Lago = 호수

09

아름다운 호수와 산이 있는 **루가노**
LUGANO

티치노 주에서 가장 큰 도시인 루가노는 밀라노에서 차로 1시간 정도로 가까운 거리인 만큼 정서적으로나 문화적으로 이탈리아 사람들과 비슷하다. 루가노는 어찌 보면 스위스의 장점을 이탈리아 특유의 감성으로 풀어낸 정서적 중간 지점인 듯싶다. 루가노 호수는 스위스 그 어떤 호수들보다 로맨틱한 감성을 던진다. 치아니 공원Parco Ciani, 타시노 공원Parco del Tassino이 호숫가에 있어 계절마다 아름다운 꽃을 볼 수 있고, 유네스코 자연유산으로 지정된 조르지오Monte San Giorgio 산은 지질학적으로 이곳이 얼마나 가치가 높은지 알려준다. 그 밖에도 루가노는 네오클래식 양식의 오래된 건물들과 티치노가 낳은 세계적 건축가 마리오 보타의 현대 건축물, 유명 브랜드와 부티크가 공존하고 있는 지역으로 괜찮은 쇼핑을 할 수 있기도 하다. 저녁의 하이라이트는 리포르마 광장Piazza della Riforma이라고 할 수 있다. 골목을 거닐다 리포르마 광장에서 저녁을 먹는 것만으로 루가노에 오길 참 잘했다 싶을 것이다.

🙂 추천 여행 일정

1 | Only 루가노
리포르마 광장과 주요 거리(낫샤, 페시나) +
루가노 호수 주변의 주요 볼거리들
(산타마리아 델리 안젤리 성당, 치아니 공원 등) +
몬테 브레 혹은 몬테 산 살바토레 전망대

2 | 루가노와 주변 지역
루가노 + 간드리아 or 모르코테(유람선, 버스 이동)
or 몬타뇰라 or 멜리데 or 멘드리지오(버스 이동)

ⓘ 인포메이션 센터

치비코 광장 인포메이션 센터
주소 Piazza della Riforma-Palazzo Civico,
      6900 Lugano
위치 루가노 호수변 치비코 광장 내
운영 월~금 09:00~12:00, 13:00~18:00
      토 09:00~12:00, 13:00~17:00
      일·공휴일 10:00~12:00, 13:00~16:00
전화 +41 (0)58 220 6506
홈피 www.luganoregion.com

여행정보
- 도시명 루가노
- 주 티치노
- 인구 약 64,000명
- 주요 언어 이탈리아어
- 고도 273m
- 키워드 루가노 호수,
  몬테 산 살바토레, 간드리아

Janice Advice 루가노의 호반 산책길 룬골라고를 걷다 보면 밤나무가 참 많다는 걸 알게 된다. 그래서 밤이 열리는 계절에 루가노를 방문하면 거리 곳곳에서 군밤 파는 아저씨들을 자주 만나게 된다. 한국의 겨울 풍경과 비슷해서 왠지 정겹다. 물가 높은 스위스에서 군밤 한 봉지는 때론 배고픈 여행자들의 배를 채워준다.

Jay Advice 루가노에서는 이탈리아가 고향인 스파게티나 옥수수가루로 만든 폴렌타(Polenta), 와인에 푹 삶은 브라자토(Brasato) 등을 주로 맛볼 수 있다. 여기에 티치노의 대표 와인 메를로(Melot)를 곁들이면 스위스 속 작은 이탈리아, 티치노를 여행하고 있다는 것을 다시 한 번 실감하게 될 것이다.

✚ 루가노 들어가기 & 나오기

1. 항공으로 이동하기

티치노 여행만을 위해 스위스를 찾는 여행자들은 그리 많지 않을 것이다. 따라서 대부분 취리히 공항에서 입국해 취리히, 루체른을 여행한 다음 루체른 또는 아트 골다우Arth-Goldau에서 직행 열차를 타고 이동하게 될 것이다. 만약 취리히나 제네바에서 국내선을 이용해 바로 루가노 공항으로 이동하고 싶다면, 그 방법도 가능하지만 별로 권하고 싶지는 않다. 인천–밀라노 직항을 이용해 티치노 지역부터 여행하고 싶다면 그 방법도 가능하다. 밀라노에서 티치노 지역 루가노, 벨린초나, 멘드리지오, 멘리데 등 주요 도시에서 밀라노 말펜사 공항까지 열차가 운행된다.

> **Tip** | 밀라노에서 열차로 루가노 이동
>
> 밀라노 말펜사Malpensa 터미널 1,2에서 열차 이동을 권한다. 스위스 티치노 멘드리지오Mandrisio에서 1회 환승해야 하지만, 소요시간 1시간 30분으로 오히려 취리히 및 제네바 공항에서 이동하는 것보다 시간이 짧다.
> 요금 2등석 기준 성인 CHF 24.40

★ 밀라노 말펜사 공항 → 티치노 주요 도시 기차로 이동하기
- 틸로Tilo S50 열차가 벨린초나, 루가노, 멜드리지오 등 티치노 주요 도시를 거쳐 밀라노 말펜사 터미널 1, 2까지 1시간 간격으로 운행
- 04:00대부터 21:00대까지 열차 운행(시즌마다 다를 수 있음)
- 자세한 시간 www.sbb.ch에서 검색 가능

2. 열차로 이동하기

취리히 공항에서 입국하면, 취리히에서 직행 열차를 타고 루가노까지 이동하거나, 제네바 공항으로 입국하면 취리히를 거쳐 루가노로 가거나, 도모도솔라Domodossola를 거쳐 로까르노Locarno로 이동하는 동선이 자연스럽다.

★ 주요 도시 → 루가노 열차 이동시간
- **취리히** 약 2시간 5분. 취리히 중앙역에서 1시간에 2번 루가노까지 직행으로 가는 열차가 운행, 이 열차는 밀라노까지 운행한다.
- **루체른** 약 2시간. 1시간에 1번 직행 편이 운행. 리기 산을 여행한 후 아트 골다우Arth-Goldau로 내려와 이곳에서 직행으로 약 1시간 30분 소요
- **제네바** 약 5시간. 취리히에서 경유해야 하므로 많은 시간 소요

3. 차량으로 이동하기

스위스 북쪽에서 이동 시 취리히에서 A2 고속도로를 이용해 생 고타드San Gottardo → 키아소Chiasso → 이탈리아 방면으로 향하다가 루가노 북쪽Lugano Nord 출구로 나오면 된다.
루가노는 이탈리아와 맞닿아 있기 때문에 이탈리아와 스위스 간 여행자의 이동이 잦은 편인데 밀라노에서 약 1시간 걸린다. 이탈리아 밀라노에서는 코모Como, 생 고타드 방면의 Laghi A9 고속도로를 이용하거나, Varese → Stabio 방면의 A8 고속도로를 이용해 루가노 남쪽 Lugano Sud 방면으로 나오면 된다.

✛ 루가노 시내에서 이동하기

취리히, 베른, 루체른 등 타 대도시와 달리 트램이 없고, 버스로 이동하는 것이 보편적이다. 다행히도 버스 노선이 매우 세밀하게 연결되어 있어 여행 시 불편함이 전혀 없다. 루가노 시내 주요 포인트는 웬만하면 도보로 이동할 수 있지만, 때에 따라 버스, 유람선을 이용할 수도 있다. 루가노 중앙역은 루가노 호수를 내려다보는 다소 높은 지역에 있으니 루가노 호수가 있는 낮은 지역으로 이동할 때는 버스나 초현대식 푸니쿨라를 이용하면 편리하다.

버스 이용하기

루가노에서 주로 이용하게 될 버스는 루가노 지역 버스 회사인 TPL (Transporti Pubblici Luganesi)과 포스트 버스 Auto Postale일 것이다. 버스 정류장을 보면 루가노 시내 중심가와 루가노 역을 중심으로 운행하는 1, 2, 3, 4, 5, 6, 7번과 루가노 시내 외곽으로 이동하는 15, 16, 17, 18번으로 되어 있다. 포스트버스는 루가노 근교 명소인 모르코테 Morcote, 멜리데Melide 및 몬타뇰라Montagnola 등으로 운행한다. 버스 정류장에 회사와 노선명이 적혀 있으며, 노란색 버스가 포스트버스이니 헷갈릴 염려도 없다.

홈피 www.tplsa.ch

★ 루가노 푸니쿨라 TPL 노선
운행구간 루가노 시내 중심(Piazza Cioccaro)-루가노 SBB역(Stazione FFS)
운행시간 05:00~24:00
소요시간 약 90초
요금 CHF 1.3

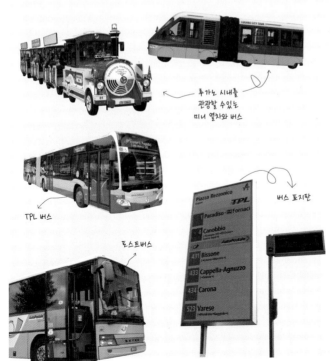

루가노 시내를 관광할 수 있는 미니 열차와 버스

TPL 버스

포스트버스

버스 표지판

Tip | 티치노 티켓
Ticino Ticket

티치노 지역에서 투숙하는 여행자라면 투숙하는 호텔, 호스텔, 심지어 캠핑사이트에서 디지털 버전 티치노 티켓을 받을 수 있다(스마트폰 필수). 티치노 내 대도시에서 소도시까지 포함, 키아소Chiasso부터 아이롤로Airolo까지 9개 회사가 운영하는 대중교통 수단을 무료로 이용할 수 있다. 또한 박물관이나 산악 여행지를 20~30% 할인받을 수 있으니 티치노 지역만 주로 여행할 계획이라면 이 티켓은 매우 유용하다. 자세한 정보는 홈페이지 참고.
홈피 www.ticino.ch/ticket

← ⓡ 일 포스토 아칸토
Il Posto Accanto

ⓢ 미그로 슈퍼마켓
Migros

ⓢ 미그로 슈퍼마켓
Migros

Ⓗ 호텔 페데랄레 루가노
Hotel Federale Lugano

페시나 거리
Via Pessina

ⓢ 마노르 백화점
Manor

루가노 기차역
루가노 기차역

Ⓗ 성 로렌초 성당
Cattedrale di San Lorenzo

ⓢ 가바니씨 상점들
Gabbani Stores

Viale Carlo Cattaneo

● Piazza Indipendenza

● 치아니 공원과 룽골라고 산책길
Parco Ciani & Lungolago Path

Ⓗ 호텔 루가노단테
Hotel Lugano Dante

ⓡ 비스트로 & 피자 아르젠티노
Bistrot & Pizza Argentino

ⓡ 라 티네라
La Tinèra

Ⓗ 몬타리나 호텔 & 호스텔
Montarina Hotel & Hostel

낫사 거리
Via Nassa

🏛 리포르마 광장
Piazza della Riforma

Ⓗ 콘티넨탈 파크
호텔 루가노
Continental Park
Hotel Lugano

◀ 알프로제 초콜릿 체험 센터
Alprose Schokoland
(9.2km)

● 산타마리아 델리 안젤리 성당
Chiesa Santa Maria degli Angeli

Piazza Luini

● 루가노 아트 센터
LAC Lugano Arte e Cultura

루가노 호수
Lago di Lugano

Ⓗ 호텔 스플렌디드 로열
Hotel Splendide Royal

파라디소 지구
Paradiso

⚓ 몬타뇰라
Montagnola

▼ 몬테 신 살바토레
Monte San Salvatore
(4.5km)

▼ 모르코테 Morcote

▼ 멜리데 Melide

Aldesago

Ⓐ 몬테 브레
Monte Brè

Albonago

Ⓡ 아르테 알 라고
그랜드 호텔 빌라 카스타뇰라
Grand Hotel Villa Castagnola

Suvigliana

카사라테
Cassarate

Via Ceresio di Suvigliana

공원
Parco San Michele

Str. di Fulmignano

Str. di Gandria

Via Riviera

간드리아 ➤
Gandria

N

루가노

몬테 제네로소 ◣
Monte Generoso
(36.4km)

★★★

산타마리아 델리 안젤리 성당 Chiesa Santa Maria degli Angeli

1499년에 건축을 시작한 로마네스크 양식의 성당으로, 성당에 들어서면 벽면 전체를 둘러싼 아름다운 프레스코화들에 눈길이 간다. 레오나르도 다빈치의 제자였던 화가 베르나디노 루이니Bernardino Luini가 1529년에 그린 것으로 〈십자가의 예수〉와 〈최후의 만찬〉, 〈성모자 상〉 등은 색감이 다채롭고 보존 상태도 좋아 스위스 롬바르드 르네상스 양식의 대표 작품이라 할 수 있다.

주소 Piazza Bernardino Luini, 6900 Lugano
위치 낫사 거리를 따라 파라디소 지구 쪽으로 내려오다 보면 호반에 위치
운영 08:30~18:00
요금 무료
전화 +41 (0)91 922 0112
홈피 www.santamariadegliangi oli.ch

★★☆

성 로렌초 성당 Cattedrale di San Lorenzo

루가노 기차역에서 언덕길을 내려다보면 가장 먼저 눈에 띄는 건물이 바로 성 로렌초 성당이다. 르네상스양식의 외관과 둥근 첨탑의 고딕양식으로 완성된 인상적인 성당 건물은 9세기경 건축된 이래 시대에 따른 다양한 건축 양식이 혼재되어 있다. 내부의 성가대석 입구와 천사들로 장식된 작은 사원과 상부구조로 된 대리석의 높은 제단과 화려한 프레스코화가 매우 인상적이다.

주소 Via San Lorenzo, 6900 Lugano
위치 루가노 기차역에서 작은 육교를 건너면 성당으로 내려가는 언덕길이 있다.
운영 06:30~18:00
요금 무료
전화 +41 (0)91 921 4945

리포르마 광장 Piazza della Riforma

★★★

GPS 46.003523, 8.951000

많은 레스토랑과 비스트로가 모여 있는 곳으로 도시의 만남의 장소가 되는 곳이다. 지역의 유명 페스티벌인 에스티벌 재즈Estival Jazz, 부활절 및 크리스마스 행사가 열리는 주요 무대로 과거에는 대광장을 뜻하는 Piazza Grande로 불렸다. 이후 여러 정치적 혼란을 겪고, 스위스의 12번째 주로 지정되었으며, 1830년 헌법 개정 덕에 현재 이름으로 불리게 되었다.

치아니 공원과 룬골라고 산책길 Parco Ciani & Lungolago Path

★★★

GPS 46.005226, 8.958095

루가노 호숫가에 위치한 치아니 공원은 약 63,000㎡의 넓은 공원으로 티치노에서 서식하는 식물들을 다양하게 볼 수 있는 초록의 보고이다. 공원에는 빌라 치아니, 컨벤션 센터, 주립 자연사 박물관 및 주립도서관이 있으며 호숫가를 따라 남쪽으로 이어지는 룬골라고 산책길은 보리수와 밤나무로 녹음이 짙어 지역 사람들과 여행자들에게 사랑받는 산책로이다. 치아니 공원에서 반대편에 위치한 몬테 산 살바토레와 아름다운 꽃들을 배경으로 사진을 찍어보자.

주소 Riva Albertolli, Lungolago, 6900 Lugano
위치 리포르마 광장에서 루가노 호수를 따라 북쪽으로 걷다 보면 나온다 (루가노 카지노 맞은편에 공원 출입문 위치).
운영 하계 06:00~23:00, 동계 06:00~20:00
홈피 www.luganoregion.ch

★★☆

GPS 45.999307, 8.948194

루가노 아트 센터 LAC Lugano Arte e Cultura

예술과 문화에 다양한 가치를 부여하고자 새롭게 건설된 복합 건물로 박물관과 콘서트홀로 구성되어 있다. 루가노 호수의 찰랑거림이 투영되는 유리 건물인 루가노 아트 센터는 기존에 별도로 자리하던 근대미술관과 주립미술관이 합쳐져 스위스 이탈리아권의 미술관 Museo d'Arte della Svizzera Italiana로 불린다. 루가노 아트 센터는 미술품 전시뿐만 아니라 클래식부터 현대음악까지 다양한 음악을 어우르는 수준 높은 공연장도 갖추고 있어 루가노 지역 사람들의 새로운 메카로 자리 잡고 있다.

주소 Piazza Bernardino Luini 6, 6901 Lugano
위치 산타마리아 델리 안젤리 성당 옆
운영 **스위스 이탈리아권 미술관(MASI)**
화·수·금 11:00~18:00,
목 11:00~20:00,
토·일·공휴일 10:00~18:00
휴무 월요일
요금 **콤비 티켓 기준** 성인 CHF 24,
16~25세 및 티치노 티켓 소지자
CHF 19, 16세 이하 및
스위스 패스 소지자 무료
전화 **아트 센터** +41 (0)58 866 4222
미술관 +41 (0)91 815 7973
홈피 **아트 센터** www.luganolac.ch
미술관 www.masilugano.ch

GPS 45.974404, 8.872439

★☆☆

알프로제 초콜릿 체험 센터 Alprose Schokoland

1957년에 시작한 스위스 최대의 초콜릿 제조 브랜드 알프로제의 초콜릿 박물관이다. 루가노 바로 인근 카슬라노Caslano에 위치하며 본사 및 공장이 박물관과 함께 있다. 기원전부터 현재까지의 초콜릿 역사를 전시와 다양한 자료를 통해 관람할 수 있으며, 연간 8,000톤의 초콜릿을 생산하는 알프로제의 제조 공정을 견학하고 초콜릿을 무료로 시식하거나 구매할 수 있다.

주소 Via Rompada 36, Caslano
위치 루가노 기차역에서 FPT 열차를 타고 카슬라노 역에서
하차 후 도보 6분 거리
운영 박물관 및 체험관 09:00~17:00, 상점 09:00~17:30
요금 17세 이상 CHF 5, 만 7~16세 CHF 2, 6세 이하 무료
전화 +41 (0)91 611 8856
홈피 www.alprose.ch

몬테 브레 Monte Brè

해발 925m의 몬테 브레는 루가노를 대표하는 산이다. 몬테 브레 푸니쿨라는 1908년부터 운행되었으며 무더위를 잊게 해주는 여름철 최고의 하이킹 장소이자 최고의 전경을 안겨주는 곳이다. 날씨가 좋은 날에는 몬테 로사Monte Rosa까지 보인다. 푸니쿨라 출발 지점인 카사라테Cassarate에서 수빌리아나Suvigliana까지 4분, 다시 이곳에서 한 번 갈아탄 후 몬테 브레 정상까지 13분 소요된다. 몬테 브레 여행 후 간드리아까지 하이킹 하는 것을 추천한다.

주소 출발역(카사라테) Station Section I:
　　　Lugano (Cassarate) Via Pico 8, 6900 Lugano
위치 루가노 기차역에서 2번 버스로 Cassarate나
　　　Ruvigliana에서 하차, 루가노 시내에서는 1번 버스로
　　　Lanchetta에서 하차 후 푸니쿨라 탑승
운영 휴무일 제외 매일 휴무 매년 1월 초순~2월 중순, 성탄절
요금 편도 성인 CHF 17, 어린이(만 6~15세) CHF 8.5
　　　왕복 성인 CHF 26, 어린이(만 6~15세) CHF 13
　　　※ 만 5세 이하 무료, 스위스 패스 소지자 50% 할인
전화 +41 (0)91 971 3171
홈피 www.montebre.ch

추천

몬테 산 살바토레 Monte San Salvatore

해발 912m의 산으로 몬테 브레 맞은편에 위치한다. 작은 리오Little Rio라는 닉네임이 있는 루가노 호수 지형은 몬테 브레와 몬테 산 살바토레로 형상되어 있는데, 이곳 정상이야말로 루가노의 지형과 루가노의 랜드마크들을 속속들이 볼 수 있는 곳이다. 파라디소Paradisso 지구에서 푸니쿨라로 10분이면 정상까지 올라갈 수 있다. 막힌 숨이 확 트이는 전경은 루가노가 당신에게 주는 선물이 될 것이다.

주소 Via delle Scuole 7, 6902 Lugano-Paradiso
위치 루가노 호수 산책길 룬골라고를 따라 푸니쿨라 역까지
　　　도보 이동이 충분히 가능. 기차역에서 열차로
　　　파라디소까지 2분, 루가노 센터에서는 1번 버스로
　　　10분 소요
운영 매년 3월 중순~11월 초 ※ 운영 시간은 조금씩 다름
　　　휴무 10월 말~12월 초, 3월 초
　　　※ 동계 기간 제한적 운영
요금 편도/왕복 성인 CHF 25/32,
　　　어린이(만 6~15세) CHF 11/14
　　　※ 스위스 패스 소지자 50% 할인
전화 +41 (0)91 985 2828
홈피 www.montesansalvatore.ch

몬테 제네로소 Monte Generoso

1890년 증기열차로 첫 운행을 시작했던 몬테 제네로소 산악 열차는 세계대전 기간 동안 관광객이 줄어들자 열차 선로를 고물로 팔아버릴 위기에 처했으나 1941년 미그로Migro 창업자인 고틀리브 두트바일러Gottlieb Duttweiler의 지원으로 위기를 넘기고 현재까지 미그로의 지원을 받고 있다. 정상에 있는 마리오 보타가 설계한 빌딩은 레스토랑과 컨퍼런스 룸으로 이용되고 있다. 몬테 로사, 마테호른, 융프라우, 고타드 대산괴까지 감상할 수 있는 멋진 산악 여행지이다.

주소 Via Fam. Carlo Scacchi 6, 6825 Capolago
위치 루가노에서 Chiasso 방면 열차 탑승
Capolago-Riva San Vitale에서 하차, 약 13분 소요
운영 하계 2024.5.4~10.27 ※ 동계 기간 한시적 운영
요금 **카폴라고**Capolago**–베타**Vetta
왕복 성인 CHF 68,
만 6~15세 CHF 34, 만 5세까지 무료
※ 스위스 패스 소지자 50% 할인
전화 +41 (0)91 649 7722
홈피 www.montegeneroso.ch

© Montegeneroso

가바니 씨 상점들 Gabbani Stores

루가노의 명물이자 역사의 한 페이지를 장식할 정도로 유명한 브랜드가 되어버린 가바니Gabbani는 1937년에 델리 숍으로 시작한 상점이다. 리포르마 광장에서 가까운 페시나Pessina 거리에서 큰 소시지가 걸린 노란색의 건물을 찾으면 쉽다. 살라미 등 정육과 치즈, 레스토랑, 카페에서 호텔, 바까지 루가노 곳곳에 가바니 브랜드가 눈에 띌 것이다.

주소 Via Pessina, 12, 6900 Lugano
위치 기차역에서 탄 푸니쿨라 하차 지점인 치오카로 광장 초입 페시나 거리에 위치
운영 월~금 08:00~24:00, 토 09:00~24:00(상점 기준)
휴무 일요일
전화 Gabbani Amministrazione
+41 (0)91 911 3080
홈피 www.gabbani.com

낫사 거리 Via Nassa

리포르마 광장에서 산타마리아 델리 안젤리 성당이 위치한 루이니 광장 Piazza Luini까지 낫사 거리에는 루이비통, 베르사체 등의 고급 브랜드가 즐비하다. 비가 내려도 편안한 쇼핑을 할 수 있는 아케이드가 매력적이다.

주소 낫사 거리 협동조합Via Nassa Associazione Via Nassa
Via Nassa 5080 7, 6900 Lugano
전화 +41 (0)91 921 3804
홈피 vianassalugano.ch

 비스트로 & 피자 아르젠티노 Bistrot & Pizza Argentino

스위스 지인에게 소개받고 방문한 곳으로 리포르마 광장에서 가장 많은 손님으로 붐비는 곳 중 하나이다. 흔하디흔한 음식인 파스타, 피자, 리소토에 새삼 반하게 만든다. 1931년부터 가족이 운영하며 광장에 따로 테이블을 세팅해 놓아 거의 모든 손님이 야외에서의 식사를 즐긴다. 서빙하는 직원들도 매우 유쾌하고 친절하다. 비건, 해산물 요리, 디저트, 와인까지 메뉴가 다양하니 여러 가지 주문해서 나눠 먹는 것도 좋다.

주소 Piazza Riforma, 6900 Lugano
위치 리포르마 광장 내
운영 월~목·일 11:30~22:30, 금·토 11:30~23:00
요금 깔초네 CHF 21, 아르젠티노 피자 CHF 22, 믹스 샐러드 CHF 9.5
전화 +41 (0)91 922 9049
홈피 www.ristoranteargentino.ch

라 티네라 La Tinèra

비교적 저렴한 가격으로 이탈리안 및 티치노 향토 요리를 먹을 수 있어 현지인들에게 더 인기가 좋다. 내부는 목조 느낌의 편안한 분위기이다. 구시가지 내에 있는 거의 유일한 그로토Grotto 형태 레스토랑으로 로컬 와인 한잔과 곁들여 식사를 해보자.

주소 Via dei Gorini 2, 6900 Lugano
위치 리포르마 광장 및 페시나 거리 가바니 씨 상점들 근처
운영 월~토 11:30~14:30, 18:00~23:00 **휴무** 일요일
요금 오소부코 폴렌타 CHF 31, 라구스파게티 CHF 17
전화 +41 (0)91 923 5219

Tip | 티치노 그로토 Grotto

티치노만의 매력인 그로토는 원래 와인을 저장하기 위한 동굴로, 주로 도심을 벗어난 전원에 작은 레스토랑 형태로 위치한다. 로컬 와인과 함께 주로 티치노 향토 요리를 제공하며 날씨가 좋은 날에는 나무 아래 시원한 그늘의 테라스에서 식사를 할 수 있다.

일 포스토 아칸토 Il Posto Accanto

루가노 중심과 중앙역에서 매우 가까운 곳에 위치한 편안한 로컬 식당. 점심시간을 이용해 친근한 분위기에서 맛난 음식을 찾는 사람들에게 이상적이다. 저녁 시간에는 즐거운 저녁을 보낼 수 있는 다양한 메뉴와 맛있는 피자를 제공한다.

주소 Via Coremmo 2, 6900 Lugano
운영 월~금 11:30~14:30, 19:00~22:30
     휴무 토·일요일
요금 마르게리타 피자 CHF 10, 디아볼라 피자 CHF 11,
     카프레제 샐러드 CHF 11
전화 +41 (0)91 966 3566

아르테 알 라고
Arté al Lago

고미요 포인트 16점을 수년째 유지하고 있는 럭셔리 레스토랑으로 루가노 호수와 조르지오 산의 아름다운 전망을 자랑한다. 루가노 호수에서 잡은 신선한 생선 요리가 시그니처 메뉴고, 다양한 작가들의 작품을 감상할 수 있는 갤러리 레스토랑이란 것이 큰 특징이다.

주소 Rivetta Alfonsina Storni 1, 6900 Lugano
위치 루가노 호반의 그랜드 호텔
     빌라 카스타뇰라(Villa Castanagnola) 내
운영 수~일 19:00~21:30 **휴무** 월·화요일
요금 애피타이저 CHF 34~36, 메인·육류 CHF 55~60,
     4코스 CHF 120, 5코스 CHF 135
전화 +41 (0)91 973 4800
홈피 **레스토랑** www.villacastagnola.com

루가노의 다양한 축제

루가노의 여름과 가을은 거리 축제로 뜨거워진다. 여름은 6월 말부터 8월 초까지 '롱레이크', '에스티벌 재즈 페스티벌', '블루스 투 밥' 등이 순차적으로 열리면서 루가노 중심부를 음악으로 물들인다. 바람에 일렁거리는 호수와 롬바르드 양식의 아름다운 건물들과 조명들이 다양한 음악에 취할 때쯤 루가노의 매력에 푹 빠지게 될 것이다.

❶ 롱레이크 페스티벌 Longlake Festival

서머 시즌 호수 주변에서 록, 클래식, 버스커, 어반, 가족, 월드 뮤직 등 다양한 장르의 음악을 선보인다. 성별, 연령 불문 누구나 함께 즐길 수 있는 행사로 약 250개 이상의 공연이 루가노 호수 주변과 리포르마 광장 등 시내 곳곳에서 진행된다.

운영 매년 7월 중순~말
홈피 www.longlake.ch

❷ 에스티벌 재즈 Estival Jazz

루가노의 문화 수준을 가늠할 수 있는 축제. 여름에 열리는 국제적인 재즈 페스티벌로 루가노 리포르마 광장을 중심으로 대형 무대가 설치되며 세계 각국에서 온 유명 재즈 아티스트들이 공연을 펼친다. 모든 공연이 야외에서 진행되며 무료이다.

운영 매년 7월 또는 8월   **홈피** www.estivaljazz.ch

❸ 블루스 투 밥 페스티벌
Blues to Bop Festival

여름의 뜨거움이 사그라질 즈음 블루스, 재즈, 가스펠의 팬이라면 한여름의 끝자락을 최대한 즐길 이벤트. 전통과 새로운 음악 장르를 넘나드는 음악들을 루가노와 모르코테로 나뉜 무대에서 매일 밤 즐길 수 있다. 전 공연 무료!

운영 매년 7월 또는 8월
홈피 www.bluestobop.ch

❹ 가을 축제
The Autumn Festival

가을 수확 시즌인 10월 초 아스코나의 호반에서 3일간 열리는 축제로 티치노 주 특산품들과 전통 음식, 와인 등 수확의 기쁨을 지역 주민들과 여행자들이 함께 나누는 거리 축제이다. 밤 축제가 일주일 뒤에 열린다.

운영 매년 10월 초
홈피 www.amascona.ch

루가노의 숙소

루가노 시내에는 약 90여 개의 호텔이 있는데 루가노 역 주변, 파라디소 지구, 시내 중심가에 많이 있다. 여름철과 주말, 특별한 이벤트 기간에는 시내 중심가의 호텔 가격이 상승하니 시내 외곽의 호텔을 알아보는 것도 좋다.

© Hotel Splendide Royal

2성급

몬타리나 호텔 & 호스텔
Montarina Hotel & Hostel

1860년경 건설된 빌라로 입구의 야자수가 인상적이다. 스위스에서 가장 혁신적인 호텔 중 한 곳. 근사한 풀도 마련되어 있고, 여름철엔 풀 근처에서 바도 운영한다. 호텔 레스토랑에선 시즌마다 색다른 이탈리아 음식을 선보인다. 다만 호스텔 도미토리는 많이 비좁은 것이 흠.

주소 Via Montarina 1, 6900 Lugano
위치 루가노 기차역에서 키오스크Kiosk 쪽으로 향하다 나오는 주차장에서 기찻길을 건넌 후, 콘티넨탈 파크 호텔 옆 언덕길에 위치
요금 **호텔** CHF 127~(2인 기준) **호스텔** CHF 39~(1인 기준)
전화 +41 (0)91 966 7272   **홈피** www.montarina.ch

5성급

호텔 루가노단테
HOTEL LUGANODANTE

루가노 단테의 장점은 위치에 있다. 루가노 기차역에서 푸니쿨라를 타고 내려오면 바로 옆에 위치하기 때문에 여행이 편리하다. 짐이 가벼우면 도보로 10~15분 정도 소요된다. 모든 객실이 금연이며 매트리스나 베개 등에 신경을 써 잠자리가 편안함을 강조한다.

주소 Piazza Cioccaro 5, 6900 Lugano
위치 루가노 기차역에서 푸니쿨라를 타고 구시가지에 도착하면 바로 옆 1분 거리
요금 CHF 278~430   **전화** +41 (0)91 910 5700
홈피 www.hotel-luganodante.com

3성급

콘티넨탈 파크 호텔 루가노
Continental Park Hotel Lugano

1906년에 완공된 유서 깊은 호텔로 고풍스러운 외관과 모던한 인테리어가 조화를 이룬 호텔. 루가노 역에서 가까워 편리하다. 야자수가 이국적인 분위기를 더하며, 야외 풀이 있어 여름에 이용하기 좋다. 1919년 헤르만 헤세도 이 호텔에 투숙했다고 한다.

주소 Via Basilea, 28 6900 Lugano
위치 루가노 역을 등지고 도보 2분 거리
요금 CHF 180~300(레저 트윈룸 기준)
전화 +41 (0)91 966 1112
홈피 www.continentalparkhotel.com

5성급

호텔 스플렌디드 로열
Hotel Splendide Royal

루가노 호수가 한눈에 들어오는 호텔 스플렌디드 로열은 세계 최고의 럭셔리 호텔 중 한 곳이다. 1887년 세워진 고급 주택이었던 스플렌디드는 1977년부터 호텔로서 명성을 얻기 시작했다. 모든 객실에서는 금연이다.

주소 Riva Antonio Caccia 7, 6900 Lugano
위치 근대 미술관 바로 옆
요금 성수기 CHF 474~680, 비수기 CHF 370~525
전화 +41 (0)91 985 7711
홈피 www.splendide.ch

3성급

호텔 페데랄레 루가노
Hotel Federale Lugano

루가노 기차역 바로 근처이자 성 로렌초 성당이 보이는 100년의 오랜 역사를 지닌 한적한 호텔이다. 루가노 호수와도 가까우며, 직원들이 친절하고, 객실 인테리어도 산뜻하며 아기자기해 괜찮다.

주소 Via Paolo Regazzoni 8, 6900 Lugano
위치 루가노 기차역에서 육교를 건너 바로 아래쪽
요금 성수기 CHF 190~320, 비수기 CHF 180~260
전화 +41 (0)91 910 0808
홈피 www.hotel-federale.ch

루가노 호수 주변 마을

루가노 여행 시 함께 들르지 않으면 자다가도 후회할 마을들을 소개한다.
평생 기억에 남을 만한 아름다운 사진과 추억을 선사할 어부의 마을, '간드리아'와
감성 충만, '모르코테', 헤르만 헤세의 발자취를 찾아 떠나는 '몬타뇰라'.
아이들이 정말 좋아할 '멜리데'와 스위스 최대 규모 아웃렛인 폭스타운이 있는 '멘드리지오'까지
모두 아담하지만 개성 강한 마을들이다. 마치 잘 조성된 테마 타운을 여행하는 듯
연극과 영화의 무대 같기도 하다.

❶ 간드리아 Gandria

'몬테 브레' 발치에 위치한 간드리아는 루가노에서 유람선으로 40분 정
도, 또는 버스로도 이동이 가능하다. 좁은 언덕비탈과 호숫가 좁은 땅
에 새집처럼 옹기종기 모여 있는 마을은 예전에는 이탈리아와의 밀
수 거래가 주로 이루어지던 곳이었지만, 지금은 지역 예술가들을 통해
그 아름다움을 알려지면서 많은 관광객이 찾는 곳이 되었다. 지역 사
람들이 간드리아 본연의 모습을 유지하기 위해 노력하고 있으며 골목
과 호수를 배경으로 이색적인 사진을 찍을 수 있는 포토 포인트가 많다.

> **Tip │ 간드리아
> 제대로 여행하기**
>
> 루가노 시내에서 카사라테
> Cassarate, 몬테 브레Monte Bré
> 까지 버스를 타고 이동한 다
> 음, 바로 이곳 카사라테에서
> 간드리아까지 일명 **올리브 길**
> Sentiero Dell'Olivo이라 불리는
> 하이킹 길이 시작된다. 3km
> 정도 되며, 호수를 오른쪽에
> 끼고 올리브 나무를 따라 걷
> 다 보면 간드리아와 마주하
> 게 된다.
> **홈피** www.gandria.ch

올리브 열매 색깔의
표지판으로 길을 안내해준다.

❷ 모르코테 Morcote

루가노 시내에서 유람선으로 약 50분, 431번 버스로 약 30분이면 갈 수 있는 곳으로, '루가노 호수의 작은 진주'라 불릴 정도로 독특한 매력이 있는 마을이다. 404개의 작은 계단을 밟으며 오르는 길이 아름다운 **산타마리아 델 사소 성당**Chiesa Santa Maria del Sasso과 보태니컬 가든인 **파르코 쉐러**Parco Scherrer 등이 볼만하다. 파르코 쉐러에서 정원과 호수를 배경으로 찍는 사진이 매우 이국적이며 인상적이다. 밤보다는 낮에 더 어울리는 여행지이다.

홈피 www.morcotetourismo.ch

파르코 쉐러

❸ 멜리데 Melide

루가노에서 멜리데까지는 유람선으로 30분, 431번 포스트버스로 40분, 열차로는 7분이 소요된다. 스위스의 주요 명소들을 25분의 1 크기로 축소해 120여 점의 미니어처로 전시해놓은 스위스 미니어처가 주요 볼거리이다. 스위스 전역을 둘러볼 수 없다면 이곳을 아이들과 함께 찾아보는 것도 좋다.

스위스 미니어처 Swissminiatur
주소 6815 Melide
위치 멜리데 도착 후
스위스 미니어처 표지판이나
근방의 주유소 사인을
발견하면 쉽게 찾아갈 수 있다.
도보로 5~10분 소요
운영 매년 3월 중순~12월 중순
09:00~18:00
휴무 11월 초~3월 중순
요금 성인 CHF 21, 학생 CHF 17,
어린이(만 6~15세) CHF 14,
패밀리 카드 CHF 60
※온라인 구매 시 할인 가능
※스위스 패스 소지자
30% 할인
전화 +41 (0)91 640 1060
홈피 www.swissminiatur.ch

❹ 몬타뇰라 Montagnola

하늘을 맹렬히 뚫고 오를 기세의 사이프러스 나무가 인상적인 몬타뇰라의 주인공은 노벨 문학상을 받은 위대한 문인, 헤르만 헤세(1877~1962)이다. 독일 칼프에서 태어난 헤세는 인도에서 오랫동안 포교에 종사한 외조부와 인도에서 태어나고 자란 어머니 덕에 자연스럽게 동양 문화를 접하게 되었고, 이후 인도와 일본의 젠 사상과 그의 생애를 투영하여 『데미안』, 『싯다르타』, 『유리알유희』 등 많은 작품을 남겼다. 생의 후반기에는 수채화와 정원 가꾸기 등 자연에 많은 관심을 기울였으며, 이런 그의 생애 대부분을 보낸 곳이 바로 이곳 몬타뇰라이다. 헤세의 수채화는 그의 정신세계를 투영한 색감이 인상적이다.

▶▶ 헤르만 헤세 박물관
Museo Hermann Hesse

주소 Ra Cürta, Torre Camuzzi,
　　　Casella postale 214, 6926 Montagnola
위치 436번 버스를 타고 Piazza Brocchi에서 하차하면
　　　도보로 5분 내 위치
운영 3~10월 10:30~17:30, 11~2월 토·일 10:30~17:30
　　　휴무 11~2월 월~금
요금 성인 CHF 10, 학생 및 시니어 CHF 8,
　　　12세 이하 어린이 및 스위스 뮤지엄 패스 소지자 무료
전화 +41 (0)91 993 3770
홈피 www.hessemontagnola.ch

▶▶ 산타본디오 성당과 헤르만 헤세 무덤
Chiesa Sant'Abbondio

헤르만 헤세 길을 따라 마지막에 다다르는 곳이 이곳 산타보디오 성당과 헤르만 헤세가 영면하고 있는 성당 부속 공동묘지이다. 생각보다 소박한 그의 묘비에서 문인의 헤아리기 어려울 만큼 깊은 정신세계를 느껴볼 수 있다.

주소 Chiesa Sant'Abbondio, 6925 Gentilino
운영 연중무휴　　　**요금** 무료
전화 +41 (0)91 994 6119

▶▶ 헤르만 헤세 산책로

몬타뇰라가 속해 있는 지역 콜리나 도로Collina d'Oro 오솔길을 따라 헤세의 발자취를 느끼며 루가노 호수의 아름다운 경치를 둘러볼 수 있다. 1시간 30분 정도 소요되며, 푯말이 잘 되어 있다.

▶▶ 그로토 플로라 Grotto Flora

헤르만 헤세가 지인들과 즐겨 찾던 '그로토 플로라'가 현재도 남아 있다. B&B와 레스토랑으로 운영되니 한적한 이곳에서 1박을 해도 좋고 와인 한잔하며 그가 남긴 작품 몇 페이지를 읽어보는 것도 좋겠다.

주소 via Municipio 8, 6927 Agra
운영 연중무휴 **그로토** 18:00~23:00, 매주 일 런치도 가능
전화 +41 (0)91 994 1567
홈피 www.grottoflora.com

루가노 제대로 즐기기

❶ 루가노 호수 즐기기

루가노 호수는 남부 스위스와 북부 이탈리아 사이에 있는 빙하 호수로 이탈리아 코모 호수와 스위스 마지오레 호수 사이에 위치한다. 루가노 호수 유람선은 루체른 호수 유람선과는 달리 지역 사람들의 발 역할보다는 순수 레저를 위해 많이 이용되는 듯하다. 유람선 선착장 중 Campione D'ITALIA와 Porto Gerosio는 이탈리아에 속한다.

클래식 루트: 루가노~간드리아 Gandria

여행자들이 가장 많이 선택하는 루트로, 루가노에서 체레지오 호숫가에 자리한 낭만적인 마을. 간드리아까지 가보는 크루즈(유람선에 따라 25~45분 소요). 돌아올 때에는 호숫가를 따라 카스타뇰로 Castagnalo까지 걸어보자.

요금 편도 성인 CHF 19.8
　　　※ 스위스 패스 및 게스트 카드 소지자 할인

> **Tip | 루가노 호수 유람선 즐기기**
>
> 유람선 운행시간이 정해져 있기 때문에 왕복 노선을 모두 유람선을 타기보다는 버스+유람선을 함께 이용하는 것이 현명하다.
> **운행** 매년 4월 초~10월 하순

❷ 루가노 호숫가 그로토에서 루가노 스타일 홈메이드 음식 즐기기

루가노 지역의 살라미, 모르타델라, 리소토와 폴렌타를 보칼리노 글라스에 티치노 지역 와인 메를로를 따라 맛보는 것이야말로 루가노에 온 모든 이유가 될 것이다.

■ 추천 그로토

Grotto dei Pescatori
주소 Caprino, 6900 Lugano
운영 7·8월 매일, 5월 금~일, 9월 화~일
전화 +41 (0)79 230 1727
홈피 www.grottodeipescatori.ch

Grotto San Rocco
주소 Via S. Rocco 3, 6823 Castagnola
운영 화~일 11:00~22:00(여름 시즌 매일 영업)
　　　휴무 10월 하순~4월 중순 겨울 시즌
전화 +41 (0)91 923 9860
홈피 www.grottosanrocco.ch

루가노 **주변 지역**

로카르노
아스코나
브리사고
벨린초나
루가노

티치노 주에서 가장 큰 도시는 루가노이지만, 티치노의 주도는 **벨린초나**Bellinzona
로 루가노에서 열차로 30분가량 떨어져 있다. 유네스코에서 지정된 3개의 고성과
성곽을 중심으로 고풍스러운 자태를 뽐낸다. 마지오레 호수 북쪽 끝자락에 자리
하고 있는 **로카르노**Locarno와 **아스코나**Ascona는 작지만, 국제영화제가 열릴 정도로
명성이 자자하고, 우아함과 낭만이 넘친다. 특히 로카르노의 베르자스카 계곡에 자
리한 소노뇨와 라베르테초, 카리포는 티치노 특유의 풍경을 간직한 곳이다.

✚ 벨린초나 Bellinzona

이탈리아를 잇는 주요 교통 요지였던 벨린초나는 역사적으로 큰 번영을 이루어 온 도시이다. 유네스코 세계문화유산으로 지정된 3개의 성인 '카스텔 그란데', '카스텔로 디 몬테벨로', '카스텔로 디 사소 코르바로'는 벨린초나를 대표하는 랜드마크이자 자랑이다. 중세의 느낌이 살아 있는 구시가지와 만남의 장소로 활용되는 콜레지아타 성당 계단에서 누군가를 기다리며 대화를 나누는 사람들의 활기가 마냥 사랑스럽기만 한 곳이기도 하다.

벨린초나로 이동하기

- 취리히에서 열차로 약 2시간 15~45분
- 루가노에서 열차로 약 25~30분
- 투지스Thusis에서 90, 171번 포스트버스로 약 1시간 45분

※ 열차 여행보다 계곡 구석구석 아름다움을 발견하게 해준다. 투지스까지는 그라우뷘덴 생 모리츠, 쿠어 등에서 열차로 이동하면 되며, 연중 쿠어-벨린초나 직행 버스가 운행되니 미리 예약하자.
전화 +41 (0)58 341 3487 ※ 예약 필수(온라인도 가능)
홈피 www.postbus.ch

★ 인포메이션 센터
주소 Piazza Collegiata 12,
      6500 Bellinzona
위치 벨린초나 구시가지 내,
      콜레지아타 성당 인근
운영 월~금 09:00~18:00,
      토 09:00~16:00,
      일·공휴일 10:00~16:00
전화 +41 (0)91 825 2131
홈피 www.bellinzonaevalli.ch

★★★

GPS 46.193074, 9.022004

📷 그란데 성 Castelgrande

벨린초나 중심부에 위치한 그란데 성은 1250년경에 건축되었으며, 3개의 성 중 가장 규모가 크다. 성 내부는 지상에서 약 50m 높은 곳에 있기 때문에 리프트를 타고 올라가는 것이 편리하다. 성 내부는 안뜰과 북쪽, 서쪽 세 부분으로 나뉘어져 있는데 성곽인 무라타Murata를 배경으로 현지인들이 웨딩 촬영 장소로 많이 이용한다. 성안에는 고고학 박물관을 비롯해 레스토랑과 와인 바 등이 있다. 성 주변에는 와이너리가 펼쳐져 있고 이곳에서 생산되는 와인은 그란데 성에서 맛볼 수 있다.

주소 Salita Castelgrande 18,
      6500 Bellinzona
위치 벨린초나 기차역에서
      구시가지를 향해 도보 13분 거리
운영 2024.3.23~2024.11.3
      10:00~18:00
요금 **벨린초나 패스**(벨린초나
      3개의 성 포함) 성인 CHF 28
      그란데 성 CHF 15
전화 +41 (0)91 825 8145
홈피 www.fortezzabellinzona.ch

구시가지

피아차 노세토Piazza Nosetto, 피아차 콜레지아타Piazza Collegiata, 비아 델 테아트로Via del Teatro와 피아차 고베르노Piazza Governo 광장 주변 지역을 이르며, 노란 파스텔 톤의 상인들의 저택과 옛날부터 내려오는 철제 난간, 여관 사인보드가 있는 발코니 등 전형적인 롬바르디아 스타일을 보여준다. 다양한 부티크와 야외 테이블이 놓인 카페에서 벨린초나 현지인들의 미팅 장소로 이용되는 콜레지아타 성당 계단을 바라보는 것도 흥미롭다. 매주 토요일 피아차 노세토 광장에서는 시장이 열려 티치노 특산물을 쇼핑하기 좋다.

콜레지아타 성당 Chiesa Collegiata dei SS. Pietro e Stefano

바로크양식으로 건축된 르네상스 시대의 성당으로 14~19세기의 종교 관련 예술품으로 아름답게 장식되어 있다. 젊은이들의 만남의 장소인 성당 앞 계단은 19세기에 완성되었다. 그란데 성에서 바라보는 콜레지아타 성당은 감동 그 자체이다.

주소 Piazza Collegiata, 6500 Bellinzona
위치 콜레지아타 광장 내
운영 08:00~13:00, 16:00~18:00

★★☆ 몬테벨로 성 Castello di Montebello

유네스코 세계문화유산으로 지정된 두 번째 성인 몬테벨로는 14세기경에 방어용으로 건축된 것으로 그란데 성보다 약 90m 높은 몬테벨로 언덕에 자리한다. 코모의 루스코니 가에 의해 지어진 것으로 알려졌으며, 날씨가 좋은 날에는 마지오레 호수까지 보인다. 성 내부에는 역사와 고고학에 관한 매우 현대적인 시설을 갖춘 박물관이 있다.

주소 Via Artore 4, 6500 Bellinzona
위치 Piazza Collegiata에서 도보 10분 거리
운영 2024.3.23~11.3
　　 휴무 동계 시즌
요금 성인 CHF 10
전화 +41 (0)91 825 2131
홈피 www.bellinzonaevalli.ch

© Silvano Crivelli

★☆☆ 사소 코르바로 성 Castello di Sasso Corbaro

GPS 46.188232, 9.030051

전형적인 스포르차 성으로 네모난 성 안뜰은 약 4.7m 두께의 높은 성으로 둘러싸여 있으며, 성 남쪽에는 감시탑이 있다. 그런데 성과 몬테벨로 성과 함께 유네스코 세계문화유산으로 지정되어 있고, 벨린초나 전역에서 가장 높은 곳에 위치한다. 좀 더 편안하게 여행을 하려면 3개의 성을 운행하는 작은 열차인 아르튀Artù를 타는 것이 좋다.

주소 Via Sasso Corbaro 44, 6500 Bellinzona
위치 몬테벨로 성에서 도보 약 30분 또는 미니 열차 아르튀 탑승
운영 2024.3.23~11.3 휴무 동계 시즌　　　요금 성인 CHF 15
전화 +41 (0)91 825 5906　　　홈피 www.bellinzonaevalli.ch

Tip | 미니 열차, 아르튀 Artù

도보로 여행하기 무리가 있는 여행객에게 미니 열차는 몬테벨로, 사소 코르바로 성까지 편안한 이동수단이 될 것이다.
출발장소
콜레지아타 광장Piazza Collegiata
운행시간 2024.3.23~11.3
일~금 10:00, 11:20, 13:30, 15:00, 16:30 토 11:20, 13:30(Piazza Governo 출발), 16:30(Piazza Colegiata 출발)
요금 성인 CHF 13, 학생 CHF 10

© Oved

✚ 로카르노 Locarno

마지오레 호반 북쪽에 자리한 로카르노는 스위스에서 가장 고도가 낮은 도시로 알려져 있다. 지중해성 기후로 야자수와 열대 식물을 쉽게 볼 수 있는 이곳의 연중 일조량은 약 2,300시간이나 된다고 한다. 최고의 휴양지답게 호텔, 레스토랑뿐 아니라 카지노 등의 위락시설도 있다. 우리에게는 로카르노 영화제로 친숙한 도시이다. 뿐만 아니라 로카르노는 티치노 계곡의 숨겨진 보물과도 같은 베르자스카 계곡Valle Verzasca에 위치한 라베르테초, 카리포, 소노뇨 등 아름다운 마을로 여행을 하기에도 좋다. 지중해 분위기의 로카르노와 이탈리아 분위기가 물씬 나는 이국적인 경험을 할 수 있는 곳이다.

로카르노로 이동하기
- 루가노에서 열차로 귀아비스코Giubiasco 경유하여 약 1시간 5분
- 벨린초나에서 열차로 약 25분, 311번 포스트버스로 약 50분
- 취리히에서 직행 열차로 약 3시간

★ 인포메이션 센터
로카르노-무랄토 Locarno-Muralto
주소 Piazza Stazione/SBB Railway Station 6600 Locarno-Muralto
위치 로카르노 역 내
운영 월~금 09:00~18:00, 토·공휴일 10:00~18:00,
　　　일(7·8월) 10:00~17:00, (그 외) 10:00~13:30, 14:30~17:00
전화 +41 (0)84 809 1091　　　홈피 www.ascona-locarno.com

Tip | 첸토발리 열차
　　　| Centovalli Express

로카르노에서 이탈리아 도모도솔라Domodossola까지 운행하는 열차가 출발한다. 도모도솔라는 스위스 티치노 지방에서 발레 주로 가는 길목에 위치한 곳으로 로카르노에서 도모도솔라까지는 1백 개의 골짜기라는 뜻의 '첸토발리' 익스프레스를 타고 도모도솔라에서 스위스 브리그Brig로 향하는 열차로 환승한 다음, 브리그 도착 후 체르마트 또는 다른 지역으로 여행을 하면 된다. 그야말로 아름답고 다이내믹 열차 구간이다.
www.centovalli.ch

📷 ★★★ 그란데 광장 Piazza Grande

GPS 46.169617, 8.795942

로카르노의 대표 광장으로 예쁜 자갈들이 깔려 있는 이곳을 중심으로 레스토랑, 카페, 상점들이 줄지어 등장한다. 평소에 주차장으로 주로 이용되는 그란데 광장은 예전에는 첸토발리 열차가 이탈리아 도모도솔라까지 달리던 철길이 있었던 까닭에 그 흔적이 아직까지 곳곳에 남아 있다. 평범한 광장인 이곳은 1848년부터 개최된 로카르노 국제영화제가 열리는 여름철이 되면 세계 각국에서 온 영화인들과 수만 명의 관람객들로 축제의 장이 된다

위치 로카르노 기차역에서 호반 쪽으로 언덕길을 걸어 내려가다 보면 위치

로카르노 영화제 Locarno Film Festival
운영 매년 8월(2024.8.7~8.17)
홈피 www.locarnofestival.ch

로카르노 영화제
© Locarno Film Festival - foto Massimo Pedrazzini

📷 ★★☆ 비스콘티 성 Castello Visconti
(Civic and Archaeological Museum)

GPS 46.167889, 8.793295

구시가지 가장자리에 위치한 비스콘티 성은 12세기경에 건축된 르네상스 건물이다. 현재 성 내부는 고고학 박물관 및 사립박물관으로 운영되며 청동기시대부터 티치노 지역에서 발견된 로마시대 및 중세시대 유물들이 전시되어 있다. 15세기 프레스코화 내부 장식 및 목조 천장이 인상적이다.

주소 Via Al Castello, 6600 Locarno
운영 화~일 10:00~16:30 **휴무** 월요일
요금 성인 CHF 15, 학생 CHF 8 ※ 스위스 패스 소지자 무료
전화 +41 (0)91 756 3170/80
위치 그란데 광장에서 도보로 5분
홈피 www.castellolocarno.ch

Tip | 로카르노의 파네토네
| Panettone

가족, 직장동료들에게 주방장 모자 모양의 빵 파네토네를 선물하자. 이탈리아에서 건너온 파네토네는 로카르노의 명물로 견과류가 들어 있는 달달한 빵이다. 특수발효를 통해 방부제 없이 6~7개월 동안 보관이 가능하기 때문에 한국으로 가져갈 선물로 손색이 없다. 알 포르토 브랜드의 패키지가 예쁘다.

알 포르토 al Porto
알 포르토에서 최고의 파네토네와 함께 시즌에 따라 특색 있는 베이커리를 맛볼 수 있다.
주소 Piazza Stazione 6, 6600 Locarno

★★☆

마돈나 델 사소 성당 Madonna del Sasso

사소는 '바위'라는 뜻으로 바위 위에 지어진 노란 크림색의 외벽과 에메랄드빛 지붕이 아름다운 성당이다. 로카르노의 상징인 마돈나 델 사소 성당에서는 로카르노와 아름다운 마지오레 호수 전경이 한눈에 들어온다. 1480년경에 지어진 성당은 마리아의 계시에 의해 만들어졌다고 한다. 계단 하나하나 오르며 의미 있는 벽화와 조각상들이 전하는 이야기를 볼 수 있다. 마돈나 델 사소까지는 로카르노에서 걷는 대신 푸니쿨라를 이용해보자. 로카르노 시내에서 벨베데레Belvedere를 거쳐 마돈나 델 사소를 지나 카르다다Cardada 케이블카를 탈 수 있는 오르셀리나Orsellina까지 운행한다.

주소 Via Santuario 2, 6644 Orselina
위치 로카르노 기차역에서 2분 거리에 있는 푸니쿨라를 타면 6분, 도보로는 20분 소요
운영 **성당** 07:00~18:30
푸니쿨라 08:05~19:35
(시즌에 따라 연장 운행)
요금 **푸니쿨라 편도** 성인 CHF 5.4, 어린이 CHF 2.4
왕복 성인 CHF 8, 어린이 CHF 4
※ 스위스 패스 소지자 25% 할인
홈피 **성당** www.madonnadelsasso.org
푸니쿨라 www.funicolarelocarno.ch

© Ascona-Locarno Tourism - foto Alessio Pizzicannella

카르다다 & 시메타 Cardada & Cimetta

마돈나 델 사소가 내려다보이는 오르셀리나Orsellina(푸니쿨라로 마돈나 델 사소 다음 정거장)에서 케이블카를 타고 카르다다(1,340m)에 올라 시간을 보내다 체어리프트로 갈아타고 시메타(1,670m) 정상까지 이동한다. 시메타 정상에는 고고학을 주제로 많은 설명이 되어 있어 아이들과 여행할 때 흥미로우며, 마지오레 호수와 로카르노 시내 전경이 한눈에 들어온다. 여름엔 가족들이 하이킹, 피크닉 장소로 겨울에는 스키, 스노보드를 즐기는 곳으로 변모한다. 카르다다 케이블카 역은 마리오 보타가 설계했다.

주소 **케이블카 출발역** Via Santuario 5, 6644 Orselina
위치 로카르노-오르셀리나 푸니쿨라 이용하여 종착역 오르셀리나에서 하차하거나 Locarno, Piazza Stazione에서 버스 2번 탑승하여 오르셀리나 푸니쿨라 역으로 이동
운영 하계 2024.3.11~10.20, 동계 12월 하순~3월 초순 휴무 2024.10.21~12.20
케이블카(오르셀리나-카르다다) 12월 말~10월 말 09:15~18:15
(6~8월 07:45~19:45)
체어리프트(카르다다-시메타) 3월 중순~10월 09:30~12:15, 13:15~16:45
(6~8월 운영시간 앞뒤로 30분 연장) ※기상 상황에 따라 운영 여부 다름
요금 **오르셀리나-카르다다(왕복)** 성인 CHF 28, 어린이(만 6~15세) CHF 14
오르셀리나-카르다다-시메타(왕복) 성인 CHF 36, 어린이 CHF 18
※ 스위스 패스 소지자 50% 할인
전화 +41 (0)91 735 3030   **홈피** www.cardada.ch

베르자스카 계곡의 작은 마을들

로카르노 기차역Locarno Stazione에서 출발하는 321번 버스 노선은
발 베르자스카 계곡의 작은 마을에서 시작하는 하이킹을 하기 위해 배낭을 둘러멘 현지인들로
언제나 인기 높다. **티치노 지역만의 소박한 진짜 매력을 발견하려면 321번 버스를 타고 떠나보자.**
버스 외에는 대중교통 수단이 없으므로 버스 시간을 잘 체크해야 하는 꼼꼼함이 필요하지만,
버스를 놓쳤다고 해서 당황할 필요는 없다. 다음 버스를 타면 그만이다!

※ **버스 시간 확인** www.postauto.ch 또는 www.sbb.ch

❶ 소노뇨 Sonogno

(로카르노에서 321번 버스로 1시간 14분)
베르자스카 계곡의 끝자락 321번 버스 종점으로 티치노 특유의 돌로
지은 아담한 집들과 전형적인 골목들로 이루어진 전형적인 작은 마을.
울Wool 센터인 **카사 델라 라나**Casa della Lana와 **발 베르자스카 박물관**
Museo Val Verzasca이 있으며 소노뇨 마을 끝에는 지역 레스토랑, **그로토
에프라**Grotto Efra와 아름다운 폭포가 있어 가볍게 하이킹하기에 좋다.

❷ 라베르테초 Lavertezzo

(소노뇨에서 321번 버스로 27분)
계곡물의 흐름에 따라 오랜 세월 깎여 경이로운 자태를 지니게 된 계
곡 바위와 짙은 청록색 계곡물은 한여름 더위를 식히기 위한 명소로
변모한다. 낭만적인 돌다리 **살티 다리**Ponte dei Salti는 SNS에서 회자된
곳으로 유명. 살티 다리 아래는 수심이 깊어 스쿠버다이빙을 하기도
한다. 라베르테초의 작은 레스토랑, **그로토 알 폰테**Grotto al Ponte에서
맛보는 티치노 와인과 살라미, 치즈는 훌륭한 점심 식사가 된다.

❸ 코리포 Corippo

(라베르테초에서 하이킹 50분 거리, 버스로 이동 가능)
시간이 된다면 라베르테초에서 코리포까지 하이킹을 해보자. 계곡을
따라 도토리와 밤나무 숲 길을 따라 걷다 보면 가을엔 밤송이와 도토
리가 후두둑 발밑으로 떨어진다. 작은 마을 코리포는 건축적인 가치를
인정받아 국가적으로 관리하는 지역이며 삼베의 주산지이기도 하다.

❹ 베르자스카 댐 Valle Verzasca

베르자스카 계곡 내에 있는 베르자스카 강에 건설된 아치식 댐으로 스
위스에서 네 번째로 높은 댐이다. 제임스 본드 〈007 골든 아이〉 영화
의 오프닝의 점프 장면을 이곳에서 촬영한 덕에 번지 점핑 명소로 거
듭났다.

소노뇨 ①
Sonogno

라베르테초 ②
Lavertezzo

③ 코리포
Corippo

번지점프로도
유명하다.

베르자스카 댐 ④
Verzasca Dam

로카르노 ○
Locarno

로카르노 근교, 아스코나와 브리사고 섬

❶ 아스코나 Ascona

아스코나는 로카르노에서 버스로 약 15분 거리에 있는 인구 4,500여 명이 사는 작은 마을로 마지오레 호수의 진주라고 불리며 호수 바로 앞에 위치하고 있다. 중세시대의 풍부한 정서와 르네상스 시대의 역사를 머금고 있으며 지중해 같은 매력을 풍기고 있다. 아스코나 좁은 골목길, 특히 보르고 거리Via Borgo에는 여러 아티스트들이 터를 잡고 활동하며 이 길은 호수 앞 귀세페 모타 광장Piazza Giuseppe Motta까지 이어진다. 6월에는 10일간 재즈 페스티벌이 열려 재즈 팬들로 북적인다. 아스코나는 관광 목적이 아닌 마을의 분위기를 느끼는 곳이며, 늦봄부터 가을까지 날씨 좋은 날에 방문하기 좋다.

※재즈 아스코나(**Jazz Ascona**) 2024.6.20~6.29, www.jazzascona.ch

ℹ️ | 인포메이션 센터

주소 Viale Bartolomeo Papio 5, 6612 Ascona
위치 아스코나 우체국과 크레딧 스위스 은행 근처
운영 월~금 09:00~18:00, 토·공휴일 10:00~18:00, 일 10:00~14:00
전화 +41 (0)84 809 1091
홈피 www.ascona-locarno. com

로카르노 Locarno
아스코나 Ascona
브리사고 섬
브리사고 Brissago

❷ 브리사고 섬 Isole Brissago

마지오레 호수 서쪽엔 브리사고 섬과 피콜라 섬이 있다. 브리사고 섬이 대중에게 개방되며 신석기시대의 도기 파편부터 고대 로마시대의 동전까지 발견된다. 현재 브리사고는 보태니컬 가든으로 유명한데 스위스에서는 아주 드물게 온화한 아열대 기후를 보이고 있어 참나무, 밤나무가 길가에 자라며 그 길을 따라 동백꽃과 미모사가 꽃을 피운다. 브리사고는 세계적으로 유명한 시가 생산 지역으로도 유명하다. 산과 호수의 절묘한 조화를 이루는 매력 넘치는 곳이다. 섬에는 빌라 엠덴Villa Emden 호텔이 있어 투숙도 가능하다(스탠더드 더블 CHF 310).

▶▶ 브리사고 섬들(Isole di Brissago)과 보태니컬 가든

브리사고 섬들은 티치노 주의 보태니컬 가든으로 이 중 큰 섬만 일반에게 개방되고 있다. 1885년 앙트와네트 생 레제Antoinette Saint Leger 남작 부인이 각종 예술인들의 만남의 장소로 활용하기 위해 개조한 것으로 1927년 새로운 주인인 막스 엠덴Max Emden에 의해 이국적인 식물을 본격적으로 재배하기 시작했다. 극동지역, 남아프리카, 중앙아메리카, 뉴질랜드, 지중해에서 들여온 각종 식물을 볼 수 있다. 보태니컬 가든에는 호텔 빌라 엠덴, 수준 높은 레스토랑도 있어 완벽한 1박 여행지가 될 것이다. 유람선이 브리사고 보태니컬 가든까지 운행된다. Isole Brissago에서 하선하면 된다.

위치 로카르노, 아스코나에서 316번 버스를 타거나, 로카르노에서 마지오레 유람선으로 약 1시간 5분, 아스코나에서 약 35분 거리
※ 로카르노에서 유람선을 타면 아스코나를 거쳐, 브리사고 섬을 지나 브리사고에 도착하게 된다.

주소 6614 Brissago e isole
위치 로카르노, 아스코나, 브리사고에서 마지오레 호수 유람선으로 이동 가능 로카르노에서 30분, 아스코나 15분, 브리사고에서 10분 소요
※ 시간표 체크 www.lakelocarno.com
운영 3월 말~11월 초 매일
요금 성인 CHF 10, 16세 미만 무료
※ 스위스 패스 및 게스트 카드 소지자 CHF 7
전화 +41 (0)91 791 4361
홈피 www.isolebrissago.ch

알레그라(Allegra)!
하이디가 뛰놀던 청정한 자연 그대로의 스위스를 느끼고 싶다면
베르니나 특급 열차를 타고 그라우뷘덴 지역으로 향하자.
스위스 최대 크기인 그라우뷘덴 주는 오스트리아와 이탈리아,
리히텐슈타인과 접경 지역인 스위스 남동부에 위치한다.
900개가 훌쩍 넘는 높고 낮은 산들, 산세들 사이로 난 꼬불꼬불
골짜기들, 600개가 넘는 호수가 조화를 이루는 가장 스위스답고
아름다운 지역이다. 독일어, 프랑스어, 이탈리아어와 함께
국가 공식 언어로 지정된 로망슈어(Rumantsch)를
들을 수 있는 유일한 곳이기도 하다.

GRAUBÜNDEN

그라우뷘덴 주 생 모리츠와 주변 지역

셀러브리티가 찾는 고급 휴양지 **생 모리츠**

ST. MORITZ

생 모리츠는 150여 년 전 태동한 스위스 관광의 발상지이다. 첫 시작은 젊은 영국인 여행자 넷으로부터였다. 지금도 럭셔리함으로 명성을 떨치고 있는 쿨름 호텔Kulm Hotel 사장인 바트루트Badrutt는 추위가 너무 싫은 영국인들에게 "겨울에 다시 오면 따뜻한 햇살과 무료 숙박을 보장하겠다"고 말했다. 이후 다시 찾아온 이들에게 만족감을 주었고, 입소문이 나 점차 유명해지며, 스위스 최초로 지역 관광청이라는 개념이 생기게 되었다. 생 모리츠는 영국인들이 감동할 만큼 스위스에서도 일조량이 높은 곳으로 유명하다. 예전에 생 모리츠 담당자가 '1년에 거의 300일 이상이 맑다'고 해서 웃고 말았는데, 나중에 찾아보니 진짜였다. 이렇게 풍부한 일조량과 아름다운 숲, 숲과 하모니를 이루어내는 아름다운 자연경관은 고급 관광 리조트로서의 평판을 이어가는 데 큰 원동력이 되고 있다.

또, 세계 최초로 스키 리프트를 운행한 생 모리츠는 두 차례 동계 올림픽도 치러내면서 겨울 스포츠 리조트로서의 명성도 가지고 있다. 테마열차인 빙하특급과 베르니나 특급의 정차역으로 교통 접근성도 좋아 매년 많은 여행자들이 찾는다. 동시에 고급 호텔에서 조용히 쉬려는 해외 셀럽들의 방문이 잦은 곳이기도 하다.

👍 추천 여행 일정

1 | Only 생 모리츠 생 모리츠 도르프 + 생 모리츠 호수 산책 or 주변 하이킹

2 | 생 모리츠와 주변 지역 생 모리츠 + 베르니나 특급 or 디아볼레짜 산 or 실스 마리아 마을투어 및 실스 호수 산책

ℹ️ 인포메이션 센터

주소 Via Maistra 12, 7500 St. Moritz
위치 중앙역에서 나와 에스컬레이터를 이용 마을 위로 이동 후, Via Selas 거리를 걷다가 모노폴 호텔 뒤편 마우리티우스 광장Piazza Mauritius 시청 건물
운영 월~금 09:00~18:00, 토 10:00~16:00 **휴무** 일요일
전화 +41 (0)81 837 3333
홈피 www.stmoritz.ch, en.graubuenden.ch
※ 생 모리츠 기차역에도 인포메이션 센터가 있다.

여행정보

- 도시명 생 모리츠
- 주 그라우뷘덴
- 인구 약 5,000명 미만
- 주요 언어 독일어, 로망슈어, 이탈리아어
- 고도 1,822m
- 키워드 오버엥가딘 지역, 동계 올림픽, 스키, 겨울관광 발상지, 세간티니 박물관, 럭셔리 쇼핑

Janice Advice 생 모리츠 근교 산 코르바취(Corvatsch)에는 세계에서 가장 높은 위스키 양조장 오르마(Orma)가 있다. 위스키에 관심이 있다면 코르바취에 오르마?!

Jay Advice 쿠어(Chur)에서 생 모리츠를 지나 이탈리아 티라노(Tirano)까지 닿는 베르니나 특급 열차는 꼭 경험해보자. 특히 알불라 베르니나 구간은 유네스코 세계문화유산으로 등재되기까지 한 정말 아름다운 구간이다. 입이 떡떡 벌어지는 절경들은 여행자들에게 평생 잊지 못할 기억으로 남게 될 것이다.

✚ 생 모리츠 들어가기 & 나오기

1. 항공·열차로 이동하기

생 모리츠로 가기 위해서는 취리히 공항에서 이동하는 것이 훨씬 효율적이다. 취리히에서 생 모리츠까지는 열차로 3시간 20분 정도 소요되며, 30분마다 열차가 있다. 중간에 란트콰르트Landquart나 쿠어에서 한 번 갈아타면 된다. 근교 사메단Samedan에 위치한 작은 엥가딘 공항 Engadin Airport으로 경비행기나 헬리콥터를 이용해 생 모리츠로 갈 수도 있다. 스위스 주요 도시로 향하는 항공 택시 서비스도 있다. 만약 열차와 포스트버스로 여행하고 싶다면 일부러 제네바 공항으로 입국해도 된다. 이 경우 아래의 추천 여행경로를 참고하자.

일부러 천천히 즐긴다, 제네바에서 생 모리츠로

■ 추천 1: 4개의 언어권을 모두 경험하는 스위스 남부 여행
제네바에서 아름다운 호수인 레만 호수를 따라 기차를 타고, 발레 주 브리그Brig까지 가서 100개의 골짜기를 지나며 이탈리아 도모도솔라 Domodossola를 거쳐 티치노Ticino 주의 벨린초나Bellinzona까지 간다. 포스트버스를 타고 그라우뷘덴의 작은 마을들을 지나 쿠어로 이동, 쿠어에서 기차로 멋진 경관을 감상하며 생 모리츠로 향할 수 있다.

■ 추천 2: 관광열차로 경험하는 스위스 꼭짓점 여행
제네바에서 몽트뢰Montreux로 가서 골든패스 라인을 타고 루체른을 지나, 탈빌Thalwil이나 취리히까지 이동한 후, 다시 쿠어로 향한다. 쿠어에서 베르니나 특급 열차를 타고 생 모리츠로 향해보자.

★ 주요 도시
→ 생 모리츠 열차 이동시간
■ 취리히　약 3시간 20분
■ 루체른　약 4시간 10분
■ 인터라켄 동역　약 5시간 10분
■ 제네바　약 6시간 20분
■ 쿠어　약 2시간
■ 루가노　약 3시간 50분

2. 차량으로 이동하기

생 모리츠는 주로 3, 13번 고속도로를 이용하게 된다. 그라우뷘덴 북서쪽에서 남동쪽으로는 율리어 고개Julier Pass와 플뤼에라 고개Flüela Pass, 알불라 고개Albula Pass 주요 세 경로를 통해 생 모리츠 및 엥가딘 남쪽 지역으로 들어갈 수 있다. 겨울철에는 이용이 불가할 경우도 있으므로 미리 도로 진입 여부를 확인해야 한다.

✚ 생 모리츠 시내와 주변 지역 이동하기

기차역에서 마을 중심가 도르프Dorf까지 언덕이다. 걸어가면 시간이 꽤 걸리지만, 기차역과 이어져 있는 제레타Seretta 주차장 건물 에스컬레이터로 향하자. 에스컬레이터를 오르며 작품을 감상할 수 있는데, 이곳이 바로 '생 모리츠 디자인 갤러리'라고 알려진 곳이다. 다 오르면 팔라스 호텔이 나오고 거기서부터 도르프(마을)로 이어진다. 생 모리츠 기차역에서 생 모리츠 주변 지역들(Samedan, Pontresina, Celerina, Corvatsh, Sils, Maloja, Zouz, Park Naziunal)까지는 기차 외에도 버스 이용이 쉽다. 버스 노선 확인은 www.engadinbus.ch에서.

생 모리츠

N

골프 클럽
Kulm Golf St. Moritz

카를톤 호텔
Carlton Hotel

무오타스 무라글 (A→)
Muottas Muragl
(4.7km)

성 마우리티우스 교회
Kirche St. Mauritius

• 사원

호텔 발트하우스 암 제 H
Hotel Waldhaus am See

생 모리츠 기차역
인포메이션 센터

쿨름 호텔 H
Kulm Hotel St. Moritz

케사 알 마르 S
Chesa al Marc

레스토랑 크로네 R
Restaurant Krone

라 스탈라
La Stalla

호텔 아르테 생 모리츠 호텔 H
Hotel Arte St. Moritz

아트 부티크 모노폴 호텔
Art Boutique Hotel Monopol

모노

바드루츠 팔라스 호텔 H
Badrutt's Palace Hotel

달 물린 R
Dal Mülin

하테케 S
Hatecke

코옵 S
Coop Supermarkt

카페 한셀만
Conditorei Hanselmann

레스토랑 하우저
Restaurant Hauser

인포메이션
센터

케이블카 승강장

주차 빌딩
Parkhaus Serletta

생 모리츠 디자인 갤러리

생 모리츠 호수
Lake St. Moritz

Chantarella

코르빌리아 & 피츠 나이르 전망대 (A)
Corviglia & Piz Nair
(8.5km)

베리 미술관
Berry Museum

엥가딘 박물관
Museum Engadinais

세간티니 미술관
Segantini Museum

호텔 라우디넬라 생 모리츠 H
Hotel Laudinella, St. Moritz
(1.9km)

씨앗 바드 R

반피스 R
Banfi's
(1.5km)

피제리아 카루소 R
Pizzeria Caruso
(1.9km)

슈투베타 (B)
Stuvetta
(3.6km)

Via Grevas

Via da Scuola

Via Somplaz

Via dal Bagn

Via Arona

Via Dr. Oscar Bernhard

Schellen Ursli-Web

Schellen Ursli-Web

Via da l'Alp

Via Tinus

Via Tinus

Via Brattas

Via Maistra

Via Serlas

Via Serlas

Via Stredas

Via Johannes Badrutt

Via Johannes Badrutt

Piazza da la Staziun

생 모리츠 디자인 갤러리 St. Moritz Design Gallery
★☆☆

GPS 46.496581, 9.842571

열차로 생 모리츠에 도착한 여행자라면 누구나 들를 수밖에 없는 디자인 갤러리. 기차역과 이어진 제레타Seretta 주차장 건물 에스컬레이터에 작품 31점을 걸고 운영하는 갤러리이기 때문이다. 생 모리츠에 도착하면서부터 생 모리츠의 예술을 경험하는 셈이라 공공예술로 긍정적 평가를 받고 있다. 에스컬레이터 끝에서부터 평지가 시작된다.

주소 Plazza da Scoula,
　　 7500 St. Moritz
위치 기차역 맞은편 왼편
　　 대형 주차장 건물
운영 연중무휴
요금 무료
전화 +41 (0)81 834 4002
홈피 www.design-gallery.ch

베리 미술관 Berry Museum
★☆☆

GPS 46.496404, 9.837948

베리 미술관 외부의 베리의 자화상을 멀리서 보면 고흐의 작품인가 싶어서 살짝 눈길이 간다. 엥가딘 지방 출신 피터 로버트 베리Peter Robert Berry(1864~1942)는 의사이자 화가였다. 그는 고흐, 세간티니의 화풍에 많은 영향을 받았으며, 프랑스와 독일에서 유학 후 고향의 모습을 화폭에 담았다. 스스로를 엥가딘 지역의 율리아Julier, 베르니나Bernia 고개를 대표하는 화가라고 생각하기도 했다. 베리 미술관은 그의 가족들이 그의 컬렉션을 전시한 곳이다.

주소 Via Arona 32, 7500 St. Moritz
위치 슈바이처 호텔 뒤편에 위치.
　　 도르프 중심부에서
　　 바드 방면에 위치한
　　 엥가딘·세간티니 미술관으로
　　 향하는 길 초입에 위치
운영 **6월 중순~10월 중순,**
　　 12월 말~4월 중순
　　 월~금 14:00~18:00
요금 성인 CHF 15,
　　 어린이(12세 이하) 무료
전화 +41 (0)81 833 3018
홈피 www.berrymuseum.com

사탑 Schiefer Turm
★★☆

GPS 46.500814, 9.844188

이탈리아 피사의 사탑이 2010년 보수공사를 하고 기울기가 3.99도가 되면서 기울기 5.5도인 생 모리츠 사탑이 세계에서 가장 기울어진 탑이라는 설이 있다. 높이 33m인 사탑은 12세기부터 생 모리츠의 상징적인 역할을 해왔다. 이 사탑은 1890년에 없어진 성 마우리티우스St. Mauritius교회의 일부로 지금까지 남아 있는 것이다.

위치 쿨름 호텔 맞은편에 위치

> **Tip | 스위스 관광의 시조새**
>
> 요하네스 바드루트Johannes Badrutt(1819~1889년), 쿨름 호텔 사장이자, 스위스가 관광대국이 되게 한 시초의 인물이다. 생 모리츠에서 중요한 사람인 만큼 반신상이 인포메이션 센터 앞에 있다.

★★★

세간티니 미술관 Segantini Museum

촘촘히 쌓은 돌과 창문이 인상적인 세간티니 미술관은 이 탈리아 출신 화가 지오반니 세간티니Giovanni Segantini(1858 ~1899)를 기리기 위해 1908년에 지어졌다. 1886년에 스 위스 그라우뷘덴 지역으로 온 그는 엥가딘 지역을 꾸준히 작품에 묘사하면서 스위스를 대표하는 화가로 자리매김했 고, 여기서 그의 주요 작품들을 만날 수 있다. 그가 살던 집 은 말로야Maloja에 있다. 세간티니 미술관은 세간티니 사망 100주년이 되는 시점에 한 번, 2019년에 또 한 번 리노베 이션을 진행했다. 이를 통해 보다 많은 사람들이 발걸음 할 수 있는 시설로 업그레이드되었다.

주소　Via Somplaz 30, 7500 St. Moritz
위치　엥가딘 박물관 바로 옆 동산 길을 이용해 단숨에 도착
운영　**5월 말~10월 말, 12월 중순~4월 말**
　　　화~일 11:00~17:00 휴무 월요일, 주요 공휴일
요금　성인 CHF 15, 학생(16~25세) CHF 10,
　　　어린이(6~15세) CHF 3, 6세 미만 무료
전화　+41 (0)81 833 4454
홈피　www.segantini-museum.ch

★★☆

엥가딘 박물관 Museum Engadinais

300년이 넘은 엥가딘 지역의 전통가옥 구조를 재현해낸 엥가딘 박물 관은 100년이 넘은 건물이다. 박물관을 세운 리에트 캠펠Riet Campell (1866~1951)은 개인 골동품 수집가로 13세기부터 19세기까지 엥가딘 지 역의 가구, 장비, 무기, 책 등 약 2,300점의 다양한 물건들을 수집했다. 지 금은 주 정부가 운영하며 엥가딘 지역의 문화와 역사를 알 수 있는 귀중 한 박물관으로 자리하고 있다.

Tip | 엥가딘 박물관-
세간티니 미술관

엥가딘 박물관에서 세간티니 미 술관으로 이동 시 엥가딘 박물 관 옆으로 난 계단과 오솔길을 이용하자.

주소　Via dal Bagn 39, 7500 St. Moritz
위치　도르프 지구에서 바드 지구로 향하는 길 중간지점. 도르프 지구에서 도보로 10분
운영　**5월 말~10월 말, 12월~4월 중순** 목~일 11:00~17:00 휴무 월~수요일
요금　성인 CHF 15, 학생 CHF 10, 18세 미만 무료 ※ 스위스 패스 소지자 무료
전화　41 (0)81 833 4333　　　홈피　www.engadiner-museum.ch

추천

코르빌리아 & 피츠 나이르 Corviglia & Piz Nair

'검은 산'이란 뜻을 가진 '피츠 나이르'는 해발 3,057m로 생 모리츠 호수와 주변 알프스, 엥가딘 일대를 한눈에 담을 수 있는 곳이다. 코르빌리아 (2,468m)는 피츠 나이르 도착 전 전망대로 어린아이들을 동반한 가족들이 한나절을 재미있게 보낼 수 있는 호수와 놀이터, 산책로가 있어 이 지역 사람들이 많이 찾아온다. 또한, 산악자전거를 타기 좋아 코르빌리아까지 올라가는 푸니쿨라는 유독 젊은 사람들로 북적인다. 코르빌리아와 피츠 나이르에는 각각 레스토랑이 있어 멋진 전경을 즐기며 식사도 할 수 있다.

생 모리츠 도르프 St. Moritz Dorf → **찬타렐라**Chantarella 푸니쿨라 → **코르빌리아 푸니쿨라** → **피츠 나이르 케이블카**

주소 생 모리츠 도르프 탑승장 (Standseilbahn) 7500 St Moritz
위치 생 모리츠 도르프 지구 Schulhausplatz에서 도보 1분
운영 겨울 11월 말 혹은 12월 초~ 4월 초, 여름 6월 말~10월 중순 08:00 전후~17:00 전후까지 (각 구간별로 운영 날짜가 조금씩 상이하니 사이트를 통해 사전 확인 필요) 휴무 4월 초~6월 중순, 10월 중순~11월 말
요금 **생 모리츠 도르프- 피츠 나이르 왕복** 성인 CHF 79.2, 청소년(13~17세) CHF 52.8, 어린이(6~12세) CHF 26.4
전화 +41 (0)81 830 0001
홈피 engadin.ch

추천

GPS 46.521683, 9.901862

무오타스 무랄 Muottas Muragl

개인적으로 좋아하는 산악 여행지 중 한 곳으로 생 모리츠 호수뿐만 아니라 생 모리츠 주변의 Champfèrersee, Silsersee 호수들까지 들어오는 평화로운 풍경을 선사하는 곳이다. 높이 2,456m로 정상에는 산악 레스토랑과 호텔이 있고, 저녁 풍경이 아름다워 디너를 즐기기에도 알맞다. 푼트 무랄Punt Muragl 역에서 푸니쿨라를 타고 정상까지 11분이면 오를 수 있다.

주소 7504 Samedan
위치 생 모리츠 도르프 지구 Schulhausplatz에서 1번 또는 2번 버스 탑승하여 Punt Muragl에서 하차
운영 **여름** 6월 초순~10월 중순 이후 07:45~23:00 **겨울** 12월 중순~3월 말
요금 **왕복** 성인 CHF 41, 청소년(13~17세) CHF 27.3, 어린이(6~12세) CHF 13.7
전화 +41 (0)81 830 0001
홈피 engadin.ch

생 모리츠에서 쇼핑 즐기기

▶▶ 카페 한젤만
Conditorei Hanselmann

1894년 가게를 연 이후 세계적 수준에 부합되는 달콤한 초콜릿과 디저트 종류를 파는 생 모리츠의 명소가 된 곳으로 디저트를 선물세트로도 구매할 수도 있다. 엥가딘 너트 케이크와 배를 넣은 빵, 트러플 초콜릿, 아몬드 초콜릿 등이 유명하다.

주소 via Maistra 8, 7500 St. Moritz
전화 +41 (0)81 833 3864

▶▶ 하테케 Hatecke

염장된 고기를 말린 뷘드너 플라이쉬를 취급하는 곳으로, 선물용으로 구입할 수 있다. 혹은 뷘드너 플라이쉬를 이용하여 만든 샌드위치나 간단한 식사도 가능.

주소 Via Maistra 16, 7500, St. Moritz
전화 +41 (0)81 833 1277

Tip | 럭셔리 부티크 쇼핑

럭셔리 마케팅으로 성공한 지역답게 조그마한 마을이지만, 부티크 패션 브랜드들이 스위스 그 어떤 지역보다 많다. 대형 매장은 없지만, 세심하게 선별한 하이엔드 아이템들을 쇼핑할 수 있고, 주요 매장은 Via Serlas와 Via Maistra 거리에 모여 있다.

홈피 브랜드 리스트 검색
www.stmoritz.com/en/shopping-listing

 # 생 모리츠의 주요 레스토랑

생 모리츠는 고급 리조트 지역답게 개인의 다양한 기호를 맞출 수 있는 호텔 레스토랑, 산악 레스토랑 등 꽤 많은 레스토랑이 존재한다. 비시즌인 이른 봄과 늦가을에는 잠시 휴장하는 경우가 많으며, 이런 경우에는 도르프 지역으로 가면 비시즌에도 운영하는 레스토랑을 발견할 수 있다.

Writer's Pick

▶▶ 레스토랑 하우저 Restaurant Hauser

다소 캐주얼한 분위기를 선호하지만 맛은 절대 포기 못 하는 저자가 추천하고 싶은 레스토랑으로 현지인들도 적극 추천하는 곳이다. 다양한 식재료를 이용한 꽤 그럴싸한 스테이크와 파스타, 스위스 현지 요리부터 간단하게 요기할 수 있는 수프, 샐러드, 주류, 디저트까지 선보인다.

주소 Via Traunter Plazzas 7, 7500 St. Moritz
전화 +41 (0)81 837 5050

■ 스위스 향토 요리

슈튜베타Stüvetta
주소 Berghotel Randolins St. Moritz
전화 +41 (0)81 830 8381

라 스탈라 La Stalla
주소 Plazza dal Mulin 2, 7500 St. Moritz
전화 +41 (0)81 837 5859

■ 이탈리아 및 지중해식 요리

피제리아 카루소 Pizzeria Caruso
주소 Via Tegiatscha 17, St. Moritz
전화 +41 81 836 06 29

반피스Banfi's
주소 Via dal Bagn 5, St. Moritz 7500
전화 +41 (0)81 833 2579

■ 베지테리안 프렌들리 요리

씨암 빈드 Siam Wind
주소 Hotel Laudinella, St. Moritz
전화 +41 (0)81 836 0610

달 물린 Dal Mulin
위치 Plazza dal Mulin 4, St. Moritz 7500
전화 +41 (0)81 833 3366

생 모리츠의 숙소

여름은 성수기, 겨울은 초성수기, 봄과 가을이 비수기에 속한다. 특히 대도시와 다르게 비수기에는 운영을 하지 않는 호텔과 레스토랑이 꽤 많으니 미리 확인하자. 숙소는 역사 깊은 5성급부터 3성급 호텔까지 다양하며, 주로 도르프 지구와 호숫가 쪽에 모여 있으니 기호에 맞게 택하자.

5성급
쿨름 호텔 Kulm Hotel St. Moritz

1856년에 세워진 알프스 최초의 럭셔리 호텔. 생 모리츠 관광의 아버지 바드루트가 세운 역사적인 곳이다.

주소 Via Veglia 18, 7500 St. Moritz
운영 6월 중순~9월 중순, 12월~4월 초
요금 더블 CHF 649~1,283　　**홈피** www.kulm.com

5성급
바드루츠 팔라스 호텔
Badrutt's Palace Hotel

1896년 오픈하여 바드루트의 아들이 발전시킨 곳. 생 모리츠 호수 전망을 갖춘 최고급 호텔이며 호수의 물을 활용해 난방하는 친환경 호텔.

주소 Via Serlas 27, 7500 St. Moritz
운영 6월 말~9월 중순, 12월~4월 초
요금 더블 CHF 702~1,800(시즌에 따른 차이)
홈피 www.badruttspalace.com

5성급
칼튼 호텔 Carlton Hotel

1913년에 문을 연 100년이 훌쩍 넘은 럭셔리 부티크 호텔로 60개의 객실을 갖추고 있으며, 생모리츠 호수를 내려다보고 있어 전망이 끝내준다. 겨울시즌만 운영한다.

주소 Via Johannes Badrutt 11, 7500 St. Moritz
운영 12월 초~3월 말
요금 겨울 더블 CHF 830~2,250(시즌에 따른 차이)
홈피 www.carlton-stmoritz.ch

4성급
아트 부티크 모노폴 호텔
Art Boutique Hotel Monopol

도르프 지구 중심가에 위치하며, 코르빌리아 및 피츠 나이르 푸니쿨라 역과 가깝다(2분 거리). 4성급 호텔답게 모던한 인테리어를 갖추고 있으며, 전망 좋은 루프톱 스파 및 웰니스 시설이 인상적이다.

주소 Via Maistra 17, 7500 St. Moritz
운영 7월~9월 중순, 12월 초~4월 초
요금 CHF 217~397(시즌에 따른 차이)
홈피 www.monopol.ch

3성급
아르떼 생 모리츠 호텔
Hotel Arte St. Moritz

도심 가까이에 위치해서 어디든 이동이 편리한 곳. 특히 코르빌리아, 피츠 나이르행 푸니쿨라 역에서 걸어서 4분 거리. 코지한 스위스-이탈리아 레스토랑부터 가벼운 피자집까지 있고, 조식이 무료로 제공되기 때문에 먹는 걱정은 안 해도 된다.

주소 Via Tinus 7, 7500 St. Moritz　　**운영** 연중무휴
요금 더블 CHF 178~260(시즌 및 발코니 유무에 따른 차이)
홈피 arte.swiss-hotels-stmoritz.ch

3성급
호텔 발트하우스 암 제
Hotel Waldhaus am See

호숫가 바로 앞에 위치한 로맨틱한 호텔. 다양한 룸 선택이 가능하고 가격에 조식이 포함되어 있다.

주소 Via Dimlej 6, 7500 St. Moritz　　**운영** 연중무휴
요금 더블 CHF 240~430(시즌에 따른 차이)
홈피 www.waldhaus-am-see.ch

Tip | 생모리츠-폰트레지나 엥가딘 인클루시브 카드

생모리츠와 폰트레지나에서 2박 이상 호텔 숙박 시 제공되는 혜택이다. 그라우뷘덴 주를 다니는 로컬 열차의 생모리츠-알프그림, 폰트레지나-사메단 구간과 생모리츠 시내버스는 연중으로 이용할 수 있고, 13개의 산악열차 및 케이블카를 5~10월 운행 기간에 무료로 탑승할 수 있다. (코르빌리아, 피츠나이르, 디아볼레짜, 무오타스 무랄 등)

생 모리츠의 또 다른 매력 찾기

❶ 생 모리츠의 사계절 즐기기

생 모리츠의 하이킹 코스는 여름에는 무려 580km, 겨울에는 150km에 이르며, 알프스 야생화와 호수, 눈과 빙하 등 모든 주제의 하이킹 경험이 가능하다. 또 자전거 코스는 400km, 스키 슬로프는 350km, 크로스컨트리 스키 코스는 200km에 달한다. 이 방대한 스포츠 액티비티 지역 중 생 모리츠의 대표적인 스키 및 하이킹 지역 코르빌리아, 코르바취Corvatsch, 디아볼레짜Diavolezza를 중심으로 즐겨보자.

❷ 생 모리츠의 온천 즐기기

생 모리츠를 포함한 엥가딘 지역은 3,500년 전부터 메디컬 온천으로도 널리 알려진 지역이었다. 생 모리츠 동부 스쿠올Scuol도 로이커바드와 비슷한 야외 온천이 있어 인기가 많다. 이 때문에 생 모리츠는 주요 호텔들을 중심으로 숙박 고객이 아닌 일반인에게도 온천 및 스파 시설을 오픈하고 있다. 겨울철 하이킹이나 스키 등 야외 스포츠 활동을 즐기고 따뜻한 온천수로 몸을 녹여보는 건 어떨까.

❸ 실스 & 말로야 Sils & Maloja

실스와 말로야는 실스 호수를 사이에 두고 있는 마을로 유명 관광지는 아니지만 여행다운 여행을 할 수 있는 보석과도 같은 곳이다. 실스는 잔잔한 실바플라나 호수Silvaplanersee와 실스 호수Silsersee 사이에 위치한 자그마한 마을로 엥가딘 지역 전통을 유지하고 있어 고풍스럽다. 3월 첫째 날 소년과 소녀들이 전통 복장을 하고, 카우벨을 흔들며 노래하고 춤추는 알프스 깊은 계곡 지역의 전통 행사인 칼란다마르츠Chalandamarz를 매년 행하고 있다. 이 전통 행사에 관하여 작가 셀리나 쇤츠와 유명 삽화가 알로이스 카리지에가 동화 『우즐리의 종소리』를 출간해 전 세계 어린이들을 매료시키기도 했다. 이 동화는 스위스에서 『하이디』만큼 유명하다.

말로야는 스위스, 독일, 프랑스 합작영화 〈클라우즈 오브 실스 마리아〉(2014)를 통해 알려진 곳이다. 이탈리아 키아벤나Chiavenna 계곡에서 발생한 구름이 말로야 계곡을 향해 마치 구렁이처럼 크리스털 같은 빛을 내며 구불구불 들어오는 현상을 보인다. 엥가딘 지역은 깊은 계곡과 신비한 자연 현상으로 인해 문인, 화가 등에게 영감을 불러일으킨 곳으로, 세간티니가 가족과 살던 곳이기도 하다.

생 모리츠 주변 마을 즐기기

❶ 체르네츠 Zernez

체르네츠의 핵심은 스위스 국립공원Parc Naziunou Svizzer이다. 알프스의 동식물들이 자연 그대로 보존되어 있으며 1914년 설립 이후 170km²의 크기로 스위스 유일의 국립공원이자, 알프스 지역에서 가장 오래된 공원이다. 약 100km에 이르는 21개의 하이킹 코스도 있다. 여행 일정 및 본인의 수준에 맞추어 잠깐의 하이킹을 통해 알프스 야생 동물과 희귀 조류, 곤충 친구들을 만나보자.

비지터 센터

주소   Urtatsch 2, 7530 Zernez
위치   생 모리츠에서 체르네츠까지 기차로 약 45분,
       클로스터Kloster에서 약 30분 소요
운영   08:30~18:00
요금   인포메이션 센터는 무료, 그 외 입장 성인 CHF 7,
       어린이(6~16세) CHF 3, 스위스 패스 소지자 무료
전화   +41 (0)81 851 4141
홈피   www.nationalpark.ch
       (상세한 하이킹 정보 확인 가능)

❷ 추오츠 Zuoz

생 모리츠에서 기차로 20분 정도면 도착하는 추오츠는 체르네츠에서도 남서쪽으로 13km 거리에 위치한다. 오버엥가딘 지역 중 가장 예쁜 마을이라고 생각되는 곳으로 엥가딘 특유의 아기자기한 건축 양식과 예쁜 꽃들이 집집마다 장식되어 있어 사진 찍기 좋다. 커피 박물관 카페라마Caferama와 아우구스토 자코메티의 스테인드글라스가 아름다운 마을 내 교회당을 들러볼 만하다.

인포메이션 센터

주소   Via Staziun 67, 7524 Zuoz
위치   추오츠 기차역 내 위치
운영   월~토 08:00~12:00, 14:00~18:00
       휴무 일요일 및 주요 공휴일, 4월 초~6월 중순,
       10월 말~12월 중순 토요일
       ※ 7월 초~8월 중순 일요일에도 운영 09:00~11:30
전화   +41 (0)81 854 1510
홈피   www.engadin.ch

레티셰 열차로 '알불라-베르니나' 구간 즐기기

유네스코 세계문화유산으로 지정된 '알불라(투시스–필리주어–생모리츠)–베르니나(생모리츠–베르니나 디아볼레짜–오스피치오 베르니나–알프 그륌–티라노)' 구간은 베르니나 특급이 아니더라도, 일반 클래식 열차로도 알차게 즐길 수 있다. 36쪽 지도 참고.

❶ 필리주어 Filisur

필리주어 역의 란드바써 다리가 유명하다. 열차가 지날 때의 다리 사진을 찍기 위해 많은 여행자들이 이곳에 정차 후 슈미텐Schmitten 전망대로 향하거나, '추추트레인'이라는 별명을 가진 '란드바써 익스프레스' 관광셔틀열차(5~10월 운영. 성인 왕복 CHF 15)를 타고 다리 아래로 이동한다. 그만큼 필리주어는 '알불라' 구간의 하이라이트다.

❷ 베르니나 디아볼레짜 Bernina Diavolezza

스위스 알프스산 정상에서 빙하를 볼 수 있는 대표적인 산인 디아볼레짜는 베르니나 디아볼레짜 역에 바로 케이블카 역이 있어서 접근성이 좋다. 정상에서는 빙하 위 하이킹이 가능하다. 산 위 전망대 레스토랑 식사가 맛있고, 작은 호텔이 있어서 산 정상에서 고요하게 머물고 싶은 개별 여행자라면 추천한다.

❸ 오스피치오 베르니나 Ospizio Bernina

내려서 둘러보기보다는 일반 열차로 갈 수 있는 스위스에서 가장 높은 역이라는 정도만 알면 좋겠다. 기차역이 해발 2,253m에 위치. 오스피치오 베르니나를 지나면 바로 아름다운 라고 비앙꼬Lago Bianco 호수 바로 앞에 열차 선로가 있어 호수로 들어가는 기분이다.

❹ 알프 그륌 Alp Grüm

알프 그륌은 포토제닉한 곳이다. 가는 길에 하트 모양 작은 호수도 보이고(잘 봐야 보임), 많은 여행자들이 내려서 사진을 많이 찍는다. 꼬불꼬불 선로 배경이 인상적이고 한겨울을 제외하면, 기차역에 붙어 있는 카페에서 커피 한잔 하기 좋다.

❺ 티라노 Tirano

베르니나특급의 출도착지로 이탈리아다. 밀라노에서 2시간 30분 거리라, 이탈리아에서 넘어와 여행을 시작하거나 반대의 경우가 많다. 물가 높은 스위스를 벗어나 이탈리아 물가의 레스토랑에서 식사하면 마음이 왠지 편해진다.

생 모리츠 **주변 지역**

그라우뷘덴 주 하면 알프스 소녀 하이디를 빼놓을 수 없다. 실제 하이디 소설과 만화의 배경이 되는 하이디랜드 지역의 **마이엔펠트**Maienfeld와 **바드 라가츠**Bad Ragaz 지역을 방문해보자. 매년 열리는 세계경제포럼 때문에 이름이 친숙한 **다보스**Davos도 그라우뷘덴 주의 대표 지역이며, 주도인 **쿠어**Chur는 그라우뷘덴 주 여행의 중심이 되는 교통의 요지이다. 영화 〈에일리언〉의 캐릭터를 탄생시킨 H.R. 기거가 만든 쿠어의 기거 바Bar도 놓치지 말자. **락스─플림스**는 스노보더들이 사랑하는 곳으로 알려져 있다. 또 **발스**와 **렌체하이데**는 마을은 작지만 이색적이고 유명한 호텔이 있어 여행자들이 제법 찾는 곳이다.

✚ 다보스 Davos

다보스 하면 다들 세계경제포럼이 열리는 곳 정도로만 알고 있다. 하지만 다보스는 해발 1,560m에 조성된 유럽에서 가장 높은 현대 도시이다. 동시에 스파 도시, 하이킹 천국, 겨울 스포츠의 메카로도 유명하다. 과거 질병을 치료하는 스파 도시였던 다보스는 토마스 만의 소설 『마의 산』을 통해 세상에 알려지기 시작했다. 그 배경이 된 산이 샤츠알프Schatzalp 산이다. 또 유럽에서 흔히 볼 수 있는 티−바T-Bar 스키 리프트와 아프레스키 문화가 처음 생겨난 곳이기도 하다. 옆 마을 클로스터Klosters와 더불어 다양한 스포츠를 즐기기 위해 전 세계 많은 이들이 찾는다. 다보스호수 주변은 여유롭게 산책하기 좋다.

다보스 플라츠로 이동하기
- 생 모리츠에서 필리주어Filisur를 거쳐 열차로 약 1시간 30분
- 취리히에서 란트콰르트를 거쳐 열차로 약 2시간 20분

다보스 시내 이동하기
다보스는 크게 다보스 플라츠Davos Platz와 다보스 호수에서 가까운 다보스 도르프Davos Dorf 지역으로 나뉜다. 플라츠 역과 도르프 역은 도보 30분 거리이므로 무작정 걷기에는 멀다. 따라서, 계획을 세울 때 주요 박물관이 플라츠 역에서 가깝다면 플라츠에서 시작하되 종종 시내버스 1, 2, 3, 4, 7, 11, 13번을 이용하는 것이 좋다.

다보스-클로스터 내 이동하기
다보스−클로스터 지역은 버스와 열차, 다양한 산악케이블카 이용이 편리하다. 다보스 플라츠는 박물관이나 샤츠알프 열차, 프리스타일 스노보딩으로 유명한 야콥스호른Jakobshorn행 산악열차 이용이 편리하고, 다보스 도르프는 이 지역 최대, 최장 스키 슬로프로 유명한 파르젠Parsenn으로의 이동이 편리하다. 플라츠와 도르프 사이는 도보 30분 거리이므로 시내버스를 이용하자. 아이들에게 다양한 놀이체험을 제공하는 마드리자Madrisa는 클로스터 도르프Klosters Dorf에서 오를 수 있다. 호텔 예약 시 각자의 계획에 맞는 곳을 선택하는 것이 좋다. 하지만 다보스−클로스터는 어딜 가나 하이킹, 스키, 다양한 스포츠 경험의 시작점이 될 것이다.

★ 다보스 플라츠 인포메이션 센터

주소 Tourismus-und Sportzentrum, Talstrase 41, 7270 Davos Platz

위치 다보스 플라츠 지역 중심부 스포츠센터에 위치

운영 월~금 08:30~12:00, 13:30~18:00
토 09:00~12:00, 13:30~17:00
일 09:00~13:00

전화 +41 (0)81 415 2121

홈피 www.davos.ch

Tip | 여름 시즌 다보스나 클로스터 호텔 이용객이라면

호텔에서 무료로 제공하는 다보스-클로스터 프리미엄 카드(게스트 카드)를 이용하면 다보스, 클로스터, 플리저, 사스Saas 간 열차 이용, 다보스−클로스터 로컬버스를 무제한 이용할 수 있고, 마드리자 랜드 무료입장 및 샤츠알프 열차 할인을 받을 수 있다.

알레그라는 웰컴이라는 로망슈어의 방언이다 :)

★☆☆　　　　GPS 46.793570, 9.820511

겨울 스포츠 박물관
Winter Sport Museum

과거 다보스 지역에서 사용했던 설상화, 썰매부터 크로스컨트리 스키 장비 및 의류까지 다양한 수집품을 감상할 수 있다.

주소　Promenade 43, 7270 Davos Platz
위치　플라츠 중앙역에서 Bahnhofstrasse로 걷다가
　　　오거리에서 대각선 왼편 위치
운영　**12~3월, 6월 중순~10월 말** 화·목 16:30~18:30
　　　휴무 월·수·금·일
요금　성인 CHF 10, 학생 및 게스트 카드 소지자 CHF 8,
　　　16세 이하 무료(현금 결제만 가능)
전화　+41 (0)81 413 2484
홈피　www.wintersportmuseum.ch

more & more

레티셰–히스토리컬 열차

레티셰–히스토리컬 열차RhB-Historical Train는 다보스 기차역에서 필리주어Filisur 사이를 다닌다. 1920년대 열차 그대로 경험할 수 있어서 좋다. 승무원은 옛 검표원 복장이며, 해리 포터 감성 저리 가라다. 편도 30분 정도 소요.

운영　**5월 초~10월 말** 다보스 플라츠 출발 09:42
　　　13:42, 필리주어 출발 11:42 16:42
요금　**예약비** 편도 CHF 8(필수), 편도 CHF 11.80
　　　※ 스위스 패스 소지자 무료
전화　+41 (0)81 288 6565
홈피　www.rhb.ch

★★☆　　　　GPS 46.800192, 9.826724

키르히너 미술관 Kirchner Museum

독일의 판화가이자 표현주의자였던 에른스트 루트비히 키르히너Ernst Ludwig Kirchner(1880~1938)는 최초의 표현주의 그룹인 '디 브뤼케Die Brucke'를 창설하고 그의 작품들을 통해 기존 질서에 반하려 노력하며 창작 활동을 벌였다. 키르히너 미술관은 그의 작품들을 최대 규모로 소장하고 있다.

주소　Ernst-Ludwig-Kirchner-Platz, Promenade 82,
　　　7270 Davos
위치　플라츠 중앙역에서 버스 3번을 타고
　　　Sportzentrum 하차, 도보로는 10분 소요
운영　화~일 11:00~18:00 **휴무** 월요일
요금　성인 CHF 12, 어린이 및 학생 CHF 5
전화　+41 (0)81 410 6300
홈피　www.kirchnermuseum.ch

샤츠알프 산 Schatzalp

소설 『마의 산』의 배경이 된 산이어서 별칭이 '매직 마운틴'인 샤츠알프는 다보스 여행 시 꼭 들러보자. 산악열차를 타면 4분이면 정상에 닿는다. 정상에는 1900년 요양시설로 세워진 샤츠알프 호텔이 유서 깊게 자리한다. 500m 길이의 터보건 체험(CHF 4)과 5,000종이 넘는 식물과 꽃을 가꾸어 놓은 보태니컬 가든(5~10월)도 놓치지 말자.

주소　Davos Platz Schatzalpbahn, 7270 Davos
　　　(다보스 내 탑승장)
위치　플라츠 중앙역에서 버스 2, 3, 4번 탑승 후
　　　Schatzalbahn에서 하차
운영　5월 초~10월 08:00~24:00
　　　12월 초~4월 초 08:00~02:00
　　　(샤츠알프 호텔 손님 요청 시 07:00, 07:30 가능)
요금　**왕복** 성인 CHF 20, 청소년 CHF 16, 어린이 6~11세 CHF 12
　　　프리미엄카드 50% 성인 CHF 10, 어린이 CHF 5
전화　+41 (0)81 415 5151　　홈피　www.schatzalp.ch

✚ 쿠어 Chur

쿠어는 그라우뷘덴 주의 주도이며, 지리적으로도 교통의 요지이다. 북으로는 취리히나 장크트 갈렌 지역, 남서로는 티치노 지역 및 그라우뷘덴의 다양한 마을로 향하는 열차와 포스트버스가 지나며 베르니나 특급 열차의 기착점이기도 하다.
스위스에서 가장 오래된 도시이면서, 도시 자체가 5,000년 이상의 역사를 지니고 있다. 구시가지는 차량 진입이 금지되어 도보 여행이 쉬운 편이다. 젊은 층을 상대로 하는 상점, 레스토랑, 클럽, 문화 이벤트들로도 늘 활기가 넘치는 곳이기도 하다. 쿠어 시내 주요 지역은 구시가지가 시작되는 Postplatz이다.

쿠어로 이동하기
- 취리히에서 열차로 약 1시간 15분~1시간 30분
- 생 모리츠에서 열차로 약 2시간
- 쿠어, 란트콰르트에서 독일 주요 도시까지 ICE 열차가, 취리히 공항까지는 직통 열차가 운행한다.
- 벨린초나에서 포스트버스로 약 2시간 10분 소요

★ 기차역 인포메이션 센터
주소 Bahnhofplatz 3,
      7000 Chur
위치 기차역 바로 앞 위치
운영 월~금 08:30~12:30,
      13:30~17:30
      토 09:00~13:30
      일요일 및 공휴일(4~10월)
      09:00~13:30
      휴무 11~3월 일요일 및 공휴일
전화 +41 (0)81 252 1818
홈피 www.churtourismus.ch

© Chur Tourismus-Nicola Pitaro

© Chur Tourismus-Andrea Badrutt

| Tip | 아로사 Arosa 반나절 투어 |

여름(5~10월)에는 쿠어에서 출발하는 오픈 시닉 열차를 타고 아로사로 가보자. 가는 길이 아름답다. 아로사는 곰공원이 유명하고, 개성있고 예쁜 호텔도 많다. 겨울에는 로컬들이 사랑하는 스키 리조트가 된다.

| Tip | 포스트버스의 중심지 쿠어 |

쿠어는 티치노 주와 그라우뷘덴 주를 잇는 교통의 중심지로, 특히 쿠어의 포스트버스역은 규모가 상당하다. 그만큼 기차가 닿지 않는 작은 마을들로의 중심 여행지로 삼기 좋다. 티치노의 루가노와 그라우뷘덴의 생 모리츠를 포스트버스로 여행하는 팜 익스프레스Palm Express는 설경으로 시작해 야자수의 호반을 경험하는 여행 루트로 즐거움을 선사한다.

© Chur Tourismus-Andrea Badrutt

🏛 레티셰 박물관 Rätisches Museum

★★☆   GPS 46.848170, 9.533572

그라우뷘덴 주 메인 기차 이름이 레티셰라서 열차박물관이라고 착각하는 이들이 간혹 있지만, 레티셰는 그라우뷘덴의 레티셰 알프스 이름을 땄다(융프라우 이름과 같은 개념). 레티셰 박물관은 쿠어 및 그라우뷘덴 지역의 옛 역사문화유산을 전시한다. 청동기시대부터 로마시대의 무기나 농기구, 지역 정치 등에 대한 다양한 이야기를 담고 있으며 개성 있는 상설 전시도 열린다.

주소   Hofstrasse 1, 7000 Chur
위치   Postplatz에서 Poststrasse를 따라 마틴스 교회
      St. Martinskirche까지 가면 근처에 위치
운영   화~일 10:00~17:00 **휴무** 월요일
요금   성인 CHF 6, 학생 CHF 4, 16세 이하 무료
전화   +41 (0)81 257 4840
홈피   www.raetischesmuseum.gr.ch

🏛 자연사 박물관
Grabünden Natural History Museum

★★☆   GPS 46.854271, 9.534288

그라우뷘덴 지방의 동물, 식물, 지질, 생태계 및 광물 등의 역사를 한눈에 알 수 있는 박물관으로 특별전시 및 강연 등이 이루어지는 흥미진진한 곳이다.

주소   Masanserstr. 31, 7000 Chur
위치   쿠어역 앞 Ottostr.를 따라 걷다
      Masanserstr.이 나오면 좌회전 총 7분 거리
운영   화~일 10:00~17:00 **휴무** 월요일
요금   성인 CHF 6, 학생 CHF 4, 만 16세까지 무료
홈피   www.naturmuseum.gr.ch

© Bündner Naturmuseum

🛍 란트콰르트 패션 아웃렛 Landquart

란트콰르트는 쿠어에서 열차로 10분 내외면 도착하는 곳으로, 중앙역과 바로 이어진 디자이너 아웃렛이 이 지역의 핵심 포인트다. 스위스 브랜드 포함 160여 개의 인터내셔널 브랜드들이 패션, 아웃도어, 키즈, 신발, 주방, 인테리어 등 성격에 맞게 알차게 모여 있다. 레티셰 열차를 타고 란트콰르트로 이동할 때, 편도 티켓만 사고, 쇼핑 금액 CHF 100이 넘으면 인포센터에서 찍어주는 도장으로 무료로 열차에 탑승이 가능하다.

주소   Tardistrasse 20a, 7302 Landquart
위치   중앙역에서 바로 연결됨
운영   10:00~19:00 **휴무** 1월 1일, 12월 25일 등
전화   +41 (0)81 300 0290
홈피   https://www.landquartfashionoutlet.ch/en

☪ 기거 바 Giger Bar

초현실주의자인 기거H.R. Giger는 쿠어 출신이다. 기거의 에일리언 작품은 리들리 스콧 감독에게 큰 영향을 주어 영화 〈에일리언〉이 탄생하게 되었다. 영화 속 그로테스크한 비주얼과 비슷한 느낌의 기거 바의 의자 및 디테일한 소품들은 모두 기거가 직접 제작한 것이다. 쿠어와 아름다운 치즈 마을 그뤼에르에 기거 바가 각각 위치해 있다.

주소   Kalchbühl center, Comercialstrasse 19, 7000 Chur
위치   버스 1번 탑승 후 City West 하차
운영   월~금 08:15~20:00, 토 08:15~17:00 **휴무** 일요일
전화   +41 (0)81 253 7506   홈피 www.hrgiger.com

© Chur Tourismus-Andrea Badrut

✚ 마이엔펠트 Maienfeld

마이엔펠트는 '하이디'와 '포도밭'으로 정의할 수 있다. 스위스 작가 요한나 슈피리는 마이엔펠트의 작은 마을에서 『하이디』를 써냈다. 하이디의 오두막이나 하이디가 뛰어놀던 들판 모두 이곳이 토대가 됐다. 원작을 바탕으로 한 만화 〈알프스 소녀 하이디〉는 전 세계에 방영되었고 마이엔펠트는 많은 이에게 더욱 사랑받는 곳이 되었다.

사실 마이엔펠트는 하이디 빌리지Heidi Village로 오르기 위한 베이스캠프 격인 마을이므로, 여행의 하이라이트인 하이디 오두막이나 하이디 빌리지까지는 조금 걸어야 한다. 그러나 하이디 트레일을 걸으며 만나는 아름다운 포도밭과 마을길, 그리고 표지판이 세워진 곳이면 어김없이 나타나 목마름을 해결해주는 작고 예쁜 분수들은 지금 이곳을 걷고 있다는 것을 오히려 기쁘게 만들어준다. 마이엔펠트는 높은 품질의 와인으로도 잘 알려져 있다.

마이엔펠트로 이동하기

- 생 모리츠에서 란트콰르트를 거쳐 열차와 버스로 약 2시간 30분, 쿠어를 거쳐 열차로 약 2시간 40분
- 쿠어에서 열차로 약 12분
- 바드 라가츠에서 버스로 약 15분, 열차로 약 2분

★ 인포메이션 센터
주소 Heidiland Tourismus AG, Bahnhofstrasse 1, 7304 Maienfeld
위치 중앙역에서 내려 마을 쪽으로 조금 들어가면 바로 하이디 기념품숍 겸 인포메이션 센터 위치(와인 시음도 가능 화~목 10:00~21:00)
운영 월~금 09:00~12:00, 13:15~17:15
토 09:00~12:00, 13:00~16:00 (11월·12월 중순 월~금 10:00~12:00, 13:30~17:00)
휴무 일요일 (겨울 시즌 토·일요일 및 12월 말~1월 중순)
전화 +41 (0)81 330 1800
홈피 www.heidiland.com

Tip | 짐을 맡겨요

짐이 번거롭다면 CHF 3으로 인포메이션 센터에 짐을 맡길 수 있다.

Tip | 마이엔펠트에서 점심은?

마이엔펠트에는 그라우뷘덴 지역에서 가장 맛있다고 소문난 슐로스 브란디스 레스토랑(www.schlossbrandis.ch)이 있다. 전통적이면서도 우아한 분위기에서 라클렛 등의 스위스 요리를 즐길 수 있다.

혹은 마을 초입 베이커리 숍 Gwerder나 편의점 SPAR에서 샌드위치와 음료를 사서 하이디 오두막 앞까지 올라 하이디랜드의 경관을 감상하며 먹는 것도 추천하고 싶다.

📷 ★★★
하이디의 집까지 즐기는 **하이디 트레일** Heidiweg

마이엔펠트 인포메이션 센터에서 출발해 하이디 빌리지나 하이디 분수까지 걷는 하이디 트레일이 있다. 소요 시간은 1시간에서 1시간 30분 정도. 여행 일정에 따라 하이디 빌리지까지만 다녀와도 좋다.

Heidiweg 표시를 따라 걸으면 된다.

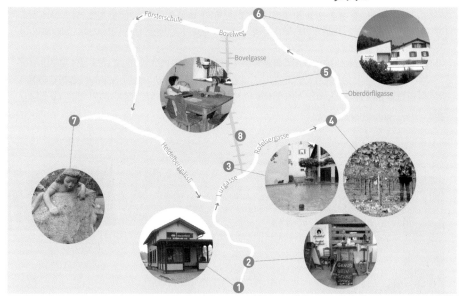

❶ 마이엔펠트 기차역 … ❷ 마이엔펠트 하이디 인포메이션 센터/기념품숍 … ❸ 하이디 산책로Heidiweg 사인과 분수들 … ❹ 아름다운 마이엔펠트 포도밭 … ❺ 하이디 빌리지 및 요한나 슈피리 박물관 … ❻ 하이디호프 호텔과 레스토랑 … ❼ 하이디 분수(❽ 하이디의 길Heidi Path)

📷 ★★★
하이디 빌리지 Heidi Village

GPS 47.004742, 9.529896

하이디 빌리지에는 하이디와 피터, 동물 친구들이 뛰놀던 하이디 하우스와 작가 요한나 슈피리에 대한 정보를 얻을 수 있는 요한나 슈피리 박물관, 기념품숍 등이 있다. 박물관에는 스위스에서 가장 작은 우체국이 있어, 하이디 기념 스탬프를 찍은 엽서를 보낼 수 있다. 기념품숍에서는 각국의 언어로 출간된 하이디 책, 티셔츠, 와인 등 다양한 기념품을 판매한다.

주소 Oberdörfligasse, 7304 Maienfeld
위치 마이엔펠트 기차역에서 도보로 약 40분 소요
운영 3월 중순~11월 중순 10:00~17:00
요금 성인 CHF 13.9, 어린이(5~14세) CHF 5.9, 4세 이하 무료
전화 +41 (0)81 330 1912
홈피 www.heididorf.ch

그라우뷘덴주 와인 즐기기!

✚ 그라우뷘덴의 와인 Graubünden Wine

그라우뷘덴 주 펠스베르크Felsberg에서 플레쉬Fläsch까지 라인 강을 따라 길게 뻗어 있는 지역이 와인으로 유명하며, 이 지역 중 말란스Malans에서 플레쉬까지 달하는 뷘드너 헤어샤프트Bündner Herrshcaft 지역은 '스위스의 부르고뉴'라고도 불릴 만큼 질 좋은 와인이 생산된다. 비교적 온화한 기후와 햇빛, 푄 현상과 석회질이 풍부한 토양은 포도 재배에 이상적이다. 총 42종류의 포도가 72여 곳의 와인 생산자에 의해 재배되며 특히 피노 누아가 유명하다.

마이엔펠트는 뷘드너 헤어샤프트 중심지역에 속하며, 와인 트레일을 따라 하이킹을 하다 보면 곳곳의 와이너리를 마주하게 된다. 이곳에서 와인과 함께 가벼운 식사를 즐길 수 있다. 또한, 5월부터 9월까지 와이너리마다 순번을 정해 돌아가며 와인 시음 행사를 열며, 9월 초·중순에는 와인 페스티벌이 열리기도 한다.

홈피 www.graubuendenwein.ch

플레쉬 Fläsch

마이엔펠트

바드 라가츠 Bad Ragz

라인 강 Rhein

말란스 Malans

✚ 와이너리 하이킹 Winery Hiking

와인 링 하이킹 투어: 마이엔펠트 – 플레쉬–마이엔펠트 왕복
2010년 바커상Wacker Prize을 받았을 정도로 걷고 싶은 길로 정평이 난 곳. 그라우뷘덴 주의 북쪽 외곽 지역의 오래된 도시 중심가를 통해 걷다 브라디스 성을 지나게 된다. 하이디브룬넨Heidibrunnen을 들러 아름다운 와이너리를 따라 플레쉬까지 하이킹하는 루트로 마이엔펠트로 돌아갈 때는 라인 강을 따라 걸으면서 숲과 초원 지역을 지나게 된다. 코스 자체도 어렵지 않아서 초보자도 해볼 만하다.

와이너리 하이킹
난이도 하
거리 11.4km
소요시간 약 3시간
출발/도착지점 마이엔펠트 기차역
홈피 swissfamilyfun.com/
maienfeld-vineyard-hike

그냥 끝내기 아쉽다~ 그라우뷘덴 좀 더 알기

✚ 그라우뷘덴 이색 숙소

Stay ❶ 5성급 발스 7132Vals-7132 호텔

발스 자체는 조용한 산악 마을이다. 발스 7132 호텔은 건축가 피터 줌터Peter Zumthor를 아는 사람이면 꼭 한 번 머물고 싶어하는 곳. 호텔 내 스파시설에 피터 줌터의 철학이 고스란히 들어가 있다. 자연과 하나가 되어 조화로운 건축물 외부와 스파를 오롯이 즐길 수 있는 내부 시설은 힐링의 극치를 선사한다.

주소 Poststrasse 560, 7132 Vals
위치 쿠어에서 플림스를 거쳐, 일란츠(Ilanz)에서 포스트버스가 운행하나 겨울철에는 도로 상황을 사전에 체크해야 한다. 공항에서 헬리콥터나 리무진으로 투숙객을 픽업하는 서비스 이용 가능
요금 더블 CHF 870~, 패밀리 스위트 CHF 2,000 전후
전화 +41 (0)58 713 2000
홈피 https://7132.com

© 7132 Hotel - Julien Balmer   © 7132 Hotel - Julien Balmer

Stay ❷ 4성급 렌체하이데Lenzerheide 구아르다 발 호텔Guarda Val

렌체하이데는 스위스 로컬들이 사랑하는 조용한 휴양지 마을이다. 구아르다 발은 300년 된 목조건물 여러 개가 호텔룸으로 되어 있는 특이한 구조다. 렌체하이데 시내에서도 차로 10분 정도 더 언덕 위로 올라가야 한다. 마을이 나온 줄 알았는데, 이게 다 호텔 땅이란다. 렌체하이데의 럭셔리함은 유럽 사람들이 좋아하는 럭셔리 감성이라고 할 수 있는데, 블링블링 느낌이 아니라 목조건물에 자연과 어우러진 세련된 디자인과 방마다 굉장히 색다른 컨셉이다.

주소 Sporz, Voa Sporz 85, 7078 Lenzerheide
위치 자동차로 쿠어에서 1시간, 렌체하이데 호수 기준으로 5분 소요 (무조건 이곳은 렌트카로 가야 할 곳)
요금 더블 CHF 300~450
전화 +41 (0)81 385 8585
홈피 https://www.guardaval.ch/en/

© Guarda Val   © Guarda Val

✚ 스노보더들이 사랑하는 락스-플림스 Laax-Flims(feat. 카우마제Caumasee)

쿠어에서 가까운 락스–플림스는 그라우뷘덴 사람들의 최애 겨울 리조트다. 락스는 유럽에서도 손꼽히는 스키장이기도 하다. 설질도 우수하고, 특히 스노보더들을 위한 프리 라이더 지역 및 세계 최대의 하프 파이브, 펀파크가 있다. 보통 락스–플림스가 스노 스포츠의 메카이기도 하고, 꽤 가까운 거리에 있어서 세트로 불린다. 플림스에서는 카우마 호수가 가까워서 여름 및 날씨 좋은 날엔 호수를 즐기려는 여행자도 많이 찾는다.

홈피 https://www.flimslaax.com

© FlimsLaax

✚ 바드 라가츠 Bad Ragaz

〈알프스 소녀 하이디〉의 하이디 친구 클라라가 요양했던 작은 마을 바드 라가츠는 박물관이나 구시가지 투어 위주의 여행지가 아니다. 이곳의 핵심은 바로 '온천욕'과 '치유'다.
13세기경 바드 라가츠 인근 타미나Tamina 골짜기에서 처음으로 온천이 발견되었다. 이후 16세기 초 의사 파라셀수스Paracelsus가 온천의 치료 효과를 연구했고, 바드 라가츠는 본격적으로 치료 목적의 온천 여행지로 알려지기 시작했다. 19세기에 이르러서는 온천을 연결한 4km의 파이프가 바드 라가츠 중심부로 왔고, 그 주변으로 그랜드 호텔Grand Hotel 등의 최고급 리조트 호텔이 생겨났다. 지금은 전 세계적 고급 스파 휴양지로서 그 명성을 확고히 하고 있다.
막상 바드 라가츠 중앙역에서 내리면 휑한 거리에 당황할 수 있는데 실망은 금물! 버스로 5분이면 도착하는 타미나 온천Tamina Therme은 여행의 피로와 온갖 상념을 완벽하게 털어낼 수 있다.

바드 라가츠 열차·버스로 이동하기
- 생 모리츠에서 쿠어를 거쳐 열차로 약 2시간 25분
- 쿠어에서 열차로 약 15분
- 취리히에서 열차로 약 1시간 10분
- 마이엔펠트에서 버스로 약 15분, 열차로 약 5분

★ 인포메이션 센터
주소 Am Platz 1, 7310 Bad Ragaz
위치 중앙역에서 1시간 간격 운행하는 451번 버스를 타거나 도보로 1km 이동
운영 월~금 08:30~12:00, 13:00~17:00
　　　토 09:00~13:00
휴무 일요일
전화 +41 (0)81 300 4020
홈피 www.heidiland.com

Tip | 하이디랜드

바드 라가츠와 마이엔펠트 모두 하이디랜드Heidiland를 대표하는 지역에 속한다. 발렌Walen 호수와 그라우뷘덴의 동부 자르가저Sarganser 지역 사이를 칭하는 하이디랜드는 소설 『하이디』를 통해 잘 알려진 곳. 스키와 하이킹으로 유명한 플룸저베르그Flumserberg, 피졸Pizol 및 중세 고성이 있는 자르간스Sarfans, 베르덴베르그Werdenberg 등 또한 주변 명소이다.

타미나 온천 & 그랜드 리조트 Tamina Therme & Grand Resort

★★★

역사 깊은 타미나 온천은 13세기부터 36.5도로 유지되고 있다. 타미나 협곡의 블루 골드가 함유되어 있는 이곳 온천은 총 7,300m²의 크기로 실내 및 야외풀, 월풀, 워터 슈트, 폭포, 스파 동굴, 마사지 시설 등을 갖추고 있다. 타미나 온천을 운영하는 그랜드 리조트는 호텔의 개념을 넘어서 건강, 수면, 영양, 디톡스, 아름다움, 의학, 온천, 행복 등의 주요 키워드 아래 최고급 고객 서비스와 첨단 과학적 시스템으로 투숙객의 건강을 총체적으로 관리해준다(수면의 패턴까지 분석하는 호텔방이 있을 정도!). 골프 리조트, 8개의 수준 높은 레스토랑, 카지노, 박물관 등의 주요 시설도 보유하고 있다. 투숙객은 포르쉐, 할리데이비슨 자전거를 무료로 대여해 주변 마이엔펠트 등을 여행할 수 있다.

주소 Tamina Therme, 7310 Bad Ragaz
위치 중앙역에서 451번 버스를 타고 5분이면 Tamina Therme역 도착
운영 매일 08:00~22:00 (금 23:00까지)
요금 **온천욕장[2시간/ 오전권(~11:00)/종일권]**
성인 CHF 33/23/47
어린이(3~16세) CHF 17/13/28
(주말 및 공휴일 성인 CHF 7, 어린이 CHF 3 추가 요금 발생. 1시간 추가당 성인 CHF 4, 어린이 CHF 3)
※ 사우나 요금 별도
※ 호텔 투숙객 무료
전화 +41 (0)81 303 2740
홈피 www.taminatherme.ch
www.resortragaz.ch

그랜드 리조트

구(舊) 바드 페퍼스 Altes Bad Pfäfers

★★☆

바드 라가츠의 오늘을 있게 한 주인공으로 원조 온천장이다. 옛 온천 시설과 함께 타미나 계곡 온천의 기원과 역사를 알 수 있는 박물관 등이 있으며, 실제 온천이 시작된 협곡으로 들어가볼 수 있다.

주소 Postfach, 7310 Bad Ragaz
위치 중앙역에서 451번 포스트버스를 타고 5분이면 도착
(중앙역-페퍼스 10:35~17:35, 페퍼스-중앙역 10:56~17:56, 1시간 간격으로 운행 및 점심시간 1회는 운행하지 않음, 5~9월 1시간 일찍 운행)
운영 4월 말~10월 말 09:00~17:15
(단, 4월 말~5월 초 16:15 종료, 9월 초~10월 말 10:00 시작)
요금 CHF 5
전화 +41 (0)81 302 7161
홈피 www.altes-bad-pfaefers.ch

03

Step to
Switzerland

쉽고 빠르게 끝내는 여행 준비

STEP 1 스위스 일반 정보

아름다운 자연과 낭만을 간직한 나라 스위스. 지역마다 색다른 매력이 가득해 굳이 유럽 몇 개국을 돌지 않아도, 스위스 하나만으로 만족스러운 여행을 만들 수 있다. 봄에는 생동감, 여름엔 화끈한 축제, 가을엔 풍요로운 풍경, 겨울엔 스포츠의 천국이 떠오르는 스위스로 떠나기 전, 꼭 알아둬야 할 것들을 모아봤다.

✚ 국가명

4개 국어가 통용되는 스위스에선 다음과 같이 국가명을 부르고 있다. 독일어 슈바이츠(Schweiz), 프랑스어 쉬스(Suiss), 이탈리아어 스비체라(Svizzera), 로망슈어 즈비츠라(Svizra).

✚ 공휴일 (2024년 기준)

1월	1일 설날
	2일 성 베르히톨드의 날
3월	**29일 성 금요일***
	31일 부활절*
4월	**1일 부활절 월요일***
5월	1일 노동절
	9일 예수 승천일*
8월	**1일 국경일**
12월	**25일 크리스마스**
	26일 성 슈테판의 날

*표시는 매년 일자 변동
※ 진하게 표시한 것은 모든 주의 공통 공휴일

✚ 기후

스위스에도 사계절이 있으며 기상이변으로 7~8월 한여름 30도가 넘는 경우가 많아졌다. 1월과 2월 사이 기온은 −2~7도이다. 봄과 여름의 낮 기온은 8~15도이며, 고도에 따라 기온 변화는 다양하다.

홈피 스위스 기상청 www.meteoschweiz.admin.ch

© Titlis

✚ 전기

전압 220V, 교류(AC), 50Hz. 한국에서 쓰던 전자제품 사용은 가능하나 콘센트 모양이 달라 여행용 멀티 어댑터나 스위스 전용 어댑터가 별도로 필요하다. 이 어댑터는 벽에 설치된 3구 전기소켓에도 이용할 수 있다. 어댑터는 쇼핑몰에서 구입 가능하다.

✚ 분실물

각 지역 분실물 사무소를 방문하거나 www.easyfind.com를 이용해 분실물 등록을 하면 된다.

✚ 신용카드

비자Visa, 마스터스Masters, 아메리칸 익스프레스 American Express 등 해외 사용이 가능한 카드를 이용한다. 각기 다른 두 종류의 카드를 사용하는 것이 좋다.

✚ 선불카드-트래블 월렛

신용카드 수수료가 부담스럽고, 좀 더 규모 있는 소비를 지향하는 사람들에게 추천. 환전 수수료가 낮고, 해외결제 수수료가 없으며, 외화를 쉽게 매도할 수 있다. 현지 ATM에서 현금 인출도 가능하다. 트래블 월렛의 경우 비자카드 가맹점에서 사용 가능. 자세한 내용은 https://blog.naver.com/travelwallet 참고.

✚ 안전, 치안

스위스는 치안, 위생, 안보 면에서 매우 안전한 나라다. 하지만 최근 외국에서 스위스로 인구 유입이 많아짐에 따라 지역별로 조심해야 할 곳도 있는 것이 사실. 공항 주변, 주요 기차역, 위락 지역과 야간에는 특히 주의가 요구된다. 이 밖에 호수, 강에서 수영을 하거나 래프팅을 할 때는 전문 가이드의 도움을 받고 과격한 액티비티는 가급적 삼가는 것이 좋다.

✛ 인터넷

대부분의 호텔, 호스텔에서 무료 와이파이를 이용할 수 있도록 체크인 시 아이디와 패스워드를 알려준다. 하지만 데이터를 제때 이용하기 위해선 한국이나 스위스 현지에서 통신사를 통해 전화 및 데이터를 이용할 수 있도록 가입하는 것이 편리하다.

또한 현재 80여 곳의 스위스 SBB 역에서도 **SBB-FREE 무료 와이파이**를 사용할 수 있으니 홈페이지를 통해 확인해보자. 사용자나 디바이스가 많다면 최대 10대까지 한 번에 이용할 수 있는 포켓사이즈 와이파이 디바이스를 스위스 회사인 **트래블러 와이파이** Traveller Wifi를 통해 대여하는 것도 좋다(일일 CHF 6). 온라인을 통해 신청하면 스위스 내 공항, 주요 기차역, 호텔 등까지 보내준다.

홈피 **SBB 와이파이** www.sbb.ch/wifi
(80개 역 연속 최대 60분 사용)
트래블러 와이파이 www.travelerswifi.com

✛ 전화
❶ 로밍 서비스 이용 시

여행자의 대부분은 국내에서 본인이 쓰고 있는 통신사를 통해 로밍 서비스를 이용하는 경우가 많기 때문에 서비스와 요금제를 잘 확인한다. 공항에서 데이터 무제한 서비스 기간제 또는 24시간 단위로 부과되는 서비스를 이용할 수도 있다. SK텔레콤의 경우 유럽 51개국(스위스 포함)에서 최대 30일간 LTE/3G 데이터 3GB + 속도제어 데이터를 저렴하게 사용할 수 있는 요금이 나와 있기도 하다. 이용하는 통신사에 문의하여 최적의 로밍 서비스를 이용하는 것이 현명하다.

❷ 국내에서 유럽용 유심 구입하기

사실 로밍보다 저렴해 많이 이용하는 방법으로, 국내에서 여행사나 소셜, 온라인 마켓 등을 통해 유럽 내 국가에서 쓸 수 있는 통합 유심을 구매하면 편리하다. 데이터 및 통화, 문자가 일정량 기본으로 제공되어 여행 일정, 사용 빈도에 따라 구매하면 된다. 구매 시 사용방법을 자세하게 안내해주고, 문제가 생겼을 때 연락을 주고받을 수 있는 회사가 좋다.

❸ 스위스 현지 통신사 이용하기

구입해 온 유심에 문제가 생겼거나, 미처 로밍을 하고 오지 않았을 때 절망하지 말고 스위스 현지 통신사 서비스를 이용하면 된다. 스위스에는 **스위스콤**Swisscom **과 솔트**Salt 두 회사가 있으며 간단한 영어로도 의사소통이 어렵지 않은, 취리히나 제네바 공항, 대도시에서 서비스 가입을 하는 것이 좋다.

솔트의 경우 솔트 프리페이Salt PrePay 서비스에 가입하는 것이 편리하다. 직원에게 프리페이 서비스를 문의하면 스위스 내에서 통화 1건당 CHF 0.49, SMS 건당 CHF 0.12, 무제한 인터넷(4G) 1일 CHF 1.99, 유심카드 포함하여 CHF 20에 가입 가능하다. 충전이 필요하다면 솔트 홈페이지, 솔트 지점, 우체국, SBB 티켓 머신 등을 이용하면 되고, 홈페이지나 전화를 통해 남은 금액도 확인 가능하다.

솔트 스토어(Salt Store) **취리히 공항점**
주소 Shopping Centre Landside, Postfach 2433, 8058 Zürich-Flughafen
운영 08:00~21:00   홈피 www.salt.ch

✛ 공관 연락처

주스위스 대한민국 대사관
주소 Kalcheggweg 38, P.O.Box 301, 3000 Bern 15, Switzerland
전화 +41 (0)31 356 2444(근무시간 내),
긴급전화(근무시간 외) +41 (0)79 897 4086
영사콜센터(24시간) +82 2 3210 0404(유료)
메일 swiss@mofa.go.kr
※ 여권분실, 파손 등의 사유로 여행증명서 또는 단순여권을 신청할 경우에는 대사관 방문 전 온라인으로 방문예약 필수
- 준비: 여권용 사진 1매, 발급신청서 1매, 여권분실신고서 1매, 긴급여권신청사유서 1매, 한국 신분증
- 수수료: 여행증명서 CHF 22.5, 단수여권 CHF 47.7(현금으로만 납부 가능)
홈피 www.0404.go.kr

✛ 긴급 연락처

경찰 117 **화재** 118 **구급차** 144 **스위스항공구조대** 1414
긴급도로서비스 140 **스위스 일반 문의** 1811
일반 날씨 정보 162

STEP 2 스위스 여행 준비하기

어느 날 문득 배낭 하나 가볍게 메고 여행을 가고 싶은 날도 있지만, 사실 모든 여행은 체계적인 준비로부터 시작된다. 스위스로 떠나기 전 스위스 선배 여행자에게 조언도 듣고 관련 블로그, SNS 채널, 관련 책자를 살펴보며 현지정보를 습득한다면 보다 즐거운 여행이 될 것이다.

✚ 여권과 비자

스위스에서 90일 이내의 기간으로 여행할 경우 대한민국 국민이라면 비자가 필요 없으며, 출발일 기준으로 6개월 이상의 유효기간이 남아 있는 여권을 소지하면 된다.

■ 여권 발급 및 종류

여권은 대한민국 국적을 보유하고 있는 사람에게 발급된다. 예외적인 경우를 제외하고 본인이 직접 방문 신청해야 하며, 이때 거주지와 상관없이 가까운 발행 관청에서도 신청 가능하다. 전자여권의 경우 18세 이상 발급 가능하며, 10년 사용 가능 여권은 26면 기준 5만 원, 재외공관 발급 시 USD 50이다. 자세한 내용은 www.passport.go.kr 참고.

■ 여권 재발급

여권의 유효기간 만료 이전 수록정보의 정정 및 변경, 분실 및 훼손, 사증란 부족 등의 경우에는 여권을 재발급받아야 한다. 재발급 시 유효기간은 기존 여권과 같으며, 유효기간이 남아 있는 여권 소지자는 여권을 반납하여야 한다. 여권의 유효기간 연장제도는 폐지되어 유효기간 연장은 불가하다. 수수료는 신규여권 발급과 동일

✚ 항공권 구입 요령

대한민국에서 유럽으로 취항하는 항공사는 경유편을 포함하여 약 25개 항공사에 달한다. 일반 요금보다 저렴한 할인 항공권을

구입하기 위해서는 통상 3~4개월 전에 각 항공사의 온라인이나 전문 오프라인 여행사를 통하여 구입하는 것이 합리적이다.

단, 할인 항공권은 일정 변경, 노선 변경 등이 대부분 불가한 경우가 많고, 환불이 불가한 경우도 많으니 여행 일정을 잘 조정해야 한다. 직항편이 아닌 경유편을 구매할 경우 경유지에서 트랜스퍼할 시간이 충분하게 있는지도 고려해봐야 한다. 경유 시간은 최소 2.5시간 이상 되어야 비교적 안전하다.

■ 주요 스위스 행 항공편

스위스 취리히까지 대한항공, 스위스에어 직항편 운행 (단, 여름 성수기에 한함). 유럽 또는 아랍계 외항사를 이용했을 때는 1회 경유하여 취리히, 제네바까지 여행 가능하다. 대한항공 KE 직항 13시간 25분 소요(매주 화ㆍ목ㆍ토). 동계에는 직항 운항을 하지 않는다.

유럽 항공사	아랍 항공사
스위스에어 LX	카타르 QR
독일항공 루프트한자 LH	에미레이트 EK
에어프랑스 AF	에티하드 EY
KLM 네델란드 항공 KL	
터키항공 TK	
핀에어 AY	

✚ 여행 준비

■ 기본 준비물

가이드북, 여권, 필기도구, 항공권, 숙박 바우처, 스위스 트래블 패스, 개인위생용품, 해외 사용 가능한 신용카드(한도액을 미리 확인하고 유효한 카드를 2개 정도 준비하자), 현지 통화(스위스 프랑), 계절에 맞는 옷과 속옷, 편안한 신발, 개인 상비약

※ 해외 로밍 서비스 신청 또는 유럽 유심

■ 기타 준비물

선글라스, 자외선 차단제, 모자, 접이식 우산 또는 우비, 멀티어댑터, 약간의 한국 음식(즉석밥, 김, 고추장, 즉석라면 등), 수영복(선택품목), 여행자 보험

※ 하이킹을 할 계획이라면 난이도에 따라 접이식 스틱, 트레킹화, 배낭 및 휴대용 물통을 준비하자.

✚ 반려동물과 함께하는 스위스 여행

스위스로 여행하는 반려견, 반려묘는 적어도 입국 30일 전에는 광견병 예방 접종을 필수로 마쳐야 하며, 접종을 완료했다면 입국일로부터 1년 이내여야 한다. 또한, 이와 관련된 증명서가 필요하다. 2017년 1월부터 반려견, 반려묘, 페렛 등에게는 반려동물 인식 칩 이식이 필수다. 기타 자세한 사항은 스위스 연방식품안전 및 수의검역청 홈페이지를 참고하자.

홈피 www.blv.admin.ch

✚ 환전

스위스 프랑(CHF)의 경우 미화나 중국 위안처럼 모든 은행에서 환전이 가능하지는 않다. 거래 은행을 통해 환율을 우대해주는 지점을 확인한 후 환전을 하도록 하자. 여행 일자가 넉넉히 남았다면 환율을 지속적으로 체크하여 두세 번 나누어 환전하는 것도 좋은 방법(저자들의 경우 50, 20프랑 위주로 환전하는 편)이다. 은행에 갈 시간조차 없다면 거래 은행 사이트에서 환전하여 인천공항에서 픽업하는 방법도 있으니 염려 말자. 현금을 많이 가지고 있는 것보다 신용카드와 병행하여 쓰거나 다양한 외화를 미리 충전하고 충전된 외화로 수수료 없이 해외 결제 가능한 트래블 월렛이나 트래블 로그를 써도 좋다.

✚ 호텔 예약 요령

스위스 호텔은 비싸기로 유명하다. 스위스 내 대도시의 경우 전시회 등의 기간이 겹치면 객실을 잡기 어렵고 가격 또한 많이 올라간다. 이런 경우에는 원래 계획했던 지역을 고집하기보다는 주변의 소도시로 이동하거나 일정을 변경하는 것이 현명하다. 또한, 대도시는 주말, 산악 여행지는 평일에 숙박하는 것이 저렴하고 호텔 잡기도 유리하며, 국내 여행사를 통할 경우 항공권 구매 시 적용되는 할인 혜택을 통해 구매하는 것도 좋다. 호텔이 부담스럽다면 3성 호텔보다 저렴한 호스텔이나 게스트하우스도 좋다. 특히 스위스 유스호스텔은 시설이 쾌적하며, 객실 타입이 다양해 가족 여행에 적합하다. 객실 타입도 다양하다.

리기 칼트바드 호텔

Tip | 유용한 앱 App

 스위스
열차/대중교통 시간표
▶ **SBB Mobile**

 지도/길 찾기
구글 맵스
▶ **Google Maps**

 취리히
대중교통/트램 시간표
▶ **ZVV Timetable**

 스위스 날씨 확인
(메테오 스위스)
▶ **Meteo Swiss**

 대한민국 외교부
▶ **해외안전여행 앱**

※ Play스토어나 기타 앱스토어에서
무료 다운로드 가능

Tip | 자료 수집

스위스 가이드북과 스위스가 실린 여행 잡지, 여행 카페 및 블로그를 통해 여행 일정과 볼거리를 정리하고 관심도에 따라 스위스 관련 일반 서적을 한두 권 정도 참고해보자. 아는 만큼 여행의 깊이가 달라진다.

추천도서
따뜻한 경쟁(맹찬형 저, 서해문집)
스위스 방명록(노시내 저, 마티)

STEP 3 인천공항 이동 및 출국 수속

여행 준비를 마치고 드디어 D-day. 여기서는 인천공항을 기준으로 이동하는 방법을 알아본다. 공항에 도착해도 체크인, 면세 쇼핑 등 각종 수속을 해야 하므로 여유 있게 비행기 출발 2~3시간 전에는 공항에 도착하도록 하자.

✚ 인천공항 이동하기

❶ 리무진버스
인천국제공항으로 이동하는 가장 쉬운 방법이 아닐까. 서울과 수도권 및 각 지역에서 인천국제공항으로 한 번에 오며, 요금은 10,000~16,000원 선. 보통 제1터미널을 먼저 들 르고, 그다음 제2터미널에 도 착한다. 리무진버스의 정류장 위치, 시간표, 배차 간격, 요금 등 자세한 정보는 인천국제공 항 및 공항 리무진 홈페이지를 통해 알아보자.

홈피 www.airport.kr, www.airportlimousine.co.kr

❷ 공항철도
서울역과 인천국제공항을 가장 빠르게 연결하는 교통수단인 공항철도는 크게 직통열차와 일반열차로 나뉜다. 직통열차는 무정차, 지정좌석제로 서울역에서 인천공항 제1터미널까지 43분, 제2터미널까지 51분이 소요되며, 요금은 어른 9,500원, 어린이 7,500원이다. 일반열차는 14개역에 모두 정차하는 통근형 열차로 서울역에서 인천공항 제1터미널까지 59분, 제2터미널까지 66분이 소요된다.

홈피 www.arex.or.kr

❸ 자가용
자가용 이용 시 인천국제공항으로는 공항 전용 고속도로인 인천국제공항고속도로를 이용하면 된다. 여객터미널의 버스와 승용차(택시 포함)의 진입로는 분리되어 있으니 도로안내표지를 유념하면서 진입해야 한다. 영종대교(서울 출발) 통행료는 경차 3,300원, 소형차 6,600원, 중형차 11,300원, 대형차 14,600원이다.

❹ 택시
시간이 촉박할 경우 이용하게 되는 교통수단이다. 서울역에서 인천국제공항까지 5~6만 원의 요금이 나오며, 여기에 통행료는 따로 지불해야 한다. 4인 이상이라면 고려해볼 만하다.

> **Tip | 터미널 확인은 필수!**
>
> 2018년 1월, 인천국제공항에 제2 여객터미널(이하 '2터미널')이 개장했다. 대한항공, 델타항공, 에어프랑스, KLM네덜란드 항공의 경우 2터미널에서, 그 외의 모든 항공사는 제1여객터미널(이하 '1터미널')에서 비행기에 탑승할 수 있게 되었다. 여기서 주의할 점은 항공사 간 공동운항(코드셰어)편의 경우, 실제로 탑승을 하는 항공사의 터미널에서 수속을 밟아야 한다는 것. 그러므로 전자항공권(이티켓)에 표시된 탑승 터미널을 미리 잘 살펴보는 것이 좋다.
>
> 공항철도나 공항 리무진버스를 이용할 경우에는 1터미널에 먼저 정차한 뒤 2터미널로 향한다(단, KAL 리무진버스는 2터미널부터 하차). 터미널을 잘못 알았다 하더라도 당황할 이유는 없다. 1터미널과 2터미널을 연결하는 직통 순환 셔틀버스가 있기 때문이다.
>
> 자가용을 이용할 경우에는 1터미널과 2터미널의 진입로가 다르므로 공항 진입 전에 터미널의 입구를 미리 확인하자. 만약 1터미널 방면으로 잘못 진입했다면 공항 신도시 JC에서 우측 도로를 이용하여 2터미널로 가면 된다.
>
>

✛ 인천공항 출국 수속하기

1 | 공항 도착

여유롭게 2~3시간 일찍 도착한다.

▼

2 | 카운터 확인 및 이동

예매한 항공사의 카운터를 확인한 후 이동한다.

▼

3 | 체크인 및 짐 부치기

여권과 이티켓 프린트를 제시하고, 항공권과 수하물 태그를 받는다. 이때
좌석 선택 및 짐 부치기도 함께 완료!

▼

4 | 출국장 들어가기

여권과 항공권을 제시한다.

▼

5 | 세관 신고 및 보안 검색

신고할 물건은 반출신고서를 통해 신고하고, 소지품은 검색대에 올려놓아
통과시킨다. 특히 전자기기는 따로 가방에서 꺼내 통과해야 하며, 주머니
에 있는 작은 소품도 전부 꺼내 놓아야 한다. 만약 모자나 액세서리를 착
용했다면 벗어서 문제가 없도록 한다.

▼

6 | 출국 심사

직원에게 여권과 항공권을 제시한다. 2017년부터 자동출입국심사를 통해
기기에 지문 및 얼굴을 인식하고 빠르게 심사를 마칠 수 있게 되었다(만
19세 이상 대한민국 국민일 경우에 해당. 자세한 사항은 www.ses.go.kr
홈페이지 참고).

▼

7 | 면세품 인도 및 쇼핑

출국 심사를 마친 후, 시내나 인터넷 면세점에서 쇼핑을 했다면 해당 면
세품 인도장으로 가야 한다. 사람들이 많아 지체될 수 있으니 시간은 넉
넉하게 준비하자.

▼

8 | 출발 게이트 도착

면세 쇼핑을 즐긴 다음엔 탑승 시각 30분 전까지 해당 게이트 앞으로 도
착한다.

STEP 4 스위스 출입국 정보

해외여행이 아예 처음이거나 스위스가 처음인 사람은 어려울 수 있는 출입국 수속. 그러나 다음의 내용을 따르면 생각보다 어렵지 않게 끝낼 수 있다. 참고로 기타 유럽 지역을 경유할 경우 경유지에서 기내수하물에 대해 검사를 받게 되므로 경유 시간이 충분한지 항공사 또는 여행사를 통해 확인하는 것이 좋다.

※ 스위스 입국 여행자 FOPH Infoline +41 (0)58 464 4488

✚ 스위스 입국

입국카드는 따로 작성하지 않으며 유효한 여권을 가지고 All Passport라 구분된 입국 심사대에서 줄을 서서 심사를 받으면 된다. 대한민국 국민의 경우 여행 목적이라면 비자 없이 최대 90일까지 스위스에 체류할 수 있다.

✚ 세관 규정

사용한 개인 물품 옷, 속옷, 화장품, 스포츠 용품, 사진 및 카메라, 캠코더, 휴대폰, 노트북, 악기, 그리고 일반적으로 사용하는 각종 개인 물품 반입 허용

주류 알코올 18도 미만 5ℓ까지, 18도 이상은 1ℓ까지
담배 담배, 시가(궐련), 기타 제품 250g으로 제한
　※ 주류, 담배는 만 17세 이상 성인만 소지 가능 및 적용됨 현금 현금 반출입은 특정사항이 없으면 문제 되지 않는다. 육류 육류 및 육가공품은 1kg까지 1일 1회 반입 가능(사냥한 고기 제외, 어린이 포함)
　※ 이외의 품목은 최대 CHF 300까지 면세로 반입 가능. 자세한 사항은 스위스 관세청 홈페이지(www.ezv.admin.ch) 참고
현금 현금의 반입 및 반출은 제한 없음

✚ 스위스 출국

입국 시와 마찬가지로 출국도 매우 간단하다. 공항에는 출발 시각 최소 2시간 전에 도착해 각종 수속을 진행한 뒤 출국 스탬프를 받고(찍어주지 않는 경우도 많다) 통과하면 된다.

Tip | 미리 알고 가면 유용한 것들

❶ 여행자 보험
여행자 보험은 공항에서도 가입 가능하나, 인터넷을 통해 사전에 가입하고 가는 것이 저렴하며, 보험회사의 긴급 연락처, 약관 등을 챙겨가는 것이 좋다. 현지에서 스키, 스노보드, 패러글라이딩 등 액티비티를 하다 상해를 입었을 경우 보험 처리가 되지 않는 경우가 많으니 액티비티를 위주로 여행을 하는 경우엔 해당 보험사에 문의하여 자신에게 맞는 여행 보험을 가입해두는 것이 현명하다.

❷ 의복 준비
스위스는 사계절이 뚜렷한 나라며, 산악지방으로 갈수록 평지와는 기후 차이가 확연하다. 여름이라 하더라도 보온용 스웨터 또는 윈드브레이커는 필수. 봄과 가을에도 작은 주머니에 쏙 들어가는 얇은 패딩 하나 정도는 꼭 준비해가자.

❸ 짐 꾸리기
가방을 쌀 때는 수하물용과 기내 휴대용으로 꼭 나누어 싸자. 기내 휴대용은 배낭이 좋으며 이때 액체 물품은 100㎖ 이하의 용기에 1ℓ (20cm x 20cm)짜리 투명비닐 지퍼백 1개에 모두 담아야 한다.

❹ 전자제품 이용
카메라, 휴대전화 등 전자제품 쓸 일이 많을 때 어댑터와 함께 멀티탭도 준비하자. 멀티탭 콘센트 개수만큼 전자제품을 충전할 수 있어 편리하다.

✚ 면세 수속

스위스는 EU 가입국이 아니므로 스위스를 지나 기타 EU 국가로 가는 경우 스위스에서 반드시 부가가치세(VAT: Value Added Tax)를 환급받기 위한 수속을 밟아야 한다. 스위스의 부가가치세는 8%로 물건 구입 시 이미 구입가에 포함되어 있는데 여행자가 한 점포에서 당일 300프랑 이상 구매했을 경우 VAT를 환급받을 수 있다. 단, 30일 내에 스위스에서 반출되어야 한다.

✚ 환급 절차

공항에서의 환급 절차는 대동소이하다. 아래의 경우는 취리히 공항의 예시이며, 취리히 공항 외에도 제네바 공항, 루가노 공항 및 국경지역 등에서 환급받을 수 있는 곳이 많이 있다.

자세한 내용은
글로벌블루 홈페이지 참고!
www.g-lobalblue.com

1 │ 세관에서 VAT 양식에 도장 받기

■ 구매 물품을 위탁 수하물로 수속하려면 구매 물품을 위탁 수하물에 보관하려면 체크인을 하고, 랜드사이드에 위치한 세관으로 사용하지 않은 구매 물품이 담긴 수하물을 가져가 세관 직원에게 물품 확인 및 VAT 양식에 도장을 받아야 한다(체크인 1번 랜드사이드에 위치).
물품을 기내 수하물로 가져가려면 탑승권 검사와 보안 검색을 통과하여 에어사이드에 있는 세관으로 가서, 스위스에서 구매한 물품의 VAT 양식에 도장을 받아야 한다.

■ 기내 수하물로 물품을 가져가길 원한다면 탑승권 검사와 보안 검색을 통과하여 에어가이드에 있는 세관으로 가야 한다. 여기서 스위스에서 구매한 물품의 VAT 양식에 도장을 받아야 한다.

2 │ 환급금 받기(취리히 공항)

탑승권 검사와 보안 검색을 통과하여 에어사이드에 있는 글로벌 블루 환급금 지급 사무소로 간다. 세관 도장이 찍힌 VAT 양식을 신분증과 함께 제시하면, 현금이나 신용카드로 VAT를 돌려받을 수 있다.

취리히 공항 환급 카운터 Refund Counter Airside Center
위치 트랜스퍼 데스크/트랜스퍼 A 옆   운영 06:00~22:00
전화 +41 (0)43 816 3237   홈피 www.zurich-airport.com

STEP 5 스위스 트래블 시스템

스위스 트래블 시스템은 스위스 내 29,000km에 달하는 대중교통망 서비스를 말한다. 열차, 트램, 버스, 포스트버스, 유람선(정기 운행선), 케이블카 및 곤돌라 등의 교통수단이 사전에 약속된 시간표대로 연계되는 세계에서 가장 조밀한 교통 네트워크 시스템이라 할 수 있다. 스위스를 방문하는 외국인을 대상으로 갖가지 혜택을 포함시켜 놓은 스위스 트래블 패스Swiss Travel Pass는 운전과 주차에 대한 염려 없이 스위스를 가장 편리하고 안전하게 여행할 수 있는 올인원All-in-One 만능 패스라고 할 수 있다.

※ 스위스 트래블 패스 구입: OTA 또는 스위스 패스 전문 여행사

✚ 스위스의 다양한 교통 패스 및 카드

1 | 스위스 트래블 패스 Swiss Travel Pass

스위스 트래블 시스템의 교통수단을 패스 날짜에 따라 자유자재로 무제한 이용할 수 있는 정기권 같은 패스로 3, 4, 6, 8, 15일 패스가 마련되어 있으며, 국내에서는 흔히 스위스 패스라 불린다. 스위스 또는 리히텐슈타인 공국의 거주자가 아닌 사람만 구입 가능.

■ 가격 (2024년)

연속 (단위 CHF)	성인(만 25세 이상)		유스(만 16~24세)	
	1등석	2등석	1등석	2등석
3일	389	244	274	172
4일	469	295	330	209
6일	602	379	424	268
8일	665	419	469	297
15일	723	459	512	328

※ 가격과 트래블 시스템 서비스 내용은 예고 없이 변동될 수 있음

❶ 위의 내용은 스위스 트래블 시스템(www.swisstravelsystem.com)이 고시한 정가이며, 스위스 프랑 환율에 따라 판매처에서 한화로 결정한다.
❷ 여행 준비 시 전문 여행사의 이벤트 기간(특정 신용카드 할인 행사, 경품행사 등)을 노려볼 것(이하 공동)
❸ 기준 연령: 성인 만 25세 이상, 유스 만 16~24세까지, 어린이 만 6~15세까지
❹ 유스는 성인 요금의 30% 할인, 부모 미동반 어린이의 경우 성인 요금의 50% 적용(어린이 부모 중 적어도 1인과 동반 시 무료, 단, 부모 티켓 발권 시 사전에 패밀리 카드 요청해야 함)

© Rhaetische Bahn

■ 특징

❶ 특정 지역에서 다른 지역으로 매일 이동하는 일정을 가진 여행자에게 적합

❷ 열차 및 스위스 내 90개 마을과 도시 내 대중교통(트램, 버스, 포스트 버스), 관광 열차를 무료로 탑승

　※ 특정 관광 열차 이용 시 좌석 예약비 및 별도 비용 발생

❸ 500여 곳의 박물관 및 미술관 등 무료(스위스 패스에 스위스 뮤지엄 패스 서비스 포함)

❹ 대부분의 산악열차 및 케이블카, 곤돌라 정상가의 50%

　※ 단, 융프라우요흐 산악열차는 25% 할인

❺ 2023년 스위스 패스 소지자 무료 등정 가능 산악 여행지: 루체른 지역 리기 산Rigi, 슈탄서호른Stanserhorn 및 슈토스Stoos

❻ 이티켓 가능(print@home 버전)

　※ 스위스 트래블 패스 및 반액 카드의 경우 이티켓 발급으로 이루어진다. 패스를 구입하면 이메일로 PDF 형식의 패스를 다운로드 할 수 있는 링크가 온다. 직접 프린트할 수 있고 도중에 분실하더라도 디바이스에 파일로 저장해놓고 인쇄만 다시 한다면 문제없이 다시 이용할 수 있다.

2 | 스위스 트래블 패스 플렉스 Swiss Travel Pass Flex

여행자가 원하는 날짜에 맞추어 선택적, 탄력적으로 사용할 수 있는 패스. 날마다 새로운 곳을 여행하지 않고 한 곳에서 며칠씩 머물면서 여행하고자 하는 여행자들에게 적합하다. 1개월의 유효기간 중 3, 4, 6, 8, 15일까지 선택하여 사용할 수 있다.

■ 가격 (2024년)

연속 (단위 CHF)	성인(만 25세 이상)		유스(만 16~24세)	
	1등석	2등석	1등석	2등석
3일	445	279	314	197
4일	539	339	379	240
6일	644	405	454	287
8일	697	439	492	311
15일	755	479	535	342

※ 가격과 트래블 시스템 서비스 내용은 예고 없이 변동될 수 있음

■ 사용 방법

스위스 트래블 패스 플렉스 구입 시 티켓이 아닌 티켓 레퍼런스 번호가 적힌 일종의 구입 확인증을 받게 된다. 패스를 사용하기 위해서는 사용 가능한 디바이스에서 www.activateyourpass.com에 접속하여 구입 확인증에 있는 레퍼런스 넘버와 영문 이름, 성, 생년월일을 입력하고 패스 사용일을 지정하면 티켓 기능을 하는 QR 코드를 받게 된다.

Tip | 스위스 트래블 패스로 여행해야 하는 9가지 이유

1 하나의 패스로 열차, 버스, 유람선 등 무제한 탑승할 수 있는 올인원 티켓

2 완벽할 정도로 훌륭한 교통 네트워크를 이용해 스위스 전역으로 이동 가능

3 어떤 일정이라도 커버되는 스위스 패스 및 티켓의 다양성

4 세계적으로 유명한 파노라마 열차(빙하특급, 베르니나 특급 등) 무료 탑승 – 예약 필요, 예약비 별도

5 스위스 내 90개 도시 및 마을 내 대중교통 무료 이용

6 스위스 전국 500여 곳의 박물관 무료입장

　※ 스위스 패스에는 스위스 뮤지엄 패스 기능이 함께 포함

7 대부분의 산악열차 티켓 50% 할인 – 쉴트호른, 고르너그라트, 필라투스, 티틀리스 등

　※ 리기, 슈토스, 슈탄서호른 산악열차 무료

8 부모 중 최소 한 명과 함께 여행하는 만 16세 미만 자녀는 무료(패밀리 카드 소지자에 한함)

9 스위스 주요 도시 가이드 투어 프로그램 할인 혜택

　※ 자세한 내용은 www.swisstravelsystem.ch 참조

　※ 매년 혜택은 달라질 수 있음

3 | 스위스 반액 카드 Swiss Half Fare Card

스위스 트래블 시스템에 속하는 기차, 버스, 유람선(정기 운행선) 및 대부분의 산악열차 등을 1개월의 유효기간 내에 50% 할인된 가격으로 무제한 이용할 수 있는 카드. 스위스를 단기간에 여행할 계획인 여행자에게 적합하다. 스위스 기차역, 취급 여행사 또는 온라인 구매 가능하다. 이티켓 가능(print@home 버전)

■ **가격** (2024년)

CHF 120(스위스 반액 카드만 단독 구매할 경우)

■ **특징**

❶ 차량 여행자에게 좀 더 적합
❷ 도시 내에서 대중교통 시스템을 이용할 경우 단거리 최저 요금제로 인해 50% 미만의 할인 혜택 적용

4 | 스위스 패밀리 카드 Swiss Family Card

최근 스위스 여행 트렌드를 보면 부모와 자녀들이 함께 여행하는 경우가 늘고 있다. 부모 중 적어도 한 사람이 만 6~15세까지의 어린 자녀(최대 5명까지, 그 이상은 별도 문의)와 함께 여행하는 경우 어린 자녀들 또한 부모와 동일한 혜택을 받을 수 있다. 만 6세 미만의 유아들은 패밀리 카드 없이 무료. 자녀들과 스위스 여행을 계획하고 있다면 적어도 교통비에 대한 부담은 덜어 놓을 수 있다. 단, 스위스 패밀리 카드는 패스 구입 시 여행사에 별도 요청하여 반드시 패스와 함께 수령해야만 한다. 패밀리 카드를 사전에 요청하여 발급 받지 않았다면 혜택을 받을 수 없다.

> **Tip | 자녀와 여행한다면?**
>
> 부담이 많이 되지 않는다면, 자녀들과 스위스 여행 시 가급적 1등석을 발권하는 것이 좋다. 1등석은 2등석보다 비교적 좌석의 여유가 많아 아이들과 함께 좀 더 편안한 시간을 열차에서 보낼 수 있다.

© Swiss Travel System AG 2022

❶ 패스 구입 시 개시일을 정확히 지정해야만 발권이 된다. 만약 발권 후 부득이한 사정으로 일정이 변경되었다면, 반드시 출발 전 발권 여행사에 연락하여 재발권을 해야만 한다.

※ 재발권 시 수수료 발생, 스위스 현지에서 재발행 불가

© Swiss Travel System AG 2022

❷ 발권/활성화된 스위스 패스는 개시할 때 별도의 확인 절차 없이 사용이 가능하다. 열차에서 승무원들이 패스를 검사하고 때로 여권과 대조해보기도 하므로 발권 요청 시 영문 이름, 생년월일, 여권번호를 정확히 알려주고 발권 후 올바르게 되었는지 체크해보도록 하자.

6 | 열차 시간표 확인하는 방법

시간표는 스위스 철도 홈페이지(www.sbb.ch)에서 확인하거나 현지에서 인터넷을 사용할 수 있다면 스마트폰에 앱을 다운받으면 된다. 출발지(From), 목적지(To), 날짜 · 출발시간(Date · Time of Departure) 등을 입력하면 출발지에서의 열차 출발시간, 목적지 도착시간, 총 소요시간, 환승, 플랫폼 등 필요한 모든 정보를 알려준다. 스마트폰 운영체제에 따라 적합한 앱을 다운받아 웹사이트와 동일한 방법으로 사용 가능하다. 시간표 확인은 물론 예약, 티켓 구매까지 가능하다.

※ 인터넷 서비스를 사용할 수 없다면 역무원에게 요청하면 된다.

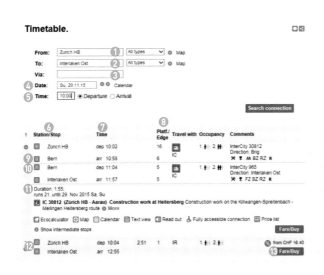

❶ 출발지
❷ 도착지
❸ 경유희망지
❹ 출발날짜
❺ 출발시간
❻ 역 이름
❼ 출발/도착 시간
❽ 출발/도착 플랫폼
❾ 도착지
❿ 환승지
⓫ 소요시간
⓬ 차후 시간표
⓭ 티켓 가격

패스와 열차에 대한 모든 것

❶ 패스 개시 방법
별도의 절차 없이 발권/활성화 된 스위스 트래블 패스는 현지에서 그대로 사용 가능하다.

❷ 열차 탑승 시 주의사항
1 소지한 티켓 또는 패스가 유효한지 확인한다. 그렇지 않을 경우 벌금이 부과될 수 있다.
2 2등석 티켓으로 1등석을 사용하지 못한다(1등석 티켓으로 2등석은 이용 가능). 만약 1등석을 특정 구간 이용하고 싶다면 역무원에게 문의하여 추가 요금을 내면 이용할 수 있다.
3 열차 내에서는 기본적으로 금연이다. 플랫폼이나 기차역 내에서도 점차 금연구역이 늘어가는 추세이다.
4 열차 내에서 대화 및 이어폰으로 음악을 듣는 것은 가능하나 큰소리를 내거나 스피커를 통해 음악을 들어서는 안 된다. 특별한 열차의 경우 대화하는 것조차 허용되지 않는 칸도 있다. 별도로 표시를 해두며 대화를 원할 경우 다른 객차로 자리를 옮기면 된다.
5 1인당 1좌석이 기본이며 짐은 좌석 위 공간, 큰 짐일 경우 객차 또는 연결통로에 따로 마련된 공간 또는 랙에 올려놓으면 된다.
6 거의 그런 경우가 없지만 열차 내에서 위협을 느끼거나 봉변을 당했을 경우 스위스 철도경찰SBB Police에 SOS를 요청하자.
전화 0800-117-117

❸ FAQ
Q. 1등석과 2등석은 어떻게 구별하나요? 그리고 좌석의 차이는 큰가요?

A. 열차의 객차마다 입구에 명확히 1과 2를 표시해 놓아 헷갈리지 않습니다. 플랫폼 안내판에도 1, 2등석을 위한 플랫폼 탑승 섹터가 열차 도착 전에 명시되어 참고하면 됩니다. 1등석 객차의 윗부분에는 노란색 띠를 해두어 멀리서도 확연히 구별됩니다. 2등석 시설도 1등석 못지않게 훌륭하나 출퇴근 시간에는 좀 더 붐빕니다. 따라서 짐이 많거나 함께 이동해야 할 사람들이 많다면, 그 시간을 피하는 것이 좋습니다.

Q. 스위스 교통시설의 픽토그램을 설명해 주세요.
A. 픽토그램은 사물이나 시설 등을 이해하기 쉽도록 상징화된 그림이나 문자로 표현하여 알리는 것입니다. 스위스 교통시설엔 진한 단색 바탕에 흰색으로 디자인된 픽토그램이 여행자들의 이해를 돕습니다. 굳이 문자를 해석하지 않더라도 픽토그램만 볼 줄 알면 여행이 훨씬 편리해집니다.

■ 스위스 교통시설 픽토그램

기차역　　　버스 정류장　　　트램 역　　　선착장

푸니쿨라　　　공항　　　인포메이션 센터　　　플랫폼 번호

티켓센터　　　티켓 무인구입기　　　환전　　　만남의 장소

분실물 보관센터　　　수하물 운송 서비스　　　코인 로커　　　플랫폼 내 구역 표시

Q. 화장실과 식당 칸은 어떻게 이용하나요?
A. 도시 내에서만 운행하는 트램, 버스 등을 제외하고 거의 모든 열차, 유람선 내에는 화장실이 있어 장시간 이동하는 데 불편함이 없습니다. 도시에서 도시로 또는 지역에서 지역으로 이동하는 인터 시티Inter City나 인터 레기오Inter Regio 열차의 경우 별도의 식당 칸도 있어 간단히 식사할 수 있고, 객실 내에서 준비해온 음식을 먹는 것도 가능합니다.

✚ 여행가방 운송 서비스 *Luggage Service*

아무리 짐을 최소화한다 해도 일정 내내 무거운 여행 가방을 끌고, 들고 다니는 것은 체력적으로 무리가 된다. 이럴 때 이용하면 편리한 서비스로, 가지고 다니기 힘든 여행 짐을 숙소에서 다음 숙소로, 기차역에서 숙소로, 숙소에서 기차로 보낼 수 있다. 물론 비용이 만만치 않게 들지만, 적절히 이용한다면 서비스 비용이 아깝지 않다. 자세한 내용 www.sbb.ch 참조.

■ 스위스 내 주소지에서 또 다른 주소지로 Luggage Door to Door

주소가 있는 스위스 내 장소에서 픽업한 날 이틀 후에 다른 주소지로 배송 완료. 총 3일 소요(추가 요금 지불 시 익스프레스 서비스 이용 가능)

조건 수하물 1개당 23kg 이내
요금 기본 수송비 CHF 43, 여행 가방 CHF 12, 자전거 CHF 20, 이바이크 CHF 30
※ 스키, 스노보드 장비, 자전거는 다른 가격 적용
※ 카-프리 타운의 경우 추가 요금 있음(개당 CHF 30)
※ 익스프레스 서비스 추가 요금(개당 CHF 30)

■ 기차역에서 기차역으로 Luggage Station to Station

기차역에서 짐을 부치면 서비스를 의뢰한 날 이틀 후에 또 다른 기차역으로 배송 완료

조건 수하물 1개당 23kg 이내
요금 CHF 12(수트케이스, 가방), 자전거 CHF 20, 이바이크 CHF 30
※ 기차역마다 수하물 관련부서 영업 시작/종료 시간이 다르므로 사전에 체크하여 방문(일반적으로 08:00~19:00)

■ 주소지에서 기차역으로 Luggage Door to Station

주소지로 방문하여 수하물을 픽업. 픽업한 날 2일 후에 스위스 내 기차역으로 배송을 완료해주는 서비스

조건 수하물 1개당 23kg 이내
요금 기본 수송비 CHF 30, 여행 가방 CHF 12, 자전거 CHF 20, 이바이크 CHF 30
※ 기차역에서 주소지로 수하물을 보내주는 Luggage Station to Door 서비스도 있으며, 가격과 조건 동일. 주소지가 카-프리 지역인 경우 수하물당 추가금액 CHF30 서비스도 있으며 가격은 동일

※ 자세한 내용 및 가격 확인: 스위스 철도청 홈페이지 확인 www.sbb.ch
※ 서비스 이용 시 러기지 레이블을 작성해야 하며, 이때 서비스 이용자의 정확한 이름, 연락처 등이 필요
※ 서비스 신청은 기차역 또는 온라인으로 가능

Tip | 배송지를 정확히 알려주세요

수화물 운송 서비스를 이용하는 경우 짐을 다시 찾게 될 기차역과 주소지를 정확히 알려주는 것이 중요. 정확히 발음할 수 없다면 종이에 적어 담당자에게 알려주는 것도 좋다.

배송지가 맞는지 재확인 필수!!

STEP 6 알아두면 좋은 스위스 언어

스위스는 지역에 따라 독일어, 프랑스어, 이탈리아어, 로망슈어 4개 국어가 공용어로 되어 있다. 그중 로망슈어를 쓰는 인구는 극히 미미하므로 여기선 독일어, 프랑스어, 이탈리아어와 영어로 정리해두었다. 만약을 대비해 몇 가지 스위스 언어를 알아두는 것도 여행 시 도움이 될 것이다.

※ 독일어의 경우 ss(더블 s) 표기를 ß(에스체트)로 주로 한다.

✚ 숫자

	영어	독일어	프랑스어	이탈리아어
0	zero	Null	zéro	zero
1	one	Eins	un	uno
2	two	Zwei	deux	due
3	three	Drei	trois	tre
4	four	Vier	quatre	quattro
5	five	Fünf	cinq	cinque
6	six	Sechs	six	sei
7	seven	Sieben	sept	sette
8	eight	Acht	huit	otto
9	nine	Neun	neuf	nove
10	ten	Zehn	dix	dieci

✚ 시간

	영어	독일어	프랑스어	이탈리아어
아침	morning	Morgen	matin	mattina
정오	noon	Mittag	midi	mezzogiorno
오후	afternoon	Nachmittag	après-midi	pomeriggio
저녁	evening	Abend	soir	sera
밤	night	Nacht	nuit	notte

✚ 요일

	영어	독일어	프랑스어	이탈리아어
월	Monday	Montag	lundi	lunedì
화	Tuesday	Dienstag	mardi	martedì
수	Wednesday	Mittwoch	mercredi	mercoledì
목	Thursday	Donnerstrag	jeudi	giovedì
금	Friday	Freitag	vendredi	venerdì
토	Saturday	Samstag	samedi	sabato
일	Sunday	Sonntag	dimanche	domenica

✚ 월

	영어	독일어	프랑스어	이탈리아어
1월	January	Januar	janvier	gennaio
2월	February	Februar	février	febbraio
3월	March	März	mars	marzo
4월	April	April	avril	aprile
5월	May	Mai	mai	maggio
6월	June	Juni	juin	giugno
7월	July	Juli	juillet	luglio
8월	August	August	août	agosto
9월	September	September	septembre	settembre
10월	October	Oktober	octobre	ottobre
11월	November	November	novembre	novembre
12월	December	Dezember	décembre	dicembre

✚ 교통

	영어	독일어	프랑스어	이탈리아어
길	trail	Fussweg/Pfad	sentier	sentiero
도로	road	Strasse	rue/route	strada
주요 도로	main road	Hauptstrasse	grande route	strada principale
고속도로	freeway/motorway	Autobahn	autoroute	autostrada
기차역	railway station	Bahnhof	gare	stazione
시간표	timetable	Fahrplan	horaire	orario
선박	ship	Schiff	bateau	nave
비행기	plane	Flugzeug	avion	aereo
차	car	Auto	voiture	macchina
버스	bus	Bus	bus	autobus
철도	railway	Eisenbahn	chemin de fer	ferrovia
산악열차	mountain railway	Bergbahn	train de montagne	forrovia di montagna
공중 케이블카	aerial cable car	Luftseilbahn	téléphérique	la funivia
강삭철도	funicular	Drahtseilbahn	funiculaire	funicolare
공항	airport	Flughafen	aéroport	aeroporto
출발	departure	Abfart	départ	partenza
도착	arrival	Ankunft	arrivée	arrivo
플랫폼	platform	Gleis	voie	piattaforma
티켓	ticket	Billett	billet	biglietto

✚ 상점

	영어	독일어	프랑스어	이탈리아어
계산대	counter	Kasse	caisse	cassa
출구	exit/way out	Ausgang	sortie	uscita
입구	entrance	Eingang	entrée	entrata
개점	open	Offen	ouvert	aperture
폐점	closed	Geschlossen	fermé	chiuso
할인	discount	Rabatt	rabais	sconto
품절	sold out	Ausverkauft	désassortiment	esaurito
청구서	bill	Rechnung	note	conto
영수증	receipt	Quittung	reçu	ricevuta
거스름돈	change	Wechselgeld	monnaie	resto

✚ 장소

	영어	독일어	프랑스어	이탈리아어
집	house	Haus	maison	casa
교회	church	Kirche	église	chiesa
탑	tower	Turm	tour	torre
성	castle	Schloss/Burg	château	castello
마을	village	Dorf	village	villaggio
소도시	town	Stadt	ville	città
구시가	old town	Altstadt	vieille ville	città vecchia
중심부	center	Zentrum	centre	centro
도시	city	Grossstadt	grande ville	grande città
대로	main road	Hauptstrasse	boulevard	strada principale
거리	street	Strasse	rue	strada
다리	bridge	Brücke	pont	ponte
공원	park	Park	parc	parco
호수	lake	See	lac	lago
화장실	toilet	Toilette	toilettes	toilette/latrian
엘리베이터	elevator/lift	Lift	ascenseur	ascensore
우체국	post office	Post	poste	ufficio postale
시청사	city hall	Rathaus	hôtel de ville	municipio
광장	square	Platz	place	piazza
대학교	university	Universität	université	università
병원	hospital	Hospital/Spital	hôpital	ospedale
식당	restaurant	Restaurant	restaurant	ristorante
도서관	library	Bibliothek	bibliothèque	biblioteca

+ 음식

	영어	독일어	프랑스어	이탈리아어
아침 식사	breakfast	Frühstück	petit déjeuner	colazione
점심 식사	lunch	Mittagessen	déjeuner	pranzo
저녁 식사	dinner	Abendessen/ Nachtessen	dîner	cena
애피타이저	appetizer	Vorspeise	entrée	antipasto
디저트	dessert	Dessert	dessert	dessert
빵	bread	Brot	pain	pane
치즈	cheese	Käse	fromage	formaggio
버터	butter	Butter	beurre	burro
감자	potato	Kartoffel	pomme de terre	patata
파스타	pasta	Teigwaren	pâtes	pasta
채소	vegetable	Gemüse	légumes	vegetale
과일	fruit	Frucht	fruit	frutta
샐러드	salad	Salat	salade	insalata
드레싱	dressing	Dressing	sauce de salade	salsa per l'insalata
닭고기	chicken	Huhn/Poulet	poulet	pollo
소고기	beef	Rindfleisch	boeuf	carne di manzo
돼지고기	pork	Schweinefleisch	porc	carne di maiale
생선	fish	Fisch	poisson	pesce
우유	milk	Milch	lait	latte
물	water	Wasser	eau	acqua
생수	mineral water	Mineralwasser	eau minérale	acqua minerale
레드와인	red wine	Rotwein	vin rouge	vino rosso
화이트와인	white wine	Weisswein	vin blanc	vino bianco
커피	coffee	Kaffee	café	caffè
맥주	beer	Bier	bière	birra
주스	juice	Saft/Juice	jus	succo

+ 간단 회화

	영어	독일어	프랑스어	이탈리아어
아침 인사	Good morning	Guten morgen	Bonjour	Buon giorno
저녁 인사	Good evening	Guten abent	Bonsoir	Buona sera
밤 인사	Good night	Gute nacht	Bonne nuit	Buona notte
고맙습니다	Thanks	Danke	Merci	Grazie
안녕	Hi	Grüezi	Salut	Ciao
도와주세요	Can you help me?	Kannst du mir helfen?	Pouvez-vous m'aider?	Puoi aiutarmi?
실례합니다	Excuse me	Ver Zeihen Sie	Excuse-moi	Miscusi

스위스인의 대다수 특히 독일어권 지역 사람들은 영어를 유창히 하는 편이다. 또한, 웬만한 관광지에서는 영어만 사용하더라도 불편함을 느끼지 않을 정도. 어디서든 막힘 없이 여행할 수 있게 기초 회화 정도는 익혀가는 센스를 발휘하자.

✚ 호텔

체크인을 하고 싶습니다.	I'd like to check in, please.
제이라는 이름으로 3박 예약했어요.	I made a reservation for three nights under the name of Jay.
전망 좋은 방으로 주세요.	I'd like a room with a nice view.
체크아웃은 몇 시죠?	When is check out time?
짐 좀 맡아주시겠어요?	Could you keep my baggage?
맡긴 짐을 찾고 싶어요.	May I have my baggage?
택시를 불러주시겠어요?	Would you get me a taxi?
다른 방으로 바꿔주세요.	Could you give me a different room?
에어컨이 작동하지 않아요.	This air conditioner doesn't work.
이틀 더 머물겠습니다.	I'd like to stay two days longer.
하루 일찍 떠나겠습니다.	I'd like to leave a day earlier.
체크아웃 좀 부탁합니다.	Check out, please.

✚ 레스토랑

6시에 3명 예약하고 싶어요.	Can I make a reservation for three at six?
창가 쪽 테이블로 주세요.	We'd like a table by the window, please.
추천 좀 해주시겠어요?	What do you recommend?
이걸로 할게요.	This one, please.
내가 주문한 게 아직 안 나왔어요.	My order hasn't come yet.
요리가 덜 된 것 같아요.	This is not cooked enough.
저는 완전히 익힌 스테이크를 원해요.	I want my steak well-done.
계산서 주세요.	Just the bill, please.
남은 것 좀 싸주시겠어요?	Can I have a doggy bag?

✚ 공항 & 기내

창가 쪽/통로 쪽으로 주세요.	Window/Aisle seat, please.
저는 앞쪽 좌석에 앉기를 원합니다.	I would like to be seated in te front.
탑승 수속은 몇 시에 합니까?	What is the check-in time for my flight?
비행기가 지연된 이유는 무엇입니까?	What is the reason for the delay?
담요 한 장 주시겠어요?	May I have a blanket?

✚ 택시

공항으로 가주세요.	Take me to the airport, please.
공항까지 얼마나 걸리죠?	How long does it take to get to the airport?
호텔 입구에서 세워주세요.	Stop at the entrance to the hotel.

✚ 쇼핑

그냥 구경하고 있어요.	I'm just looking.
더 작은/큰 것 없요?	Do you have a smaller/bigger one?
입어 봐도 돼요?	May I try this on?
얼마예요?	How much is this?
너무 비싸요.	It's too expensive.
깎아주세요.	Can you give me a discount?
이걸로 주세요.	I think I'll take this one.
좀 더 싼 게 있나요?	Have you anything cheaper?
다른 것으로 바꿔주세요.	Can I exchange it for another one?
죄송한데 환불해주세요.	Can I have a refund?
따로따로 포장해주세요.	Please wrap them separately.

✚ 위급 상황

저는 영어를 못합니다.	I can't speak English.
한국어 하는 사람 있나요?	Is there anyone who can speak Korean?
교통사고를 당했습니다.	I was in a car accident.

INDEX

셀프트래블 스위스에서 선보이는 **2 FOR 1** 쿠폰. 한 사람 가격으로 두 사람이 즐겨보세요.

루체른 / 루체른 호수 지역

LAKE +LUCERNE

파노라마 요트 사파이어
PANORAMA-YACHT SAPHIR

파노라마 모터요트를 타고 루체른 베이를 경험해보세요. 한 시간 동안 요트 여행을 즐기면서 여유 있는 좌석에 자리를 잡고 좀 더 우아하게 호수, 마을, 산이 만들어낸 아름다운 경치를 감상해보세요.
시간표 확인 www.lakelucerne.ch

2 FOR 1 SELF TRAVEL

파노라마 요트 사파이어
Panorama Yacht Saphir

한국어 가능 오디오 가이드와 함께 1시간 동안 크루즈를 즐겨보세요.
쿠폰 사용은 2인까지 가능
(할인혜택: 최대 CHF 32.00)

기간 2024년 4월 20일~10월 20일
탑승장소 Schweizerhofquai, Pier 7
출발시간 www.lakelucerne.ch
타임테이블 체크
문의사항
Phone +41 (0)41 367 6767
Email info@lakelucerne.ch

루체른 / 루체른 호수 지역

Rigi

아이스 아메리카노, 리기산 록세븐 레스토랑
ICED AMERICANO @LOK 7 Restaurant, Rigi Staffel

시원한 아이스 아메리카노야말로 여행 중 피곤함을 모두 해소시킬 보약이 아닐까요? 리기 산 리기 슈타펠 역에 위치한 록세븐 레스토랑에서 즐겨보세요.

2 FOR 1 SELF TRAVEL

리기산 록세븐 레스토랑 아이스 아메리카노
Iced Americano @LOK 7 Restaurant

가슴까지 시원해지는 아이스 아메리카노를 리기산 록세븐 레스토랑에서 즐겨보세요.
쿠폰 사용 2인까지 가능

기간 2024년 5월 1일~10월 31일까지
장소 리기산 리기 슈타펠 역,
록세븐 레스토랑 LOK 7 Restaurant,
Rigi Staffel
문의사항
Phone +41 (0)41 399 8787
Email www.rigi.ch

🇨🇭 스위스여행 함께 준비해요

NAVER 스위스프렌즈 ▾ 검 색